陕西普通高校优秀教材一等奖

冲压成形理论及技术

（第 3 版）

主编　李淼泉　吴诗惇

U0382137

西北工业大学出版社

西　安

【内容简介】 本书是在《冲压成形理论及技术》第 2 版的基础上修订而成的。全书分为 9 章,详细阐述了板料冲压成形理论、技术与设备,介绍了板料冲压性能与成形极限、冲裁、弯曲、拉深、冷挤压、成形与新技术、计算机在冲压成形工艺及模具设计中的应用以及冲压成形设备等。

本书系统性强,内容丰富,论证详尽,可以作为高等院校有关专业冲压成形工艺课程的教材,也可供从事冲压成形生产的相关工程技术人员和科研人员参考。

图书在版编目(CIP)数据

冲压成形理论及技术/李森泉,吴诗惇主编 . —3 版. —西安:西北工业大学出版社,2021.7
ISBN 978 - 7 - 5612 - 7677 - 8

Ⅰ.①冲…　Ⅱ.①李…　②吴…　Ⅲ.①冲压-工艺学　Ⅳ.①TG38

中国版本图书馆 CIP 数据核字(2021)第 053618 号

CHONGYA CHENGXING LILUN JI JISHU
冲 压 成 形 理 论 及 技 术

责任编辑:杨　军		策划编辑:杨　军	
责任校对:朱晓娟　董珊珊		装帧设计:李　飞	
出版发行:西北工业大学出版社			
通信地址:西安市友谊西路 127 号		邮编:710072	
电　　话:(029)88491757,88493844			
网　　址:www.nwpup.com			
印 刷 者:陕西向阳印务有限公司			
开　　本:787 mm×1 092 mm		1/16	
印　　张:21.5			
字　　数:564 千字			
版　　次:2002 年 10 月第 1 版　2021 年 7 月第 3 版　2021 年 7 月第 1 次印刷			
定　　价:69.00 元			

第3版前言

冲压成形是借助于常规或专用冲压成形设备的动力,使得板料在模具内直接产生塑性变形,获得具有一定形状尺寸和力学性能工件的材料成形加工技术。板料、模具、设备是冲压成形的三要素。冲压成形技术的独特优势主要表现在:①生产效率高,操作方便,易于实现自动化与智能化;②冲压工件质量稳定,互换性好;③冲压工件形状比较复杂,尺寸范围比较大,强度和刚度均比较高;④材料利用率高,不需加热设备,制造成本比较低。

冲压成形技术是一种少切屑或无切屑加工的先进成形加工技术,是现代材料加工技术领域的重要组成部分,广泛应用于社会经济发展和国防建设的各个领域,例如,航空航天、兵器、机械、电子、先进交通、能源、化工、医疗设备和轻工等领域,在实施科学发展的创新型国家建设中发挥着重要作用。随着材料科学技术的蓬勃发展,材料成形加工的新理论、新工艺与新技术大量涌现,不断丰富和发展了冲压成形理论及技术。

本书结合先进材料冲压成形技术的研究成果,主要介绍冲压成形基本概念与理论、冲压成形关键技术、设计方法与设备。同时,书中配以思考题,附录介绍了相关的国家标准和典型冲压成形工艺设计案例,便于读者理解和掌握冲压成形技术。本书读者对象主要是相关专业的大中专院校师生以及从事冲压成形研究和生产的科技工作者。

本书自第1版出版以来,得到了广大读者的认可,先后被几十所高等学校选作教材使用。本书第2版获得"2015年度陕西普通高校优秀教材一等奖"。本次修订重点规范了冲压成形技术的总体框架,新增了喷丸成形和伺服压力机等内容。

全书分为9章,涉及冲压成形技术的基本理论、工艺方法、系统技术和模具设计与设备特性,相关内容如下:

第1章为板料冲压性能与成形极限,介绍了冲压性能试验、板料机械性能与冲压性能的关系、板料的成形极限,以及常用材料的冲压性能。

第2章为冲裁,分析了冲裁变形过程,介绍了凸模与凹模的间隙、凸模与凹模刃口尺寸和冲裁力的计算方法,降低冲裁力的措施,冲裁件的工艺分析与设计方法。

第3章为冲裁模,介绍了典型冲裁模结构和主要冲裁模零件的设计方法,以及模具的压力中心与封闭高度计算方法。

第4章为弯曲,分析了弯曲变形过程,介绍了最小弯曲半径、弯曲力矩与弯曲力、弯曲件、弯曲毛坯尺寸的计算方法,弯曲件的工艺分析与设计方法,介绍了典型弯曲模结构、弯曲模工作部分尺寸的计算方法和弯管加工等。

第5章为拉深,分析了拉深变形过程,介绍了拉深力、压边力和拉深功的计算方法,介绍了圆筒形件、凸缘件、阶梯形件、矩形件和大型覆盖件的拉深,拉深件的工艺分析与设计方法以及其他拉深方法。

第6章为成形及其新技术,介绍了胀形、翻边、缩口、校形、旋压和成形新技术的特点和应用范围。

第 7 章为冷挤压,介绍了冷挤压的基本原理和冷挤压变形程度、变形力的计算方法,冷挤压毛坯制备和典型模具结构。

第 8 章为冲压成形 CAD,介绍了冲压成形工艺的计算机判定、计算机辅助排样最优化、模具顶杆的自动布置和冲模零件的自动设计方法。

第 9 章为冲压成形设备,介绍了冲压成形设备的分类、特性及应用。

本书由李淼泉、吴诗惇任主编。李淼泉规划修订了本书的整体框架和内容,并进行修改和定稿。唐才荣编写了第 2,3,5,7 章;李淼泉编写了绪论,第 1,4,8 章及附录;孙前江编写了第 9 章;罗皎编写了第 6 章 1~4 节;李宏编写了第 6 章 5~6 节。

在编写本书过程中曾参阅了本领域文献资料和网络等媒介中的研究成果,在此,对其作者深表谢意。

由于冲压成形技术仍然在快速发展中,加之笔者水平有限,书中不足之处在所难免,恳请读者指正。

编　者
2020 年 6 月

目　　录

绪　论

冲压成形是塑性加工的基本方法之一。它主要用于加工板料工件,有时也叫板料冲压。冲压不仅可以加工金属板料,而且可以加工非金属板料。冲压成形时,板料在模具的作用下,在其内部产生使之变形的内力。当内力的作用达到一定程度时,板料毛坯或毛坯的某个部位便会产生与内力的作用性质相对应的变形,从而获得一定形状、尺寸和性能的工件。

冲压生产靠模具与设备完成加工过程,其生产率高,而且由于操作简便,也便于实现自动化与智能化。

采用模具加工,可以获得其他加工方法不能或难以制造的形状复杂工件。

冲压件的尺寸精度由模具保证,所以质量稳定,一般不需要再经过机械加工即可使用。

冲压一般不需要加热毛坯,也不像切削加工那样大量切削材料,所以它不但节能,而且节约材料。冲压件的表面质量比较好,使用的原材料是原材料生产企业大量生产的轧制板料或带料,在冲压过程中材料表面不被破坏。

冲压是一种产品质量比较好而且制造成本低的加工工艺,它生产的产品一般具有质量轻且刚性好的特点。

冲压在航空、航天和兵器以及汽车、拖拉机、电机、电器、仪器、仪表和民用轻工产品等的生产方面占据十分重要的地位。现代各先进工业化国家的冲压生产都十分发达。在我国的现代化建设进程中,冲压生产占有重要的地位。

我们的祖先早在青铜器时期已经发现金属具有锤击变形的性能。2 400 年前中国已经掌握了锤击金属以制造兵器和工具的技术。因为钢铁材料在冷态下进行塑性加工需要很大的力和功,所以冷压钢铁的技术没有得到广泛使用。当发现金、银、铜等金属的塑性比较好,变形时所需的力不大之后,锤击压制技术迅速向金、银、铜的装饰品和日用品领域发展。陕西省历史博物馆陈列的汉代(公元前 206 至公元 220 年)的匜(量器),厚度约 2 mm,制作精美,花纹细致,即是在今天,也算是一件精制品。这充分显示了我国人民很早就创造性地发明了精巧的加工技术。

当今,随着科学技术的不断进步与发展,冲压成形技术也在不断创新与发展。这些创新与发展主要表现在以下几个方面。

(1) 工艺分析方法智能化。例如,汽车覆盖件的冲压成形工艺,传统方法是根据已有的设计资料和设计者的经验,进行对比分析,确定工艺方案和有关参数,然后设计模具,进行工艺试验,经过反复试验与修改,才能转入批量生产。目前,国际上已经采用弹塑性有限元法,对覆盖件成形过程进行计算机模拟,分析应力-应变关系,从而预测某一工艺方案的可行性和可能会产生的问题,并将结果显示在计算机上,供设计人员进行选择和修改。这样,不仅可以节省昂贵的模具试制费用,缩短产品试制周期,而且可以建立符合生产实际的先进设计方法;既促进了冲压成形工艺的发展,又发挥了塑性成形理论对生产实际的指导作用。

(2) 模具设计及制造技术现代化。为了加快产品的更新换代,缩短工装设计、制造周期,模具的计算机辅助设计和制造(CAD/CAM)技术的工程应用也全面展开采用这一技术,一般可以提高模具设计和制造效率 2~3 倍,模具生产周期可缩短 1/2~2/3。发展这一技术的最终目标是达到模具 CAD/CAM 一体化,而模具图纸将只是作为检验模具之用。采用模具 CAD/CAM 技术,还可以提高模具质量,大大减少设计和制造人员的重复劳动。

（3）冲压生产的自动化与智能化。为了满足大量生产的需要,冲压设备已由单工位低速压力机发展到多工位高速自动压力机。一般中小型冲压件,既可在多工位压力机上生产,也可在高速压力机上采用多工位连续模加工,使得冲压生产达到高度自动化与智能化。大型冲压件(如汽车覆盖件)可在多工位压力机上利用自动送料和取件装置,进行机械化流水线生产,从而减轻劳动强度和提高生产率。

（4）为了满足产品更新换代加快和生产批量减小的发展趋势,发展了新的成形工艺、简易模具、通用组合模具以及数控冲压设备和冲压柔性制造系统(FMS)等。这样,使得冲压生产既适合大量生产,又适用于小批量生产。

（5）不断改进板料性能,以提高其成形能力和使用效果。例如,研制高强度钢板,用于生产汽车覆盖件;研制新型板材,用于生产航空航天工件等。

由于冲压成形的工件形状、尺寸、精度要求、批量大小、原材料性能的不同,当前在生产中所采用的冲压工艺方法也是多种多样。但是,概括起来,可以分成分离工序与成形工序两大类。分离工序的目的是在冲压过程中使得冲压件与板料沿一定的轮廓线相互分离,同时,冲压件分离断面的质量也要满足一定要求。成形工序的目的是使得冲压毛坯在不破坏的条件下发生塑性变形,并形成所要求的工件形状,同时应当满足尺寸精度方面的要求。

冷挤压虽然不属于板料成形,但是属于体积冲压的一部分。

常用的各种冲压加工方法,可见表 0.1 与表 0.2。

表 0.1　分离工序

工序名称	简　图	特　点
剪切		将板料剪成条料或块料
冲裁		用冲模沿封闭轮廓曲线冲切
切口		用冲模将板料冲切成部分分离,但是未完全分开
切边		将成形工件的边缘修切整齐或切成一定形状

续表

工序名称	简　图	特　点
剖切	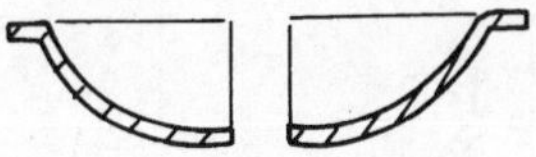	将冲压成形的半成品切开成为两个或数个工件
整修		将冲裁件的断面整修垂直和光洁

表 0.2　成形工序

工序名称	简　图	特　点
弯曲	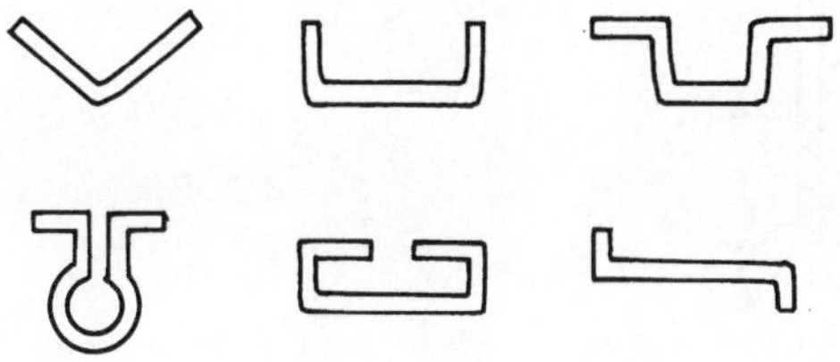	将板料沿直线弯成各种形状
卷圆	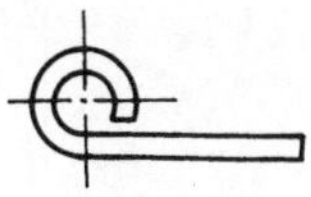	将板料端头卷成接近封闭的圆头
拉深	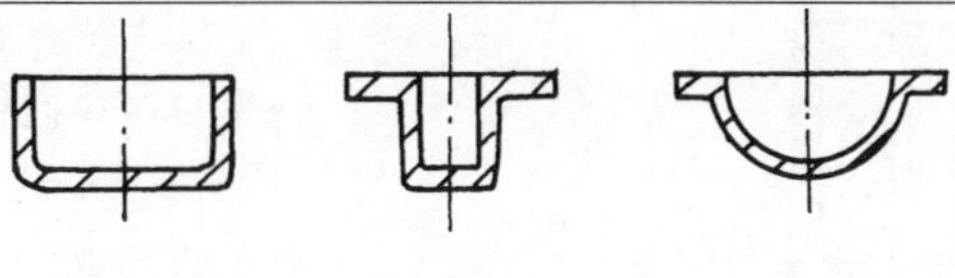	将板料毛坯冲压成各种空心工件
变薄拉深		将拉深或反挤所得的空心半成品进一步加工成为侧壁厚度小于底部厚度的工件
翻边		在预先冲孔的板料上冲制竖直的边缘
局部成形		在板料或工件的表面上制成各种形状的突起或凹陷

续表

工序名称	简　图	特　　点
胀形		将空心件或管状毛坯向外扩张,胀出所需的凸起曲面
缩口或缩径		将空心件或管状毛坯的端头或中间直径缩小
旋压		在旋转状态下用辊轮将板坯逐步成形
整形		为了提高已成形工件的尺寸精度或为了获得小的圆角半径而采用的成形方法
冷挤压		金属块料产生塑性流动,通过凸模与凹模间的间隙或凹模出口,制造空心或剖面比毛坯断面要小的工件

第1章 板料冲压性能与成形极限

1.1 板料冲压性能试验

板料冲压性能是指板料对各种冲压力学方法的适应能力。对于不同的冲压工序,板料的应力状态、变形特点及变形区和传力区之间的关系各不相同,所以对板料冲压性能的要求也都不相同。为了便于研究各种冲压工序对板料性能的要求,根据变形区的应力应变状态,将各种冲压工序分为以伸长为主的变形方式(如胀形、翻边和弯曲变形的外区等)和以压缩为主的变形方式(如拉深、管材缩口和弯曲变形的内区等)两大类。

以下几种试验方法可以鉴别板料对两类变形方式的适应能力。

1.1.1 单向拉伸试验

单向拉伸试验是确定材料机械性能的常用方法。它给出的机械性能指标,可用于评估板料的冲压性能。

试样的形状和尺寸,根据 GB 3076—1982,可分为带头和不带头试样两种。带头试样如图 1.1 所示。短、长比例两种试样的尺寸见表 1.1。试样夹持部分长度 h 根据试验机确定,标距内最大宽度与最小宽度之差不大于 0.06 mm。

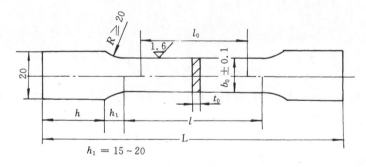

图 1.1 拉伸试样

将板料三个不同方位上截取的试样如图 1.2 所示,置于材料试验机上进行拉伸,试验条件按 GB 3076—1982 规定进行。

试验时,测定并记录如下数据:

(1)屈服点附近,试样工作长度范围内试样的宽度 b 和相应剖面的厚度 t 以及屈服时的载荷 P_s(或 $P_{0.2}$);

(2)最大载荷 P_{max} 及相应的剖面尺寸 b_j 和 t_j(即细颈出现时的尺寸);

(3)试样拉断时,破坏载荷的数值及拉断试样工作长度 l_p 与剖面尺寸 b_p,t_p。

表 1.1　单向拉伸试样尺寸　　　　　　　　　　　　mm

板料厚度 t_0	板料宽度 b_0	h	短试样 $l_0 = 5.65\sqrt{F_0}$			长试样 $l_0 = 11.3\sqrt{F_0}$		
			l_0	l	L	l_0	l	L
0.5	20	40	20	30		40	50	
1	20	40	25	35	$l+2h_1+2h$	50	60	$l+2h+2h_1$
1.5	20	40	30	40		60	70	
2	20	40	35	45		70	80	

注：F_0 为工作部分的剖面面积，$F_0 = b_0 t_0$；l_0 为工作部分长度。

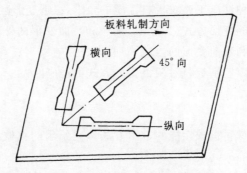

图 1.2　试样截取的方位

根据试验数据，计算在载荷 P 下实际应力与实际应变，即

$$\sigma = \frac{P}{F} = \frac{P}{bt} \tag{1.1}$$

$$\varepsilon = \ln\frac{l}{l_0} = \ln\frac{F_0}{F} = \ln\frac{b_0 t_0}{bt} \tag{1.2}$$

以 σ 为纵坐标，ε 为横坐标，绘制板料的应力-应变曲线。通过板料的单向拉伸试验，可以得到板料的以下机械性能指标。

(1) 屈服极限 σ_s 或 $\sigma_{0.2}$，$\sigma_s = P_s/F_0$（或 $\sigma_{0.2} = P_{0.2}/F_0$）。

(2) 强度极限 σ_b，$\sigma_b = P_{max}/F_0$。

(3) 细颈点应力 σ_j，$\sigma_j = P_{max}/F_j$。

(4) 屈强比，$\sigma_{0.2}/\sigma_b$ 或 σ_s/σ_b 之比值。

(5) 细颈点应变 ε_j，$\varepsilon_j = \ln(F_0/F_j)$。

(6) 总延伸率 δ_{10} 或 δ_5，δ_{10} 为长试件、δ_5 为短试件的总延伸率，δ_{10} 或 $\delta_5 = (l_p - l_0)/l_0$。

(7) 均匀延伸率 $\delta_{均}$，拉伸试样开始产生局部集中变形（细颈）时的延伸率。

(8) 总断面收缩率 Ψ，$\Psi = (F_0 - F_p)/F_0$。

(9) 弹性模量 E。

(10) 硬化指数 n，$n = \varepsilon_j$ 或由下列方法求得。

应力-应变曲线可以采用下列指数曲线方程表示，即

$$\sigma = C\varepsilon^n \tag{1.3}$$

式中　C —— 与材料性能有关的系数；

　　　n —— 硬化指数；

　　　ε —— 真应变。

将式(1.3)两边取对数,即

$$\lg\sigma = \lg C + n\lg\varepsilon \tag{1.4}$$

式(1.4)是直线方程,其斜率是 n 值,如图 1.3 所示。因此,n 可以采用下式进行计算,即

$$n = \frac{\lg\sigma_2 - \lg\sigma_1}{\lg\varepsilon_2 - \lg\varepsilon_1} = \frac{\lg(\sigma_2/\sigma_1)}{\lg(\varepsilon_2/\varepsilon_1)}$$

$$n = \frac{\lg\dfrac{P_2 l_2}{P_1 l_1}}{\lg\dfrac{\ln(l_2/l_0)}{\ln(l_1/l_0)}} \tag{1.5}$$

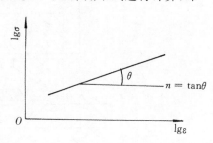

图 1.3　n 值的求法

在拉伸曲线上选择屈服后的两点(P_1,l_1) 和 (P_2,l_2) 值代入式(1.5),即可求得硬化指数 n。但是,上述采用两点法求 n 值,误差较大,因此可以采用最小二乘法求 n 值。

(11) 厚向异性指数 r,拉伸试验时,试样均匀伸长为 15% 左右情况下,宽度方向的应变与厚度方向的应变之比,即

$$r = \frac{\varepsilon_b}{\varepsilon_t} = \frac{\ln\dfrac{b}{b_0}}{\ln\dfrac{t}{t_0}} \tag{1.6a}$$

由于厚度变化不易测量,所以采用下式计算,即

$$r = \frac{\varepsilon_b}{\varepsilon_t} = -\frac{\varepsilon_b}{\varepsilon_1 + \varepsilon_b} = -\frac{\ln\dfrac{b}{b_0}}{\ln\dfrac{l}{l_0} + \ln\dfrac{b}{b_0}} \tag{1.6b}$$

当 $r = 1$ 时,称为厚向同性材料；当 $r \neq 1$ 时,称为厚向异性材料。

试样在板料中所取的方位不同,试验所得的厚向异性指数也不一样。所以板料的厚向异性指数,最好选取为三个不同方位试样所得数据的平均值,以 $\bar{r}$ 表示,即

$$\bar{r} = \frac{r_0 + r_{90°} + 2r_{45°}}{4} \tag{1.7}$$

式中　r_0 —— 纵向试样的厚向异性指数；

　　　$r_{90°}$ —— 横向试样的厚向异性指数；

　　　$r_{45°}$ —— 与轧制方向成 45° 的厚向异性指数。

(12) 板平面各向异性指数 Δr,由于板料在不同方位厚向异性不同,在板料平面内形成各向异性,以 Δr 表示,即

$$\Delta r = r_0 + r_{90°} - 2r_{45°} \tag{1.8}$$

Δr 愈大,表示板平面内各向异性愈严重,拉深时产生凸耳的可能性越大。

1.1.2 双向拉伸(胀形)试验

采用杯突试验作为板料的双向拉伸(胀形)试验,其工作原理如图 1.4 所示。采用规定的钢球或球形冲头 3,向夹紧于规定的压模 1,4 内的试样 2 施加压力,直到开始产生裂缝为止,此时压入深度值(mm)即为板料的杯突深度。此深度值用于表征材料的延伸性能。

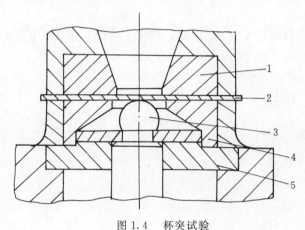

图 1.4 杯突试验

1—上模;2—试样;3—球形冲头;4—垫模;5—座板

试样厚度为原材料厚度,形状为带形或方形。当试样厚度为 0.5 ~ 2 mm 时,宽度尺寸选取 70 ~ 90 mm,冲头直径选取 20 mm,上模孔径选取 27 mm,垫模孔选取 33 mm。试验条件按 GB 4156—1984《金属杯突试验法》进行。

试验前,在与冲头接触的试样表面和冲头球面涂覆无腐蚀性的润滑脂(如凡士林)。试样在模具中夹紧后,应当将压模旋回 0.05 mm,即保证模具与试样之间约有 0.05 mm 的间隙。然后摇动手柄使得冲头压向试样,冲头前进速度为 5 ~ 20 mm/min。在接近破裂时,速度应当降低到下限,以尽量减少试验的误差。此时除了可以直接观察试样的破裂外,也能通过压力表指示的压力值下降进行判断。一般来说,材料越软,破裂时的裂缝越圆;材料越硬,裂缝则成一直线,并伴有破裂带。

目前,推荐最初施加 10 kN 压边力的新杯突试验法。

由杯突试验可以测得冲头压入试样的深度 —— 杯突深度(指示深度的游标尺可以读到 0.1 mm 的准确度)及最大冲力。

试验时,试样外径不收缩,仅使板料中间部分受到两向拉应力而胀形。因此,试验与局部胀形变形时的应力状态和变形特点相同,所以其值能够反映以伸长为主的冲压成形性能,如胀形、局部成形和复杂曲面的拉深等。杯突试验不能表示板料筒形件拉深时的冲压性能。

杯突试验时,破裂点的确定、工具尺寸、表面粗糙度、压边力、润滑、凸模速度等因素都会影响试验值,由于操作偏差、设备偏差会使实验值出现波动。这样,即使采用同样的板料也有相当大的偏差。

采用杯突试验也可以预测工件是否出现表面粗糙度和表面状态变化。

因为润滑对杯突深度影响比较大,于是采用液体压力代替球形刚性冲头,这样消除了润滑的影响。

1.1.3　物理模拟试验

物理模拟试验的实质是突出模拟实际冲压工序某一方面或几方面的变形特点。在比较单纯的条件下所取得的试验结果,作为表征板料的某种冲压性能指标。

(1) 反复弯曲试验。试验方法如图 1.5 所示,以窄板条夹紧在专用试验设备的钳口内,左右反复折弯,直至破裂为止。折弯的半径越小,反复弯曲的次数越多,说明板料的冲压性能越好。这种试验主要用于确定 5 mm 以下板料的弯曲性能。试验条件按 GB235—1963 规定进行。

(2) 球形冲头锥形杯拉深试验 (GB/T15825.6—1995)。试验装置如图 1.6 所示,采用球形冲头 3 和 60° 角的锥形凹模 2,在不用压边的条件下对圆形试样 1 进行拉深试验,直到球形底部发生细颈与破裂时为止。测量锥形杯在底部发生破裂时的上口直径,称之为 CCV 值(即锥形杯

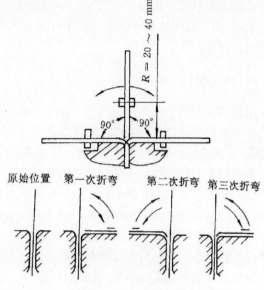

图 1.5　反复弯曲试验

值,Conical Cup Value),用于表征板料的冲压性能。CCV 值愈小,则成形性能愈好。

由于板料有方向性,因此锥形杯上口直径有差别,通常取平均值,即

$$CCV = \frac{\overline{D}_{max} + \overline{D}_{min}}{2} \tag{1.9}$$

式中　$\overline{D}_{max}$,$\overline{D}_{min}$——锥形杯破裂时上口的最大值、最小值的平均值,mm。

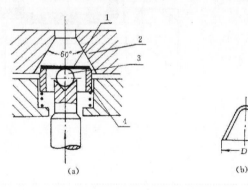

图 1.6　球形冲头锥形杯拉深试验
1— 试样；2— 凹模；3— 球形冲头；4— 试样定位器

平均锥杯值 CCV 按照下式计算,有

$$\overline{CCV} = \frac{1}{n}\sum_{i=1}^{n} CCV_i \tag{1.10}$$

通常选取球形冲头直径 d_p 与试样直径 D 的比值为 $d_p/D=0.29$。

此试验方法的优点是,因不用压边装置,故可以排除压边力的影响;操作简单,勿需仔细观察破裂的出现,CCV 值对冲压速度不敏感;可以综合反映成形时"拉"和"压"两个方面的成形特点。但是它只适用于 $0.5\sim1.6$ mm 的薄钢板。

此外,球形冲头锥形杯拉深试验还可以使得拉深时产生凸耳的现象再现,因此,也可以采用它求各向异性率。

1.1.4 相似试验

这类试验方法是在类似实际生产条件下进行的试验,并获得各种数据。目前冲压设计资料中有关板料冲压性能的参数,大部分是通过这种方法得到的。其优点是结果具体,数据可靠,便于直接应用;缺点是试验周期长,费用高。

金属塑性变形的相似条件包含三方面内容。

(1) 物理相似。试样材料应与实际生产中的材料有相同的化学成分、金相组织、热处理状态、机械性能,试验时具有相同的变形温度和速度以及相同的外摩擦条件。

(2) 几何相似。试样和模具的形状、尺寸应与实际生产中的情况有相似比例。主要问题是板料厚度很难按比例缩小(没有现成的薄料),往往不得不改用比较厚的板料,因此在分析试验数据时,必须考虑相对厚度变化的影响。

(3) 力学相似。试样与实际情况之间有相同的加载条件与应力分布。

1) 筒形件拉深试验(测极限拉深比 LDR, GB/T 15825.3—1995)。Swift 提出的筒形件拉深其试验原理是采用相差 1.25 mm 的不同直径的圆形试样在如图 1.7 所示的模具中逐个进行拉深试验。选取侧壁不破裂的条件下可能拉深成功的最大试样直径 $D_{0\,max}$ 与冲头直径 d_p 的比值表示拉深性能的指标,即

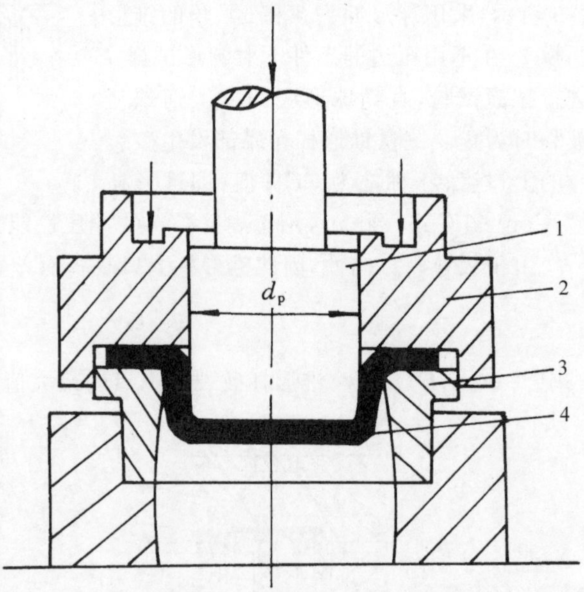

图 1-7 筒形件拉深试验法

1— 冲头;2— 压边圈;3— 凹模;4— 试样

$$LDR=\frac{D_{0\,max}}{d_p} \qquad (1.11)$$

该试验方法与拉深变形条件完全相同,因此能够合理地反映在拉深变形区和传力区不同受力条件下的冲压成形性能。其缺点是试验需要大量试样,经过多次反复试验,并受到操作上的各种因素(压边力、润滑等)影响,因而影响了试验的可靠性。

2) TZP(Tief Ziehen Prüfung)试验法。TZP 试验法由 Engehard 提出,即是拉深力对比试验法。其根据是:

a. 最大拉深力与板料大小成比例;

b. 最大板料尺寸取决于危险断面的承载能力。

因此,采用可能拉深的一定直径的板料(通常取拉深试件板料直径 D_1 与冲头 d_p 的比值为 85/50 或 90/50 或 95/50)进行拉深,由在拉深过程中的最大拉深力和在拉深中途对凸缘施加强制的约束而使试样破裂时的拉断力,作为判断拉深性能的依据。

试验过程如图 1.8 所示。采用直径为上述比例的试样或一次可以拉深成功不致破裂的试样(直径设为 D_1)进行拉深,记录其拉深力 P 和行程 S 的变化曲线。在拉深力达到最大值 $P_{1\max}$ 后,增大压边力,使试样的外凸缘边固定,消除凸缘继续被拉入凹模的可能。然后凸模进一步下降,拉深力继续增大,直到试样被拉断,测出拉断力 P(见图 1.9 点 C)。这时,板料的冲压性能(即 T 值)为

$$T = \frac{P - P_{1\max}}{P} \times 100\% \tag{1.12}$$

由式(1.12)可以看出,T 为正值;T 越大,板料的拉深变形越大,拉深性能越好。

根据试样的最大拉深力 $P_{1\max}$,拉断力 P 与试样的板料直径 D_1,即可确定板料的最大尺寸 $D_{\max}$ 与极限拉深因数[①] $m_{\min}$,则有

$$D_{\max} = \frac{P}{P_{1\max}} D_1 \tag{1.13}$$

$$m_{\min} = \frac{d_p}{D_{\max}} \tag{1.14}$$

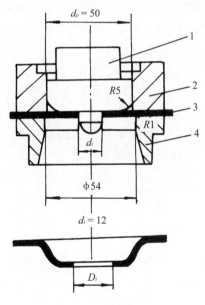

图 1.8 　TZP 试验法

1— 凸模；2— 压料板；3— 试件；4— 凹模

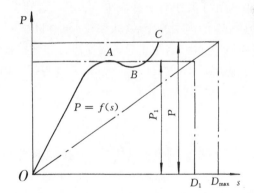

图 1.9 　扩孔试验(板厚 $t < 2$ mm,

毛坯直径 $D > 70$ mm)

3) 翻边性能试验(GB/T 15825.4—1995)。图 1.9 所示为 Siebel 等提出的翻边试验(即 KWI 试验)。由于采用圆柱形凸模进行扩孔,因此也称为扩孔试验。翻边成形的极限是根据内孔翻边成形过程中孔边缘出现裂纹进行确定。采用扩孔率 λ 表示,即

---

① 　按照国家标准,极限拉深系数改为极限拉深因数,类似术语也作相应修改。

$$\lambda = \frac{D_i - d_i}{d_i} \times 100\% \tag{1.15}$$

式中　　D_i —— 扩孔胀裂后的平均直径，mm；

　　　　d_i —— 扩孔前的直径，mm。

材料拉伸性能越好，λ 越大，翻边性能越好。扩孔前内孔的加工方法对扩孔性能有很大的影响。目前广泛采用冲裁孔进行试验。不仅采用平底凸模，也可以采用圆锥凸模。

1.2　板料机械性能指标与冲压性能之间的关系

板料机械性能指标与板料冲压性能有密切关系。一般而言，板料的强度指标越高，产生相同变形量所需的力越大；塑性指标越高，成形时所能承受的极限变形量越大；刚度指标越高，成形时抵抗失稳起皱的能力越大。下面介绍比较重要的几项板料机械性能指标。

1.2.1　强度极限 σ_b 和屈服极限 σ_s

它们是决定板料变形抗力的基本指标。强度极限和屈服极限愈高，则变形抗力愈大，因而冲压时板料所经受的应力也愈大。

对于伸长为主的变形，如胀形、拉弯等，当 σ_s 低时，为了消除工件的松弛等缺陷和为了使工件的尺寸得到固定（指卸载过程中尺寸的变化小）所必需的拉力也小。这时由于成形所必需的拉力与板料破坏时的拉断力之差比较大，故成形工艺的稳定性高，不容易产生废品。

弯曲件所用板料的 σ_s 低时，卸载后回弹小，有利于提高弯曲件的精度。

1.2.2　屈强比 σ_s/σ_b

屈强比小几乎对所有的冲压成形都有利。

对于压缩为主的变形，如在拉深时，材料 σ_s 小，则变形区中的切向压应力比较小，材料起皱的趋势小。因此，防止起皱的压边力和摩擦损失都会相应降低，结果对提高极限变形程度有利。例如，65 Mn 的 $\sigma_s/\sigma_b = 0.63$，其极限拉深因数 $m = 0.68 \sim 0.70$；低碳钢的 $\sigma_s/\sigma_b = 0.57$，其极限拉深因数 $m = 0.48 \sim 0.50$。

1.2.3　均匀延伸率 $\delta_{均}$

$\delta_{均}$ 是在拉伸试验中试样开始产生局部集中变形（细颈时）的延伸率，称为均匀延伸率。而 δ 叫总延伸率，或简称延伸率，是在拉伸试验中试样破坏时的延伸率。

$\delta_{均}$ 表示板料产生均匀或稳定塑性变形的能力，而一般冲压成形都是在板料的均匀变形范围内进行，故 $\delta_{均}$ 直接影响板料在以伸长为主的变形的冲压性能，如翻边因数、扩口因数、最小弯曲半径、胀形因数等。它们均用 $\delta_{均}$ 间接地表示其极限变形程度。

此外，杯突试验值与 $\delta_{均}$ 成正比例关系，因此具有很大的胀形成分的复杂曲面拉深件要求采用比较高 $\delta_{均}$ 的钢板。

1.2.4　硬化指数 n

板料单向拉伸时应力应变曲线一般由式（1.3）表示，即

$$\sigma = C \varepsilon^n$$

式中　　n—— 板料的硬化指数,其值恰为细颈点应变 ε_j(见 1.3 节式(1.20))。

n 的大小,表示在塑性变形过程中材料硬化的程度。n 大的材料,在同样的变形程度下,真实应力的增加越大。板料单向拉伸时,先是整个试样的均匀伸长,然后变形集中在某一局部形成细颈,最后被拉断。所以试样沿长度方向的应变分布是不均匀的。细颈中心(拉断处)材料的应变量最大。下面将细颈点的发生、发展过程及其作用进行简述:

拉伸试验时,试样在每一瞬间的拉力 F 应该等于其剖面的实际面积 A 和板料当时的变形抗力 σ 的乘积,即

$$F = A\sigma \tag{1.16}$$

对上式取微分,则得

$$dF = Ad\sigma + \sigma dA \tag{1.17}$$

两式相除可得

$$\frac{dF}{F} = \frac{d\sigma}{\sigma} + \frac{dA}{A} \tag{1.18}$$

式中　　dF/F —— 试样承载能力的变化率;

　　$d\sigma/\sigma$ —— 由于加工硬化效应引起的变形抗力的增长率,为一正值;

　　dA/A —— 由于试样拉长引起的剖面缩减率,为一负值。

如果 $\left|\dfrac{d\sigma}{\sigma}\right| > \left|\dfrac{dA}{A}\right|$,则 $\dfrac{dF}{F}$ 是正值,说明原来的最弱剖面经过拉长后承载能力上升,不再是最弱的环节,变形将在另一个新的最弱剖面进行。这样,变形区不断转移,试样在宏观上就表现为均匀伸长,承载能力不断上升。但是,板料的加工硬化效应随着变形程度的增长而不断减弱,而剖面缩减率却总是遵循体积不变条件,与试样的伸长率成比例下降。因此,当变形进行到一定时刻,将出现加工硬化效应和剖面缩减效应相抵消的情况,此时 $\left|\dfrac{d\sigma}{\sigma}\right| = \left|\dfrac{dA}{A}\right|$;因此当 $\dfrac{dF}{F} = 0$ 或 $dF = 0$ 时,最弱剖面的承载能力不再提高,于是变形开始集中在这一局部区域发展成为细颈,直至拉断。

试样受拉以后,无法继续维持稳定的均匀变形,出现细颈,这种现象可以看作是一种失稳现象,即所谓拉伸失稳。而试样由均匀变形开始进入集中变形的转折点(即细颈点),即为试样的拉伸失稳点。因此对于以伸长为主的变形方式,加工硬化指数 n 对冲压性能的影响,也即是细颈点应变 ε_j 对冲压性能的影响。

n 与胀形深度、屈强比、均匀延伸率之间的关系如图 1.10 所示。

n 对板料冲压性能的影响,还可以从下列试验结果中得到。选取某一以伸长为主的工件,采用两种 n 不同的板料成形,应用坐标网格法测出成形后的变形量,绘制出其应变分布曲线如图 1.11 所示。由试验结果可以看出:

(1)工件成形后的最大应变量不同。n 小的板料产生的应变峰值高,n 大的板料产生的应变峰值低;

(2)整个工件上应变的分布也不一致。n 小的板料应变分布不均匀,n 大的板料应变分布比较均匀。

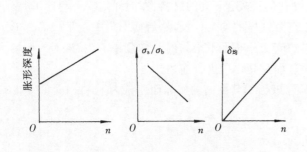
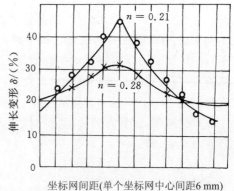

图 1.10　n 值与冲压成形性能的关系　　　图 1.11　伸长量的分布

　　因此，以伸长为主的成形工件中，n 大的板料，由于加工硬化效应大，变形比较均匀，减少变薄和增大极限变形参数，工件容不易产生裂纹，厚度分布均匀，表面质量比较好；n 小的板料容易产生裂纹，工件的厚度分布不均匀，表面粗糙，所以 n 大的板料，其冲压性能好。

　　对于以压缩为主的变形方式，如拉深，n 的大小，主要是影响成形时径向比例拉应力（径向拉应力 σ_r 与强度极限 σ_b 的比值 σ_r/σ_b）的大小及其在成形过程中的变化规律，如图 1.12 所示。由图 1.12 可见，板料 n 越大，σ_r/σ_b 的峰值越低，变化越平稳。由于 n 影响 σ_r/σ_b 峰值的大小，这就改变了传力区变薄以至拉断的危险程度。一般而言，材料 n 越大，拉深性能越好。但是也应看到由于加工硬化效应的影响不宜进行再拉深等成形。

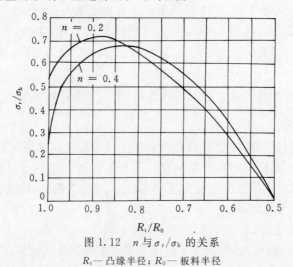

图 1.12　n 与 σ_r/σ_b 的关系

R_t—凸缘半径；R_0—板料半径

1.2.5　厚向异性指数 r

　　式（1.6a）表明在同样受力条件下板料厚度方向的变形性能。当 $r>1$ 时，板料宽度比厚度方向变形容易。r 越大，表示板料越不易在厚度方向发生变形，即越不易变薄或者增厚；r 越小，表示板料厚度方向的变形越容易，即越易变薄或增厚。

　　对于压缩为主的变形，如拉深，变形的主要问题之一是起皱。假如增大 r，使得板料易于在宽度方向变形,则可以减少起皱,有利于拉深和产品质量的提高。这样,在一定条件下,拉深的主要问题就转为传力区的拉裂。同样,板料 r 大,板料受拉时,厚度不易变薄,因而也不易产生拉裂现象。如图1.13所示为 r 与极限拉深比的试验曲线。由图1.13可见, r 越大,筒形件的拉深极限变形程度越大,因此板料的拉深性能越好。

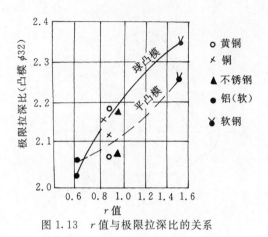

图 1.13　r 值与极限拉深比的关系

在根据不同相对料厚决定第一道拉深因数的表格中,给出许用范围。对于具有比较大厚向异性指数($\bar{r}=1.5\sim1.7$)的板料,可以选用表中比较小的 m_1 ;对于厚向异性指数比较小($\bar{r}=1.0\sim1.2$)的板料,则选用比较大的 m_1 。

1.2.6　板平面各向异性指数 Δr

Δr 越大,板内各向异性越严重,使得拉深件的边缘不齐,形成凸耳,影响工件的质量和材料利用率,如图1.14所示。

试验发现,对于再结晶退火钢板,其拉深件的凸耳分布在与轧制方向相同和相垂直的方位(即 $0°,90°$),而谷部则位于与轧制方向成 $45°$ 角度的方向;对于铝板,则刚好与钢板的情况相反,即凸耳分布在与轧制方向成 $\pm45°$ 的方向,而谷部却位于与轧制方向相同和相垂直(即 $0°,90°$)的方向。

如图1.15(a)所示为低碳退火钢板的板平面内各向异性有关指数的分布图。试验研究表明,对于具有体心立方晶格的退火软钢板、18Cr不锈钢、铬,具有这种类型

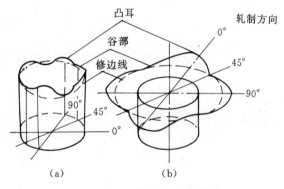

图 1.14　拉深件的凸耳

的分布图,而对于具有面心立方晶格的正火软钢板、18-8不锈钢、铝及铝合金、铜及铜合金,则具有另一种类型的分布图,如图1.15(b)所示。

板料的各向异性是衡量板料拉深成形性能的重要指标。一方面,板料厚向异性指数 $\bar{r}$ 越大,对拉深越有利;另一方面,板平面各向异性指数 Δr 越大,对拉深越不利。总之, $\bar{r}$ 越大、Δr 越小的板料,拉深性能越好。

为了具有最好的拉深性能,要求板平面内各方向具有等向性(二维等向性),但是在厚度方向上不必要有与板面内所有方向相同的等向性(三维等向性)。所以,提出生产板面无方向性的板料,以满足深拉深的需要。有时为了最大限度地利用材料、减小拉深时凸耳,采用正方形板料或八边形板料来拉深圆筒形件。

从工艺性的角度看,加工硬化指数 n 与厚向异性指数 $\bar{r}$ 是影响冲压成形性能的两项重要指标。前者主要影响以伸长为主的变形方式,后者主要影响以压缩为主的变形方式。

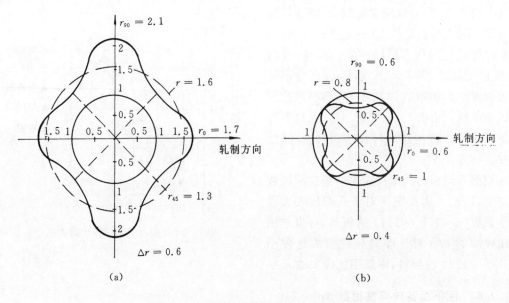

图 1.15　板平面内各向异性有关指数分布图

(a) 退火钢板；(b) 正火钢板

材料的 $\bar{r}$ 与 Δr 见表 1.2。

表 1.2　$\bar{r}$ 与 Δr

材　料	$\bar{r}$	Δr
沸腾钢	1.16	0.50
铝镇静钢	1.58	0.77
冷轧拉深钢板	1.63	1.13
不锈钢板	$1.16 \sim 1.25$	$0.74 \sim 1.34$
铝（半硬）	0.87	-0.54
紫铜（软）	0.89	-0.10
黄铜（软）	1.05	-0.14
钛	5.51	0.04

1.3　板料的成形极限

1.3.1　冲压成形极限

冲压成形极限是指板料在冲压成形中所能达到的最大变形程度。

成形极限包含两方面的因素：变形区的变形极限和传力区的承载能力。成形极限所研究的范围主要是以伸长为主的变形。对于以压缩为主的变形的成形极限还没有深入研究。对于板料冲压而言，厚度方向的应力很小，可以忽略不计，一般都认为是平面应力状态。

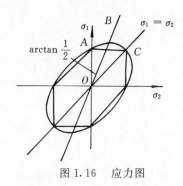

图 1.16　应力图

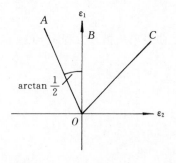

图 1.17　与应力图对应的应变图

图 1.16 所示为冲压应力图，图 1.17 所示为与应力图相对应的应变图。其中，

OA：应力状态为单向拉应力 σ_1，应变状态为一拉二压，即

$$\varepsilon_1 = -2\varepsilon_2 = -2\varepsilon_3 (\varepsilon_3 \text{ 为厚向应变})$$

OB：应力状态为两向拉应力 $\sigma_1 = 2\sigma_2$，应变状态为平面应变 $\varepsilon_1 = -\varepsilon_3$，$\varepsilon_2 = 0$；

OC：应力状态为两向等拉应力 $\sigma_1 = \sigma_2$，应变状态为两向等拉加一向压缩，即

$$\varepsilon_1 = \varepsilon_2 = -\frac{1}{2}\varepsilon_3$$

OA 为单向拉伸，拉应力 σ_1；OB 为双向拉应力 $\sigma_1 = 2\sigma_2$，属于平面变形状态；OC 为等双向拉应力，$\sigma_1 = \sigma_2$，$\varepsilon_1 = \varepsilon_2$。所以，在 COA 范围内存在成形极限问题，以外没有成形极限问题。冲压成形极限即指某一种材料在 COA 范围内的应力状态下所能达到的最大变形程度。

1.3.2　塑性拉伸失稳

板料在变形过程中的破坏常常是由于抗失稳能力差所造成的。假如板料的塑性要求得到充分发挥，则板料的抗失稳能力要强。板料抗失稳的能力主要和板料方面（加工硬化性能、表面状态、边界状态、厚度偏差等）及工艺方面（应力状态与应变梯度等）的因素有关。

（1）单向拉伸失稳。板料单向拉伸，分均匀变形和不均匀变形两个阶段，如图 1.18 所示。在 $P_{\max}$（即图 1.18 点 b）以前为均匀变形阶段，点 b 以后，由于变形集中在细颈部分，称为不均匀变形阶段。其物理过程已在 1.2 叙述。点 b 称为失稳点。在点 b 后有一段曲线比较平稳，即 bc 段，此时是板料承载能力的薄弱环节，在一个比较宽的变形区域内交替转移，称为分散性失稳。此后，即 cp 段，板料承载能力的薄弱环节集中在更小的局部剖面，无法转移出去，称为集中性失稳。其极限状态则为断裂。

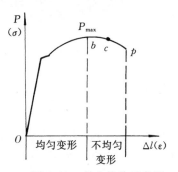

图 1.18　单向拉伸示意图

在点 b（即点 $P_{\max}$）可见，$\mathrm{d}P = 0$，另由式（1.17），$\mathrm{d}P = F\mathrm{d}\sigma + \sigma\mathrm{d}F$。

令在点 b 的应力和面积分别为 σ_j 和 F_j。将其代入上式，得

$$\sigma_j = -F_j \frac{\mathrm{d}\sigma}{\mathrm{d}F} \tag{1.19}$$

根据体积不变条件，$Fl = F_0 l_0$，$\mathrm{d}F = -F\mathrm{d}\varepsilon$，将此代入式（1.19）整理后，得

$$\sigma_j = -F_j \frac{\mathrm{d}\sigma}{-F_j \mathrm{d}\varepsilon_j} = \left(\frac{\mathrm{d}\sigma}{\mathrm{d}\varepsilon}\right)_j$$

应力应变曲线采用指数方程 $\sigma = C\varepsilon^n$ 表示,将其微分,得

$$\frac{\mathrm{d}\sigma}{\mathrm{d}\varepsilon} = \frac{n}{\varepsilon}\sigma$$

失稳时

$$\left(\frac{\mathrm{d}\sigma}{\mathrm{d}\varepsilon}\right)_j = \frac{n}{\varepsilon_j}\sigma_j$$

即

$$\varepsilon_j = n \tag{1.20}$$

其意义为,板料在单向应力状态下,n 大,均匀变形阶段长。在单向拉应力下的成形极限为 $\varepsilon_j = n$。

(2) 双向拉伸失稳。假如板料平面内的两个主应力分别为 σ_1 和 σ_2,厚度方向的主应力 $\sigma_3 = 0$,且有 $\sigma_1 > \sigma_2 > 0$,如图 1.19 所示。

拉伸失稳具有两个不同的发展阶段,即分散性失稳与集中性失稳,最后形成集中性细颈,而其发展的极限状态是拉断。

由此可见,单从板料拉伸变形的稳定性角度看,可以采用分散性失稳作为判断标准;从板料破裂前极限变形程度的估计角度看,采用集中性失稳作为判断标准。

图 1.19 毛坯受力图

1.3.3 失稳理论

为了阐述方便,引入 x,有

$$x = \frac{\sigma_2}{\sigma_1}$$

假设 $\sigma_1 > \sigma_2 \geqslant 0$,且 σ_3(板厚方向的应力)$= 0$。这样,x 表示平面应力状态下的不同数值的双向拉应力状态。

塑性变形时,材料应力和全量应变之间的关系有

$$\varepsilon_1 = \frac{\varepsilon_i}{\sigma_i}\left[\sigma_1 - \frac{1}{2}(\sigma_2 + \sigma_3)\right] \tag{1.21}$$

$$\varepsilon_2 = \frac{\varepsilon_i}{\sigma_i}\left[\sigma_2 - \frac{1}{2}(\sigma_3 + \sigma_1)\right] \tag{1.22}$$

$$\varepsilon_3 = \frac{\varepsilon_i}{\sigma_i}\left[\sigma_3 - \frac{1}{2}(\sigma_1 + \sigma_2)\right] \tag{1.23}$$

式中,σ_1,σ_2,σ_3,ε_1,ε_2,ε_3 分别为主应力和主应变;σ_i,ε_i 分别为等效应力与等效应变。

由式(1.21)、式(1.22) 和式(1.23) 可得

$$\varepsilon_2 = -\frac{1-2x}{2-x}\varepsilon_1 \tag{1.24}$$

$$\varepsilon_3 = -\frac{1+x}{2-x}\varepsilon_1 \tag{1.25}$$

平面应力状态时等效应力为

$$\sigma_i = \sigma_1\sqrt{1-x+x^2} \tag{1.26}$$

或
$$\sigma_i = \frac{\sigma_2}{x}\sqrt{1-x+x^2}$$

而等效应变为
$$\varepsilon_i = \frac{2}{2-x}\sqrt{1-x+x^2}\,\varepsilon_1 \tag{1.27}$$

或
$$\varepsilon_i = -\frac{2\sqrt{1-x+x^2}}{1-2x}\varepsilon_2 \tag{1.28}$$

$$\varepsilon_i = -\frac{2\sqrt{1-x+x^2}}{1+x}\varepsilon_3 \tag{1.29}$$

对等效应力公式进行全微分,得
$$\mathrm{d}\sigma_i = \frac{\partial\sigma_i}{\partial\sigma_1}\mathrm{d}\sigma_1 + \frac{\partial\sigma_i}{\partial\sigma_2}\mathrm{d}\sigma_2 = \frac{2-x}{2\sqrt{1-x+x^2}}\mathrm{d}\sigma_1 - \frac{1-2x}{\sqrt{1-x+x^2}}\mathrm{d}\sigma_2$$

对等效应变公式进行全微分,得
$$\mathrm{d}\varepsilon_i = \frac{2\sqrt{1-x+x^2}}{2-x}\mathrm{d}\varepsilon_1 = \frac{-2\sqrt{1-x+x^2}}{1-2x}\mathrm{d}\varepsilon_2 =$$
$$\frac{-2\sqrt{1-x+x^2}}{1+x}\mathrm{d}\varepsilon_3$$

这时的应变分量的增量与当时的应力状态有关,具有瞬时意义。则有
$$\frac{\mathrm{d}\sigma_i}{\mathrm{d}\varepsilon_i} = \frac{(2-x)^2}{4(1-x+x^2)}\frac{\mathrm{d}\sigma_1}{\mathrm{d}\varepsilon_1} + \frac{(1-2x)^2}{4(1-x+x^2)}\frac{\mathrm{d}\sigma_2}{\mathrm{d}\varepsilon_2} \tag{1.30}$$

式中
$$\mathrm{d}\varepsilon_1 = -\frac{2-x}{1-2x}\mathrm{d}\varepsilon_2$$

$\dfrac{\mathrm{d}\sigma_i}{\mathrm{d}\varepsilon_i}$ 恰 是 $\sigma_i - \varepsilon_i$ 曲 线 上 任 一 点 的 切 线 的斜率。

(1) Swift 分散性失稳理论。假如分散性失稳区域板料的原始长、宽、高为 a_0, b_0, t_0, 拉伸变形到 a,b,t, 如图 1.20 所示。

沿 1 轴方向的拉力 P_1 为
$$P_1 = bt\sigma_1 = b_0 t_0 e^{\varepsilon_2+\varepsilon_3}\sigma_1 =$$
$$b_0 t_0 e^{-\varepsilon_1}\sigma_1 \tag{1.31}$$

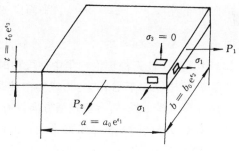

图 1.20 板料拉伸变形示意图

沿 2 轴方向的拉力 P_2 为
$$P_2 = at\sigma_2 = a_0 t_0 e^{\varepsilon_1+\varepsilon_3}\sigma_2 = a_0 t_0 e^{-\varepsilon_2}\sigma_2 \tag{1.32}$$

Swift 提出,以 $\mathrm{d}P_1=0$ 且 $\mathrm{d}P_2=0$ 作为出现分散性失稳的判据,说明此时材料承载能力在两个方向上同时出现极值。

将式(1.31)和式(1.32)微分,可得
$$\frac{\mathrm{d}\sigma_1}{\mathrm{d}\varepsilon_1} = \sigma_1 \tag{1.33}$$

$$\frac{\mathrm{d}\sigma_2}{\mathrm{d}\varepsilon_2} = \sigma_2 \tag{1.34}$$

将式(1.33)和式(1.34)代入式(1.30),得

$$\frac{\mathrm{d}\sigma_i}{\mathrm{d}\varepsilon_i} = \frac{(2-x)^2}{4(1-x+x^2)}\sigma_1 + \frac{(1-2x)^2}{4(1-x+x^2)}\sigma_2 =$$

$$\frac{(4-3x-3x^2+4x^3)}{4(1-x+x^2)}\sigma_1$$

将式(1.26)代入上式,得

$$\frac{\mathrm{d}\sigma_i}{\mathrm{d}\varepsilon_i} = \frac{\sigma_i}{\dfrac{4(1-x+x^2)^{3/2}}{(1+x)(4-7x+4x^2)}} \tag{1.35}$$

真实应力应变曲线上失稳点的斜率为

$$\left(\frac{\mathrm{d}\sigma_i}{\mathrm{d}\varepsilon_i}\right)_j = \frac{\sigma_{ij}}{\dfrac{4(1-x+x^2)^{3/2}}{(1+x)(4-7x+4x^2)}} \tag{1.36}$$

应力应变曲线以下式表示,即

$$\sigma_i = C\varepsilon_i^n$$

则

$$\frac{\mathrm{d}\sigma_i}{\mathrm{d}\varepsilon_i} = \frac{n}{\varepsilon_i}\sigma_i$$

对于失稳点,有

$$\left(\frac{\mathrm{d}\sigma_i}{\mathrm{d}\varepsilon_i}\right)_j = \frac{n}{\varepsilon_{ij}}\sigma_{ij} \tag{1.37}$$

比较式(1.36)与式(1.37),可以求出板料在不同应力状态下,分散性失稳发生时的等效应变 ε_{ij} 为

$$\varepsilon_{ij} = \frac{4(1-x+x^2)^{3/2}}{(1+x)(4-7x+4x^2)}n \tag{1.38}$$

单向拉伸时,$x=0$,$\varepsilon_{ij}=n=\varepsilon_j$;平面应变时,$x=0.5$,$\varepsilon_{ij}=\dfrac{2}{\sqrt{3}}n=1.155n=1.155\varepsilon_j$;双向等拉时,$x=1$,$\varepsilon_{ij}=2n=2\varepsilon_{ij}$。

(2) Hill 集中性失稳理论。集中性失稳时,受载板料的最薄弱环节,开始固定在变形区的某一狭窄条带内,无法转移出去,形成集中性颈缩。Hill 指出,集中性颈缩的发生与发展,主要是依靠板料的局部变薄,而沿着颈缩方向没有长度的变化。因此,其产生条件应该是失稳剖面材料的强化率与厚度的缩减率恰好平衡。而此时,其他部位的材料则因应力保持不变甚至下降而停止变形。

上述条件可以表示为

$$\frac{\mathrm{d}\sigma_1}{\sigma_1} = \frac{\mathrm{d}\sigma_2}{\sigma_2} = -\frac{\mathrm{d}t}{t} = -\mathrm{d}\varepsilon_3 \tag{1.39}$$

Hill 理论与 Swift 分散性失稳理论相比,增加了 $\mathrm{d}\varepsilon_2$(宽度方向)$=0$ 的条件;在板料外观上,呈现出吕德斯(Lüders)线。

根据式(1.30)、式(1.24)、式(1.25)、式(1.39)和式(1.26),可得

$$\frac{\mathrm{d}\sigma_i}{\mathrm{d}\varepsilon_i} = \frac{2-x}{2\sqrt{1-x+x^2}}\frac{-(1+x)}{2\sqrt{1-x+x^2}}\frac{\mathrm{d}\sigma_1}{\mathrm{d}\varepsilon_3} - \frac{1-2x}{2\sqrt{1-x+x^2}}\frac{-(1+x)}{2\sqrt{1-x+x^2}}\frac{\mathrm{d}\sigma_2}{\mathrm{d}\varepsilon_3} =$$

$$\frac{(2-x)[-(1+x)]}{4(1-x+x^2)}(-\sigma_1) - \frac{(1-2x)[-(1+x)]}{4(1-x+x^2)}(-x\sigma_1) =$$

$$\frac{1}{2}(1+x)\sigma_1 = \frac{\sigma_i}{\dfrac{2\sqrt{1-x+x^2}}{1+x}} \qquad (1.40)$$

又因为 $\sigma_i = C\varepsilon_i^n$，所以

$$\left(\frac{\mathrm{d}\sigma_i}{\mathrm{d}\varepsilon_i}\right)_j = \frac{n}{\varepsilon_{ij}}\sigma_{ij}$$

由式(1.40)，可得

$$\varepsilon_{ij} = \frac{2\sqrt{1-x+x^2}}{1+x}n \qquad (1.41)$$

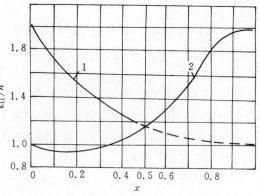

图 1.21　x 值对失稳类型的影响

1— 集中性失稳；2— 分散性失稳

式(1.38)与式(1.41)的比较如图 1.21 所示。

当 $0 \leqslant x < 0.5$ 时，板料先发生分散性失稳，然后发生集中性失稳；当 $x = 0.5$ 时，两种失稳同时发生；当 $0.5 < x \leqslant 1$ 时，先发生集中性失稳。但是从材料断裂情况的角度看，由分散性失稳发展成集中性失稳乃至断裂。

1.3.4　成形极限图

实际应用的成形极限图一般采用胀形法建立。试验前,在板料表面作出直径为 $1.5 \sim 2.5$ mm 的小圆圈坐标网。试验时将球形凸模压入板料,当试件出现裂纹时即停止。然后取出试件,在离裂纹最近的完整网格上测量小圆圈变成椭圆的尺寸。计算出椭圆的长、短轴应变,即可得出在此应变状态下的临界点。通过改变板料的形状和尺寸以及润滑方式等方法改变应力值的比例,再测得不同的应变状态。在取得足够的试验数据后,以椭圆长轴和短轴应变 ε_x 和 ε_y 作坐标,即绘制出成形极限图,如图 1.22 所示。

试验表明,一些塑性材料(如软钢、铜、铝和黄铜等)存在着如图 1.22 所示形式的成形极限图。应变在界限曲线以上(如点 A),工件将发生破裂;应变在界限曲线以下(如点 B),工件将能够成形。

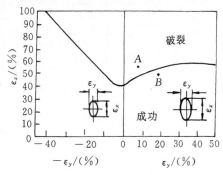

图 1.22　成形极限图

应用成形极限图可以进行复杂冲压件的工艺设计及其改进。在成形工件上取诸点,按上述圆圈坐标网格法,测其长、短轴应变后,和成形极限图比较。如果应变落在破裂区,则可以采取相应措施,增加短轴方向应变量 ε_y(指绝对值)。其具体措施如下:

(1)在双向受拉的应变状态下,可以加大短轴方向的毛坯尺寸,或者减小模具圆角半径,或者在模具上设置凸梗,以增加短轴方向材料流入模腔的阻力;

(2)在压拉应变状态下,可以适当减小短轴方向的毛坯尺寸,或增大模具圆角半径,或改进润滑条件,使得短轴方向的材料容易流入模腔。

1.4 常用材料的冲压性能

1.4.1 冲压用材料规格

冲压材料可分为板料、带料（卷料）和块料。

板料：冲压中应用最广的材料，适用于批量生产。常用规格有 710 mm × 1 420 mm，1 000 mm × 2 000 mm 等。生产中按照需要将板料剪裁成各种尺寸的条料再进行冲压。

带料（卷料）：用于大量生产，根据材料不同，有不同的宽度尺寸，长度达几米到几十米，有的薄金属长达上百米。应用卷料时，一般装有自动送料机构。在仪表制造业中应用比较多。

块料：用于小量或单件生产。对于价值昂贵的特种金属，可以由制造厂根据订户要求的尺寸制成圆形或方形的块料。

冲压材料在供应时，除了尺寸标准有要求之外，其厚度、宽度的公差也应当有规定。同时以多种状态（退火、淬火、半加工硬化、加工硬化等）供应。使用时根据需要进行选择。

板料有冷轧与热轧两种。

1.4.2 常用材料及其冲压性能

常用材料有碳钢、合金钢、铝和铝合金、镁合金、铜和铜合金、钛合金、不锈钢和高温合金等。几种常用航空板料的机械性能指标见表 1.3。由表 1.3 的数据可以近似判断各类材料的冲压性能。

表 1.3 常用材料的机械性能

材料牌号	$\frac{\sigma_{0.2}}{\text{MPa}}$	$\frac{\sigma_b}{\text{MPa}}$	$\frac{\sigma_{0.2}}{\sigma_b}$	$\frac{\delta}{\%}$	$\frac{\psi}{\%}$	$n=\varepsilon_j$	$C=\frac{\sigma_j}{\varepsilon_j^n}$	r	$\frac{E}{\text{MPa}}$
钢 10F	232	310	0.75	45	70	0.23	547	1.30	210 000
钢 20	236	391	0.6	28	45	0.18	637	0.60	210 000
30CrMnSi	388	609	0.64	26	50	0.14	924	0.90	
06Cr18Ni11Ti	357	652	0.55	45	65	0.34	1 340	0.89	200 000
3A21O	63	106	0.59	30	80	0.21	177	0.44	71 000
5A02O	90	177	0.51	20	70	0.16	275	0.63	71 000
2A12O	104	166	0.63	19	53	0.13	246	0.64	71 000
2A12C	295	457	0.65	15.6	35	0.13	681		71 000
7A04O	100	210	0.48	17	52	0.12	305		71 000
7A04C	491	576	0.85	10.3	25.2	0.04	637		71 000
MB8	211	270	0.78	15～20	25～30	0.11	384		41 000
T2	174	220	0.79	43	61	0.27	411	1.09	110 000
H62	161	320	0.5	50	58	0.38	672	1.00	
TC1	460～650	600～750	0.8～0.85	(20～35)	30～50	0.08～0.09			110 000
GH1140	260	650(室温) 230(800℃)	0.40	(40)					186 000

（1）碳钢。低碳钢使用较多。常用牌号有 08,08F,10,10F 和 20 等。低碳钢的冲压性能都较好,且有良好的焊接性能。一般用以制造受力不大的冲压件。其中如钢 10F 的塑性指标高,厚向异性指数 r 最大,故最宜用于复杂的深拉深。在退火或时效的低碳钢的拉伸曲线上具有明显的屈强平台,这在冲压成形时会引起出现损害工件外观的滑移线。在变形超过屈服平台以后,滑移线消失,而板料表面变得稍微有点粗糙。不但在拉伸应力作用下,而且在压缩应力作用下,也可以看到类似的现象。在板料弯曲时以折损形式出现的脆性线具有同样的根源。弯曲不大的角度以后,在板料上形成与弯曲轴不一致的折损线。在不小心时,薄板在重力作用之下可能折损。

冲压用低碳钢板,在经过冷轧和退火以后,要进行调质轧制,使其变形量超过屈服平台,以防止冲压时出现滑移线。可是对于在材料制造过程中未彻底去掉溶解在材料里的氮,或未采取使材料状况稳定措施的沸腾钢板,从调质轧制之后到冲压加工以前,如经过一定时间,会发生应变时效现象,再次出现屈服平台,与此同时就可能出现滑移线。

对冲压来说,以光轧（在平辊上轧制）或在辊子参差配置的板料矫正机上将板料向两个方向轻微地反复弯曲,使得板料得到不大的冷变形（3% 以下）,便可以消除上述现象。但是其效果具有暂时的性质。甚至只经过几天,机械性能有显著变化。因此,板料光轧工序应当在冲压以前进行。

铝镇静钢和用钒、硼等使钢中氮稳定化的沸腾钢等非时效钢,经过适当的调质轧制一旦消除了屈服平台,它的机械性能几乎不会因时效而改变,因而也不会在冲压时产生滑移线。

（2）合金钢。常用牌号有 12Mn2A,10Mn2,25CrMnSiA 和 30CrMnSiA 等。这类材料具有良好的塑性和焊接性,且有较高的强度,通常用于制造重要的冲压件。

（3）铝合金。铝合金分为不可以热处理强化铝合金和可以热处理强化两大类。

不可以热处理强化铝合金有铝锰合金（3A21）的铝镁合金（5A02、5A03、5A05 等）。这类合金能依靠冷作硬化来提高其强度。其中 3A21 的冲压性能最好,$\sigma_{0.2}/\sigma_b$ 比值低,加工硬化指数 n 较高,塑性指标 ψ 大,变形抗力小,且焊接与抗蚀性能也好,所以凡是受力不大的复杂工件,如油箱、整流罩等,都优先采用。但是 2A12 晶粒长大的倾向大,工件表面容易粗糙不光。其厚向异性指数 r 较低,拉深性能不如 2A12。5A02 的冲压性能也较好。随着含镁量的增加,如由 5A03 至 5A05,5A06,强度逐渐提高,塑性降低,冷作硬化效应显著增长,从而使回弹量变大。

可以热处理强化铝合金有硬铝 2A12,2A11 等和高强度铝合金 7A04,在退火状态下具有良好的冲压性能。但是与 3A21 相比,其 $E/\sigma_{0.2}$ 值较小,故回弹较大;ψ,ε_j 都小,故比较容易开裂。由于这类合金经时效处理后具有很高的硬度和强度,多用制造能承受重负荷的机翼、机身结构件,如翼肋、蒙皮、隔框、大梁、铆钉、接头等。为了提高硬铝的抗蚀能力,冲压用的硬铝表面都覆盖有一层很薄的纯铝。

（4）镁合金。常用有 MB1,MB2,MB3 和 MB8。镁合金具有比重小、强度较高、抗蚀性强并能接受焊接的特点。宜于制造汽油与滑油系统油管、油箱,整流罩及蒙皮等。镁具有密排六方晶格,常温下滑移系少,塑性很差。从 MB8 看,$\sigma_{0.2}/\sigma_b$ 比值高,ψ 小,因此一次冲压成形的极限变形量很小。为了改善其冲压性能,需要加热到 $320 \sim 350℃$。

（5）铜和铜合金。常用有 T1,T2,T3,H62 和 H59 等。其塑性、导电性、导热性都很好,适宜于制造飞机电气系统的套管、衬套等小型工件。

(6) 钛合金。常用有 TC1 和 TC4 等。钛是密排六方晶格,因此与镁相似,具有滑移系少、塑性低的缺点。钛合金的 $\sigma_{0.2}/\sigma_b$ 很高,ε_j 很小,对于切口、表面划伤的影响敏感,变形力大,$E/\sigma_{0.2}$ 的比值低,回弹量大,所以成形性能很差。此外,板料各向异性大,机械性能的波动范围大。目前生产中采取的工艺措施有:加热成形;蠕变校形;在各道成形工序前安排酸洗工序,以改善表面质量;在成形过程中增加中间热处理次数,以及成形以后安排消除内应力的热处理等。

(7) 不锈钢和高温合金。常用的有 06Cr18Ni11Ti,12Cr13,GH3030 和 GH1140 等。多用于制造航空发动机工件。这些工件有些处于高温条件下工作,有些承受着机械负荷或起着汇集和引导高压冷气流的使用。这类材料 ψ、ε_j 高,塑性好;$\sigma_{0.2}/\sigma_b$ 比值低,故一次成形的极限变形量大,但是加工硬化效应太强,变形抗力高(一般不锈钢经冷压加工后,有时强度可以提高 1 倍),要求模具强度也高,需要设备吨位大;且黏附性强,拉深时容易黏附在模具表面,使得模具很快磨损并擦伤工件表面。因此,必须采用特殊的润滑措施和特种模具材料。

思 考 题 一

1.1 简述冲压成形性能的试验方法。
1.2 简述板料成形极限的概念与成形极限图建立方法。
1.3 论述板料性能与冲压成形极限的关系。
1.4 简要说明板料失稳理论及其应用。
1.5 举例说明成形极限图在改进冲压成形工艺中的作用。

第 2 章 冲 裁

冲裁是利用模具使得板料产生分离的冲压工序,包括落料、冲孔、切口、切边、剖切、整修和精密冲裁等。冲裁得到的工件可以直接使用或用于装配部件,或可以作为弯曲、拉深、成形和冷挤压等其他工序的毛坯。

2.1 冲裁变形过程分析

为了提高冲裁件的尺寸精度与断面质量,必须研究冲裁变形过程、变形时材料内的应力状态和裂纹形成的机理。

冲裁工序是利用凸模与凹模组成上、下刃口,如图 2.1 所示,将材料置于凹模上,凸模向下运动使得材料变形,直至全部分离。由于凸模与凹模之间存在间隙 z,故凸模、凹模作用于材料的力呈不均匀分布,主要集中在凸模和凹模刃口。图 2.1 所示为无压紧装置冲裁时材料的受力图。图 2.1 中,P_1,P_2 为凸模与凹模对材料的垂直作用力,N;F_1,F_2 为凸模和凹模对材料的侧压力,N;μP_1,μP_2 为凸模和凹模端面对材料的摩擦力,N;μF_1,μF_2 为凸模和凹模侧面对材料的摩擦力,N。作用力 P_1 与 P_2 不在一直线上,形成弯矩 M。弯矩 M 使得材料在冲裁时产生穹弯。

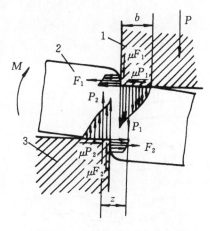

图 2.1 板料冲裁时的受力情况

1— 凸模；2— 板料；3— 凹模

冲裁既然是分离工序,必然从弹性变形与塑性变形开始。随着刃口压入材料深度的增加,塑性变形向材料内层发展,直至材料的整个厚度方向,使得材料的一部分相对于另一部分移动,形成塑剪变形,而且纤维产生拉伸与弯曲,愈接近材料的表面拉伸-弯曲愈明显。当塑性变形达一定值时,刃口附近的材料产生裂纹。裂纹先从凹模刃口侧面处的材料开始,继而在凸模刃口侧面处也产生裂纹,上、下裂纹会合后,材料完全分离。

综上所述,冲裁变形过程分为以下三个阶段:

第一阶段:弹性变形阶段如图 2.2(a) 所示。

凸模开始对材料加压,由于弯矩 M 的作用,材料不仅产生弹性压缩变形而且有穹弯,并稍有压入凹模腔口。此阶段材料内的应力状态未满足塑性变形条件,处于弹性变形阶段。

第二阶段:塑性变形阶段如图 2.2(b) 所示。

由于毛坯的弯曲,凸模沿环形带 b 继续对材料加压,当材料内的应力状态满足塑性变形条件时,便产生塑性变形;同时伴有纤维的弯曲与拉伸。随着变形的增加,刃口附近产生应力集中,直到应力达最大值(相当于材料的抗剪强度)。

第三阶段:断裂阶段如图 2.2(c)(d)(e) 所示。

当刃口附近应力达到破坏应力时,先后在凹模与凸模刃口侧面产生裂纹,裂纹产生后沿最大剪应力方向向材料内层发展,使得材料分离。

材料内裂纹首先在凹模刃口侧面产生,继而在凸模刃口侧面产生,其原因与冲裁时材料内的应力状态有关,因为冲裁过程中只有塑性变形达到一定值时,才会发生断裂。而极限塑性应变值除与材料性能有关外,还与应力状态及应力值有关。它随着静水压应力(球压张量)的增大而增大。冲裁时,材料内的应力状态复杂,与变形过程有关,图 2.3 所示为 4 个点塑性变形阶段的应力状态,其中:

点 A——σ_3 为凸模下降产生的轴向拉应力,σ_1 为凸模侧压力 F_1 与材料弯曲引起的径向压应力,σ_2 为材料弯曲引起的压应力与侧压力 F_1 引起的拉应力合成的切向应力。

点 B—— 由凸模下压和材料弯曲引起的三向压应力状态。

点 C——σ_3 为凹模挤压材料产生的压应力,σ_1 和 σ_2 为材料弯曲引起的径向拉应力和切向拉应力。

点 D——σ_3 为凸模下压材料引起的轴向拉应力,径向应力 σ_1 与切向应力 σ_2 为材料弯曲引起的拉应力与凹模侧压力 F_2 引起的压应力的合成。侧压力与间隙的大小有关,间隙比较大时,侧压力比较小,故一般情况下点 D 主要处于拉应力状态。

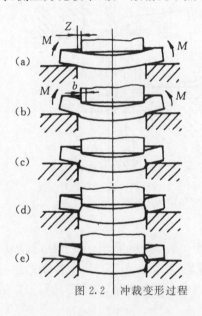

图 2.2　冲裁变形过程

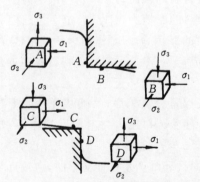

图 2.3　板料表层纤维的应力状态

由 A,B,C,D 各点的应力状态可以看出,凸模与凹模端面(即点 B 与点 C)的静水压应力(球压张量)高于侧面(点 A 与点 D)的静水压力。又因为材料穿弯使凸模一侧材料受到双向压缩,凹模一侧材料受到双向拉伸,故凸模刃口附近的静水压应力又比凹模刃口附近的静水压应力高。冲裁裂纹首先在静水压应力最低的凹模刃口侧壁产生,继而在凸模刃口侧面产生,所以裂纹形成时,在冲裁件上留下了毛刺。

由于冲裁变形的特点,不仅使得冲出的工件(或孔)带有毛刺,而且还使得其切断面具有三个特征区域,即圆角带、光亮带和断裂带,如图 2.4 所示。圆角带是冲裁过程中由于纤维的

弯曲与拉伸而形成的,软材料的圆角比硬材料的圆角
大。光亮带是塑性剪切变形时,在毛坯一部分相对于另
一部分移动过程中,凸模和凹模侧压力 F 将毛坯压平而
形成的光亮垂直的断面,通常光亮带占全断面的 $1/2 \sim 1/3$。断裂带是由刃口处的微裂纹在拉应力作用下不断
扩展而形成的撕裂面,使得冲裁件断面粗糙不光滑,且有
斜度。圆角带、光亮带、断裂带和毛刺四个部分在冲裁件
整个断面上所占比例不是固定的,随着材料的机械性能、
凸模与凹模间隙、模具结构等不同而变化。增加光亮带
高度的关键是延长塑性变形阶段,推迟裂纹的产生;可以

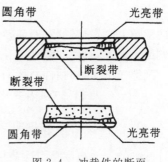

图 2.4　冲裁件的断面

通过增加金属材料的塑性和减少凹模刃口附近的应力集中实现。

2.2　凸模与凹模的间隙

　　凸模与凹模之间的间隙对冲裁件质量、冲裁力、模具寿命的影响很大,是冲裁工艺与模具
设计中一个极其重要的问题。

　　冲裁件质量是指切断面质量、尺寸精度及形状误差。切断面应当平直、光洁,即无裂纹、撕
裂、夹层和毛刺等缺陷。工件表面应当尽可能平直,即穹弯小。尺寸精度应当保证不超出图纸
规定的公差范围。影响冲裁件质量的因素有:凸模与凹模间隙及分布的均匀性,模具刃口状
态,模具结构与制造精度,材料性能等,其中间隙值和均匀程度是主要因素。

2.2.1　间隙对冲裁件断面质量的影响

　　由冲裁机理分析可知,冲裁时,裂纹不一定从两刃口同时发生,上、下裂纹是否重合与凸、
凹模间隙值有关。当凸模与凹模间隙控制在合理范围内时,由凸模与凹模刃口沿最大剪应力
方向产生的裂纹将互相重合。此时冲出的冲裁件(或孔)断面虽有一定斜度,但是比较平直、
光洁,毛刺很小,如图 2.5(b) 所示,并且冲裁力小。

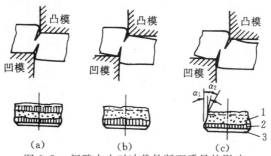

图 2.5　间隙大小对冲裁件断面质量的影响
(a) 间隙过小;(b) 间隙合适;(c) 间隙过大
1—断裂带;2—光亮带;3—圆角带

　　间隙过小时,由凹模刃口处产生的裂纹进入凸模下面的压应力区后停止发展。当凸模继
续下压时,在上、下裂纹中间的部分将产生二次剪切,继而被凸模挤入凹模腔口。这样,冲裁件
断面的中部留下撕裂面如图 2.5(a) 所示,而两头呈光亮带,在端面出现挤长的毛刺。毛刺虽

有所增长,但是容易去除,且冲裁件穹弯小,断面垂直,故只要中间撕裂不是很深,仍然可以使用。

间隙过大时,材料的弯曲与拉伸增大,拉应力增大,材料容易被撕裂,且裂纹在离开刃口稍远的侧面上产生,致使冲裁件光亮带减小,圆角与断裂斜度都增大,毛刺大而厚,难以去除。所以随着间隙的增大,冲裁件断裂面的倾斜度增大,毛刺增高如图 2.5(c) 所示。当间隙在一定范围($z = (14\% \sim 24\%)t$)内变化时,毛刺高度小,且变化不大,称为毛刺稳定区。

2.2.2 间隙对尺寸精度的影响

冲裁件的尺寸精度是指冲裁件的实际尺寸与公称尺寸的差值。差值越小,则精度越高。这个差值包括两个方面的偏差,一是冲裁件相对于凸模或凹模尺寸的偏差,一是模具本身的制造偏差。

冲裁件相对于凸模与凹模尺寸的偏差,主要是工件从凹模内推出(落料)或从凸模上卸下(冲孔)时,由于材料所受的挤压变形、纤维伸长、穹弯都要产生弹性恢复造成的。偏差值可能是正的,也可能是负的。影响这个偏差值的因素有:

(1) 凸模与凹模间隙;

(2) 材料性能;

(3) 工件形状与尺寸。

其中主要因素是凸模与凹模间隙。

当凸模与凹模间隙较大时,材料所受拉伸作用增大。冲裁后,材料的弹性恢复使得落料尺寸小于凹模尺寸,冲孔孔径大于凸模直径,如图 2.6 所示。此时穹弯的弹性恢复方向与其相反,故薄板冲裁时制件尺寸偏差减小。在间隙较小时,由于材料受凸模与凹模挤压力大,故冲裁后,材料的弹性恢复使得落料件尺寸增大,冲孔孔径变小。尺寸变化量与材料性能、厚度和轧制方向等有关。材料性质直接决定了材料在冲裁过程中的弹性变形量。软钢的弹性变形量比较小,冲裁后的弹性恢复量也比较小。硬钢的弹性恢复量比较大。

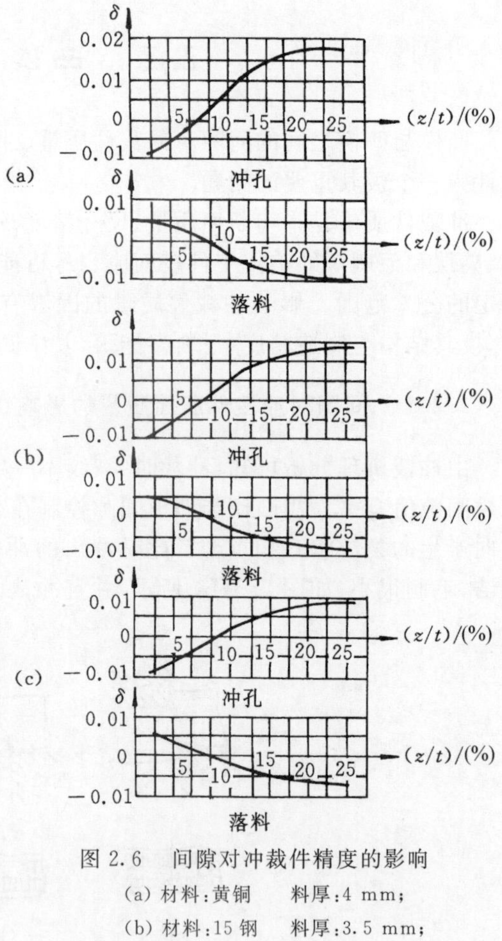

图 2.6 所示曲线与 $\delta = 0$ 的横轴交点表明工件尺寸与模具尺寸完全一样,交点右边表示工件与模具之间是松动的。假如采用右边比较大

图 2.6 间隙对冲裁件精度的影响

(a) 材料:黄铜　料厚:4 mm;

(b) 材料:15 钢　料厚:3.5 mm;

(c) 材料:45 钢　料厚:2 mm

的间隙值,则工件与模具之间的摩擦力比较小。但是间隙大到一定值时,由于穹弯引起的弹性恢复量比较大,摩擦力的减小不显著。

上述因素的影响是在模具制造精度一定的前提下讨论的。假如模具刃口制造精度比较低,则冲裁出的工件精度也就无法保证。所以凸模与凹模刃口的制造公差一定要按工件的尺寸要求确定。此外,模具的结构形式和定位方式对孔的定位尺寸精度也有比较大的影响,这将在模具结构一章中阐述。冲模制造精度与冲裁件精度之间的关系见表2.1。

表 2.1 冲模精度与冲裁件精度的关系

冲模制造精度	板料厚度 t/mm											
	0.5	0.8	1.0	1.5	2	3	4	5	6	8	10	12
IT6 ～ 7	IT8	IT8	IT9	IT10	IT10	—	—	—	—	—	—	—
IT7 ～ 8	—	IT9	IT10	IT10	IT12	IT12	IT12	—	—	—	—	—
IT9	—	—	—	IT12	IT12	IT12	IT12	IT12	IT14	IT14	IT14	IT14

2.2.3　间隙对冲裁力的影响

随着间隙的增大,材料所受的拉应力增大,材料容易断裂分离,因此冲裁力减小。但是继续增大间隙值,会因从凸、凹模刃口处产生的裂纹不相重合的影响,冲裁力下降变缓,其试验曲线如图2.7所示。

由于间隙的增大,使得冲裁后冲裁件的光亮面变窄,落料尺寸小于凹模尺寸,冲孔尺寸大于凸模尺寸,因而使得卸料力、推件力或顶件力也随之减小。间隙对卸料力的影响如图2.8所示。但是,当间隙继续增大时,因为毛刺增大,引起卸料力和顶件力迅速增大。

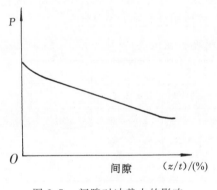

图 2.7　间隙对冲裁力的影响

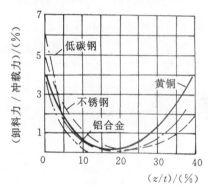

图 2.8　间隙对卸料力的影响

2.2.4　间隙对模具寿命的影响

冲裁模具的寿命是指保证获得合格产品时的冲裁次数。

冲裁过程中模具的失效形式一般有磨损、变形、崩刃和凹模刃口涨裂四种。

增大间隙可以降低冲裁力、卸料力,因而模具的磨损减小。当间隙继续增大时,卸料力增加,又会影响模具磨损。一般当间隙为$(10\% ～ 15\%)t$时磨损最小,模具寿命比较高。

当间隙比较小时,落料件梗塞在凹模洞口的涨裂力比较大。

2.2.5　确定合理间隙的理论依据

由以上分析可知,凸模与凹模间隙对冲裁件质量、冲裁力、模具寿命等都有很大影响。因此,在设计和制造模具时要求采用合理的间隙值,以保证冲裁件的断面质量好,尺寸精度高,所需冲裁力小,模具寿命高。但是分别从这些方面确定的合理间隙并不是同一数值,只是彼此接近。考虑到模具制造中的偏差及使用中的磨损,生产中通常选择一个适当的范围作为合理间隙。在此范围内的间隙可以获得合格的冲裁件。这个范围的最小值称为最小合理间隙 z_{min},最大值称为最大合理间隙 z_{max}。设计与制造新模具时采用最小合理间隙值。

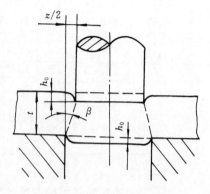

图 2.9　合理间隙的确定

确定合理间隙的理论根据是以凸模和凹模刃口处产生的裂纹相重合为依据。由图 2.9 可以得到计算合理间隙的公式为

$$z = 2t\left(1 - \frac{h_0}{t}\right)\tan\beta \qquad (2.1)$$

由式(2.1)可以看出,间隙 z 与材料厚度 t、相对切入深度 h_0/t 和破裂角 β 有关。而 h_0/t 与 β 又与材料性能有关,见表 2.2。由于角度 β 值的变化不大,所以间隙数值主要取决于 h_0/t 和 t。对于硬而脆的板料,h_0/t 有较小值,则合理间隙数值较大。对于软而韧的板料,h_0/t 有较大值,则合理间隙值较小。板料厚度越大,合理间隙值越大。

由于理论计算方法在工程上不便于使用,目前广泛使用的是经验数据。

表 2.2　h_0/t 与 β 值(厚度 t/mm)

材　　料	$(h_0/t)/(\%)$				β
	$t < 1$	$t = 1 \sim 2$	$t = 2 \sim 4$	$t > 4$	
软钢	$75 \sim 70$	$70 \sim 65$	$65 \sim 55$	$50 \sim 40$	$5° \sim 6°$
中硬钢	$65 \sim 60$	$60 \sim 55$	$55 \sim 48$	$45 \sim 35$	$4° \sim 5°$
硬钢	$54 \sim 47$	$47 \sim 45$	$44 \sim 38$	$35 \sim 25$	$4°$

2.2.6　合理间隙的选择

将式(2.1)写成

$$z = 2t\left(1 - \frac{h_0}{t}\right)\tan\beta = Kt \qquad (2.2)$$

式中　K——材料的品质系数$\left(K = 2\left(1 - \frac{h_0}{t}\right)\right)$,与材料的机械性能有关。

对于金属材料选取系数 $K = z/t = 8\% \sim 35\%$。

凸模与凹模的合理间隙选择应当遵循如下原则:对于断面垂直度与尺寸公差等级要求比较高的工件,选择比较小的合理间隙值。这时冲裁力与模具寿命作为次要因素来考虑。对于断面垂直度与尺寸公差等级要求不高的工件,在满足工件要求的前提下,应当以降低冲裁力、提高模具寿命为主,采用比较大的合理间隙值。常用板料的冲裁初始间隙,见表 2.3。

表 2.3　常用板料的冲裁初始间隙（双面）　　　　mm

板料厚度 t	低碳钢 10,20；铜，紫铜，铝		中碳钢 25,35,45；杜拉铝，黄铜		高碳钢，变压器钢和不锈钢	
	z_{min}	Δz	z_{min}	Δz	z_{min}	Δz
0.2	0.010	+0.010	0.012	+0.010	0.014	0.010
0.3	0.015		0.018		0.021	
0.4	0.020		0.024		0.028	
0.5	0.025		0.030		0.035	
0.6	0.030	+0.020	0.036	+0.020	0.042	+0.020
0.7	0.035		0.042		0.049	
0.8	0.040		0.048		0.056	
0.9	0.045		0.054		0.063	
1.0	0.050		0.060		0.070	
1.2	0.070	+0.030	0.080	+0.030	0.100	+0.030
1.5	0.090		0.110		0.120	
1.8	0.110	+0.050	0.130	+0.050	0.140	+0.050
2.0	0.120		0.140		0.160	
2.2	0.160		0.180		0.200	
2.5	0.180		0.200		0.230	
2.8	0.200		0.220		0.250	
3.0	0.210	+0.100	0.240	+0.100	0.270	+0.100
3.5	0.280		0.320		0.350	
4.0	0.320		0.360		0.400	
4.5	0.360		0.450		0.540	
5.0	0.400		0.500		0.600	
6.0	0.500	+0.200	0.600	+0.200	0.700	+0.200
7.0	0.700		0.900		1.000	
8.0	0.800		1.000		1.100	
9.0	1.100		1.300		1.400	
10.0	1.200		1.400		1.600	

注：Δz——增大间隙的极限偏差（双面的）。

表 2.4 为推荐的较大间隙值。

表 2.4　推荐的较大间隙值

厚度 t/mm ＼ (z/t)/(%) ＼ 材料	软材料 Q235A, 钢 10, 钢 20	中硬材料 2A12T4, QSn6.5-1	硬材料 T8A, 65Mn
0.1～1	12～18	15～20	18～24
1.2～3	15～20	18～24	22～28
3.5～6	18～24	20～26	24～30
7～10	20～26	24～30	26～32

2.3　凸模与凹模刃口尺寸的计算

2.3.1　凸模与凹模尺寸计算原则

模具刃口尺寸精度等级是影响冲裁件尺寸精度等级的首要因素,模具的合理间隙值也是要靠模具刃口尺寸及其精度来保证。因此,在确定凸模和凹模工作部分尺寸及其制造精度时,必须考虑到冲裁变形规律、冲裁件精度等级、模具磨损和制造的特点。

实践证明,落料件尺寸由凹模刃口尺寸决定;而冲孔件尺寸由凸模刃口尺寸决定。所以,当计算凸模和凹模刃口尺寸时,应当按落料和冲孔两种情况分别考虑。在生产过程中,凸模和凹模刃口尺寸又因磨损而发生变化。凸模越磨越小,凹模越磨越大,结果使得间隙越用越大。因此,当设计和制造模具时,选取最小合理间隙。

(1) 落料时,先确定凹模工作部分尺寸,其大小应当选取接近于或等于工件的最小极限尺寸,以保证凹模磨损到一定尺寸范围内,仍能冲出合格工件。凸模公称尺寸应当比凹模公称尺寸小一个最小合理间隙值。

(2) 冲孔时,先确定凸模工作部分尺寸,其大小应当选取接近于或等于孔的最大极限尺寸,以保证凸模磨损到一定尺寸范围内,仍能冲出合格的孔件。凹模公称尺寸应当比凸模公称尺寸大一个最小合理间隙值。

(3) 对于落料件一般标注单向负公差。假如工件的公称尺寸为 D,工件公差为 Δ,则工件尺寸是 $D_{-\Delta}^{0}$。冲孔件的公差一般为单向正公差,假如冲孔件的公称尺寸为 d,工件公差为 Δ,则冲孔件尺寸是 $d_{0}^{+\Delta}$。假如工件尺寸标注有正、负偏差,则应当将正、负偏差换算成上述要求的等价的正公差或负公差,假如工件没有标注公差,则工件公差按照国家标准非配合尺寸的 IT14 级处理。

2.3.2　凸模与凹模分开加工时尺寸与公差的确定

凸模与凹模分开加工是指凸模与凹模可以分别按照各自的图纸加工至最后尺寸。此种方法适用于圆形或形状简单的工件。凸模和凹模图纸要分别标注凸模和凹模刃口尺寸与其制造公差。

(1) 落料。设落料件尺寸为 $D_{-\Delta}^{0}$,根据上述原则,先确定凹模尺寸,再减小凸模尺寸以保证最小合理间隙。落料模的允许偏差位置如图 2.10(a)所示。其凸、凹模工件部分尺寸的计

算公式为

$$D_d = (D - x\Delta)^{+\delta_d}_{0} \tag{2.3}$$

$$D_p = (D_d - z_{\min}) = (D - x\Delta - z_{\min})^{0}_{-\delta_p} \tag{2.4}$$

式中　D_p, D_d —— 落料凸模和凹模公称尺寸,mm;

　　　　D —— 落料件公称尺寸,mm;

　　　　Δ —— 落料件公差,mm;

　　　$z_{\min}$ —— 凸模与凹模的最小双面间隙,mm;

　　δ_p, δ_d —— 凸模与凹模制造公差,mm,分别按 IT6 和 IT7 公差等级制造,也可以选取

$$\delta_d = \frac{1}{4}\Delta, \delta_p = \left(\frac{1}{4} \sim \frac{1}{5}\right)\Delta;$$

　　　　x —— 系数,$x = 0.5 \sim 1$,它与工件精度等级有关。

当落料件精度等级为 IT10 级以上时,选取 $x = 1$;

当落料件精度等级为 IT11 $\sim$ 13 级时,选取 $x = 0.75$;

当落料件精度等级为 IT14 级以下时,选取 $x = 0.5$。

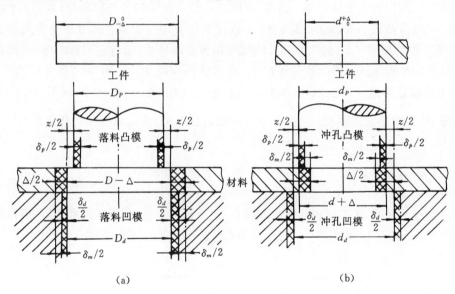

图 2.10　冲裁模尺寸与公差

(a) 落料模；(b) 冲孔模(图中 δ_m 表示允许磨损量)

(2) 冲孔。设冲孔尺寸为 $d^{+\Delta}_{0}$,根据上述原则,先确定凸模尺寸,再增大凹模尺寸以保证最小合理间隙。冲孔模的允许偏差位置如图 2-10(b) 所示。凸模和凹模工作部分尺寸的计算公式为

$$d_p = (d + x\Delta)^{0}_{-\delta_p} \tag{2.5}$$

$$d_d = (d_p + z_{\min})^{+\delta_d}_{0} = (d + x\Delta + z_{\min})^{+\delta_d}_{0} \tag{2.6}$$

式中　d_p, d_d —— 冲孔凸模和凹模公称尺寸,mm;

　　　　d —— 冲孔件公称尺寸,mm。

（3）孔心距

$$L_d = L^{\pm\frac{\Delta}{8}} \tag{2.7}$$

式中　L_d——凹模孔心距的公称尺寸，mm；

　　　L——工件孔心距的公称尺寸，mm；

　　　Δ——工件孔心距的精度。

凸模与凹模分开加工法，必须满足下列条件：$\delta_p + \delta_d \leqslant z_{max} - z_{min}$。假如 $\delta_p + \delta_d > z_{max} - z_{min}$，应当通过提高凸模和凹模的制造精度等级满足上述条件。或选取 $\delta_p = 0.4(z_{max} - z_{min})$ 和 $\delta_d = 0.6(z_{max} - z_{min})$，但是不小于 0.01 mm。

凸模和凹模分开加工法的优点是凸模和凹模互换性强，便于模具成批制造，适用于工件的大批量生产；缺点是为了保证合理间隙，需要比较高的制模精度等级，模具制造困难，加工成本高。

2.3.3　凸模与凹模配合加工时尺寸与公差的确定

凸模和凹模配合加工是指先加工凸模（或凹模），然后根据加工好的凸模（或凹模）的实际尺寸，配做凹模（或凸模），在凹模（或凸模）上修出最小合理间隙值。其方法是将先加工出的凸模（或凹模）作为基准件，它的工作部分的尺寸作为基准尺寸，而与它配做的凹模（或凸模），只须在图纸上标注相应部分的凸模公称尺寸（或凹模公称尺寸），注明"××尺寸按凸模（或凹模）配做，每边保证间隙××"。这样，基准件的制造公差 δ_p（或 δ_d）的大小，就不再受凸模和凹隙大小的限制，使模具制造容易。一般基准件的制造公差 δ_p（或 δ_d）$= \dfrac{\Delta}{4}$；形状简单时按 IT6 级（δ_p）或 IT7 级（δ_d）公差制造。

配合加工法在工程上被广泛采用，适用于形状复杂的冲裁件。

1. 落料

应当以凹模为基准，然后配做凸模。如图 2.11 所示的工件，落料凹模磨损后，刃口尺寸的变化有增大、减小和不变三种情况。因此，凹模尺寸应当根据这三种规律分别计算。

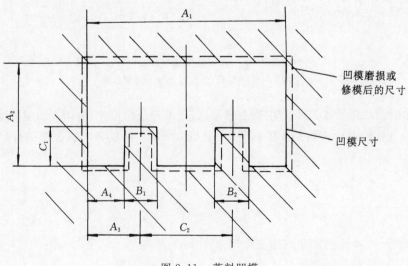

图 2.11　落料凹模

(1) 凹模磨损后尺寸增加,如图 2.11 的 A_1、A_2、A_3 和 A_4。计算这类尺寸时,先将工件图尺寸化成 $D_{-\Delta}^{\ 0}$。这时凹模尺寸按照式(2.3)计算,即

$$D_d = (D - x\Delta)_0^{+\delta_d} \tag{2.8}$$

(2) 凹模磨损后尺寸减小,如图 2.11 的 B_1 和 B_2。计算这类尺寸时,先将工件图尺寸化成 $d_0^{+\Delta}$。这时凹模尺寸按照式(2.5)计算,即

$$d_d = (d + x\Delta)_{-\delta_d}^{\ 0} \tag{2.9}$$

(3) 凹模磨损后尺寸不变,如图 2.11 的 C_1 和 C_2。计算这类尺寸时,先将工件图尺寸化成 $L^{\pm\frac{\Delta}{2}}$ 的形式。这时凹模尺寸按照下式计算,即

$$L_d = L^{\pm\frac{\delta_d}{2}} \quad 或 \quad L_d = L^{\pm\frac{\Delta}{8}} \tag{2.10}$$

2. 冲孔

应当以凸模为基准,然后配做凹模。如图 2.12 所示的冲孔件,冲孔凸模磨损后,刃口尺寸变化也有减小、增大和不变三种情况。因此,凸模尺寸也应当根据这三种规律分别计算。

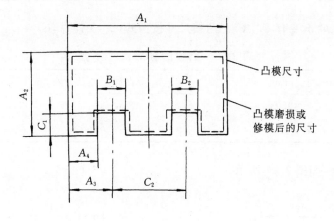

图 2.12　冲孔凸模

(1) 凸模磨损后尺寸减小,如图 2.12 的 A_1,A_2,A_3 和 A_4。计算这类尺寸时,先将工件图尺寸化成 $d_0^{+\Delta}$。这时凸模尺寸按照式(2.5)计算,即

$$d_p = (d + x\Delta)_{-\delta_p}^{\ 0} \tag{2.11}$$

(2) 凸模磨损后尺寸增大,如图 2.12 的 B_1 和 B_2。计算这类尺寸时,先将工件图尺寸化成 $D_{-\Delta}^{\ 0}$。这时凸模尺寸按照式(2.3)计算,即

$$D_p = (D - x\Delta)_0^{+\delta_p} \tag{2.12}$$

(3) 凸模磨损后尺寸不变,如图 2.12 的 C_1 和 C_2。这类尺寸计算方法与落料件相同,这时凸模尺寸按照式(2.7)计算,即

$$L_p = L^{\pm\frac{\delta_p}{2}} \quad 或 \quad L_p = L^{\pm\frac{\Delta}{8}} \tag{2.13}$$

举例:冲孔尺寸如图 2.13 所示。计算其凸模和凹模尺寸及其公差。

孔形属于比较复杂的非圆形,应当采用配合加工法,只须计算凸模尺寸及公差。

凸模磨损后尺寸减小有 A_1,A_2,A_3 和 A_4。凸模尺寸按照式(2.5)计算,$d_p = (d + x\Delta)_{-\delta_p}^{\ 0}$,

其中系数 x 按照工件精度等级分别选取 $x=1$ 或 0.75。见表 2.5。

表 2.5　凸模磨损后尺寸减小

工件尺寸 /mm	凸模尺寸及公差 /mm
$A_1 = 8.84^{+0.16}_{0}$	$(8.84 + 1 \times 0.16)^{0}_{-0.16/4} = 9^{0}_{-0.04}$
$A_2 = 11.26^{+0.20}_{0}$	$(11.26 + 0.75 \times 0.20)^{0}_{-0.20/4} = 11.41^{0}_{-0.05}$
$A_3 = 1 \pm 0.03$ 化成 $0.97^{+0.06}_{0}$	$(0.97 + 1 \times 0.06)^{0}_{-0.06/4} = 1.03^{0}_{-0.015}$
$A_4 = 9^{+0.20}_{0}$	$(9 + 0.75 \times 0.2)^{0}_{-0.20/4} = 9.15^{0}_{-0.05}$

凸模磨损后尺寸增大有 B_1。凸模尺寸按照式(2.3)计算，$D_p = (D - x\Delta)^{+\delta_d}_{0}$，其中系数选取 $x=1$。见表 2.6。

表 2.6　凸模磨损后尺寸增大

工件尺寸 /mm	凸模尺寸及公差 /mm
$B_1 = 2.4 \pm 0.04$ 化成 $2.45^{0}_{-0.10}$	$(2.45 - 1 \times 0.10)^{+0.10/4}_{0} = 2.35^{+0.025}_{0}$

凸模磨损后尺寸不变有 C_1，C_2。凸模尺寸按照式(2.7)计算，$L_d = L^{\pm\frac{\Delta}{8}}$。见表 2.7。

表 2.7　凸模磨损后尺寸不变

工件尺寸 /mm	凸模尺寸及公差 /mm
$C_1 = 5.4 + 0.05$	$5.4^{0}_{-0.013}$
$C_2 = 1.28 + 0.03$	$1.28 + 0.008$

凸模尺寸标注，如图 2.14 所示。

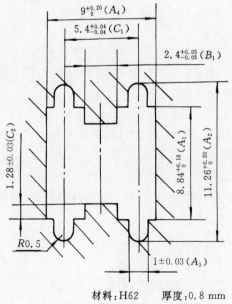

材料:H62　厚度:0.8 mm

图 2.13　冲孔件尺寸

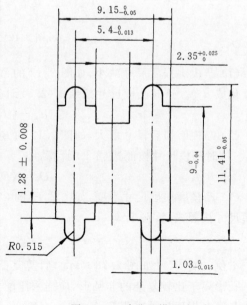

图 2.14　冲孔凸模尺寸

查表 2.3 得间隙值：$z_{\min}=0.048$ mm，$z_{\max}=z_{\min}+\Delta z=0.068$ mm。

凹模则按凸模的实际尺寸配做，每边保证间隙 $0.024\sim0.034$ mm。

凸模与凹模尺寸的确定与加工方法有关。假如采用电火花加工，由于电火花加工属于配合加工法，且凹模的工作孔一般是由凸模或专用电极加工出来的，因此，不论是冲孔还是落料，一律都在凸模上标注尺寸与公差，凹模只标明："与凸模配合加工，保证最小间隙 ×××"。对于凹模不存在机械加工的制造公差，而只有加工时放电火花间隙的误差，它的尺寸公差主要靠电极公差保证。

假如采用成形磨削加工凸模与凹模，不论落料还是冲孔，在一般情况下，先做凸模，凹模按凸模修配间隙。

对于先做凸模，凹模按凸模配作间隙的加工法，冲孔时，其凸模尺寸及公差按照前述配合加工法公式计算；落料时，其凸模尺寸和公差按照下列公式计算：

凸模磨损后尺寸增大

$$D_p=(D-x\Delta-z_{\min})_{-\delta_p}^{0} \tag{2.14}$$

凸模磨损后尺寸减小

$$d_p=(d+x\Delta+z_{\min})_{0}^{+\delta_p} \tag{2.15}$$

凸模磨损后尺寸不变

$$L_p=L^{\pm\frac{\Delta}{8}} \tag{2.16}$$

假如采用数控线切割加工凸模与凹模，由于机床的加工精度比较高（一般可达 ±0.01 mm），可以在凸模与凹模上分别标上尺寸和公差。

2.4　冲裁力计算与降低冲裁力的方法

2.4.1　冲裁力计算

计算冲裁力的目的是为了选用合适的冲压成形设备、设计模具和检验模具强度。设备的吨位必须大于所计算的冲裁力。

一般平刃口模具冲裁时，冲裁力按照下式计算，即

$$P=KF\tau=KLt\tau \tag{2.17}$$

式中　P——冲裁力，N；

　　　F——冲切断面积，mm²；

　　　L——冲裁周边长度，mm；

　　　t——板料厚度，mm；

　　　τ——材料抗剪强度，MPa；

　　　K——安全因数，一般选取 $K=1.3$，考虑到模具刃口的磨损，凸模和凹模间隙的波动，材料机械性能的变化，板料厚度及偏差等因素。

有时，按照下式计算，即

$$P=KLt\tau\approx Lt\sigma_b \tag{2.18}$$

式中　σ_b——材料抗拉强度，MPa。

2.4.2 降低冲裁力的方法

冲裁高强度材料或厚料和大尺寸工件时,所需的冲裁力比较大。假如要用吨位比较小的设备冲裁,必须采取措施以降低冲裁力。一般有以下几种方法。

1. 斜刃模具冲裁

采用平刃口模具冲裁时,整个刃口平面都同时切入板料,切断沿着工件周边同时发生,所需的冲裁力大。假如采用斜刃模具冲裁,整个刃口平面不是全部同时切入,而是逐步将板料切断,这就等于减少了切断面积 F,因而能够降低冲裁力,并能够减小冲击、振动和噪声,常用于大型厚板工件的冲裁。

斜刃形式如图 2.15 所示。落料时,为了得到平整的工件,凹模做成斜刃,如图 2.15(a) 和图 2.15(b) 所示。冲孔时,则相反,凸模做成斜刃,如图 2.15(c) 和图 2.15(d) 所示。冲裁弯曲状工件时,采用有圆头的凸模,如图 2.15(e) 所示。单边斜刃冲模,只适用于折弯的切口,如图 2.15(f) 所示。设计斜刃模具时,应当注意将斜刃作对称布置,以免冲裁时凹模承受单向侧压力而发生偏移,啃坏刃口。轮廓复杂的工件,不宜采用斜刃。斜刃角 φ 与斜刃高度 H 可以参考下列数值选取。即

$$t < 3 \text{ mm}, \quad H = 2t, \quad \varphi < 5°$$
$$t = 3 \sim 10 \text{ mm}, \quad H = t, \quad \varphi < 8°$$

斜刃冲裁力 P_s 按照下式计算,即

$$P_s = kP \tag{2.19}$$

式中 P —— 平刃冲模冲裁时所需的力,N;

  k —— 斜刃冲裁的冲裁力因数,见表 2.8。

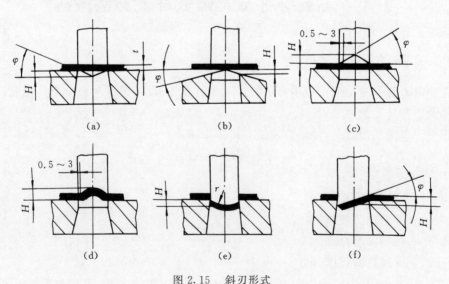

图 2.15 斜刃形式

表 2.8 斜刃冲裁力因数 k

H/mm	$H = t$	$H = 2t$
k	$0.4 \sim 0.6$	$0.2 \sim 0.4$

斜刃冲裁厚板时，应当验算冲裁功。其计算公式为

$$W = \frac{P_s t}{1\,000} \tag{2.20}$$

式中　W —— 冲裁功，$N \cdot m$；

　　　t —— 板厚，mm；

　　　P_s —— 斜刃冲裁力，N。

斜刃模具的主要缺点是刃口制造与修磨比较困难，刃口极易磨损，工件不够平整。因此一般情况下尽量不用，只用于大型工件或厚料冲裁。

2. 阶梯凸模冲裁

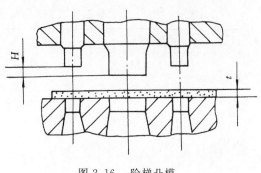

在多凸模的模具中，可以根据凸模尺寸，做成不同的高度，呈阶梯形布置，如图 2.16 所示。它避免了各凸模冲裁力的最大值同时发生，因而降低了总的冲裁力。特别是在几个凸模直径相差悬殊、彼此距离又很小的情况下，采用阶梯形布置还能够避免小直径凸模由于承受材料流动的压挤力而产生折断或倾斜的现象。为了保证凸模的刚度，尺寸小的凸模做短些。凸模间的高度差 H 取决于板料厚度。即

图 2.16　阶梯凸模

$$t < 3\ mm, \quad H = t$$
$$t > 3\ mm, \quad H = 0.5t$$

这种模具的缺点是长凸模进入凹模比较深，容易磨损。

3. 加热冲裁

材料在加热状态下抗剪强度明显下降，所以加热冲裁能够降低冲裁力。这种冲裁方法的缺点是材料加热后产生氧化皮，且因为加热，劳动条件差；只适用于厚板或工件表面质量和公差等级要求不高的工件。

2.4.3　卸料力、推件力与顶件力计算

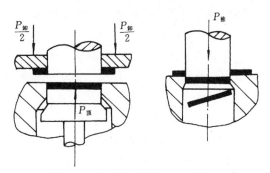

冲裁后，工件（或废料）由于径向发生弹性变形而扩张，会卡在凹模洞口内；同时，在板料上冲裁出的孔则沿着径向发生弹性收缩，会紧箍在凸模上。为了将紧箍在凸模上的料卸下来所需要的力称为卸料力，以 $P_卸$ 表示；将卡在凹模中的工件推出或顶出所需的力分别称为推件力与顶件力，以 $P_推$ 与 $P_顶$ 表示，如图 2.17 所示。

图 2.17　卸料力、推件力与顶件力

卸料力、推件力与顶件力是由压力机和模具的卸料、顶件装置获得的。在选择压机吨位和设计模具时，根据模具结构考虑卸料力、推件力与顶件力的大小，并作必要的计算。影响这些力的因素比较多，主要有：材料的机械性能和厚度，工件的形状和尺寸大小，凸模与凹模间隙，

排样的搭边大小和润滑情况等。工程上,常用按照下列经验公式计算,即

$$P_{卸} = K_{卸} P \tag{2.21}$$

$$P_{推} = K_{推} nP \tag{2.22}$$

$$P_{顶} = K_{顶} P \tag{2.23}$$

式中 $K_{卸}$,$K_{推}$,$K_{顶}$——卸料因数、推件因数和顶件因数,见表 2.9;

          P —— 冲裁力,N;

          n —— 卡在凹模孔内的工件数,$n = h/t$(h 为凹模刃口的直壁高度,t 为工件板料厚度)。

表 2.9   卸料力、推件力及顶件力因数

冲裁材料		$K_{卸}$	$K_{推}$	$K_{顶}$
紫铜、黄铜		$0.02 \sim 0.06$	$0.03 \sim 0.09$	
铝、铝合金		$0.025 \sim 0.08$	$0.03 \sim 0.07$	
钢板料厚度 mm	~ 0.1	$0.06 \sim 0.075$	0.10	0.14
	$> 0.1 \sim 0.5$	$0.045 \sim 0.055$	0.065	0.08
	$> 0.5 \sim 2.5$	$0.04 \sim 0.05$	0.050	0.06
	$> 2.5 \sim 6.5$	$0.03 \sim 0.04$	0.045	0.05
	> 6.5	$0.02 \sim 0.03$	0.025	0.03

2.5   冲裁件的工艺分析与设计

2.5.1   排样

大批量冲压生产时,原始毛坯在冲压件的成本中占 60% 以上,因此节约材料和减少废料(即材料的经济利用)具有非常重要的意义。

冲裁件在条料上的布置方法称为排样。排样的合理与否不仅会影响到材料的经济利用,还会影响到模具结构与寿命、生产率、工件公差等级、生产操作方便与安全等。因此,排样是冲裁工艺与模具设计中一项很重要的工作。

采用材料利用率(%)作为判断排样是否经济的参数,按照下式计算,即

$$K = \frac{M_{成}}{H} \times 100\% \tag{2.24}$$

式中 $M_{成}$ —— 一个成品件的质量,kg;

          H —— 一个工件的材料消耗定额,kg,$H = M/n$(M 为冲压用原材料的质量,kg;n 为原材料上排样所得的工件数量,个)。

假如以板料和条料作为原材料,则板料和条料的质量为 M。假如以卷料为原材料,自动冲裁时,可以选取卷料或假定某个长度作为一个单位的卷料部分质量为 M。

条料冲裁时,废料分为下列两种情况,如图 2.18 所示。

(1)工艺废料。工件之间和工件与条料边缘之间存在的搭边,定位需要切去的料边与定

位孔,不可避免的料头和料尾废料,称为工艺废料。

(2) 结构废料。由于工件结构形状的需要,如工件内孔的存在而产生的废料,称为结构废料。

同一个工件,可以有几种不同的排样方法。采用最佳排样方法,应当使工艺废料最少,能够冲裁出最多的工件,即 H 最小,材料利用率高。

为了提高材料利用率,批量大时,可以采用多排或混合排样法,即一次可同时冲出几个工件。当批量小时,应当考虑模具制造成本与制造周期。

排样方法按照有无废料可分为以下三种:

(1) 有废料排样。沿工件的全部外形冲裁。工件与工件之间、工件与条料侧边之间都有搭边废料,如图 2.19(a) 所示。

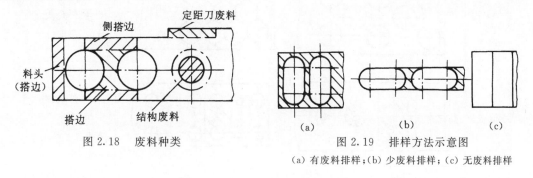

图 2.18 废料种类

图 2.19 排样方法示意图
(a) 有废料排样;(b) 少废料排样;(c) 无废料排样

(2) 少废料排样。沿工件的部分外形切断或冲裁,而废料只有冲裁刃之间的搭边或侧搭边,如图 2.19(b) 所示。

(3) 无废料排样。工件与工件之间,工件与条料侧边之间无搭边废料。条料以直线或曲线的切断而得到工件,如图 2.19(c) 所示。

有废料排样、少废料排样和无废料排样的形式,按照工件的外形特征又分为直排、斜排、对排、混合排、多排及搭边等,见表 2.10。

表 2.10 排 样 类 型

序号	排样类型	排样简图		应用情况
		有废料	无废料或少废料	
1	直排	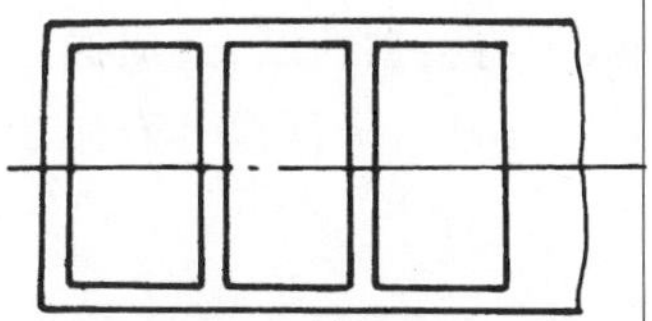	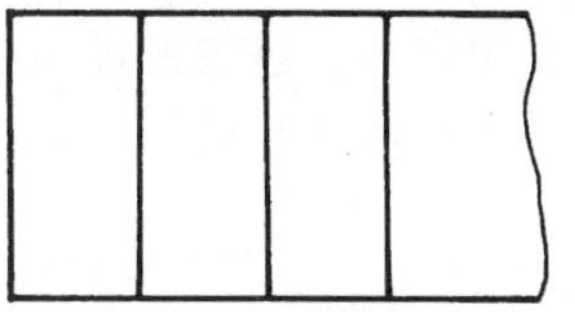	比较简单的方形、矩形件
2	斜排	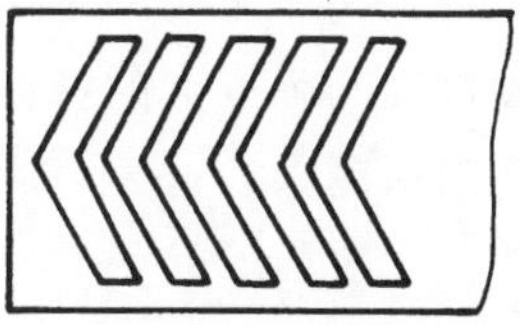	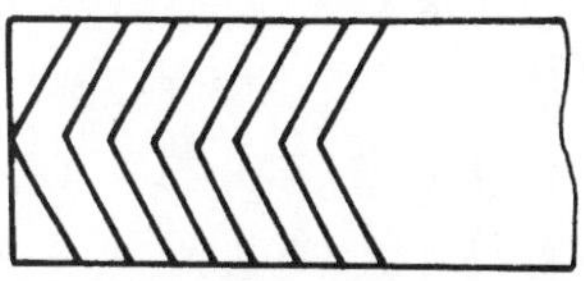	椭圆、十字形、T字形、Г字形和角尺形件

续 表

序号	排样类型	排样简图		应用情况
		有废料	无废料或少废料	
3	对排			梯形、三角形、半圆形、山字形、Ⅱ字形件
4	多排			大批量生产中尺寸不太大的圆形、六角形件
5	混合排			材料及厚度均有相同的两种或两种以上的工件
6	冲裁搭边			细而长的工件或将宽度均匀的板料只在工件的长度方向冲成一定形状

2.5.2 搭边

排样时,工件与工件之间以及工件与条料侧边之间留下的余料称为搭边及侧搭边。搭边的使用是使得工件沿整个周边封闭冲裁时补偿送料的误差,并将其在模具上定位,以保证冲裁出完整的工件。搭边还可以保持条料有一定的刚度和强度,以便于送进模具内。

搭边值过大,材料利用率低。搭边值过小,在冲裁中将会被拉断,造成送料困难,且使得工件产生毛刺,有时还会拉入凸模和凹模间隙中,损坏模具刃口,降低模具寿命。因此,搭边值需要合理确定。

搭边值的大小取决于以下因素:

(1) 板料厚度。板料厚度越大,搭边值越大。

(2) 材料的机械性能。塑性好的材料,搭边值大;硬度高与强度大的材料,搭边值小。

(3) 工件外形。工件外形越复杂,圆角半径越小,搭边值越大。

(4) 工件尺寸。工件尺寸大,搭边值大。

(5) 排样形式。对排的搭边值大于直排的搭边值。

(6) 送料和挡料方式。手工送料,有侧压板导料的搭边值可选取较小值。

搭边值一般根据经验确定,见表 2.11。

表 2.11 搭 边 值

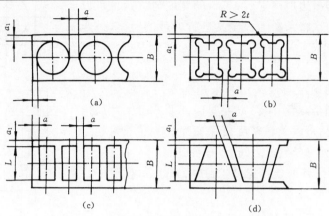

(a),(b),(c) 正面直冲的条料;(d) 正反面冲的条料

卸料板形式	板料厚度 $\dfrac{t}{mm}$	搭边值 /mm					
		用于图(a)(b), $R > 2t$		用于图(c)(d), $L \leqslant 50$		用于图(c)(d), $L > 50$	
		a	a_1	a	a_1	a	a_1
弹性卸料板	~ 0.25	1.0	1.2	1.2	1.5	1.5 ~ 2.5	1.8 ~ 2.6
	> 0.25 ~ 0.5	0.8	1.0	1.0	1.2	1.2 ~ 2.2	1.5 ~ 2.5
	> 0.5 ~ 1.0	0.8	1.0	1.0	1.2	1.5 ~ 2.5	1.8 ~ 2.6
	> 1.0 ~ 1.5	1.0	1.3	1.2	1.5	1.8 ~ 2.8	2.2 ~ 3.2
	> 1.5 ~ 2.0	1.2	1.5	1.5	1.8	2.0 ~ 3.0	2.4 ~ 3.4
	> 2.0 ~ 2.5	1.5	1.9	1.8	2.2	2.2 ~ 3.2	2.7 ~ 3.7
	> 2.5 ~ 3.0	1.8	2.2	2.0	2.4	2.5 ~ 3.5	3.0 ~ 4.0
	> 3.0 ~ 3.5	2.0	2.5	2.2	2.7	2.8 ~ 3.8	3.3 ~ 4.3
	> 3.5 ~ 4.0	2.2	2.7	2.5	3.0	3.0 ~ 4.0	3.5 ~ 4.5
	> 4.0 ~ 5.0	2.5	3.0	3.0	3.5	3.5 ~ 4.5	4.0 ~ 5.0
	> 5.0 ~ 12	$0.5t$	$0.6t$	$0.6t$	$0.7t$	$0.7 ~ 0.9t$	$0.8t ~ t$
固定卸料板	~ 0.25	1.2	1.5	1.8	2.2	2.2 ~ 3.2	
	> 0.25 ~ 0.5	1.0	1.2	1.5	2.0	2.0 ~ 3.0	
	> 0.5 ~ 1.0	0.8	1.0	1.2	1.5	1.5 ~ 2.5	
	> 1.0 ~ 1.5	1.0	1.2	1.5	1.8	1.8 ~ 2.8	
	> 1.5 ~ 2.0	1.2	1.5	1.5	2.0	2.0 ~ 3.0	
	> 2.0 ~ 2.5	1.5	1.8	1.8	2.2	2.2 ~ 3.2	
	> 2.5 ~ 3.0	1.8	2.0	2.2	2.5	2.5 ~ 3.5	
	> 3.0 ~ 3.5	2.0	2.2	2.5	2.8	2.8 ~ 3.8	
	> 3.5 ~ 4.0	2.2	2.5	2.8	3.0	3.0 ~ 4.0	
	> 4.0 ~ 5.0	2.5	2.8	3.0	3.5	3.5 ~ 4.5	
	> 5.0 ~ 12	$0.5t$	$0.6t$	$0.6t$	$0.7t$	$0.75 ~ 0.9t$	

注:① 直边冲件(图(c)(d)),其长度 L 在 50 ~ 100 mm 内,a 选取较小值;L 在 100 ~ 200 mm 内,a 选取中间值;L 在 200 ~ 300 mm 内,a 选取较大值。

② 正反面冲件的条料宽度 B 大于 50 mm 时,a 选取较大值。

③ 对于硬纸板、硬橡皮、纸胶板等材料以及自动送料的冲裁件,应当按照表列的数值乘以 1.3。

④ t 为冲裁件的板料厚度。

2.5.3 条料宽度的确定

排样方式与搭边值确定后,条料的宽度与进距也可以确定。进距是每次将条料送入模具进行冲裁的距离,进距的计算与排样方式有关,如图 2.20 所示。进距是确定挡料销位置的依据。

条料宽度的确定与模具是否采用侧压装置或侧刃有关。确定的原则是,最小条料宽度要保证冲裁时工件周边有足够的搭边值;最大条料宽度要保证冲裁时在导料板之间顺利地送进,并与导料板之间有一定间隙。

(1)无侧压装置的条料宽度,见图 2.21(a),按照下式计算,即

$$B_{-\Delta}^{0} = [D + 2(a_1 + \Delta) + b_0]_{-\Delta}^{0} \quad (2.25)$$

(2)有侧压装置的条料宽度,见图 2.21(b),按照下式计算,即

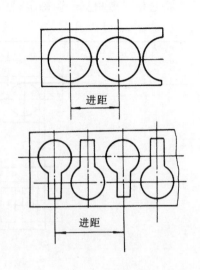

图 2.20 进距

$$B_{\Delta}^{0} = (D + 2a_1 + \Delta)_{-\Delta}^{0} \quad (2.26)$$

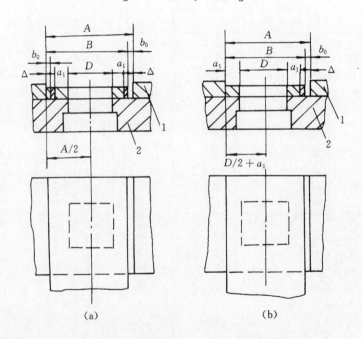

(a)　　　　　　　　　　(b)

图 2.21 条料宽度 B 和导料板间距离 A

(a) 无侧压装置;(b) 有侧压装置

1— 导料板;2— 凹模

模具导料板之间的距离,即

$$A = B + b_0 \quad (2.27)$$

式中 B —— 条料公称宽度,mm;

D —— 垂直于送料方向的工件尺寸,mm;

a_1 —— 侧搭边,mm;

b_0 —— 条料与导料板间的间隙,见表 2.12;

Δ —— 条料宽度的公差,见表 2.12。

表 2.12 剪切条料公差和导料板与条料间的间隙值   mm

条料宽度B	条料厚度 t 公差与间隙	~1.0		>1.0~2.0		>2.0~3.0		>3.0~5.0	
		Δ	b_0	Δ	b_0	Δ	b_0	Δ	b_0
~50		0.4	0.1	0.5	0.2	0.7	0.4	0.9	0.6
>50~100		0.5		0.6		0.8		1.0	
>100~150		0.6	0.2	0.7	0.3	0.9	0.5	1.1	0.7
>150~220		0.7		0.8		1.0		1.2	
>220~300		0.8	0.3	0.9	0.4	1.1	0.6	1.3	0.8

(3) 有侧刃的条料宽度,如图 2.22 所示,按照下式计算,即

$$B_{-\Delta}^{0} = (D + 2a_1 + nc)_{-\Delta}^{0} \tag{2.28}$$

导料板间距离

$$A = B + b_0 \qquad A' = D + 2a_1 + b_1 \tag{2.29}$$

式中 n —— 侧刃数;

     c —— 侧刃冲切的料边宽度,mm,见表 2.13;

     b_1 —— 冲切后的条料宽度与导料板间的间隙,见表 2.13。

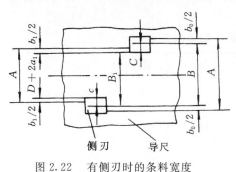

图 2.22 有侧刃时的条料宽度

表 2.13 b_1 和 c 值   mm

条料厚度	c	b_1
~1.5	1.5	0.10
>1.5~2.5	2.0	0.15
>2.5~3	2.5	0.20

2.5.4 冲裁件的工艺分析

冲裁件的工艺性是指冲裁件对冲裁工艺的适应性,即冲裁件的形状结构、尺寸大小和偏差等是否符合冲裁加工的工艺要求。冲裁件工艺性的合理与否对冲裁件的质量、模具寿命和生产率有很大影响。

冲裁件所能达到的尺寸公差等级和断面质量已在 2.2 节中叙述。除此之外,还应当满足

如下要求。

（1）冲裁件形状。冲裁件形状应当尽可能简单、对称、排样废料少。在许可的情况下，冲裁件应当设计成少、无废料排样的形状。如图 2.23(a) 所示的冲裁件，采用有废料的排样。假如工件只是三个装配用的孔要求有准确的位置，而外形无关紧要，则设计成图 2.23(b) 所示形状，便能采用无废料排样，使得材料利用率提高 40%，而且一次能冲出两个工件，生产率提高 1 倍，降低了工件成本，因此，改进后的冲裁件的工艺性比原工件的工艺性好。

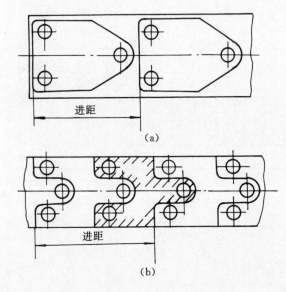

图 2.23　冲裁件形状对工艺性的影响

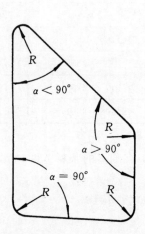

图 2.24　冲裁件的交角与圆角

（2）冲裁件圆角。除在少、无废料排样或采用镶拼模结构时，允许工件有尖锐的清角外，冲裁件的外形或内孔的交角处，应当避免尖锐的清角，其交角处采用适宜的圆角相连，如图 2.24 和表 2.14 所示。

表 2.14　冲裁件最小圆角半径 R

工件种类			黄铜、铝	合金钢	软　钢	备　注
落料	交角	$\geqslant 90°$	$0.18t$	$0.35t$	$0.25t$	$\geqslant 0.25$ mm
		$< 90°$	$0.35t$	$0.70t$	$0.5t$	$\geqslant 0.5$ mm
冲孔	交角	$\geqslant 90°$	$0.2t$	$0.45t$	$0.3t$	$\geqslant 0.3$ mm
		$< 90°$	$0.4t$	$0.9t$	$0.6t$	$\geqslant 0.6$ mm

（3）冲裁件局部凸出或凹入部分的宽度和深度。宽度不宜太小，应当避免有窄长的切口和过窄的切槽，如图 2.25 所示，否则会降低模具寿命和工件质量。

一般情况下，B 应当不小于 $1.5t$；当工件材料为黄铜、铝、软钢时，$B \geqslant 1.3t$；当工件材料为高碳钢时，$B \geqslant 1.9t$；当板料厚度 $t < 1$ mm 时，按 $t = 1$ mm 计算。切口宽度与槽长应满足 $L \leqslant 5B$。

（4）冲裁件孔径。冲裁件的孔径太小时，凸模容易折断或压弯。冲孔的最小尺寸取决于材料的机械性能、凸模强度和模具结构。各种形状孔的最小尺寸参考表 2.15。

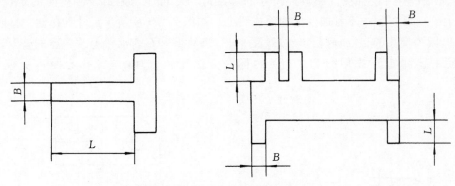

图 2.25　冲裁件的切口和切槽

表 2.15　无保护套凸模冲孔的最小尺寸

材　料	d	b	b	b
钢($\tau > 685$ MPa)	$d \geqslant 1.5t$	$b \geqslant 1.35t$	$b \geqslant 1.2t$	$b \geqslant 1.1t$
钢($\tau \approx 390 \sim 685$ MPa)	$d \geqslant 1.3t$	$b \geqslant 2.2t$	$b \geqslant 1.0t$	$b \geqslant 0.9t$
钢($\tau \approx 390$ MPa)	$d \geqslant 1.0t$	$b \geqslant 0.9t$	$b \geqslant 0.8t$	$b \geqslant 0.7t$
黄铜、铜	$d \geqslant 0.9t$	$b \geqslant 0.8t$	$b \geqslant 0.7t$	$b \geqslant 0.6t$
铝、锌	$d \geqslant 0.8t$	$b \geqslant 0.7t$	$b \geqslant 0.6t$	$b \geqslant 0.5t$

冲小孔的凸模,假如采用保护套,凸模不容易损坏,稳定性提高,可以减小最小冲孔尺寸,见表 2.16。

表 2.16　带保护套凸模冲孔的最小尺寸

材　料	圆形(d)	长方孔宽(b)
硬钢	$0.5t$	$0.4t$
软钢、黄铜	$0.35t$	$0.3t$
铝、锌	$0.3t$	$0.28t$

　　(5) 冲裁件孔边之间距离。冲裁件上孔与孔、孔与边缘之间的距离不应当过小,否则会产生孔与孔间材料的扭曲,或使得边缘材料变形,如图 2.26 所示。复合冲裁时,因模壁过薄而容易破损;分别冲裁时,也会因材料易于拉入凹模而影响模具寿命。特别是冲裁小孔距的小孔时,经常会发生凸模弯曲变形而卡住模具。当冲孔边缘与工件外形边缘不平行时应不小于 t,

平行时应不小于 $1.5t$。

(6) 冲裁件尺寸的标注。冲裁件尺寸的基准应当尽可能与制造及制模时的定位基准重合,并选择在冲裁过程中不参加变形的面或线上。如图 2.27(a)所示尺寸的标注,对冲裁件图纸不合理,因为模具(同时冲裁孔与外形)的磨损,尺寸 B 和 C 都必须有比较宽的公差,结果造成孔心距的不稳定。改用图 2.27(b)的标注方法比较合理,这样孔心距不受模具磨损的影响。

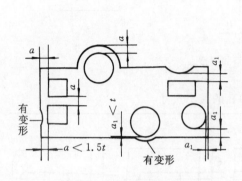

图 2.26 冲裁件孔边距

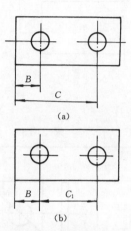

图 2.27 冲裁件尺寸的标注

(a)不合理;(b)合理

(7) 冲裁件两孔中心距所能达到的公差(见表 2.17)。

表 2.17 冲载件孔中心距公差 mm

板料厚度 t	普通冲孔公差			高级冲孔公差		
	孔距公称尺寸					
	$\leqslant 50$	$50 \sim 150$	$150 \sim 300$	$\leqslant 50$	$50 \sim 150$	$150 \sim 300$
$\leqslant 1$	± 0.1	± 0.15	± 0.2	± 0.03	± 0.05	± 0.08
$1 \sim 2$	± 0.12	± 0.2	± 0.3	± 0.04	± 0.06	± 0.1
$2 \sim 4$	± 0.15	± 0.25	± 0.35	± 0.06	± 0.08	± 0.12
$4 \sim 6$	± 0.2	± 0.3	± 0.40	± 0.08	± 0.10	± 0.15

注:① 所列孔距公差适用于两孔同时冲出的情况。

② 普通冲孔公差指模具工作部分达 IT7 ~ 8 公差等级,凹模后角为 $15' \sim 30'$ 的情况。高级冲孔公差指模具工作部分达 IT6 ~ 7 公差等级以上,凹模后角不超过 $15'$。

2.5.5 冲裁工艺方案的确定

在冲裁工艺分析的基础上,根据冲裁件的特点确定冲裁工艺方案。

1. 冲裁工序的组合

冲裁工序可分为单工序冲裁、复合冲裁和连续冲裁。

复合冲裁是在压力机一次行程中,在模具的同一位置同时完成两个或两个以上的工序;连续冲裁是将完成一个冲裁件的几个工序排列成一定的顺序,组成连续模。冲裁过程中,条料在冲模中依次在不同的工序位置上,分别完成工件所要求的工序。除最初几次冲程外,以后每次冲程都可以完成一个冲裁件。组合的冲裁工序比单工序冲裁生产效率高,加工公差等级高。

冲裁组合方式根据以下因素确定。

(1) 生产批量。一般来说,小批量与试制采用单工序冲裁,中批和大批量生产采用复合冲裁或连续冲裁。

(2) 工件尺寸公差等级。复合冲裁所得到的工件尺寸公差等级高,因为它避免了多次冲压的定位误差,并且在冲裁过程中可以进行压料,工件较平整。连续冲裁所得到的工件尺寸公差等级比复合冲裁时的低。

(3) 对工件尺寸、形状的适应性。当工件尺寸比较小时,考虑到单工序上料不方便和生产率低,常采用复合冲裁或连续冲裁。对于尺寸中等的工件,由于制造多副单工序模的费用比复合模昂贵,宜采用复合冲裁。但是工件上孔与孔之间或孔与边缘之间的距离过小时,不宜采用复合冲裁和单工序冲裁,宜采用连续冲裁。所以连续冲裁可以加工形状复杂、宽度很小等异形工件,如图 2.28 所示,并且可以冲裁的板料厚度比复合冲裁时的大,但是连续冲裁受压力机台面尺寸与工序数的限制,冲裁工件尺寸不宜过大。

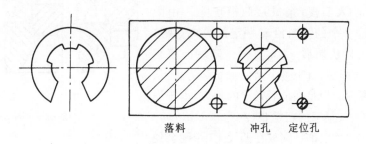

落料　　　冲孔　定位孔

图 2.28　连续冲裁

(4) 模具制造、安装调整和成本。对复杂形状的工件,采用复合冲裁比采用连续冲裁为宜,因为模具制造、安装调整比较容易,成本比较低。

(5) 操作方便与安全。复合冲裁出件或清除废料比较困难,工作安全性比较差。连续冲裁比较安全。

综合上述分析,对于一个工件,可以得出多种工艺方案。必须对这些方案进行比较,在满足工件质量与生产率的要求下,选取模具制造成本低、寿命长、操作方便又安全的工艺方案。

2. 冲裁顺序的安排

(1) 连续冲裁的顺序安排。先冲孔或切口,最后落料或切断,将工件与条料分离。首先冲出的孔可作后续工序的定位用。在定位要求比较高时,则可冲出专供定位用的工艺孔(一般为两个,见图 2.28)。

采用定距侧刃时,定距侧刃切边工序安排与首次冲孔同时进行,以便控制送料进距。采用两个定侧距刃时,也可以安排成一前一后(见图 2.22)。

(2) 多工序工件用单工序冲裁时的顺序安排。先落料使得毛坯与条料分离,再冲孔或冲缺口。后继各冲裁工序的定位基准要一致,以避免定位误差和尺寸链换算。冲裁大小不同、相距比较近的孔时,为了减少孔的变形,应当先冲大孔,再冲小孔。

2.6 其他冲裁方法

2.6.1 整修

前面所介绍的一般冲裁方法所冲裁的工件,切断面粗糙且带有锥度,尺寸精度在 IT11 以下,表面粗糙度为 $\frac{12.5}{\bigtriangledown}$ ～ $\frac{6.3}{\bigtriangledown}$。对于一些表面质量和尺寸精度要求比较高的工件或要求剪切断面与表面垂直的工件,一般冲裁方法达不到要求。整修是为了达到上述要求的一种加工方法。这种加工方法是将普通冲裁后所得到的毛坯放在整修模中进行一次或数次整修加工,去掉粗糙不平的断面与锥度,得到光滑平整的断面。整修后工件尺寸精度可达 IT6 ～ 7,表面粗糙度可达 $\frac{0.8}{\bigtriangledown}$ ～ $\frac{0.4}{\bigtriangledown}$。常用的整修方法有外缘整修和内孔整修两种。

1. 外缘整修

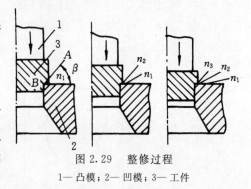

外缘整修过程相当于切削加工,如图 2.29 所示,将预先留有整修余量的落料件置于整修凹模上,由凸模将毛坯压入凹模,余量被凹模切除。由图 2.29 可以看出,多余的材料沿着一定的方向(AB)层层开裂,形成环状切屑 n_1,n_2,…。随着凸模下降,切屑逐步外移断裂,直至整个余量被切除为止,从而获得光亮的断面。但是在最后切除的地方,由于崩裂的缘故,形成一条很窄的粗糙带(约为 0.1 mm)。整修时应将毛坯尺寸大的一端放在凹模上,否则会使

图 2.29 整修过程
1— 凸模;2— 凹模;3— 工件

粗糙带增大且有毛刺。外缘整修的质量与整修次数、整修余量以及整修模结构等因素有关。

对于板料厚度小于 3 mm、外形简单的工件,一般只需要一次整修。当板料厚度大于 3 mm 或工件有尖角时,需要进行多次整修。因为切除尖角处的余量所需的力会超过材料的断裂强度,从而发生撕裂现象,故需要进行二次整修,如图 2.30 所示。

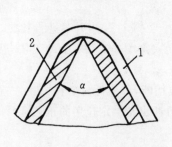

图 2.30 尖角的整修
1— 第一次整修;2— 第二次整修

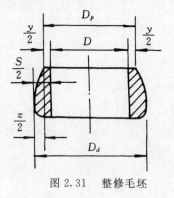

图 2.31 整修毛坯

为了保证整修后得到光滑平直的断面,毛坯上必须适当留有整修余量。由图 2.31 可以看出,总的双边切除余量为

$$S = z + y \tag{2.30}$$

式中　S—— 总的双边切除量,mm;

　　　z—— 落料模双边间隙,mm;

　　　y—— 双边整修余量,mm,见表 2.18。

表 2.18　整修的双边余量值　　　　　　　mm

板料厚度 t	黄铜、软钢		中等硬度的钢		硬　钢	
	最　小	最　大	最　小	最　大	最　小	最　大
$0.5 \sim 1.6$	0.10	0.15	0.15	0.20	0.15	0.25
$1.6 \sim 3.0$	0.15	0.20	0.20	0.25	0.20	0.30
$3.0 \sim 4.0$	0.20	0.25	0.25	0.30	0.25	0.35
$4.0 \sim 5.2$	0.25	0.30	0.30	0.35	0.30	0.40
$5.2 \sim 7.0$	0.30	0.35	0.40	0.45	0.45	0.50
$7.0 \sim 10.0$	0.35	0.40	0.45	0.50	0.55	0.60

注:① 最小的余量用于整修形状简单的工件,最大的余量用于整修形状复杂或有尖角的工件。

　　② 在多级整修中,第二次以后的整修采用表中最小数值。

　　③ 钛合金的整修余量为 $(0.2 \sim 0.3)t$。

整修余量 y 过大与过小都会降低整修件的质量。

由图 2.31 可知,整修前落料凸模和凹模的尺寸为

凸模　　　　　　　　　　　$D_p = (D + y)_{-\delta_p}^{0}$　　　　　　　　　　(2.31)

凹模　　　　　　　　　　　$D_d = (D + y + z)_{0}^{+\delta_d}$　　　　　　　　(2.32)

式中　D—— 工件公称尺寸,mm;

　　　z—— 双面间隙值,mm,按照一般冲裁模选取;

　　　y—— 整修余量,mm。

当工件公差为负偏差时,整修的凸模和凹模尺寸如下:

$$D_d' = (D - 0.75\Delta)_{0}^{+\delta_d'}$$　　　　　　　(2.33)

$$D_p' = (D_d - z')_{-\delta_p'}^{0} = (D - 0.75\Delta - z')_{-\delta_p'}^{0}$$　(2.34)

式中　D_d', D_p'—— 整修凹模和凸模尺寸,mm;

　　　　Δ—— 整修件的公差,mm;

　　δ_d',δ_p'—— 整修凹模和凸模制造公差,一般为 $\frac{1}{4}\Delta$,mm。

整修模双面间隙值 z' 与整修件尺寸和板料厚度有关,一般 $z'=0.006 \sim 0.01$ mm,最大不超过 0.025 mm。凹模颈部高度 $h = 6 \sim 8$ mm,如图 2.32 所示。

整修时所需的力按照下式计算,即

$$P_c = L(S + 0.1tn)\tau_0$$

式中　L—— 整修周边长度,mm;

　　　S—— 总的金属切削量,mm;

　　　n—— 同时卡在凹模内的工件数,个;

　　　t—— 板料厚度,mm;

　　　τ_0—— 抗剪强度,MPa。

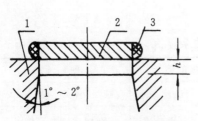

图 2.32 整修模双面间隙

1— 凹模;2— 工件;3— 切除的部分

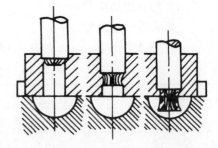

图 2.33 小孔的整修

2. 内孔整修

(1)切除余量的整修法。内孔整修过程与外缘整修相似,如图 2.33 所示,不同的是利用凸模切除余量。整修的目的是校正孔的坐标位置、降低粗糙度和提高孔的尺寸精度。例如手表中的夹板,采用整修法后,夹板上各孔的坐标精度可达 ±0.005 mm,孔径尺寸可达 IT5 ～ 6 精度,孔壁粗糙度可达。这种整修方法除要求凸模刃口锋利外,还需要合理的余量。过大的余量不仅会降低凸模寿命,而且切断面将被拉裂,影响粗糙度与精度;假如余量过小则不能达到整修的目的。余量的大小与材料种类、板料厚度、预先打孔的方式(冲或钻孔)和整修时的定位方式(孔定位或外轮廓定位)等因素有关。修正余量如图 2.34 所示,采用下式计算,即

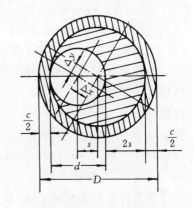

$$y = 2s + c = 2\sqrt{\Delta x^2 + \Delta y^2} + c \approx 2.8x + c \qquad (2.37)$$

图 2.34 修正余量计算图

式中 y —— 双边修正余量,mm;

     s —— 修正前孔具有的最大偏心距,mm;

     x —— 修正前孔的中心坐标对于公称位置的最大错位,mm,见表 2.19;

     c —— 补偿定位误差,mm;见表 2.20;

Δx,Δy —— 修正前孔可能具有的最高坐标误差。

当用钻模钻孔时,$x = \pm0.03$ mm;当先用样冲冲坑再钻孔时,$x = \pm0.02$ mm;当用冲模冲孔时,$x = \pm0.015$ mm。

内孔整修后,材料的弹性变形使得孔径稍有缩小,其缩小值 A 为

         铝 $0.005 ～ 0.010$ mm

         黄铜 $0.007 ～ 0.012$ mm

         软钢 $0.008 ～ 0.015$ mm

内孔整修的模具尺寸按照下式计算。

整修前的冲孔凸模和凹模尺寸为

冲孔凸模 $$d_p = [D - (y + z)]_{-\delta_p}^{0} \qquad (2.37)$$

冲孔凹模 $$d_d = (D - y)_{0}^{+\delta_d} \qquad (2.38)$$

表 2.19 最大错位 x 值

板料厚度 t/mm	x/mm	
	预先用模具冲孔	预先按中心钻孔
0.5 ～ 1.5	0.02	0.04
1.5 ～ 2.0	0.03	0.05
2.0 ～ 3.5	0.04	0.06

表 2.20 补偿定位误差 c

作为定位基准的孔与整修孔中心的距离或整修孔中心与作为定位基准的外形轮廓间的距离 /mm	c/mm	
	以孔为基准	以外形为基准
＜ 10	0.02	0.04
10 ～ 12	0.03	0.06
20 ～ 40	0.04	0.08
40 ～ 100	0.06	0.12

式中　D——整修后孔的公称尺寸,mm;

　　　y——内孔整修余量,mm;

　　　z——凸模与凹模双面间隙值,mm,按照普通冲裁选取。

整修凸模尺寸应当考虑工件的弹性收缩,整修凸模要做大些。

当整修孔公差为正偏差时

$$d_p' = \left(D + \frac{3}{4}\Delta + A\right)_{-\delta_p'}^{0}$$ (2.39)

式中　D——整修后孔的公称尺寸,mm;

　　　Δ——整修孔的公差,mm;

　　　A——孔的收缩量,mm;

　　　δ_p'——整修凸模制造公差,mm,取 $\Delta/4$。

由于整修件板料厚度一般比孔径大,整修凹模只起支持坯料和容纳切屑的作用,不要求凹模配有刃口,只要将凹模孔比凸模稍加放大即可,甚至只需要在凹模上挖个半球形凹坑,其尺寸 $D > 1.5d$。用此法整修孔的精度可达 0.01 ～ 0.03 mm,粗糙度可达 $\overset{0.8}{\triangledown}$ ～ $\overset{0.4}{\triangledown}$。

(2)采用芯棒精压。采用硬度很高的芯棒,强行通过尺寸比较小毛坯孔,将孔表面压平。此法适用于 $d/t \geqslant 3 \sim 4$ 和 $t < 3$ mm 的情况。冲孔与精压可以同时进行。凸模的整修部分与冲孔部分的直径差等于一般冲裁的正常间隙值 z。

图 2.35 所示为冲孔兼精压的凸模,适用于料厚 2 mm 的工件,经冲孔、整修及定径获得直径为 8.03 mm 的孔。凸模的第一凸台用于整修,第二凸台用于定径。为了避免工件变形,在冲裁过程中应当将工件紧压在凹模表面上。

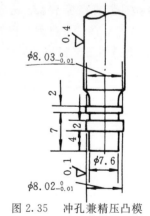

图 2.35 冲孔兼精压凸模

2.6.2 精密冲裁

精密冲裁与整修不同,它不是采用冲压毛坯,而是直接用条料或带料就能冲出断面质量好、尺寸精度高的工件,所以精密冲裁是一项技术经济效益好的先进冲压成形工艺。

由前面分析的冲裁变形过程可知,凸模与凹模间的间隙使得工件出现锥度,同时使得冲裁变形过程不能形成纯剪切变形,而伴有材料的弯曲与拉伸,在拉应力的作用下材料产生撕裂,造成拉裂的断面,故断面粗糙(见图 2.4)。为了避免这些现象,精密冲裁均采用极小的间隙,甚至负间隙。另一方面采用带有小圆角或椭圆角的凹模(落料)和凸模(冲孔)刃口,以避免刃口处应力集中。这样可以增大压应力,减小拉应力,消除或延缓剪裂纹的出现,且圆角凹模还有挤光冲切面的作用,故可得到光亮垂直的切断面。现在介绍几种常用的精冲方法。

1. 小间隙圆角凹模冲裁

落料时,凹模刃口为椭圆角或小的圆角,如图 2.36 所示,凸模仍为普通形式,凸模与凹模双面间隙值小于 0.01 ~ 0.02 mm,且与板料厚度无关。冲压时材料很均匀地挤进凹模腔口,形成光亮的剪裂面。带椭圆角的凹模还能够增加模具对被冲工件的径向压应力,以提高材料塑性。

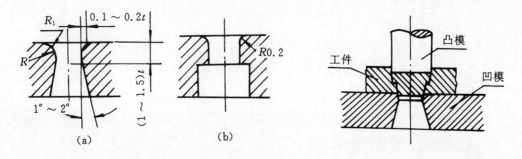

图 2.36　带椭圆角或圆角的凹模　　　　　图 2.37　负间隙冲裁

图 2.36 所示为带椭圆角或圆角凹模的两种结构形式。图 2.36(a) 为带椭圆角凹模,其圆弧与有关的直线平面应光滑连接,圆弧要均匀一致,不得出现夹角。圆角半径 R_1 见表 2.21。这是冲制直径等于 $\phi25$ mm 工件所得的结果,对其他尺寸不一定适合,可先选用表 2.21 中数值的 2/3,在试冲过程中视需要再增大圆角。为了制造方便,也可以采用图 2.36(b) 所示的凹模,但是圆角半径仍需在试冲过程中进行修正。

表 2.21　椭圆角凹模圆角半径 R_1($D=25$ mm)　　　　　　mm

材　料	软　钢		铝合金		铜	
状态	热轧	冷轧	软	硬	软	硬
板料厚度	4.0	4.0	4.0	4.0	4.0	4.0
	6.4	6.4	6.4	6.4	6.4	6.4
	9.6	9.6	9.6	9.6	9.6	9.6
圆角半径 R_1	0.5	0.25	0.25	0.25	0.25	0.25
	0.8	0.25	0.25	0.25	0.25	0.25
	1.4	1.1	0.4	0.4	0.4	0.4

圆角凹模冲裁适用于塑性比较好的材料,粗糙度可达$\overset{1.6}{\triangledown}$ ~ $\overset{0.4}{\triangledown}$,尺寸精度可达 IT9 ~ 11,冲裁力比普通冲裁大 50%。冲裁工件为直角,则直角尖端需带有圆角,否则有撕裂现象。

冲孔时则与上述相反,采用带有圆角的凸模,而凹模为普通形状。

2. 负间隙冲裁

负间隙冲裁时,如图 2.37 所示,凸模尺寸大于凹模尺寸,冲裁过程中出现的裂纹方向与普通冲裁相反,形成一个倒锥形毛坯。凸模继续下压时将倒锥毛坯压入凹模内,相当于整修过程。因此,负间隙冲裁是落料与整修的复合工序。由于凸模尺寸大于凹模,故冲裁完毕时,凸模不应挤入凹模孔内,而应与凹模表面保持 $0.1 \sim 0.2$ mm 的距离。此时毛坯尚未全部压入凹模,要待下一个工件冲裁时,再将它全部压入。凸模与凹模的直径差:对于圆形工件是均匀的,可以采用 $(0.1 \sim 0.2)t$(t 为板料厚度);对于形状复杂工件(见图 2.38),在凸出的角部应比其余部分大 1 倍,在凹进的角落则应当减少一半。因为工件有弹性变形,故设计凹模工作部分尺寸时要减少 $0.02 \sim 0.06$ mm。

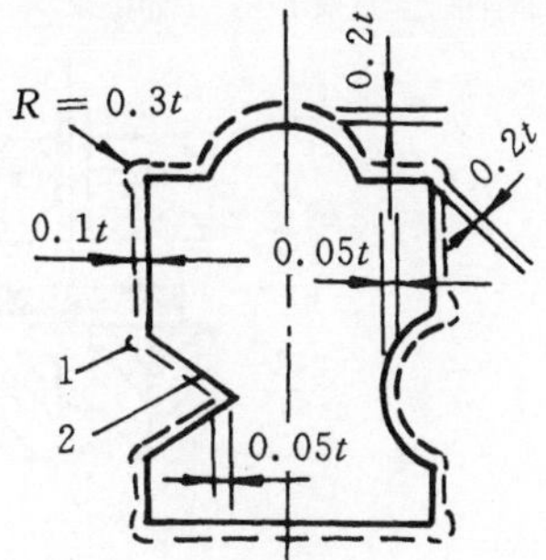

负间隙冲裁力很大,按照下式计算,即

$$P' = cP \tag{2.40}$$

式中　P——普通冲裁时所需的最大压力,N;

图 2.38 非圆形凸模尺寸的分布情况
1—凸模尺寸;2—凹模尺寸

　　c——因数,按照不同材料选取(铝:$c = 1.3 \sim 1.6$;黄铜:$c = 2.25 \sim 2.8$;软钢:$c = 2.3 \sim 2.5$)。

此方法只适用于软的有色金属及合金、软钢等,工件粗糙度可达 $\overset{0.8}{\triangledown} \sim \overset{0.4}{\triangledown}$,精度可达 IT9 ~ 11。当采用带小圆角凹模的负间隙冲裁时,凹模圆角半径 $R = 0.2$ mm,凸模与凹模间的负间隙为 $0.2 \sim 0.3$ mm(双向),工件粗糙度可达 $\overset{0.8}{\triangledown}$。

3. 齿圈压板冲裁(俗称精冲法)

采用这种方法可以获得断面粗糙度为 $\overset{1.6}{\triangledown} \sim \overset{0.2}{\triangledown}$、尺寸精度为 IT6 ~ 9 的工件(内孔比外形高一级),而且还可将精冲工序与其他成形工序(如弯曲、挤压、压印等)合在一起进行复合或连续冲压,从而大大提高生产率和降低生产成本。

(1) 齿圈压板冲裁工艺过程及其特点。齿圈压板冲裁与普通冲裁在工艺上的区别,除凸、凹模间隙极小与凹模刃口带圆角外,在模具结构上也有其特点,即比普通冲裁模多了一个齿圈压板与顶出器。因此,其工作部分由凸模、凹模、齿圈压板、顶出器四部分组成。精冲工艺过程如下(见图 2.39):

图 2.39(a) 板料送进模具;

图 2.39(b) 模具闭合,材料被齿圈压板、凹模、凸模和顶出器压紧;

图 2.39(c) 板料在受压状态下被冲裁;

图 2.39(d) 冲裁完毕,上、下模分开;

图 2.39(e) 齿圈压板卸下废料,并向前送料;

图 2.39(f) 顶出器顶出零件,并排走工件。

在工艺过程中先卸废料,再顶出工件,这是为了防止工件卡入废料,以免损坏工件断面质量。

由于精冲法增添了齿圈压板与顶出器,使得板料在受压状态下进行冲裁,故可以防止板料在冲裁过程中的拉伸流动。加之间隙极小,使得切割区的板料处于三向压应力状态,如图 2.40 所示。

这种方法不仅提高了冲裁周界材料的塑性,还消除了板料剪切区的拉应力。凹模刃口为圆角,消除了应力集中,故不会产生由拉应力引起的宏观裂纹,从而不会出现普通冲裁时的撕裂断面。同时,顶出器又能够防止工件产生穹弯现象,故能够得到冲裁断面光亮、锥度小、表面平整、尺寸精度高的工件。实践证明,在精冲时压紧力、冲裁间隙及凹模刃口圆角三者是相辅相成的,而间隙是主要的。当间隙均匀、圆角半径适当时,就可以用不大的压料力而获得光洁的断面。

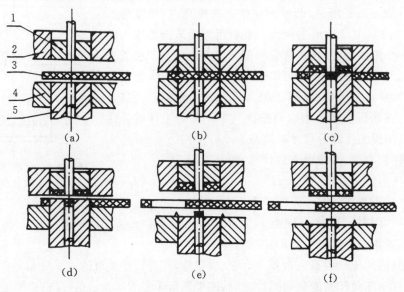

图 2.39　精冲过程

1— 顶出器;2— 凹模;3— 板料;4— 齿圈压板;5— 凸模

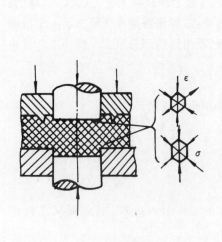

图 2.40　剪切区材料受力状态

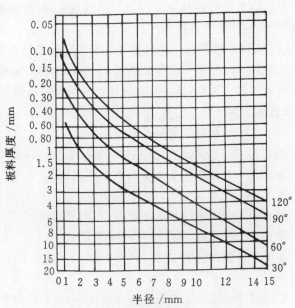

图 2.41　根据板料厚度和角度大小确定
精冲件最小的圆角半径

（2）适用于精冲的材料与精冲件的结构工艺性。

1）精冲的材料必须具有良好的变形特性，以便在冲裁过程中不致发生撕裂现象。以质量分数 $w_C < 0.35\%$、$\sigma_b = 300 \sim 600$ MPa 的钢精冲效果最好。但是质量分数 $w_C = 0.35\% \sim 0.7\%$，甚至更高的碳钢以及铬、镍、钼含量低的合金钢经退火处理后仍可获得良好的精冲效果。值得注意的是，材料的微观组织对精冲断面质量影响很大（特别对含碳量高的材料），最理想的微观组织是球化退火后均布的细粒碳化物（即球状渗碳体）。至于有色金属包括纯铜、黄铜（质量分数 $w_{Cu} > 62\%$）、软青铜、铝及其合金（抗拉强度低于 250 MPa）都能精冲。铅黄铜精冲质量不好。

2）精冲件的结构工艺性，精冲件所允许的孔边距和孔径的最小值都比普通冲裁的小。

a. 最小圆角半径。精冲件不允许有尖角，必须是圆角，否则在工件相应的剪切面上会发生撕裂，而且容易使凸模损坏。工件的最小圆角半径与工件的尖角角度、板料厚度及其机械性能等因素有关。图 2.41 为材料抗拉强度低于 450 MPa 的关系曲线，当材料的抗拉强度超过此值时，数据应当按照比例增加。工件轮廓上凹进部分的圆角半径相当于凸起部分所需圆角半径的 2/3。

b. 最小孔径与槽宽。如图 2.42 所示，精冲允许的最小孔径主要从冲孔凸模所能承受的最大压应力考虑，其值与被冲材料性能及板料厚度等因素有关，由图 2.43 可以查出。假如板料厚度 $t = 6$ mm，材料抗拉强度 $\sigma_b = 400$ MPa，由图 2.43 得 $d = 3.6$ mm。

冲窄长槽时，凸模将受到侧压力，所能承受的压力比断面同样大的圆孔凸模时小，故需要按照槽长与槽宽的比值考虑，可以由图 2.44 查出最小槽宽值。

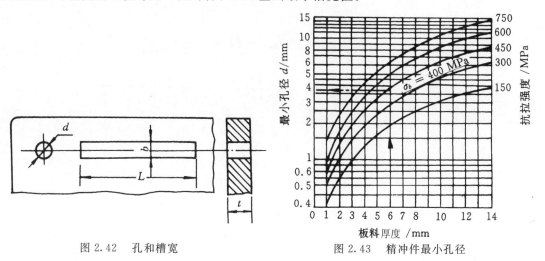

图 2.42　孔和槽宽　　　　　　　图 2.43　精冲件最小孔径

例如，已知板料厚度 $t = 4.5$ mm，材料抗拉强度 $\sigma_b = 600$ MPa。先由图 2.44 料厚线与抗拉强度曲线的交点得出槽宽换算值 3 mm。因为槽长为 50 mm，与槽宽的比在 20 倍以下，故在线性比例尺 $L \sim 15b'$ 上找出槽长 50 mm 的点，再与 3 mm 点连成直线交最小槽宽线性尺寸于一点，即得出最小槽宽 3.7 mm。

c. 最小壁厚。所谓壁厚是指精冲件上的孔、槽相互之间或孔、槽内壁与工件外形之间的距离，如图 2.45 所示。最小壁厚 W_1 和 W_2 可以按照图 2.45 确定。例如料厚为 5 mm，抗拉强度为 500 MPa，由图 2.45 查得最小壁厚 W_2 约为 2.7 mm，而 W_1 处的壁厚可以再减少 15%，约为 2.3 mm。图 2.45 的 W_3 与 W_4 可以看作是窄带，由图 2.44 求出最小宽度值。

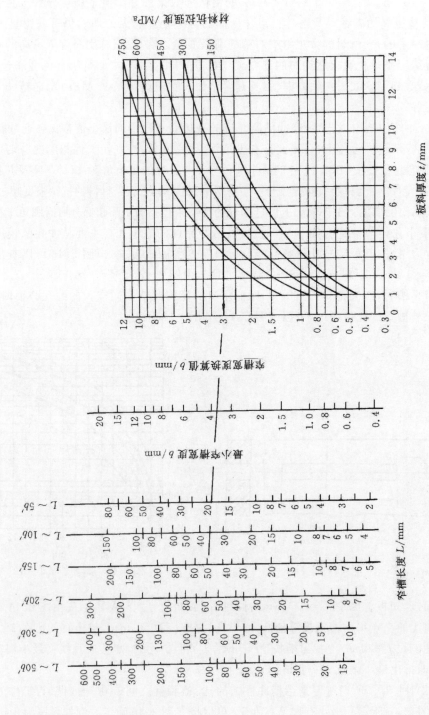

图2.44 精冲件最小窄槽宽度

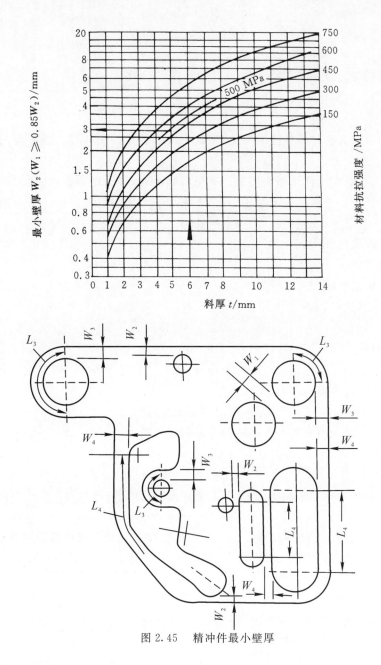

图 2.45　精冲件最小壁厚

3) 精冲模工作部分设计。

a. 精冲力的计算。一般采用下式计算精冲力，即

$$P = Lt\tau = Lt \times 0.9\sigma_b \tag{2.41}$$

但是精冲时，材料处于三向压应力状态，其变形抗力比普通冲裁时要大很多。罗曼诺夫斯基认为，这种情况下的抗剪强度不能采用一般平均值，必然与间隙时、板料相对厚度有关，抗剪强度为

$$\tau = \left(m\,\frac{t}{d} + 0.75\right)\sigma_b \approx \left(5\,\frac{t}{d} + 1.25\right)\sigma_s \tag{2.42}$$

当
$$z=0.005t, \quad m=3.0$$
$$z=0.01t, \quad m=2.85$$

式中 σ_b—— 抗拉强度，MPa；

      σ_s—— 屈服极限，mm；

      d —— 工件直径，mm。

则有
$$P=Lt\tau \tag{2.43}$$

同样，精冲时必须考虑材料性能的变化、模具刃口的磨损、板料厚度、偏差等的影响，故选用设备时必须增大冲裁力 P。

齿圈压力的大小影响工件切断面质量。当压力太小时，将出现撕裂；当压力过大时，因为摩擦力增加，使得凸模易于损坏。齿圈压力 P_T 按照下式计算，即
$$P_T=4Lh\sigma_b \tag{2.44}$$

式中 L —— 工件周长，mm；

      h —— 齿高，mm；

      σ_b —— 抗拉强度，MPa。

也可以按照下式选取，即
$$P_T=(0.2\sim0.4)P \tag{2.45}$$

对非常硬的材料，P_T 可等于冲裁力 P。

推板压力过小会增大工件塌角与穹弯现象，降低工件的尺寸精度。但是压力太大，对凸模寿命又有影响。一般选取推板压力为
$$P_1=(0.10\sim0.15)P \tag{2.46}$$

齿圈压力与推板压力的大小主要采用试冲的方式调整准确。

精冲总压力为
$$P_0=P+P_T+P_1 \tag{2.47}$$

选用压床时，假如为专用精冲压力机，应以主冲力 P 为依据；假如为普通压力机，则以总压力 P_0 为依据。

b. 凸模和凹模间隙。凸模和凹模间隙值影响精冲件的切断面质量与模具寿命。间隙过大，将使得工件切断面撕裂而引起断面粗糙；间隙太小，又影响模具寿命。从延长模具寿命考虑，往往允许切断面上出现少量撕裂现象（对厚板可允许达料厚的 10%）。间隙值大小与材料性能、板料厚度、工件形状等有关。对塑性好的材料，间隙可以选取大，低塑性材料的间隙值要选取小值，具体数值见表 2.22。

表 2.22 凸模和凹模双面间隙 Z 值
（为料厚 t 的分数）

板料厚度 mm	外 形	内 形		
		$d<t$	$d=(1\sim5)t$	$d>5t$
0.5	1%	2.5%	2%	1%
1	1%	2.5%	2%	1%
2	1%	2.5%	1%	0.5%
3	1%	2%	1%	0.5%
4	1%	1.7%	0.75%	0.5%
6	1%	1.7%	0.5%	0.5%
10	1%	1.5%	0.5%	0.5%
15	1%	1%	0.5%	0.5%

c. 凸模和凹模刃口尺寸设计。凹模与冲孔凸模刃口的圆角：当圆角半径 R 值太小时，在工件的切断面将出现撕裂；太大时，又会使得工件塌角和锥度增加。一般选取 $R=0.01\sim0.03$ mm。但是，对于板料厚度 $t<3$ mm

的工件,采用 $R=0.05\sim0.1$ mm 效果比较好。试冲时,先采用最小 R 值,只有在增加齿圈压力后仍不能获得光洁切断面的情况下,才增大 R 值。

凸模和凹模刃口尺寸的确定:精冲模刃口尺寸设计与普通冲裁模刃口设计基本相同,落料件以凹模为基准,冲孔件以凸模为基准。不同的是,精冲后工件外形或内孔均有微量收缩,一般外形要比凹模小 0.01 mm 以下。另外,需要考虑使用中的磨损,精冲模刃口尺寸计算公式如下:

落料

$$D_\mathrm{d}=\left(D_\mathrm{min}+\frac{1}{4}\Delta\right)^{+\frac{\Delta}{4}}_{0} \tag{2.48}$$

凸模按照凹模实际尺寸配制,保证双面间隙值 z:

冲孔

$$d_\mathrm{p}=\left(d_\mathrm{max}-\frac{1}{4}\Delta\right)^{0}_{-\frac{\Delta}{4}} \tag{2.49}$$

凹模按照凸模实际尺寸配制,保证双面间隙值 z:

孔中心距

$$C_\mathrm{d}=\left(C_\mathrm{min}+\frac{1}{2}\Delta\right)^{\pm\frac{\Delta}{3}} \tag{2.50}$$

式中　　D_d,d_p —— 凹模和凸模尺寸,mm;

C_d —— 凹模孔中心距尺寸,mm;

D_min —— 工件最小极限尺寸,mm;

d_max —— 工件最大极限孔径,mm;

C_min —— 工件孔中心距最小极限尺寸,mm;

Δ —— 工件公差,mm。

d. 齿圈压板设计。齿圈就是压板上的"V"形凸起圈,它围绕工件的剪切周边,并离模具刃口有一定距离。

齿圈分布:齿圈的分布可根据工件的形状和具体要求考虑。当加工形状简单的工件时,可将齿圈做成与工件的外形相同;当加工形状复杂的工件时,可在有特殊要求的部位做出与工件外形类似的齿圈,其他部位则可简化或近似做出,如图 2.46 所示。

冲小孔时,剪切区以外不会发生材料的流动,一般不需要齿圈。冲大孔时(孔径大于料厚的 10 倍),建议在顶杆上加齿圈(用于固定凸模式模具)。假如板料厚度超过 4 mm,或材料韧性较好,通常使用两个齿圈,一个装在压边圈上,另一个装在凹模上。为了保证材料在齿圈嵌入后具有足够的强度,上、下齿圈可以稍许错开。

齿圈形状与参数:目前引用的齿圈设计参数类型较多,现在介绍两种(见表 2.23 和表 2.24),表 2.24a 为单面齿圈尺寸;表 2.24b 用

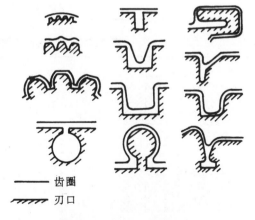

—— 齿圈

〰〰〰 刃口

图 2.46　齿圈与刃口形状

于压板与凹模上均有齿圈的双面齿圈尺寸。

e. 搭边与排样。因为精冲时齿圈压板要压紧材料,故精冲的搭边值比普通冲裁时要大些,其数值见表 2.25。排样的原则基本上与普通冲裁相同。但是应当注意,将工件上形状复杂或带齿形的部分以及剪切断面质量要求比较高的部分放在靠材料送进的一端,使得这部分断面从没有精冲过的材料中剪切下来,以保证有比较好的断面质量,如图 2.47 所示。

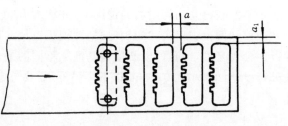

图 2.47　精冲排样图

搭边值 a,a_1(见图 2.47)也可以选取为 $a=(1.5\sim 2)t$,$a_1=(1.5\sim 2)t$,但是工件至材料外缘的距离 a 不能小于 1 mm。

表 2.23　齿圈尺寸

板料厚度 t/mm	齿圈尺寸 /mm		
	g/mm	h	a
$1\sim 4$	$0.05\sim 0.08$	$(0.2\sim 0.3)t$	$(0.66\sim 0.75)t$
>4	$0.08\sim 0.1$	$0.17t$	$0.6t$

表 2.24a　单面齿圈尺寸(压板) mm

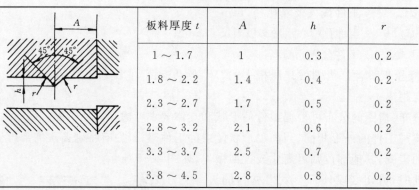

板料厚度 t	A	h	r
$1\sim 1.7$	1	0.3	0.2
$1.8\sim 2.2$	1.4	0.4	0.2
$2.3\sim 2.7$	1.7	0.5	0.2
$2.8\sim 3.2$	2.1	0.6	0.2
$3.3\sim 3.7$	2.5	0.7	0.2
$3.8\sim 4.5$	2.8	0.8	0.2

表 2.24b　双面齿圈尺寸(压板与凹模) mm

板料厚度 t	A	H	R	h	r
$4.5\sim 5.5$	2.5	0.8	0.8	0.5	0.2
$5.6\sim 7$	3	1	1	0.7	0.2
$7.1\sim 9$	3.5	1.2	1.2	0.8	0.2
$9.1\sim 11$	4.5	1.5	1.5	1	0.5
$11.1\sim 13$	5.5	1.8	2	1.2	0.5
$13.1\sim 15$	7	2.2	3	1.6	0.5

表 2.25　搭边值　　　　mm

板料厚度		0.5	1.0	1.25	1.5	2.0	2.5	3.0	3.5	4.0	5	6	8	10	12.5	15
搭	a	1.5	2	2	2.5	3	4	4.5	5	5.5	6	7	8	9	10	12.5
边	a_1	2	3	3.5	4	4.5	5	5.5	6	6.5	7	8	10	12	15	18

2.6.3　非金属材料的冲裁

非金属材料按照用途分为两类:一类是纸板、毛毡、皮革、橡皮、胶布等衬垫材料;另一类是胶木、有机玻璃、塑料、石棉、云母等绝电绝热材料。按照材料性质又可分为纤维和弹性材料与脆性材料两种。非金属材料冲裁是在冷态下还是在加热后进行,要根据材料的性质和厚度决定。对于纤维和弹性材料与厚度小于 1 mm 的脆性材料,一般在冷态下进行冲裁。

冲模结构有两种形式:一种是简单的尖刃模,凸模刃口为锐角,如图 2.48 所示。为了防止此种凸模刃口变钝和崩裂,在被冲材料的下面垫以硬质木料、有色金属或硬纸板。

凸模刃口形式有三种,如图 2.49 所示。凸模锐角 α 见表 2.26。

另一种是带压边圈的一般冲模冲裁用于形状复杂冲裁件的加工。厚度大于 1 mm 的脆性材料,一般采用加热冲裁。

非金属材料冲模的刃口尺寸计算与金属材料冲模的刃口尺寸计算方法相似。凸模和凹模间隙值查表 2.3,但是加热冲裁时要考虑材料的弹性收缩与温度收缩。

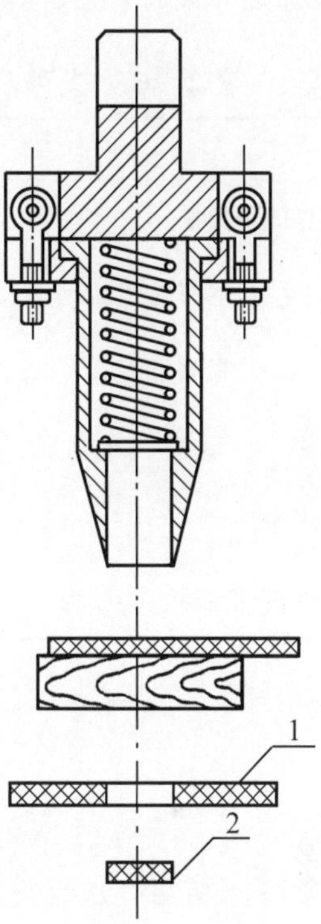

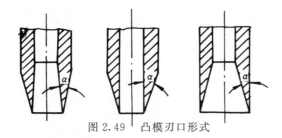

图 2.48　落料模
1— 板料;2— 工件

落料
$$D_{\mathrm{d}} = \left(D - \frac{\Delta}{2} + \delta_{\mathrm{H}} \right)_{0}^{+\delta_{\mathrm{d}}} \qquad (2.51)$$

冲孔
$$d_{\mathrm{p}} = \left(d + \frac{\Delta}{2} + \delta_{\mathrm{B}} \right)_{-\delta_{\mathrm{p}}}^{0} \qquad (2.52)$$

式中　δ_{H} —— 加热落料时的平均收缩值,mm;

　　　δ_{B} —— 加热冲孔时的平均收缩值,mm。

图 2.49　凸模刃口形式

平均收缩量 $\qquad\qquad\qquad \delta_H = AD - \delta_y$ (2.53)

$$\delta_B = cd + \delta_y \qquad (2.54)$$

式中　A,c——温度的收缩因数；

　　　D,d——工件与孔的尺寸，mm；

　　　δ_y——由于材料弹性引起的尺寸变化，mm；

　　　A,c,δ_y 的平均值见表 2.27。

加热冲裁时，最大间隙值可以增大 20%～30%。

表 2.26　尖刃凸模 α 角

材　料	$\alpha/(°)$
烘热的硬橡皮	8～11
皮、毛毡、棉布纺织品	10～15
纸、纸板、马粪纸	15～20
石棉	20～35
纤维板	25～30
红纸板、纸胶板、布胶板	30～40

表 2.27　A,c,δ_y 值

材　料	板料厚度 mm	A	c	δ_y/mm
胶纸板	1	0.002	0.002 5	0.03
	1.5	0.002 2	0.003	0.05
	2.0	0.002 5	0.003 5	0.07
	2.5	0.002 7	0.004	0.10
	3.0	0.003	0.005	0.12
夹布胶木	2.0	0.002	0.002 6	0.08
	2.5	0.002 5	0.003	0.12
	3.0	0.002 8	0.003 6	0.15

思 考 题 二

2.1　简要分析冲裁变形机理。

2.2　列举冲裁件质量的影响因素和分析其影响规律。

2.3　简述冲裁件的工艺分析方法与工艺方案确定。

2.4　举例说明冲裁模工作部分尺寸和公差的计算方法。

2.5　简要说明精密冲裁的方法与特征。

第3章 冲 裁 模

3.1 概 述

冲压主要是利用安装在压力机上的冲模对板(型)材加压使其形成塑性成形,所以,冲模是冲压生产核心的工艺装备,也是实现冲压成形的专用工具。冲压成形生产率高,材料消耗少,工件尺寸精度稳定,成本低,是一种先进的塑性加工工艺,但是它必须具有优良结构性能的冲模才能实现。随着科学技术的发展,冲压成形技术达到一个新的水平,向高速化、精密化、自动化与智能化方向发展,所以冲模结构必须与之相适应,因而认识和研究冲模的结构性能,对实现冲压成形和发展冲压成形技术十分重要。

冲压件品种繁多,使得冲模结构的类型多种多样。对于冲裁工艺的模具,一般按照下述不同特征进行分类。

3.1.1 按照工序性质分类

按照工序性质划分,主要类型有以下几种:

(1)落料模。沿封闭的轮廓将工件与材料分离。

(2)冲孔模。沿封闭的轮廓将废料与工件分离。

(3)切断模。沿敞开的轮廓将材料分离。

(4)切口模。沿敞开的轮廓将工件局部切开但是不完全分离。

(5)剖切模。将一个工件切成两个或多个工件。

(6)整修模。切除冲裁件中粗糙的边缘,获得光洁垂直的断面。

(7)精冲模。从板料中分离出尺寸精确、断面光洁垂直的冲裁件。

3.1.2 按照工序组合程度分类

按照工序的组合程度模具可分为以下三种:

(1)单工序模。在一副模具中只完成一种工序的冲模,如落料模、冲孔模、切边模等均为单工序模。根据凸模的多少,单工序模又可分为一个凸模、一个凹模的简单模和多个凸模及多孔凹模的复式模。如电机转子槽形逐个冲出的单槽模为简单模,全部槽形或槽形、轴孔一次冲出的为复式模。

(2)连续模(又称级进模或跳步模)。压力机一次行程中,在一副模具的不同位置上同时完成两道或多道工序的冲模。连续模所完成的冲压工序依次分布在条料送进的方向上,压力机每一行程条料送进一个步距,同时冲压相应的工序。条料送到最后工位,完成全部冲压工序,至此,每一次分离出一个工件。

(3)复合模。压力机的一次行程中,在一副模具的同一位置上完成几个不同工序的冲模。

复合模具有完成两种工序的凸凹模,毛坯一次送料定位。

按照上模和下模的导向方式,可以分为无导向的开式模和有导向的导板模、导柱模等。

还有按照送料方式、出件方式与排除废料方式分类,这里不一一列举。在汽车工业中,为了便于组织管理、配置设备和生产准备等,将冲模按照大小进行分类,习惯上按照冲模的下模座的长度与宽度之和划分,分成小型冲模、中型冲模和大型冲模三类。

3.2 典型冲裁模结构

3.2.1 单工序冲裁模

图 3.1 所示为单工序落料模,由上模和下模两部分组成。上模包括上模座 14 及装在其上的全部零件;下模包括下模座 1 及装在其上的所有零件。冲模在压力机上安装时,通过模柄 12 夹紧在压力机滑块的模柄孔中,上模和滑块一起上下运动,下模则通过下模座 1 用螺钉、压板固定在压力机工作台面上。冲模的动作原理如下:

冲模在冲压之前,条料靠着两个导料销 4 送进,送到模具一边的导料销处为止(见俯视图)。冲裁时,卸料板 17 先压住材料,接着凸模 7 切入材料进行冲裁。冲下来的工件由凹模 3 孔下漏。上模回升时,依靠压缩橡皮 16 产生的弹力推动卸料板 17 将废条料从凸模卸下。第二次及后续各次送料则由挡料销 19 定位,间隔一个位置冲裁(见图 3.1 的排样图)。条料的一面冲完后,翻转 180°,再冲裁如排样图中的虚线部分。冲模结构由以下五部分组成:

(1)工作零件。冲裁变形时使材料正确分离的零件,包括凸模 7 和凹模 3。冲裁凸模与凹模有两个特征:工作刃口锋利和它们之间有合理的间隙。凸模与凹模刃口的利钝和间隙的大小及其分布的均匀性直接影响冲裁件质量,且影响冲裁力、卸料力和模具寿命。

(2)定位零件。确定条料在冲模中正确位置的零件。导料销 4(两个)对条料送进起导向作用,挡料销 19 限制条料送进的位置。挡料销至凹模孔边的距离视排样而定。

(3)卸料及推件零件。将由于冲裁后弹性恢复而卡在凹模孔内和凸模上的工件或废料脱卸下来的零件。卡在凹模孔内的工件,是利用凸模冲裁时一个接一个地由凹模孔推落。废条料退出凸模,则由卸料板 17、橡皮 16 和卸料螺钉 15 组成的卸料装置,利用压缩橡皮(或弹簧)产生的卸料力来完成。

(4)导向零件。保证上模对下模正确运动的零件。分别压装在上模和下模座的导套 6 与导柱 5,组成上模和下模的导向装置。采用导向装置保证冲裁时,凸模和凹模之间的间隙均匀,有利于提高冲裁件质量和模具寿命。

(5)连接固定零件。将凸模和凹模固定于上模和下模座,以及将上模和下模固定在压力机上的零件。凸模 7 通过固定板 8 与上模座 14 固定,凹模 3 直接与下模座 1 固定,它们分别用螺钉 11,18 拉紧,用销钉 10 和 2(各两个)定位。垫板 9 用于支承凸模的冲裁力,以保护上模座平面不致压出凹坑。

冲裁模的典型结构一般由上述五部分零件组成,不是所有的冲模都具有这五部分零件,如结构比较简单的开式的冲模,上模和下模没有导向装置的零件。冲模的结构取决于工件的要求、生产批量、生产条件和制模条件等因素,因此冲模结构是多种多样的,作用相同的零件其形式也不尽相同。

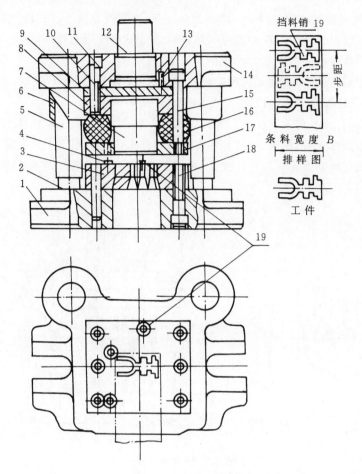

图 3.1　单工序落料模

1—下模座；　2—销钉；　3—凹模；　4—导料销；　5—导柱；　6—导套；　7—凸模；

8—固定板；　9—垫板；　10—销钉；　11—螺钉；　12—模柄；　13—销钉；　14—上模座；

15—卸料螺钉；　16—橡皮；　17—卸料板；　18—螺钉；　19—挡料销

3.2.2　复式冲孔模

图 3.2 所示为冲裁电机转子片槽形及标记槽的复式模，全部槽形和标记槽一次冲出，为多凸模的单工序冲孔模。

槽形凸模 14(共 37 个)、标记槽凸模 9 通过固定板 13 和垫板 10 固定在上模，凹模 18 压入套圈 28 和下垫板 19 联成一体，固定在下模座 21 之上。与图 3.1 比较，有以下结构特点：

(1) 毛坯是经冲孔落料工序得到的半成品块料，定位结构不同于条料，而是利用已经冲出的轴孔(内形)定位。凹模中心装有定位柱 17，其外径与毛坯孔尺寸一致，冲裁时将毛坯套在定位柱上定位。

(2) 采用刚性(又称硬性)推件装置(或称推件器)。它由打杆 5、三脚推板 4、推杆螺钉 12和卸料板 15 组成。上模回程到上死点前，打杆 5 顶着穿过滑块中的横杠，产生反向推力传给卸料板，将卡在凸模上的工件卸下。因为转子片的槽形多，推件力比较大，采用推件器能可靠地卸下工件。

（3）采用双导向装置。除导柱 20、导套 11 对上模和下模导向外，卸料板 15 也对凸模的运动起导向作用，以增强细长凸模在冲裁时的稳定性，防止凸模折断。卸料板孔与凸模做成间隙配合，用作导板。卸料板又以导套为导向作上下活动。

导套 11 和槽形凸模 14 采用无机胶粘剂固定，可以简化加工，容易制造，不需要精密镗床设备。下模座的导柱安装锥孔，可以在经改装的立式钻床铰出。

图 3.1 和图 3.2 所示均为导柱模。导柱模的导向精度高，冲模工作零件不易磨损，使用寿命长，冲模在压力机上安装、调整、使用方便。所以导柱模广泛应用于生产批量大、精度要求较高的冲裁件，其缺点是冲模轮廓尺寸比较大，制造工艺比较复杂，制造周期长，成本比较高。

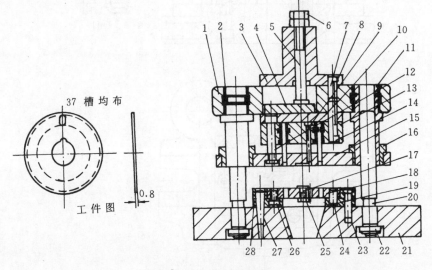

图 3.2　复式冲孔模

1—上模座；　2—导柱；　3—模柄；　4—三角推板；　5—打杆；　6—打杆螺母；　7—销钉；
8—螺钉；　9—标记槽凸模；　10—垫板；　11—导套；　12—推杆螺钉；　13—固定板；　14—槽形凸模；
15—卸料板；　16—加强套；　17—定位柱；　18—凹模；　19—下垫板；　20—导柱；　21—下模座；
23—螺钉；　24—销钉；　25—螺钉；　26—凹模固定螺钉；　27—销钉；　28—套圈

3.2.3　导板模

图 3.3 所示为导板导向双排落料模。模具的主要特点是上模和下模完全依靠导板 9 对凸模 5 的间隙配合导向，故称为导板模。导板又兼作卸料板，固定在凹模上，又称固定卸料板。冲裁时要求凸模不脱离导板，以保证模具的导向精度，而且凸模刃口磨削时也不应脱离导板。因此，为便于凸模刃口磨削时的拆卸安装，上模轮廓尺寸应小于下模固定导板的两排螺钉 8 与销钉 14 孔的内缘之间的距离（见俯视图）。凸模固定时可不需要销钉定位。

下模装有两块导料板 10，导料板之间的距离略大于条料宽度。导料板与导料销的作用相同，对条料送进起导向作用。条料定位使用临时挡料销 20 和钩形挡料销 16。第一次送进条料时，用手按临时挡料销 20 外端，使其突出导料板，挡住料头，冲裁一个工件，以后送料由钩形挡料销 16 定位，每次冲裁两个工件，直到条料冲完。钩形挡料销与圆柱形挡料销是固定挡料销的两种不同形式。钩形挡料销的安装孔离凹模孔边比较远，不会过于削弱凹模的强度。承料板 11 接长了凹模面，使得送料平稳。

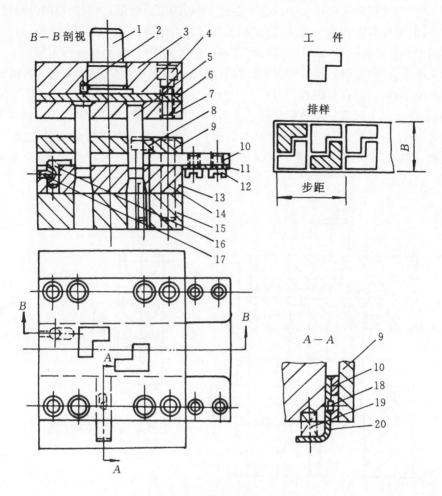

图 3.3 导板模(导板导向双排料模)

1—模柄; 2—销钉; 3—上模座; 4—螺钉; 5—凸模; 6—垫板; 7—凸模固定板;
8—螺钉; 9—导板; 10—导料板; 11—垫片; 12—螺钉; 13—凹模; 14—销钉;
15—下模座; 16—钩形挡料销; 17—螺钉; 18—销钉; 19—弹簧; 20—临时挡料销

导板模导向性良好,结构简单,冲模体积小,卸料可靠,操作安全,但是制造过程比较复杂,需要使用行程小且可调节行程的偏心压力机。导板模多用于形状简单、尺寸不大、平直度要求高的冲裁件。

3.2.4 连续模

连续模是在单工序冲模的的基础上发展起来的一种多工序、高效率冲模,在一副模具中有规律地安排多个工序进行连续冲压。连续模冲裁可减少模具和设备数量,生产率高,操作方便安全,便于实现冲压生产自动化,在大批量生产中效果显著。但是其各个工序是在不同的工步位置上完成的,由于定位误差影响工件的精度,一般多用于精度要求比较低、多工序的小零件。

连续模的工步安排很灵活,但是不论其排样如何,必须遵循一条规律:为了保证送料的连续性,工件与条料的完全分离(落料或切断)要安排在最后的工步位置。每一工位可以安排一种或多种工序,也可以特意安排一个或多个空位,增加凹模的壁厚,加大凹模的外形尺寸,提高凹模强度,或避免模具零件过于紧凑,造成加工和安装的困难。

连续模按条料排样的形状、工步排列顺序和定位形式不同,其结构有所不同。

图3.4所示为冲孔、落料连续冲裁模。模具的特点是采用固定挡料销和导正销的定位结构。第一工步为冲孔,条料由临时挡料销10定位。冲孔完毕,条料送进一个步距至第二工步落料,由固定挡料销1对条料作初始定位。落料时,用装于凸模3端面上的导正销2先插入已冲好的孔内,对条料作精确定位,以保证孔与外缘的位置精度。在最后的落料工位,工件跟条料完全分离,完成工件的全部冲裁。上模和下模由凸模与导板5间隙配合,导向导板兼作卸料板。

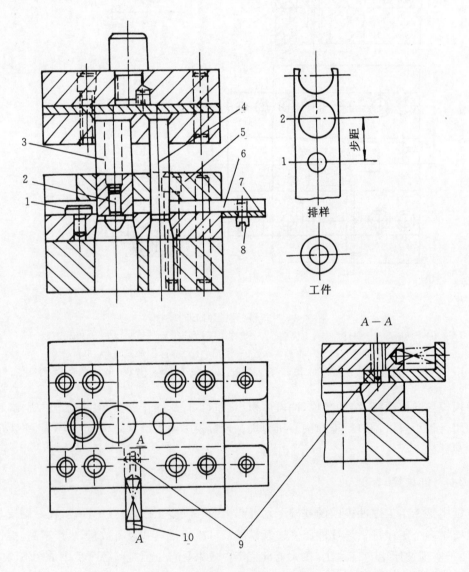

图 3.4　冲孔、落料连续冲裁模

1—固定挡料销；　2—导正销；　3—落料凸模；　4—冲孔凸模；　5—导向导板；

6—导料板；　7—垫板；　8—螺钉；　9—销钉；　10—临时挡料销

3.2.5　复合模

复合模是在单工序模的基础上发展起来的一种比较先进的冲模,在一副冲模中一次送料定位可以同时完成几个工序。与连续模相比,冲裁件的内孔与外缘的相对位置精度比较高,条料的定位要求比较低,冲模轮廓尺寸比较小。复合模的生产效率比较高,结构比较复杂,制造精度要求高。复合模适用于生产批量大、精度要求高的冲裁件。

复合模的结构特点主要表现在具有复合形式的凸模和凹模,它既是落料凸模又是冲孔凹模。

图 3.5 所示为落料冲孔复合模。其结构有下述特点。

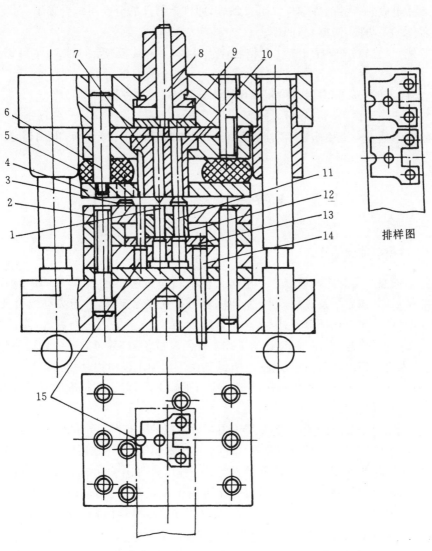

图 3.5　复合模

1—冲孔凸模；　2—落料凹模；　3—导料销；　4—卸料板；　5—橡皮；

6—卸料螺钉；　7—凸凹模,8、9、10—打料装置；　11—挡料销；

12—顶块；　13—圆形顶板；　14—顶杆；　15—凹模镶块

凸凹模(7)装在上模,落料凹模(2)装在下模,称为正装复合模。落料凹模2凸出的小半圆由凹模镶块15单独加工出。正装复合模向上出件,顶件装置由顶块12、圆形顶板13、顶杆14组成。安装好的弹性顶件装置中,顶块12应高出凹模少许,条料在压紧的情况下冲裁,冲出的工件平直度较高。这种反向顶出工件的弹性顶件装置,只适于冲裁薄料。顶件装置的弹性元件装在下模板下面,不受模具空间位置的限制,可获得比较大的弹力,且力大小可以调节。冲孔废料由上模的打料装置(零件8,9,10)推出,凸凹模孔内不积存废料,所受胀力小,不容易胀裂,但是冲孔废料落在冲模工作面上,不容易排除。

上述各类冲模的结构形式和复杂程度各不相同,但是冲模的结构组成是有规律的,对手工送料、功能齐全的冲模,一般是由工作零件、定位零件、卸料与推件零件、导向零件和连接固定零件等五部分组成的。各部分零件又可以细分,冲模零部件的分类可综合如下:

工作零件——凸模,凹模,凸凹模。

定位零件——挡料销,导正销,定位板(定料销),导料板(导向槽),导料销,侧压板,侧刃等。

卸料、推件零件——卸料板,压料板(压边圈),顶件器,推件器,废料刀。

导向零件——导柱,导套,导板,导筒。

连接固定零件——上模座,下模座,模柄,凸模和凹模固定板,垫板,限制器,螺钉,销钉,键,斜楔。

3.3 主要冲裁模零件的设计

3.3.1 冲模标准化的意义

我国国家标准总局对冷冲模制定了中华人民共和国国家标准,代号为 GB 2851～2875—1981。标准包括:冲模模架及其技术条件,冲模零件及其技术条件,冲模典型组合及其技术条件。采用这些标准,能简化模具设计,提高模具质量,节约大量的人力与物力,降低模具成本。在采用标准模架或典型组合后,只设计出工作零件及定位位置,并可以事先做好一些标准的零件,需要时从库房里领出作些必要的加工,有的甚至不用加工就可以使用。

在设计模具时,对于已实现标准化的零件应当正确选用,对于非标准的零件可以参考标准件设计。本书叙述的模具标准为国家标准。

标准模架是由上模座、下模座、导柱、导套等零件组成的。有滑动导向对角导柱模架、后侧导柱模架、后侧导柱窄形模架、中间导柱模架、中间导柱圆形模架、四导柱模架以及滚动导向对角导柱模架、中间导柱模架、四导柱模架、导板模对角导柱弹压模架、中间导柱弹压模架等12种。

一般采用两个导柱的模架。后侧导柱模架可用于冲裁宽度大的条料,送料及操作比较方便,但是由于导柱装在一侧,冲压时容易产生偏心力矩,使模具偏斜,影响模具寿命与工件质量,因而适用于中等复杂程度及公差等级要求一般的中、小型工件。中间和对角导柱模架,冲压时不会引起模具的偏斜,有利于延长模具寿命与改善工件质量。但是条料宽度受导柱间距离的限制,所以常在复合或工件公差等级要求较高时采用。对角导柱模架常用于连续模。为了防止上模座误转180°,中间或对角的两导柱和导套的直径是不一样的,一般相差2～5 mm。对于公差等级要求高的工件可采用四导柱模架。

冲模典型组合是由模架、凸模固定板、凹模板、卸料装置、导料装置、螺钉、圆柱销等组成的。根据模架、导向方式、卸料方式、导料方式、工序的组合等情况,国家标准有 14 种冲模典型组合。

3.3.2　工作零件的设计与标准选用

1. 凸模

国家标准有三种圆形标准凸模,如图 3.6 所示。选用时由工作部分的尺寸 d 决定。A 型圆凸模用于 $d=1.1\sim30.2$ mm,B 型圆凸模用于 $d=3.0\sim30.2$ mm,快换圆凸模用于 $d=5\sim29$ mm。凸模固定板中,A、B 型圆凸模采用基孔制过渡配合 m6,快换圆凸模采用基孔间隙配合 h6 固定。

凸模长度 L 应当根据模具的结构确定,采用固定卸料板和导料板时如图 3.7 所示,凸模长度计算式为

$$L = H_1 + H_2 + H_3 + H \tag{3.1}$$

式中　　H_1—— 固定板厚度,mm;

$\qquad\quad H_2$—— 卸料板厚度,mm;

$\qquad\quad H_3$—— 导料板厚度,mm;

$\qquad\quad H$—— 附加长度,主要考虑凸模进入凹模的深度($0.5\sim1$ mm),总修磨量($10\sim15$ mm)及模具闭合状态下卸料板到凸模固定板间的安全距离($15\sim20$ mm)等确定。

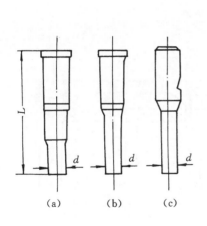

图 3.6　标准凸模

(a) A 型圆凸模;(b) B 型圆凸模;(c) 快换圆凸模

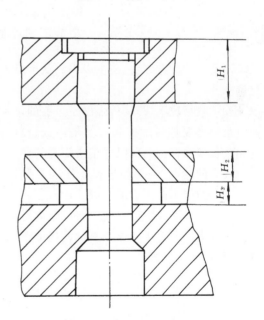

图 3.7　凸模长度的确定

非标准凸模及其固定形式,如图 3.8 所示。当凸模之间相距很近时,圆形凸模可以采用铆接结构(见图 3.8(a))。冲小孔的凸模,常用带护套的结构形式(见图 3.8(b))。容易损坏的小凸模,可以做成快换形式(见图 3.8(c))。非圆形凸模,在尺寸比较大时可以采用螺钉、销钉或

螺钉与定位槽直接固定到模座上,而不采用固定板(见图 3.8(d))。假如凸模工作部分为非圆形,固定部分采用圆形的台肩结构,必须加止动装置(见图 3.8(e))。

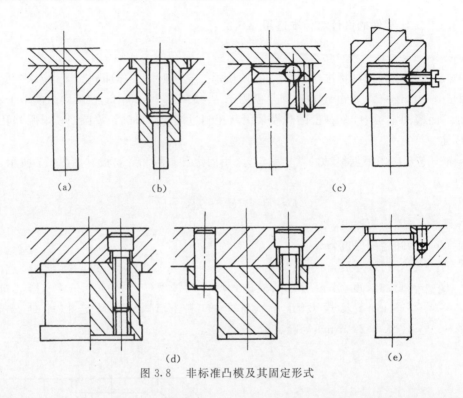

图 3.8　非标准凸模及其固定形式

　　小凸模的固定方法,还可以采用低熔点合金、无机黏合剂及环氧树脂等黏结在固定板上,见图 3.9。

　　在一般情况下,凸模的强度是足够的,所以没有必要作强度校验。但是,在凸模特别细长或凸模的断面尺寸很小而毛料厚度比较大的情况下,必须进行承压能力和抗纵向弯曲能力两方面的校验。

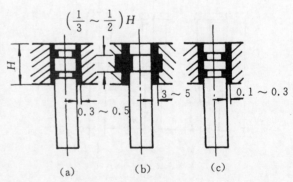

图 3.9　凸模黏结固定

　　(1)承压能力校验　冲裁时,凸模承受的压应力 $\sigma_压$,必须小于凸模材料强度允许的压应力$[\sigma_压]$,即

$$\sigma_压 = \frac{P}{F} \leqslant [\sigma_压] \qquad (3.2)$$

对圆形凸模,$P = \pi d t \tau$,代入式(3.2)可得

$$\frac{d}{t} \geqslant \frac{4\tau}{[\sigma_压]} \qquad (3.3)$$

式中　P —— 冲裁力,N;

　　　　F —— 凸模最小断面面积,mm^2;

　　　　d —— 凸模直径,mm;

t —— 板料厚度，mm；

τ —— 材料的抗剪强度，MPa；

$[\sigma_压]$ —— 凸模材料的许用压应力，MPa，凸模材料的许用应力取决于材料热处理和冲模的结构。

（2）失稳弯曲应力校验   凸模冲裁时稳定性校验采用杆件受轴向压力的欧拉公式。

对于有导向装置的凸模，相当于一端固定、另一端铰支的压杆。当引入弯曲安全因数 n 时，不发生失稳弯曲的允许最大冲裁力为

$$P = \frac{2\pi^2 EJ}{nl^2} \tag{3.4}$$

不发生失稳弯曲的凸模最大长度为

$$l_{\max} \leqslant \sqrt{\frac{2\pi^2 EJ}{nP}} \tag{3.5}$$

式中 P —— 冲裁力，N；

E —— 凸模材料的弹性模数，一般模具钢为 2.2×10^5 MPa；

n —— 弯曲安全因数，淬火钢 $n = 2 \sim 3$；

J —— 凸模最小横断面的轴惯性矩，直径为 d 的圆凸模 $J = \frac{\pi d^4}{64} \approx 0.05\ d^4$，mm^4；

l —— 凸模长度，mm。

将 E，n 及圆凸模的 J 代入式（3.5），有导向装置的圆凸模不发生失稳弯曲的最大长度为

$$l_{\max} \leqslant 270\ \frac{d^2}{\sqrt{P}} \tag{3.6}$$

同理，有导向装置的一般形状凸模不发生失稳弯曲的最大长度为

$$l_{\max} \leqslant 1\ 200 \sqrt{\frac{J}{P}} \tag{3.7}$$

对于无导向装置的凸模，相当于一端固定、另一端自由的压杆。不发生失稳弯曲的最大冲裁力为

$$P = \frac{\pi^2 EJ}{4nl^2} \tag{3.8}$$

同理，不发生失稳弯曲的凸模最大长度为

对于圆形凸模

$$l_{\max} \leqslant 95\ \frac{d^2}{\sqrt{P}} \tag{3.9}$$

对于一般形状的凸模

$$l_{\max} \leqslant 425 \sqrt{\frac{J}{P}} \tag{3.10}$$

2. 凹模

凹模刃口孔形如图 3.10 所示。图 3.10(a)(b) 为直壁刃口凹模，刃口强度比较高，刃口修磨后工作部分尺寸不变，制造方便，适用于冲裁形状复杂或公差等级要求比较高的工件。但是在刃口孔内易于聚集废料或工件，增大了凹模的胀裂力、推件力和孔壁的磨损。磨损后刃口形成倒锥形状，可能使得冲成的工件从孔口反跳到凹模表面上造成操作困难，图 3.10(a) 适用于

非圆形工件;图 3.10(b) 适用于圆形工件,必须将工件或废料顶出的模具或复合冲裁模。

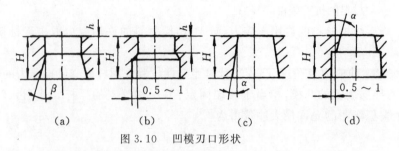

图 3.10 凹模刃口形状

图 3.10(c)(d) 为锥形刃口凹模。工件或废料容易从凹模孔内落下,孔内不容易积聚工件或废料,孔壁所受的磨擦力及胀裂力小,所以凹模的磨损及每次修磨量小。但是刃口强度比较低,刃口尺寸在修磨后有所增大,见表 3.1,但是一般对工件尺寸及凹模寿命影响不大。锥形刃口凹模适用于形状简单、公差等级要求不高、材料比较薄的工件。

表 3.1 凹模修磨量和间隙增量的关系*

磨削量 /mm α	间隙增量(双边)/mm			
	5′	10′	15′	30′
0.2	0.000 58	0.001 16	0.001 75	0.003 49
0.5	0.001 45	0.002 91	0.004 36	0.008 72
1.0	0.002 90	0.005 82	0.008 72	0.017 45
1.5	0.004 36	0.008 73	0.013 09	0.026 18
2.0	0.005 81	0.011 63	0.017 45	0.034 90
2.5	0.007 27	0.014 54	0.021 81	0.043 63
3.0	0.008 72	0.017 45	0.026 18	0.052 36
4.0	0.011 60	0.023 27	0.034 90	0.069 81
5.0	0.014 50	0.029 08	0.043 63	0.087 26
6.0	0.017 45	0.034 90	0.052 36	0.104 72

* 表中所列数据系计算结果。

图 3.10 所示的凹模孔形参数见表 3.2。

表 3.2 凹模孔口主要参数

板料厚度 t/mm	主要参数			备 注
	h/mm	α	β	
< 0.5	≥ 4	15′	2°	① 表中 α,β 值仅适用于手工钳工;
0.5 ~ 1	≥ 5			② 电火花加工时,$\alpha = 4′ \sim 20′$(复合模选取小值),$\beta = 30′ \sim 50′$;
1.0 ~ 2.5	≥ 6			③ 带斜度装置的线切割时,$\beta = 1° \sim 1.5°$
2.5 ~ 6.0	≥ 8	30′	3°	
> 6.0	—			

凹模的轮廓尺寸,因为其结构形式不一,受力状态比较复杂,目前还不能采用理论计算方法确定。一般根据冲裁板料厚度,按照经验公式计算,如图 3.11 所示。

凹模厚度: $\qquad H = Kb(\geqslant 15 \text{ mm})$ (3.11)

凹模壁厚度: $\qquad C \geqslant (1.5 \sim 2)H(\geqslant 30 \sim 40 \text{ mm})$ (3.12)

凹模刃口线为直线时,选取 $C \geqslant 1.5H$;假如为尖端状或具有复杂形状时,选取 $C \geqslant 2H$。

式中 b —— 冲裁件最大外形尺寸,mm;

$\quad$ K —— 系数,见表 3.3。

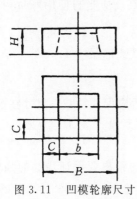

图 3.11 凹模轮廓尺寸

表 3.3 系数 K 值

b/mm	板料厚度 t/mm				
	0.5	1	2	3	> 3
< 50	0.3	0.35	0.42	0.5	0.6
50 ~ 100	0.2	0.22	0.28	0.35	0.42
100 ~ 200	0.15	0.18	0.2	0.24	0.3
> 200	0.1	0.12	0.15	0.18	0.22

凹模厚度按照下式计算,即

$$H = \sqrt[3]{P}$$ (3.13)

式中 H —— 凹模厚度,mm;

$\quad$ P —— 冲裁力,N。

不同冲裁力按式(3.13)计算的凹模厚度,见表 3.4。

表 3.4 冲裁力与凹模厚度

冲裁力 P / kN	5	10	30	50	70	100	150	200	250	300	350	400
凹模厚 H / mm	7.9	10	14.4	17.1	19.1	21.5	24.7	27.1	29.2	31.1	32.7	34.2
冲裁力 P / kN	450	500	600	700	800	900	1 000	1 500	1 800	2 000	3 000	4 000
凹模厚 H / mm	35.6	36.8	39.1	41.2	43.1	44.8	46.4	53.1	56.5	58.5	66.9	73.7

采用表 3.4 的凹模厚度数值时,还应当根据以下情况予以修正。

(1) 凹模的最小厚度为 7.5 mm;凹模表面积在 3 200 mm² 以上,H 最小值选取 10.5 mm。

(2) 加上凹模刃口磨量的高度。

(3) 凹模刃口周长超过 50 mm 时,其厚度应当乘以表 3.5 的修正因数。

(4) 凹模材料为合金工具钢时,凹模厚度按照表 3.5 修正定值,假如为碳素工具钢,凹模厚度应当再增加 30%。

表 3.5   凹模厚度修正因数

凹模刃口长度 /mm	> 50～75	> 75～150	> 150～300	> 300～500	> 500
修 正 因 数	1.12	1.25	1.37	1.50	1.60

凹模刃口之间的距离:对多孔凹模和复合模,刃口与刃口之间的距离,按照复合模的凸凹模最小壁厚选用。

刃口直壁高度 h 见表 3.2。批量生产时,刃口直壁有效高度应当与使用寿命相适应,按照下式估算,即

$$刃口直壁高度\ h = \frac{冲裁件总数}{刃磨一次的冲件数} \times 每次刃磨量\quad (mm) \tag{3.14}$$

每次刃磨量一般为 0.1～0.2 mm。

对有斜度的刃口壁的有效高度,根据斜度的大小,刃磨后应保证冲裁件尺寸在极限尺寸范围内;同时,间隙的增大应当在允许的范围内,以保证冲裁件质量。表 3.1 为刃口斜度与刃磨量相对应的凹模直径尺寸的增大值。

凹模采用螺钉、销钉固定时,钉孔至刃口边及钉孔之间的距离要保证足够的强度,其最小值见表 3.6。

表 3.6   螺孔、销孔之间及至刃口边的最小距离   mm

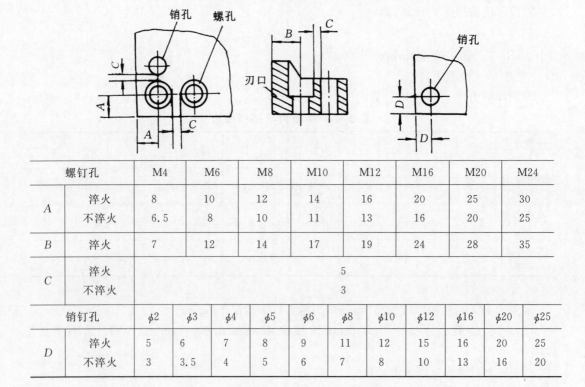

	螺钉孔	M4	M6	M8	M10	M12	M16	M20	M24
A	淬火	8	10	12	14	16	20	25	30
	不淬火	6.5	8	10	11	13	16	20	25
B	淬火	7	12	14	17	19	24	28	35
C	淬火				5				
	不淬火				3				

	销钉孔	$\phi 2$	$\phi 3$	$\phi 4$	$\phi 5$	$\phi 6$	$\phi 8$	$\phi 10$	$\phi 12$	$\phi 16$	$\phi 20$	$\phi 25$
D	淬火	5	6	7	8	9	11	12	15	16	20	25
	不淬火	3	3.5	4	5	6	7	8	10	13	16	20

3. 凸模和凹模

凸模和凹模内外缘均为刃口,内外缘之间的壁厚取决于冲裁件的尺寸,不像凹模那样可以

将外缘轮廓尺寸扩大,所以从强度考虑,壁厚受最小值限制。凸凹模的最小壁厚受冲模结构影响:凸模和凹模装于上模(正装复合模)时,内孔不积存废料,胀力小,最小壁厚可以小些;凸模和凹模装于下模(倒装复合模),柱形孔口、内孔积存废料时,胀力大,最小壁厚要大些。凸凹模的最小壁厚值,一般按照经验数据确定。

不积聚废料的凸模和凹模的最小壁厚:对黑色金属和硬材料约为工件料厚的 1.5 倍,但是不小于 0.7 mm;对有色金属和软材料的约等于工件料厚,但是不小于 0.5 mm。积聚废料的凸凹模的最小壁厚见表 3.7。

表 3.7　凸凹模最小壁厚 a　　　　　　　mm

板料厚度 t mm	0.4	0.5	0.6	0.7	0.8	0.9	1.0	1.2	1.5	1.75
最小壁厚 a mm	1.4	1.6	1.8	2.0	2.3	2.5	2.7	3.2	3.8	4.0
最小直径 D mm	15				18			21		
板料厚度 t mm	2.0	2.1	2.5	2.75	3.0	3.5	4.0	4.5	5.0	5.5
最小壁厚 a mm	4.9	5.0	5.8	6.3	6.7	7.8	8.5	9.3	10.0	12.0
最小直径 D mm	21	25		28		32		35	40	45

4. 凸模与凹模的镶拼结构

大型、中型和形状复杂、局部薄弱的整体凸模或凹模,往往给锻造、机械加工或热处理带来很大的困难,局部磨损后又会造成整个凸模和凹模的报废。因此,常采用镶拼结构可以解决上述矛盾。

镶拼结构一般有拼接与镶接两种。拼接是将整体的凸模和凹模块分割成若干块拼接起来;镶接则是将局部形状分割出再镶入。

镶拼结构设计的一般原则,如图 3.12 所示。

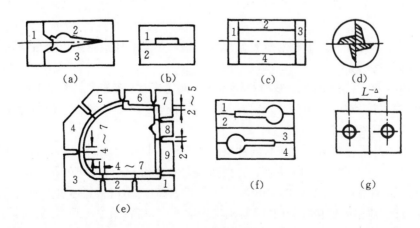

图 3.12　凹模的镶拼结构

（1）便于加工制造，减少钳工工作量，提高模具加工精度，具体办法是：

1）尽量将形状复杂的内形加工分割后变为外形加工，以便机械加工和成形磨削；同时拼块断面可以做得比较均匀，以减小热处理变形，提高模具制造精度。

2）沿对称轴线分割，形状、尺寸相同的分块可以一同加工磨削，见图 3.12(a)(c)(d)。

3）沿转角、尖角分割，拼块角度应不小于 90°，见图 3.12(a)(b)(c)。

4）圆弧单独做成一块，拼接线应在离切点 4～7 mm 的直线处；大弧线、长直线可以分为几块，拼接线要与刃口垂直。接合面接触不宜过长，一般为 12～15 mm，见图 3.12(e)。

（2）便于维修更换与调整。

1）比较薄弱或易磨损的局部凸出或凹进部分，单独做成一块，见图 3.12(e)之 8。

2）拼块之间可以通过增减垫片或磨接后面的方法，以调整间隙或中间距，见图 3.12(f)(g)。

（3）满足冲裁工艺要求。

1）凸模与凹模的拼接线错开 3～5 mm，以免产生冲裁毛刺。

2）大型或厚料冲裁件的镶拼模，为了减小冲裁力，可以将凸模（冲孔时）或凹模（落料时）做成波浪形斜刃。斜刃要对称，分块线一般选取在波浪的低点或高点，每块最好选取一个或半个波形。斜刃高度 H 一般选取冲裁板料厚度的 1～3 倍，如图 3.13 所示。

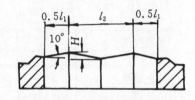

图 3.13 斜刃镶块结构

镶块的固定可以采用热套、锥套、框套、螺钉和销钉紧固，以及低熔点合金和环氧脂浇注等方法。

凸模和凹模的镶拼结构具有下列优点：每个拼块可以磨削，刃口尺寸和间隙可控制精确，冲模制造精度高，使用寿命增长；分块后消除了应力集中，断面均匀，减少或消除热处理的变形与开裂；便于维修与更换损坏部分，减少模具制造与维修费用，节约模具钢。其缺点是：拼块尺寸严格，工艺复杂，制造设备要求比较高；冲模间隙比较精确，对压力机与冲模导向要求高。

3.3.3 定位零件

冲模的定位装置零件是为了保证材料的正确送进及在冲模中的正确位置。使用条料时，保证条料送进导向的零件有导料板、导料销等；保证条料进距的有挡料销、定距侧刃等零件。在连续模中保证工件孔与外形相对位置使用导正销。单个毛坯定位则用定料销或定位板。

1. 导料板、导料销

条料靠着导料板（又称导尺）或导料销一侧导向送进，以免送偏。图 3.1 所示为导料销导向送料的冲模。导料销一般用两个，装在凹模上的固定式，装在卸料板上的为活动式。导料销多用于单工序模和复合模。

图 3.3、图 3.4 为导料板导向送料的冲模。导料板有与导板（卸料板）分离（见图 3.3 等）和联成整体的两种结构，如图 3.14 所示。为使条料顺利通过，导料板间的距离应等于条料的最大宽度加上一间隙值（一般大于 0.5 mm）。导料板的高度 H 由板料厚度 t 和挡料销的高度 h 确定，见表 3.8。使用固定挡料销时，导料板高度比较大，挡料销之上要有适当的空间，使条料容易通过。送料不受阻时，导料板高度可以小些。

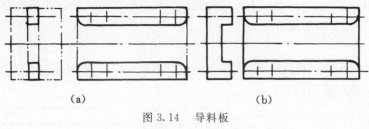

图 3.14　导料板

(a) 分离式；(b) 整体式

表 3.8　导料板的高度　　　　　　　　　　mm

板料厚度 t	挡料销高度 h	导料板高度 H	
		固定挡料销	自动挡料销或侧刃
0.3 ～ 2.0	3	6 ～ 8	4 ～ 8
2.0 ～ 3.0	4	8 ～ 10	6 ～ 8
3.0 ～ 4.0	4	10 ～ 12	6 ～ 10
4.0 ～ 6.0	5	12 ～ 15	8 ～ 10
6.0 ～ 10.0	8	15 ～ 25	10 ～ 15

标准导料板（导尺）如图 3.15 所示。从右向左送料时，与条料相靠的导料板（销）装在后侧；从前向后送料时，基准导料板装在左侧。

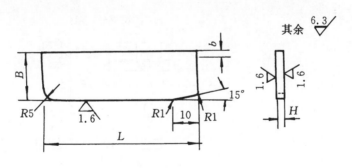

图 3.15　标准导料板

为了保证条料紧靠导料板一侧正确送进，常常采用侧压装置。侧压装置的形式如图 3.16 所示；图 3.16(a) 为簧片式，图 3.16(b) 为簧片压块式，图 3.16(c) 为弹簧压块式，图 3.16(d) 为板式。

簧片式或簧片压块式的侧压力比较小，适用于板料厚度在 1 mm 以下的薄料冲裁。弹簧压块式的侧压力比较大，适用于冲裁厚料，一般设置 2 ～ 3 个。板式的侧压力大且均匀，一般装于进料口一端，适用于有侧刃定位和挡料的连续模。

当板料厚度小于 0.3 mm 时,不能采用侧压装置。当采用滚轴自动送料时,由于侧壁摩擦阻碍送料,不宜采用侧压装置。

2. 挡料销

挡料销用于限定条料送进距离、抵住条料的搭边或工件轮廓,起到定位作用。挡料销有固定挡料销和活动挡料销两类。

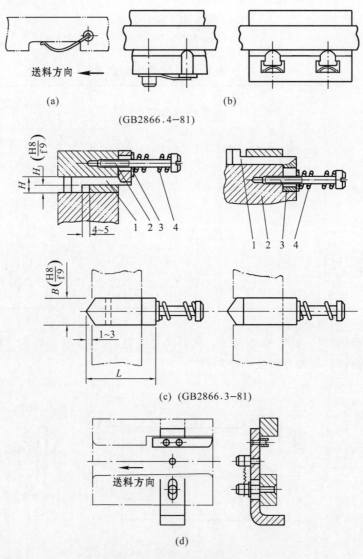

(a)   (b)

(GB2866.4-81)

(c) (GB2866.3-81)

(d)

图 3.16　弹簧侧压装置

1— 侧压板；　2— 卸料螺钉；　3— 垫圈；　4— 弹簧

固定挡料销分圆形与钩形两种,一般装在凹模上。圆形挡料销结构简单,制造容易,但是销孔离凹模刃口比较近,会削弱凹模强度。钩形挡料销销孔远离凹模刃口,不削弱凹模强度。为了防止形状不对称的钩头转动,需要加定向销,增加了制造的工作量。固定挡料销的标准结构,如图 3.17 所示。

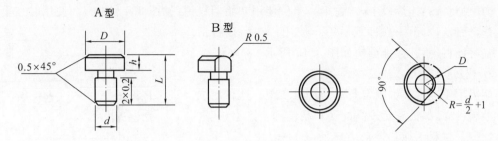

图 3.17　固定挡料销(GB2866.11—1981)

　　活动挡料销的结构如图 3.18 所示。它装在卸料板上并可以伸缩,销子有倒角或斜面,便于条料通过。图 3.18 的送料、定位有两个动作,先送后拉,称回带式挡料装置。图 3.18(b) 件 2 为扭弹簧,图 3.18(e) 件 2 为片弹簧,图 3.18(c) 为橡胶弹顶挡料销。

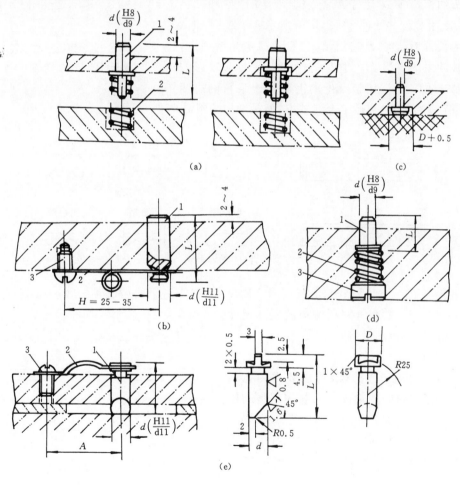

图 3.18　活动式挡料销

(a)1— 螺钉; 2— 弹簧; (b)1— 销钉; 2— 扭弹簧; 3— 螺钉;

(d)1— 销钉; 2— 弹簧; 3— 螺钉; (e)1— 螺钉; 2— 片弹簧; 3— 螺钉

初始挡料销:连续模中,常在第一工位使用初始挡料销(见图3.4件10)。使用时往里压,挡住条料而定位,第一次冲裁后不再使用。初始挡料销又称临时挡料销,其标准结构如图3.19所示。

3. 侧刃

侧刃用于连续模中限定条料的送进步距。这种定位形式准确可靠,保证有比较高的送料精度和生产率,其缺点是增加了材料消耗和冲裁力。所以,一般用于下述情况:冲裁窄长工件,送料步距小,不能安装初始和固定挡料销;冲裁薄料($t < 0.5$ mm),采用导正销会压弯孔边而达不到准确定位;工件侧边需要冲出一定形状,则侧刃定距可以同时完成。

侧刃的标准形式有 ⅠA型、ⅠB型、ⅠC型和ⅡA型、ⅡB型、ⅡC型共6种,如图3.20所示。ⅠA型、ⅡA型断面为长方形结构,制造简单,但是刃口尖角磨损后,在条料被冲去的一边会产生毛刺(见图3.21(a)),影响正常送料。ⅠC型、ⅡC型产生的毛刺位于条料侧边凹进处(见图3.21(b)),克服了上述缺点,但是增加了制造难度。

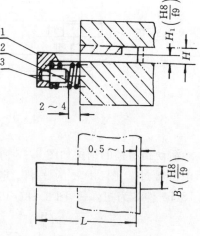

图3.19 初始挡料装置
1— 侧压板; 2— 螺钉; 3— 弹簧

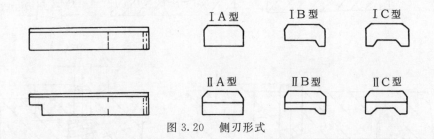

图3.20 侧刃形式

侧刃相当于一个冲裁凸模,其长度的公称尺寸 s 等于进距加 $0.05 \sim 0.1$ mm,公差选取 -0.02 mm。侧刃孔的尺寸根据侧刃的实际尺寸按照冲裁所规定的间隙配制。

4. 导正销

导正销主要用于连续模,可以获得内孔与外缘相对位置准确的冲裁件。它装在落料凸模的工作端面上,在落料前先插入已冲好的孔中。经过孔与外缘相对位置对准,然后落料,消除了送料和导向造成的误差,起到精确定位作用。

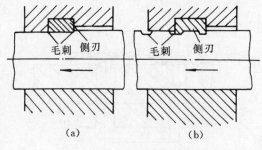

图3.21 侧刃工作情况

导正销的结构形式如图3.22所示,根据孔的尺寸选用。导正销由导入和定位两部分组成。导入部分一般用圆弧或圆锥过渡,定位部分为圆柱面。考虑到冲孔后孔径的缩小,为了使得导正销顺利进入孔中,圆柱直径选取间隙配合 h6 或 h9。

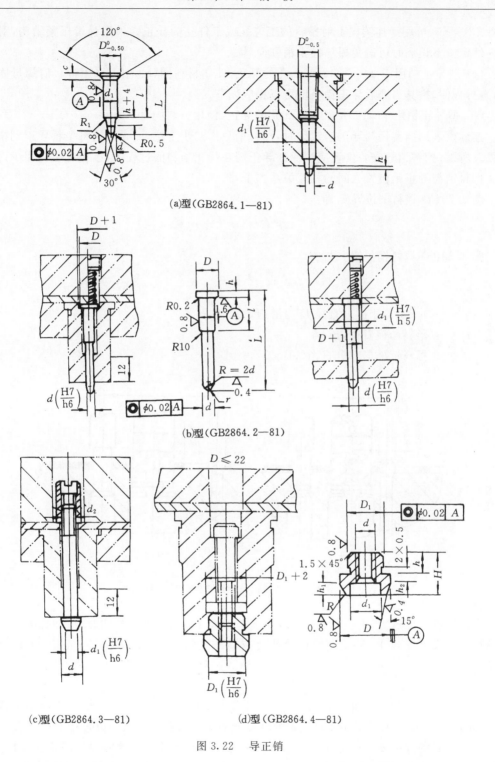

(a)型(GB2864.1—81)

(b)型(GB2864.2—81)

(c)型(GB2864.3—81)   (d)型(GB2864.4—81)

图 3.22　导正销

（a）型导正销用于导正 $\phi2 \sim \phi12$ mm 的孔，材料选用 T10A，热处理硬度为 HRC50 $\sim$ 54，圆柱面高度 h 在设计时确定，一般选取 $(0.8 \sim 1.2)t$。

（b）型导正销用于导正不大于 $\phi10$ mm 的孔，材料选用 9Mn2V 或 Cr12，热处理硬度为

HRC52～56,可用于连续模上对条料的工艺孔或工件孔的导正。采用弹簧压紧结构,对送料或坯件定位不正确时可避免损坏导正销和模具。

(c)型导正销用于 $\phi 4\sim\phi 12$ mm 孔的导正,使用材料同(b)型。采用带台肩螺母固定结构,装拆方便,模具刃磨后导正销长度可以相应调节。

(d)型导正销用于 $\phi 12\sim\phi 50$ mm 孔的导正,使用材料同(b)型。

连续模采用挡料销与导正销定位时,挡料销只作初步定位,而导正销将条料导正到精确的位置。所以,挡料销的安装位置应当保证导正销在导正条料的过程中,条料有被拉回少许的可能。挡料销与导正销位置之间的相互关系如下:

图 3.23(a) 挡料销位置 e,即

$$e = c - \frac{D}{2} + \frac{d}{2} + 0.1 \tag{3.15}$$

图 3.23(b) 挡料销位置 e,即

$$e = c + \frac{D}{2} - \frac{d}{2} - 0.1 \tag{3.16}$$

式中　c——步距,等于冲裁直径 D 与搭边 a 之和,mm;

　　　D——落料凸模直径,mm;

　　　d——挡料销柱形部分直径,mm。

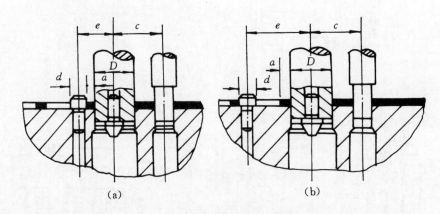

图 3.23　挡料销与导正销的位置关系

冲裁板料厚度过薄(小于 0.5 mm),导正销插入孔内会使孔边弯曲时,预冲孔的直径过小或落料凸模尺寸比较小,钻安装导正销孔会减弱凸模强度时,不宜采用导正销,可以改为侧刃定位。

5. 定位板(定料销)

对于使用块料板料的冲裁,成形件的冲孔或修边时,一般采用定位板或定料销结构如图 3.24 所示,可以保证前后工序相对位置的精度或对工件内孔与外缘的位置精度的要求。

定位方式的选择要根据工件的具体要求考虑。一般当外形简单时以外缘定位,外形复杂或外缘定位不符合要求时才以内孔定位。要求定位可靠,放置毛坯和取出工件方便,操作安全。对于不对称的工件,定位需要设计成不可逆的,方向清晰如图 3.24(a)所示,以避免出废品或由于操作紧张引起事故。

假如一个工件用数套冲裁模完成,各套冲模应当尽可能采用相同的定位基准,即定位基准

单一化,从而避免定位基准不一致而造成误差。

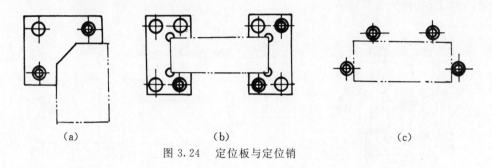

（a）　　　　　　　　　　　（b）　　　　　　　　　　　（c）

图 3.24　定位板与定位销

3.3.4　卸料与推件零件

1. 卸料装置

卸料装置有刚性与弹性卸料板和废料切刀等形式。固定卸料板见图 3.3 件 9、图 3.4 件 5,一般装在下模的凹模面上。固定卸料板结构简单,卸料力大。图 3.3 中卸料板 9 兼作凸模的导向板,卸料板孔应当按照凸模配做。

弹性卸料装置卸料力比较小,一般用于板料厚度小于 1.5 mm 的冲裁。弹性卸料装置一般由卸料板、弹性元件(弹簧或橡皮)和卸料螺钉组成。图 3.1 件 17,16,15 为装在上模上的弹性卸料结构;也有装在下模上的卸料结构。

卸料板与凸模之间的单边间隙:对于固定卸料板(一般仅起卸料作用),取 $(0.1\sim0.5)t$;对于无导向弹性卸料板,取 $(0.1\sim0.2)t$;对于带导向凸模的弹性卸料板,它与凸模的单边间隙应当小于凸模与凹模之间的单边间隙 $z/2$。

对于大型工件冲裁或成形件切边时,一般采用废料切刀分段切断废料,如图 3.25 所示。为了减小工件的磨损,废料切刀的夹角 α 为 $78°\sim80°$。废料切刀应当比废料宽少许,其高度稍低于切边刃口。图 3.25(a) 适用于小型模具和切断薄废料;图 3.25(b) 适用于大型模具和切断厚废料。

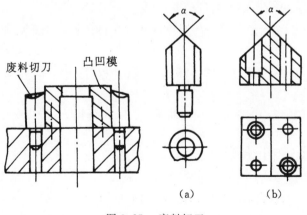

废料切刀　　凸凹模

（a）　　　　　　（b）

图 3.25　废料切刀

2. 推件装置

推件装置有刚性与弹性两种。弹性缓冲器装在下模座的下面,如图 3.26 所示。弹性推件装置除有推出工件的作用外,还可以压平工件。这种结构还可以用于卸料。刚性推件器一般装在上模上,推件力大且可靠。

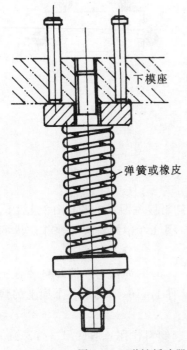

图 3.26 弹性缓冲器

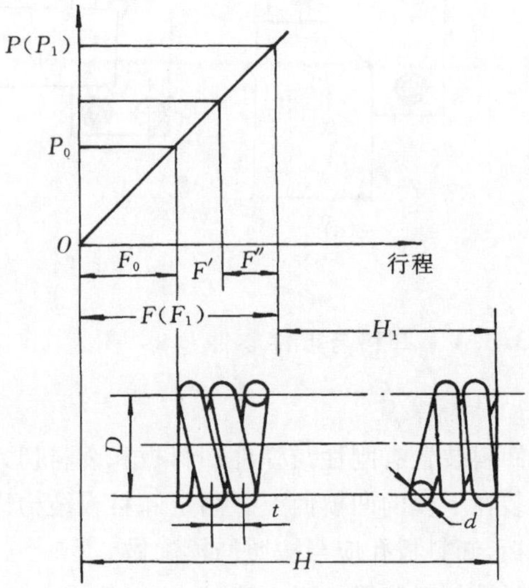

图 3.27 弹簧特性线

3. 弹簧的选用与计算

作为冲裁卸料或顶件用的弹簧已形成标准(有冷冲模国家标准和一机部部颁标准 JB42—62)。

模具设计时只须按照标准选用。选用的原则是,在满足模具结构要求的前提下,保证所选用的弹簧能够给出所要求的作用力和行程。

弹簧特性线如图 3.27 所示。冲压模具中应用较多的为圆柱形螺旋弹簧,现以此为例说明选用步骤。

(1) 根据卸料力 $P_{卸}$,按照冲模结构初定弹簧个数 n,并求出分配在每根弹簧上的力 $P_{卸}/n$。

(2) 计算弹簧总压缩量 F,它等于预压缩量 F_0、工作行程 F' 与凸模总修磨量 F'' 之和,即

$$F = F_0 + F' + F'' \tag{3.17}$$

式中 F' —— 卸料板的工作行程,选取 $t+1$ mm;

F'' —— 凸模的总修磨量,选取 $4 \sim 10$ mm;

F_0 —— 预压缩量,根据特性线预压后弹簧的预压力 $P_0 = P_{卸}/n$。

(3) 根据弹簧的预压力 $P_{卸}/n$ 和总压缩量 F 预选弹簧。选用时必须满足如下条件。

1) 弹簧的最大许可压缩量 F_1 应当不小于弹簧在工作中的总压缩量 F,即

$$F_1 \geqslant F \tag{3.18}$$

弹簧的最大许可压缩量 F_1 由弹簧的自由长度 H 与最大工作负荷时的长度 H_1 之差

求得。

2）弹簧的最大工作负荷 P_1 应当不小于弹簧在总压缩量 F 时的弹簧总压力 P，即

$$P_1 = \frac{P_0 F_1}{F_0} \geqslant P \qquad (3.19)$$

【例1】 冲裁件料厚 $t = 1$ mm，卸料力为 1 696 N，根据冲模结构要求放置 6 根弹簧。每根弹簧承担的卸料力即为该弹簧的预压力，则有

$$P_0 = \frac{1\ 696}{6} = 282.7 \text{ N}$$

弹簧工作行程 F' 和凸模总修磨量 F'' 之和为 $F' + F'' = 1 + 1 + 4 = 6$ mm。

初选表 3.9 最大工作负荷 $P_1 = 39$ kg ≈ 390 N，直径 $D = 25$ mm，钢丝直径 $d = 3.5$ mm，自由长度为 70 mm，序号为 43 的弹簧。

根据预压力及式（3.17）和式（3.19）计算弹簧的最大许可压缩量 F_1、预压量 F_0、总压缩量 F 和总压力 P。即

最大许可压缩量　　$F_1 = H - H_1 = 70 - 46 = 24$ mm

预压量　　　　　　$F_0 = \frac{P_0 F_1}{P_1} = \frac{282.7}{390} \times 24 = 17.4$ mm

总压缩量　　　　　$F = F_0 + F' + F'' = 17.4 + 2 + 4 = 23.4$ mm

总压力　　　　　　$P = \frac{P_0 F}{F_0} = \frac{282.7 \times 23.4}{17.8} = 372$ N

校验所选弹簧的性能：

预压量 $F_0 = 17.4$ mm 时，预压力 $P_0 = 282.7$ N。

最大许可压缩量 $F_1 = 24$ mm > 总压缩量 $F = 23.4$ mm。

最大工作负荷 $P_1 = 390$ N > 总压力 $P = 372$ N。

因此，所选弹簧满足使用要求。

假如不能满足式（3.18）和式（9.19）的要求，则需要重新选用弹簧。

表 3.9　弹簧规格选取

弹簧参数	弹簧外径 mm	钢丝直径 mm	圈距 t mm	弹簧自由长度 H mm	弹簧最大工作负荷时长度 $H_1/$mm	最大工作负荷 $P_1/$N
39				30	20.9	
40				40	27.1	
41				50	33.4	
42	25	3.5	7.0	60	39.7	390
43				70	46.0	
44				80	52.2	

4. 聚氨酯橡胶的计算

聚氨酯橡胶可以作为卸料装置、推件装置与压边圈的弹性元件。使用时必须根据已知的橡胶元件尺寸、压缩量计算其压力及选择合适的硬度。

聚氨酯橡胶的压缩性能,通常采用形状系数 K 和弹性模量 E(即 E-K 曲线)进行来描述。形状因数反映橡胶元件的形状与尺寸因素,聚氨酯橡胶受压缩的弹性模量 E 随着元件的尺寸形状而变化。

形状因数 K 为

$$K = \frac{A_1}{A_2} \tag{3.20}$$

式中　A_1——弹性元件载荷作用面积,mm^2;

　　　A_2——弹性元件自由膨胀总面积,即侧表面积,mm^2。

对于圆柱形的形状因数 K 为

$$K = \frac{D}{4H} \tag{3.21}$$

对于矩形的形状因数 K 为

$$K = \frac{L \times B}{2H(L+B)} \tag{3.22}$$

式中　D——圆柱形元件的直径,mm;

　　　H——弹性元件的高度,mm;

　　　L——弹性元件的长度,mm;

　　　B——弹性元件的宽度,mm。

图 3.28 为各种硬度的聚氨酯橡胶的形状因数 K 的近似弹性模量 E',E' 是压缩量为 10% 与 35% 时的平均值,故由曲线查得的弹性模量 E' 是近似值,必须按照图 3.29 给出的修正因数 C,以获得需要选取的弹性模量 E。即

$$E = CE' \quad (MPa) \tag{3.23}$$

根据弹性体在单向应力状态下弹性变形范围内的虎克定律,即弹性模量 E 为单位面积上的载荷(应力)除以相对高度变化值(压缩应变),计算弹性元件承受的载荷 P。即

$$P = FE\frac{\Delta H}{H} \tag{3.24}$$

式中　P——外载荷或弹性元件的承压作用力,N;

　　　F——弹性元件受力作用面积,mm^2;

　　　H——弹性元件的高度,mm;

　　ΔH——弹性元件的压缩量,mm;

　　　E——弹性元件的弹性模量,MPa。

考虑预压缩和工作过程的压缩量,最大相对压缩变形量 $\Delta H/H$ 一般不超过 35%,最小压缩相对应变一般取 10%。

用于卸料、推件装置的弹性元件聚氨酯橡胶,其硬度一般用邵氏 A70~90,其余性能见表 3.10。

聚氨酯橡胶的选用与计算步骤如下:

⑴ 根据所设计的模具空间尺寸,选定聚氨酯橡胶块的形状和尺寸。

⑵ 计算该弹性元件的形状因数 K。

⑶ 选定某种硬度的橡胶,由图 3.28 和图 3.29,算出弹性模量 E。

⑷ 计算弹性元件在给定的压缩变形下的作用力 P。假如计算的作用力 P 不小于需要的值,则满足要求,橡胶硬度选取合适;假如计算的作用力 P 小于需要的值,说明橡胶硬度或尺寸不合适,需要重复上述步骤进行计算。

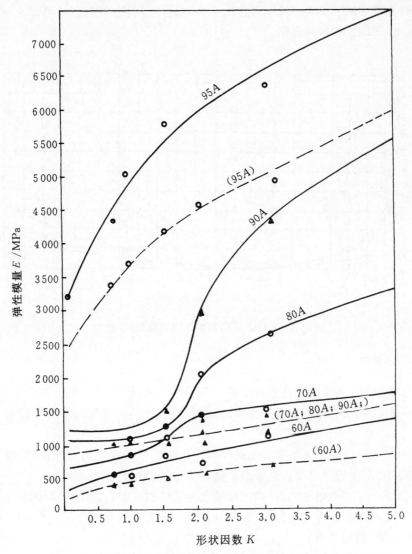

图 3.28　聚氨酯橡胶的形状因数 K -近似弹性模量 E' 的实验曲线

表 3.10　聚氨酯浇注型弹性体技术条件

统一牌号	A6	A7	A8	A9
原牌号	8 260	8 270	8 280	8 290　8 295
硬度邵氏 A	65±5	75±5	85±5	＞90
300％ 定伸强度 /MPa	＞30	＞50	＞70	＞120
抗张强力 /MPa	＞250	＞350	＞400	＞450
扯断伸长率 /（％）	＞500	＞450		
永久变形 /（％）	＜15			
撕裂强度 /MPa（直角型）	＞30	＞45	＞75	＞90
冲击回弹 /（％）	＞15			
脆性温度 /℃	-30～-50℃			
磨耗 /（mm³ · (1.61 m)⁻¹）	＜0.05			

（5）最后校核最大相对压缩变形,使其在 35% 允许范围内,如橡胶块高度 H 按照 $\Delta H/0.1 \sim 0.35$ 求出,则此步骤可以省略。

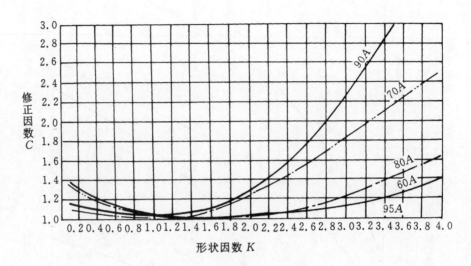

图 3.29　$K\text{-}E'$ 的修正因数曲线

3.3.5　导向零件

导向零件是指上模、下模的导向装置零件。对于生产批量大、要求模具寿命长、工件精度高的冲裁模,一般采用导向装置,以保证上模、下模的精确导向。常用的导向装置有导板和导柱、导套结构。

导板的导向孔按照凸模断面形状加工或配制。因为凸模始终不离开导板,导板要求足够厚,一般取等于或稍小于凹模厚度。导板的平面尺寸与凹模相同。

导柱常用 2 个。对于大型冲模、冲裁工件精度要求特别高或自动化冲模,则用 4 个或 6 个导柱。两个导柱直径除后侧导柱相同外,其余对角与中间布置的两导柱直径均不相同,以避免装配错误或间隙不均而损坏刃口。

导柱和与之相配合的导套,分别压入下模座和上模座的安装孔中,分别采用 $\dfrac{R7}{h6}$ 和 $\dfrac{H7}{V6}$ 过盈配合。导柱、导套也可以采用环氧树脂等材料粘接固定。

导柱和导套既要耐磨又要具有足够的韧性,一般选用 20 号钢经渗碳淬火处理,要求高的如滚动式导柱、导套用 GCr15 制造。导柱与导套之间采用间隙配合,配合精度为 H6/h5(IT5 ~ 6)或 H7/h6(IT7 ~ 8)。对于高速冲裁、无间隙(冲很薄的材料)与精密冲裁或硬质合金模冲裁,要求采用钢球滚动式导柱导套结构,如图 3.30 所示。钢球导柱、导套结构不仅无间隙,且有 0.01 ~ 0.02 mm 的过盈量,导向效果很好。钢球直径采用 $\phi3$ 与 $\phi4$ mm(01级)。钢球在保持圈中以等间距平行倾斜排列,倾斜角为 8°,以使钢球运动的轨迹互不重合,与导柱导套的接触线多,减少磨损。滚动导向结构已经标准化,钢球保持圈材料为铝合金 2A11 或黄铜 H62。

导柱、导套与上模座、下模座装配成套的滑动与滚动模架,必须符合技术指标分级标准,同时,上模座上平面对下模座下平面的平行度,导柱轴心线对下模座下平面的垂直度,导套孔轴心线对上模座上平面的垂直度等三项技术指标必须保证。

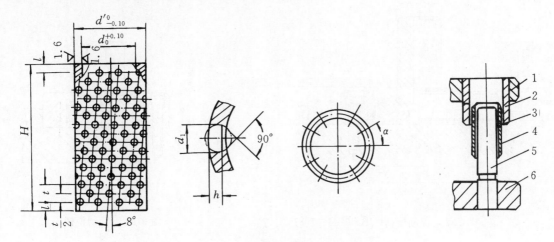

图 3.30　滚动式导柱、导套

1—上模板；2—导套；3—钢球；4—钢球保持圈；5—导柱；6—下模板

3.3.6　连接与固定零件

1. 模柄

中、小型冲模通过模柄将上模固定在压力机的滑块上。常用的模柄形式有：

(1) 压入式模柄，见图 3.3 件 1，与上模座孔采用 H7/m6 过渡配合，并加销钉防止转动。对这种模柄的圆柱度与肩台端面圆跳动均有要求，上模座厚度要求比较大。

(2) 旋入式模柄，通过螺纹与模座连接，采用螺丝防松，装卸方便，多用于有导柱的冲模。

(3) 凸缘模柄，采用 3～4 个螺钉固定在上模座的窝孔内，多用于较大型的模具。GB 2862.3—1981 标准有 A，B，C 三型，其中 B，C 型中间钻出打杆孔，分别采用 4 个和 3 个螺钉；A 型则无上述规定。

(4) 通用模柄，如图 3.31 所示凸模直接装入模柄孔 d_1，采用螺钉压紧，便于凸模更换。

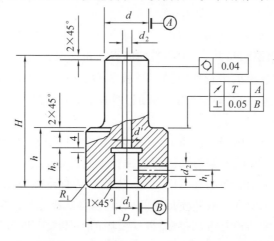

图 3.31　通用模柄（GB2862.5—1981）

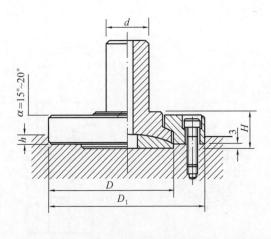

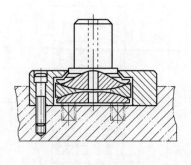

图 3.32　浮动模柄(GB2862.6—1981)　　　　图 3.33　活动模柄

（5）浮动模柄，如图 3.32 所示，凹球面模柄与凸球面垫块 3 连接，装入压力机滑块后，允许模柄少许倾斜，可以减少滑块误差对模具导向精度的影响。一般用带有导向装置的高精度的模具，如薄料和硬质合金冲裁模。其缺点是安装时冲模中心很难对正滑块中心，不能纠正滑块与模柄轴心线之间的偏离。为了克服垂直度与同轴度两方面的误差，可以采用图 3.33 的结构。

除活（浮）动模柄外，其他模柄装入上模座后，模柄的轴心线对上模上平面的垂直度误差在全长范围内不大于 0.05 mm。

2. 上模座和下模座

上模座和下模座上不仅要安装冲模的全部零件，而且要承受和传递冲压力。所以模座不仅应当具有足够的强度，还要求有足够的刚度。模座的刚度不足，会降低冲模寿命。因此，模座要有足够的厚度，一般取为凹模厚度的 1～1.5 倍。现已有国家标准，应当按照标准选取。标准模座有对角导柱上模座和下模座，后侧导柱上模座和下模座，中间导柱上模座和下模座，滚动导向上模座、下模座，以及无导柱规定的钢板及铸铁模座。

上模座和下模座的导柱、导套安装孔的轴心线应与基准面垂直，其垂直度误差按如下规定：

（1）安装滑动导柱或导套的模座为 100∶0.01 mm；

（2）安装滚动导柱或导套的模座为 100∶0.005 mm。

各种模座（包括通用模座），其上、下两平面的表面粗糙度为 $\overset{0.8}{\triangledown}$，只有在保证平行度要求下才允许降低为 $\overset{1.6}{\triangledown}$。所有模座的平行度（符号 T）按照 GB 2870—1981 规定。

标准模座均设有起重孔，并规定为螺孔，便于模具的起吊运输。

3. 凸模固定板与垫板

采用凸模固定板将凸模固定在模座上，其平面轮廓尺寸除应当保证凸模安装孔外，还要考虑螺钉与销钉孔的设置。形式有圆形和矩形两种。一般选取其厚度等于凹模厚度的 60%～80%。固定板孔与凸模采用过渡配合（H7/m6），压装后端面要磨平，以保证冲模的垂直度。

垫板的作用是直接承受和扩散凸模传递的压力，以降低模座所受的单位压力，保护模座以免被凸模端面压陷。冲裁凸模是否加垫板，根据模座的承压大小进行确定。凸模支承端面对模座的单位压力为

$$\sigma = \frac{P}{F} \qquad (3.25)$$

式中　P—— 冲裁力，N；

　　　F—— 凸模支承端面积，mm^2。

假如凸模支承端面的单位压力 σ 大于模座材料的许用压应力 $[\sigma_p]$（见表 3.11），则须加经淬硬磨平的垫板；反之则不加。垫板厚度一般选取 $4 \sim 12$ mm，材料选用 45 号钢、T7A，硬度按受力情况设计时自定（见表 3.14）。

表 3.11　模板材料的许用压应力 $[\sigma_p]$

模板材料	$[\sigma_p]$/MPa
铸铁　HT25—47	$90 \sim 140$
铸钢　ZG45	$110 \sim 150$

4. 螺钉与销钉

螺钉与销钉用于零件安装时的固定和定位。工作零件与模座配合时则不用销钉。销钉一般用 2 个。螺钉的大小根据凹模厚度按照表 3.12 选用。每个螺钉的许用承载能力见表 3.13。

表 3.12　螺钉直径

凹模厚度 /mm	< 13	$> 13 \sim 19$	$> 19 \sim 25$	$> 25 \sim 32$	> 35
螺钉型号	M4,M5	M5,M6	M6,M8	M8,M10	M10,M12

表 3.13　螺钉的许用承载能力

螺钉型号	许用负载 /N		
	45	A5	A3
M6	3 100	2 900	2 300
M8	5 800	5 200	4 300
M10	9 200	8 300	6 900
M12	13 200	11 900	9 900
M16	25 000	22 500	18 700

3.3.7　冲模零件材料

冲模零件所使用的材料和热处理要求，见表 3.14。

表 3.14　冲模零件材料及热处理硬度

零件特征		材　料	热处理硬度 HRC	
			凸　模	凹　模
冲裁模的凸模、凹模及其镶块	$t \leq 3$ mm，形状简单	T10A，9Mn2V	$58 \sim 60$	$60 \sim 62$
	$t \leq 3$ mm，形状复杂	CrWMn，Cr12，Cr12MoV，Cr6WV	$58 \sim 60$	$60 \sim 62$
	$t > 3$ mm，高强度材料	Cr6WV，CrWMn，9CrSi 65Cr4W3Mo2VNb(65Nb)	$54 \sim 56$ $56 \sim 58$	$56 \sim 58$ $58 \sim 60$
	硅钢板	Cr12MoV，120Cr4W2MoV GT35，GT33，TLMW50 YG15，YG20	$60 \sim 62$ $66 \sim 68$	$61 \sim 63$ $66 \sim 68$

续 表

零件特征		材 料	热处理硬度 HRC	
			凸 模	凹 模
冲裁模的凸模、凹模及其镶块	特大批量($t \leqslant 2$)	GT35，GT33，TLMW50 YG15，YG20	66～68	66～68
	细长凸模	T10A，Cr6WV 9Mn2V，Cr12，Cr12MoV	56～60,尾部回火 40～50 58～62,尾部回火 40～50	
	精密冲裁	Cr12MoV，W18Cr4V	58～60	62～64
	大型模镶块	T10A，9Mn2V Cr12MoV	58～60 60～62	
	加热冲裁	3Cr2W8，5CrNiMo 6Cr4Mo3Ni2WV(CG-2)	48～52 51～53	
	棒料高速剪切	6CrW2Si	55～58	
上模座、下模座		HT20-40,ZG45,A3,A5,45 钢	(45)调质 28～32	
模柄 (普通模钢) (浮动模柄)		Q235A，A5 45 钢	43～48	
导柱、导套 (滑动) (滚动)		20 钢 GCr15	(渗碳)56～62 62～66	
固定板、卸料板、推件板、顶板、侧压板、始用挡块		45 钢	43～48	
承料板		Q235A		
导料板		Q235A，45 钢	(45)调质 28～32	
垫板 (一般) (重载)		45 钢 T7A，9Mn2V CrWMn，Cr6WV，Cr12MoV	43～48 52～55 60～62	
顶杆,推杆(一般) 拉杆,打棒(重载)		45 钢 Cr6WV，CrWMn	43～48 56～60	
挡料销、定位销		45 钢	43～48	
导正销		T10A 9Mn2V，Cr12	50～54 52～56	
侧刃		T10A，Cr6WV 9Mn2V，Cr12	58～60 58～62	
废料切刀		T8A，T10A，9Mn2V	58～60	

续 表

零件特征	材　料	热处理硬度 HRC	
		凸　模	凹　模
侧刃挡块	45 钢 T8A,T10A,9Mn2V	43 ～ 48 58 ～ 60	
斜楔、滑块、导向块	T8A，T10A，Cr6WV，CrWMn	58 ～ 62	
限位块(圈)	45 钢	43 ～ 48	
锥面压圈、凸球面垫块	45 钢	43 ～ 48	
支承块、支承圈	Q235A，A5		
钢球保持圈	2A11，H62		
弹簧、簧片	65Mn，60Si2MnA	42 ～ 46	
扭簧	65Mn	44 ～ 50	
销钉	45 钢 T7A	43 ～ 48 50 ～ 55	
螺钉、卸料螺钉	45 钢	35 ～ 40	
螺母、垫圈、压圈	Q235A 45 钢	43 ～ 48	

3.4　其他冲裁模

其他冲裁模主要有精密冲裁模、硬质合金冲裁模、低熔点合金冲裁模及橡胶(含聚氨酯橡胶)冲裁模等。本节重点介绍精冲模和硬质合金冲裁模。

3.4.1　精冲模

精冲模设计时,根据其工艺要求有以下特点:

(1)因为精冲总冲裁力比普通冲裁力大 1.5 ～ 3 倍,而凸模和凹模间隙又小,故模具的刚性与精度要求都比较高。

(2)因为凸模和凹模间隙极小,为了确保凸模和凹模同心,使得间隙均匀,故要有精确而稳固的导向装置。

(3)为了避免刃口损坏,要严格控制凸模进入凹模的深度,使之在 0.025 ～ 0.05 mm 以内。同时工作部分应当选择耐磨、淬透性好、热处理变形小的材料。

(4)要求考虑模具工作部分的排气问题,以免影响顶出器的移动距离(因为是无间隙滑配)。

模具结构类型分为活动凸模式与固定凸模式两类,如图 3.34 所示。活动凸模式精冲模是凹模与齿圈压板均固定在模板内,而凸模活动,并靠下底板孔及压料板内孔导向,凸模移动量等于加工板料的厚度。此种结构只适用于中、小型件的冲裁。

固定凸模式精冲模是凸模与凹模固定在模板内,而齿圈压板活动。此种模具刚性比较好,故适用于冲裁大、形状复杂或材料厚度大的工件,但是其维修与调整比较困难。

模架可以采用专用模架,也可以采用通用模架。采用通用模架可以缩短模具的设计与制造周期,节约模具材料,降低成本,甚至可以减少安装和更换模具的时间,故特别适用于小批量、多品种、中小尺寸工件的生产。

图 3.35 所示为通用模架。图 3.36为模具中的模芯图。由图 3.35 可以看出,采用通用模架,只需要根据精冲件的形状与尺寸设计和制造模芯部分。

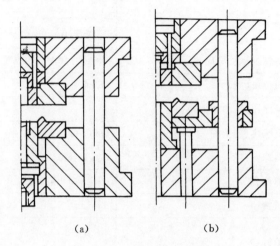

(a)   (b)

图 3.34　精冲模具结构类型

(a) 带活动凸模的精冲模;

(b) 带固定凸模的精冲模

根据精冲工艺的要求,精冲设备必须具有三种压力(冲裁力、齿圈压板力、顶出器反压力),且滑块导向精度要求高,故一般采用专用精冲压力机。如图 3.35 所示,即在冲床工作台下面与上模板内各装一个油缸,其缺点是普通冲床的导向精度比较低,而且滑块速度过高,故影响模具寿命。

3.4.2　硬质合金冲裁模

碳素工具钢与合金工具钢热处理后的硬度一般在 HRC63 以下,故总的模具寿命有限(约冲 30 万次到 60 万次)。而硬质合金可达 HRA80 以上,且具有很高的耐磨性,因此可以大大提高模具寿命。采用硬质合金制造的凸模和凹模,刃磨一次可冲 40 万次到 50 万次,有的甚至达百万次以上,而总的模具使用寿命可冲数千万次,比普通冲模的寿命提高 40 ～ 50 倍,且可以提高冲裁件的精度和降低表面粗糙度。虽然模具制造成本比其他材料模具的制造成本高 3 ～ 4 倍,但是模具寿命长,故在大量生产中意义重大。

1. 硬质合金材料的性能与选择

应用于冲模的钨钴类硬质合金,即碳化钨和钴的混合物,用符号 YG 表示。YG 类硬质合金的化学成分和物理机械性能见表 3.15。其硬度随着含钴量的增加而降低,而抗弯强度随着含钴量的增加而增高。模具设计时应当根据不同的受力情况选择材料。一般认为,对于承受轻微振动与冲击的,应当选含钴量少的 YG8 硬质合金;对于冲击力大,即冲裁厚或较硬的材料时,应当选用含钴量大的牌号,如 YG15 与 YG20,否则会产生崩刃现象。目前冲裁模中应用 YG15 与 YG20 比较多。

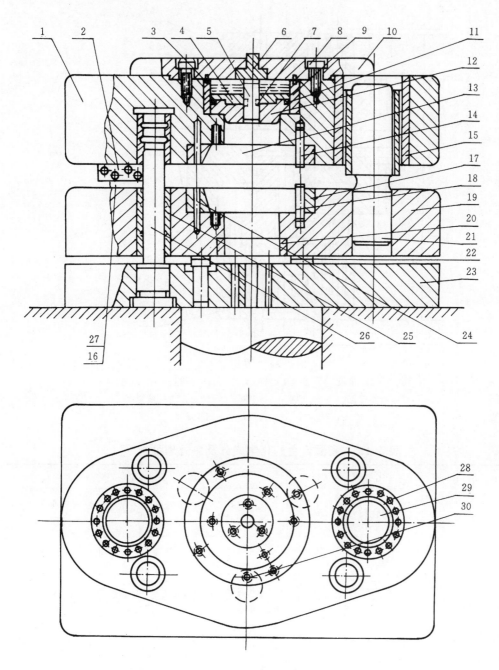

图 3.35　精冲模

1—上托；2—滚球套；3—O形密封圈；4—压板；5—承力杆；6—垫杆；7—O形密封圈；8—螺杆；9—油缸；
10—固定板；11—O形密封圈；12—活塞；13—上锥圈；14—定位销；15—导套；16—导套；17—下锥圈；
18—定位销；19—活动模板；20—套圈；21—导柱；22—顶杆；23—底座；24—销钉；25—小导套；
26—小导柱；27—导柱；28—滚球套；29—滚珠；30—螺钉

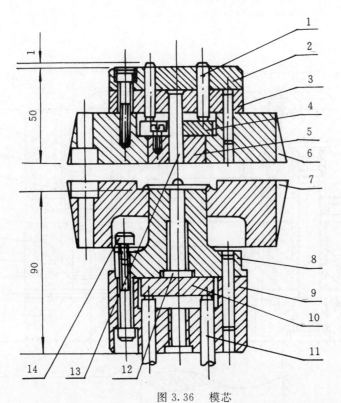

图 3.36　模芯

1— 推杆；2— 垫板；3— 凸模固定板；4— 推板；5— 推块；6— 凹模；

7— 齿圈压板；8— 凸、凹模；9— 坐圈；10— 顶板；11— 顶杆；

12— 顶杆；13— 冲孔凸模；14— 调节螺丝

表 3.15　硬质合金的化学成分及热处理性能

类　别	牌　号	化学成分 /（%）		性　　能		
		碳化钨	钴	密度 g/cm³	抗弯强度不低于 MPa	硬度不小于 （HRA）
钨钴合金	YG6	94	6	14.6 ~ 15.0	1 500	88.5
	YG6c	94	6	14.6 ~ 15.0	1 400	89.0
	YG6x	94	6	14.8 ~ 15.0	1 450	91.0
	YG8	92	8	14.4 ~ 14.8	1 700	88.0
	YG8c	92	8	14.35 ~ 14.8	1 700	87.5
	YG11	89	11	14.0 ~ 14.4	1 700	87.0
	YG11c	89	11	14.0 ~ 14.4	1 900	87.0
	YG15	85	15	13.9 ~ 14.4	1 750	86.0
	YG20	80	20			
	YG25	75	25			
	YG30	70	30			

注：x 表示细颗粒，c 表示粗颗粒，其余为中颗粒。

2. 硬质合金模冲裁工艺及模具设计特点

硬质合金虽然硬度高,耐磨性好,但是其抗弯强度低(只有普通钢的一半),冲击韧性差,因此在设计硬质合金模具时必须注意这一点。硬质合金冲裁模的设计特点如下:

(1) 工艺设计的要求。

因为硬质合金比较脆,冲裁时不能使刃口单边受力,在大量生产中一般采用复合模与连续模,故进行排样设计时必须注意以下几点:

1) 侧刃位置要正确。连续模中,大部分采用侧刃定位,侧刃位置要适当。如图 3.37(a) 所示侧刃位置就不正确,因为在条料开始送进时每个工位第一次都只冲半边孔,凹模型孔是单边工作,很容易发生刃口崩裂现象。假如将侧刃改到图 3.37(b) 所示的位置,就可以避免凹模单边工作。

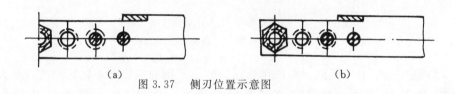

| (a) | 图 3.37　侧刃位置示意图 | (b) |

2) 排样时也应当避免凸模和凹模单边工作。在不浪费材料的前提下,可以将原来的交错排样改为并列排样,从而消除单边冲裁的可能性。

3) 保证正常的搭边值,以免搭边断裂后嵌入间隙,使得刃口崩裂。

4) 假如采用多排,每一副模具冲制工件的数量不能太多,形状复杂的不宜超过 2 件,否则模具制造困难。

(2) 模具结构的特点。

1) 模架应当有足够的刚性。为了避免冲裁过程中由于模具的弹性变形而使得刃口崩裂,故要求适当增加上、下模板的厚度,必要时采用 45 号钢制造,其厚度较铸铁模板增加 5 ~ 10 mm。小模具一般用 2 个导柱,大件或复杂件的模具则用 4 个导柱。

2) 导向精度要高。为了提高导向精度及寿命,应当采用滚珠式导向结构,如图 3.35 所示。同时为了消除冲床对模具导向精度的影响,可以采用浮动式模柄,这时要求模架有足够的刚性。假如冲床精度比较高,也可以采用固定式模柄。

3) 硬质合金冲裁模的间隙比普通模具要大,一般选取 $0.15t$ 以上,其间隙取普通钢模的 1.5 倍。例如一般钢模间隙为 0.03 mm,硬质合金模则取 0.05 mm。

4) 对模具其他零件的要求。

采用固定卸料板比弹性卸料板好,可以避免卸料板对凹模的冲击作用。假如冲薄料,必须采用弹性卸料板,则卸料板应当装有导向装置,以保证对凸模的准确导向。为了防止弹性卸料板在冲裁时撞击凹模的硬质合金镶块,模具闭合时,卸料板与硬质合金凹模之间应当有 $t +$ 0.05 mm 的空隙(t 为板料厚度)。

为了防止硬质合金凹模在冲裁时因弯曲变形而碎裂,在凹模底部应当加淬硬的厚垫板。

考虑硬质合金模具使用寿命长,故对容易损坏零件如导尺、定位零件等都应当进行热处理。

3. 硬质合金模具镶块的固定方法

(1) 机械固定。包括螺钉紧固及压配合等方法,此法装卸方便,紧固可靠,所以应用比较广泛,如图 3.38 所示。

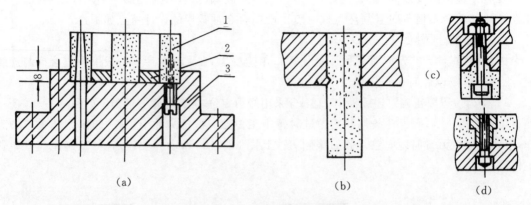

图 3.38　硬质合金的机械固定
1— 凸模;2— 镶块;3— 固定板

(2) 热压法。对于圆形件常采用热压法。由于钢的线膨胀系数比硬质合金大,故装拆都比较方便。 热压过盈量常取直径尺寸的 0.1% ～ 0.2%。框套加热温度一般选取 300 ～ 400℃。

(3) 黏结固定。与普通钢冲模一样,采用环氧树脂或低熔点合金浇注固定。此法可以避免机械损伤,也不会有内应力存在,且能够保证凸、凹模同心。

(4) 焊接固定法。常用的有铜焊、银焊、氢氧气焊等方法。焊接固定本是一种比较简单的方法,但是由于硬质合金与焊料、固定板之间的线膨胀系数不同,故焊接后产生的内应力较大,容易引起凸、凹模变形及碎裂。同时焊接固定的牢固性也比较差,所以焊接工艺还待进一步研究。

硬质合金模具不仅在设计上有其特点,而且因为这种材料很硬(HRA80 以上),故在加工时也要采用特殊的加工工艺。

3.5　模具的压力中心与封闭高度

3.5.1　冲模压力中心的计算

冲裁力合力的作用点称为冲模压力中心。为了保证冲模平稳工作,冲模的压力中心必须通过模柄轴线,且与压力机滑块的中心线相重合,以防止模具工作时发生歪斜、间隙不均匀、导向磨损等。确定压力中心的工作,主要对复杂冲裁模、多凸模冲孔模及连续模才进行。通常模具布置时将压力中心安放在凹模的对称中心点上。

对于形状复杂的工件可以先将其分成在直线段(压力中心在直线中心)及圆弧段再求其压力中心。

压力中心的求法,一般采用求平行力系合力作用点的方法。图 3.39 所示为多凸模冲裁模,采用解析法求压力中心的计算程序如下:

(1) 按照比例绘出凸模工作部分的外形。

(2) 任意选定坐标轴 $X - Y$,坐标轴的选定应当便于计算。

(3) 计算各图形轮廓周长(或线段)L_1,L_2,L_3,L_4,$\cdots$,L_n(代替冲裁力),以及各图形重心

到坐标轴的距离 $x_1, x_2, x_3, x_4, \cdots, x_n$ 和 $y_1, y_2, y_3, y_4, \cdots, y_n$。

（4）根据"合力对某轴之力矩等于各分力对同轴力矩之和"的力学原理，冲模压力中心到 X 轴和 Y 轴距离的计算公式，即

$$x_0 = \frac{L_1 x_1 + L_2 x_2 + L_3 x_3 + L_4 x_4 + \cdots + L_n x_n}{L_1 + L_2 + L_3 + L_4 + \cdots + L_n} \tag{3.25}$$

$$y_0 = \frac{L_1 y_1 + L_2 y_2 + L_3 y_3 + L_4 y_4 + \cdots + L_n y_n}{L_1 + L_2 + L_3 + L_4 + \cdots + L_n} \tag{3.26}$$

压力中心也可以采用图解法求得。

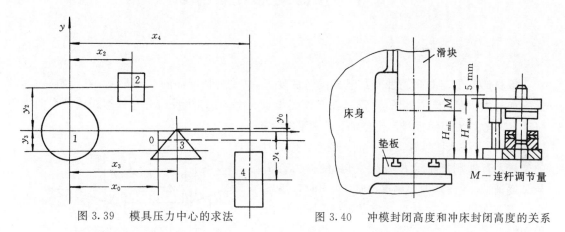

图 3.39 模具压力中心的求法   图 3.40 冲模封闭高度和冲床封闭高度的关系

3.5.2 冲模的封闭高度

冲模结构的外形尺寸必须与所选择的压力机相适应。冲模下模外形平面尺寸应当能够安装在压力机的工作台面上，模柄尺寸与滑块装模孔尺寸一致，下模顶件装置所用缓冲器的顶杆能通过压力机垫板孔。模具的封闭高度应当与压力机的封闭高度相适应。

冲模的封闭高度是指模具在最低工作位置时，上模座上平面与下模座底面间的距离 H。压力机的封闭高度是指滑块在下极点位置时，滑块下端面至垫板面间的距离。当连杆调至最短时为压力机的最大封闭高度 $H_{\max}$；当连杆调至最长时为压力机的最小封闭高度 $H_{\min}$，如图 3.40 所示。冲模的封闭高度应当介于压力机的最大封闭高度及最小封闭高度之间，一般选取：

$$H_{\max} - 5 \text{ mm} \geqslant H \geqslant H_{\min} + 10 \text{ mm}$$

假如冲模封闭高度大于压力机的最大封闭高度，则冲模不能在该压力机上使用。反之，如果冲模封闭高度小于压力机的最小封闭高度，可以加垫板。

思 考 题 三

3.1 举例说明冲裁模的典型结构与分类特征。

3.2 分析影响冲裁模寿命的主要因素。

3.3 简要说明冲裁模的选择方法。

3.4 简述冲裁模主要零件尺寸的计算方法。

3.5 简述冲裁模主要零件的选材方法。

第4章 弯 曲

4.1 弯曲变形过程分析

4.1.1 弯曲变形特点

板料的 V 形与 U 形弯曲是最基本的弯曲变形,其受力情况如图4.1所示。在板料 A 处,凸模施加外力 P(U形)或 $2P$(V形),在凹模支承点 B 处,则产生反力并与外力构成了弯曲力矩 $M = PL$,弯曲力矩使板料产生弯曲。在弯曲过程中,随着凸模进入凹模深度的不同,凹模支承点 B 的位置及弯曲圆周半径 R 发生变化,使得力臂 L 与 R 逐渐减小,而外力 P 则逐渐加大,同时弯矩增大。当弯曲圆角半径达到一定值时,毛坯开始出现塑性变形,并且随着变形的继续,塑性变形区的厚度增大。最后将板料弯曲成与凸模尺寸形状一致的工件。

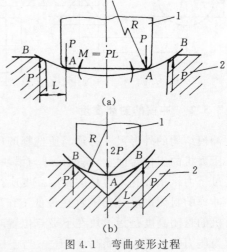

图 4.1　弯曲变形过程
1—凸模;2—凹模

观察弯曲变形后位于工件侧壁的坐标网格及断面变化如图4.2所示,可以看出:

(1)圆角部分的正方坐标网格变成了扇形,而在远离圆角的直边部分,则没有变形;在靠近圆角处的直边,有少量变化。因此,弯曲的变形区主要是弯曲件的圆角部分。

(2)在变形区内,板料的外区(靠凹模一侧),纵向纤维 $\overset{\frown}{bb}$ 受拉而伸长;在内区(靠凸模一侧),纵向纤维 $\overset{\frown}{aa}$ 受压而缩短。由内、外表面至板料中心,其缩短和伸长的程度逐渐变小。从外区的拉伸过渡到内区的压缩,其间有一层纤维在弯曲变形前后的长度不变,此层称为应变中性层(见图4.2的00层)。

(3)弯曲变形区中,板料厚度由 t 变薄至 t_1,$\eta = t_1/t$ 称为变薄因数。

(4)变形区的横断面分两种情况:宽板(板宽 B 与板厚 t 之比大于3)弯曲时,断面几乎不变,仍保持矩形;窄板(板宽 B 与板厚 t 之比小于3)弯曲时,断面由矩形变成了扇形。工程上大多数板料的弯曲成形属于宽板弯曲。

4.1.2 弯曲时的应力和应变

板料弯曲时变形区内的应力和应变状态与弯曲变形程度有关。

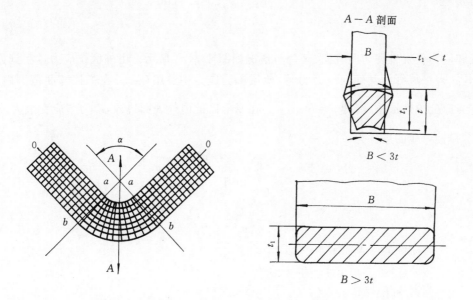

图 4.2 弯曲后工件侧壁坐标网格的变化

1. 弹性弯曲

在外加弯矩 M 作用下,板料产生比较小的弯曲变形。假如应变中性层的曲率半径为 ρ,弯曲角为 α,如图 4.3 所示,则距中性层为 y 处的纤维,其切向应变 ε_θ 为

$$\varepsilon_\theta = \ln \frac{(\rho + y)\alpha}{\rho\alpha} = \ln\left(1 + \frac{y}{\rho}\right) \approx \frac{y}{\rho} \tag{4.1}$$

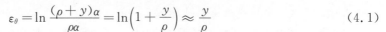

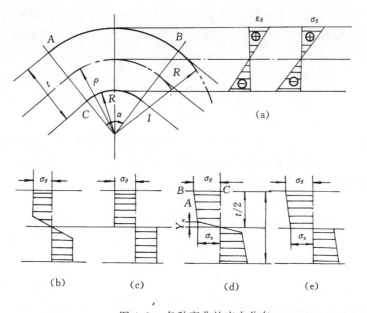

图 4.3 各种弯曲的应力分布

(a) 弹性弯曲;(b) 没有硬化的弹-塑性弯曲;(c) 没有硬化的线性纯塑性弯曲;

(d)(e) 有硬化的弹-塑性弯曲和纯塑性弯曲

切向应力 σ_θ 为

$$\sigma_\theta = E\varepsilon_\theta = E\frac{y}{\rho} \tag{4.2}$$

应变和应力仅发生在切向方向,其分布情况如图 4.3(a) 所示。由外区拉应力过渡到内区压应力,其间有一层纤维其切向应力为零,此层称为应力中性层(ρ_σ)。在弹性弯曲范围内,应力中性层与应变中性层重合,即 $\rho = R + \dfrac{t}{2}$。在变形区的内外表面边缘,应力与应变最大。

由此,弹性弯曲的条件为

$$|\sigma_{\theta\max}| \leqslant \sigma_s \qquad 即 \qquad \frac{E}{1 + 2\dfrac{R}{t}} \leqslant \sigma_s \tag{4.3}$$

或

$$\frac{R}{t} \geqslant \frac{1}{2}\left(\frac{E}{\sigma_s} - 1\right) \tag{4.4}$$

式中　　R——弯曲件的内表面圆角半径,mm;

　　　　t——弯曲件厚度,mm;

　　　　E——弹性模量,MPa;

　　　　σ_s——屈服极限,MPa。

相对弯曲半径 R/t 是表征弯曲变形程度的重要指标。R/t 越小,变形程度越大。当 R/t 减小至一定数值,即 $\dfrac{1}{2}\left(\dfrac{E}{\sigma_s} - 1\right)$ 时,板料内外表面首先屈服,开始塑性变形;之后塑性变形由外向内扩展,使得变形区进入弹-塑性弯曲和线性纯塑性弯曲状态。

2. 弹-塑性弯曲和线性纯塑性弯曲

当变形程度增大,一般材料的 R/t 在 200 ～ 5 之间时,板料变形区处于弹-塑性弯曲和进入线性纯塑性弯曲,其应力分布如图 4.3(b) 和图 4.3(c) 所示。弹-塑性弯曲时,板料剖面的中心部分仍保留有很大的弹性变形区域。线性纯塑性弯曲时,中间弹性变形区所占比例极小,可以忽略。此两种弯曲,其应力应变仍属于线性状态,应力和应变中性层可以认为在板料厚度的中央。

弯曲变形区内切向应变在厚度方向上的分布,可以采用式(4.1)表示。切向应力与切向应变的函数关系为

$$\sigma_\theta = f(\varepsilon_\theta) \tag{4.5}$$

对于有硬化的弹-塑性弯曲,变形区内切向应力在厚度方向上的分布规律和拉伸硬化曲线完全相同,也可以说是另一个比例尺寸表示的硬化曲线。

弹性变形范围内(图 4.3(d) 的 OA 部分)切向应力值为

$$\sigma_\theta = E\varepsilon_\theta \tag{4.6}$$

塑性变形范围内(图 4.3(d) 的 AB 部分)切向应力值为

$$\sigma_\theta = \sigma_s + D(\sigma_\theta - \varepsilon_s) \tag{4.7}$$

式中　　σ_s——屈服极限,MPa;

　　　　D——硬化模数;

　　　　ε_s——与屈服极限相对应的切向应变;

　　　　ε_θ——与 σ_θ 相对应的切向应变。

对于线性纯塑性弯曲,硬化曲线选取近似直线形式,切向应力为

$$\sigma_\theta = \sigma_s + D\varepsilon_\theta = \sigma_s + D\frac{y}{\rho} \tag{4.8}$$

3. 立体纯塑性弯曲

当弯曲变形程度比较大,即 $R/t < 5$ 时,变形区的应力应变状态由线性状态转为立体状态,变形区横断面发生如图 4.2 所示的变形。板料宽度不同,有不同的立体应力应变状态。

(1) 应变状态。

1) 纵向。外区拉伸应变,内区压缩应变。纵向应变(ε_θ)为绝对值最大的主应变。

2) 厚向。根据塑性变形体积不变条件,沿着板料的宽度和厚度方向,必然产生与 ε_θ 符号相反的应变。在板料的外区,纵向主应变(ε_θ)为拉应变,所以厚度方向的应变(ε_r)为压应变。在板料的内区,纵向主应变(ε_θ)为压应变,所以厚度方向的应变(ε_r)为拉应变。

3) 宽向。对于窄板 $B/t < 3$,板料在宽度方向可以自由变形,所以在外区的应变(ε_B)为压应变,内区则为拉应变。对于宽板 $B/t > 3$,由于板料沿宽向流动受到阻碍,几乎不能变形,可以认为内区和外区在宽度方向的应变(ε_B)为零。

所以窄板弯曲的应变状态是立体的,而宽板弯曲的应变状态是平面的。

(2) 应力状态。

1) 纵向。外区受拉应力,内区受压应力。纵向应力为绝对值最大的主应力。

2) 厚向。外区板料在板厚方向产生压缩应变 ε_r,因此板料有向曲率中心移近的倾向。越靠近板料的外表面,其纵向的拉伸应变(ε_θ)越大,所以板料的移向曲率中心的倾向也越大。这种不同的移动使得纤维之间产生挤压,因而在板厚方向产生了压应力(σ_r)。同样在板料的内区,板厚方向的拉伸应变(ε_r)受到外区板料向曲率中心移近的阻碍,也产生了压应力(σ_r)。

联系到宽板和窄板宽度方向的应变不同,所以宽板弯曲的应力是立体的,窄板弯曲的应力则是平面的。

综上所述,立体塑性弯曲时变形区的应力应变状态见表 4.1。

表 4.1　立体塑性弯曲时变形区的应力应变状态

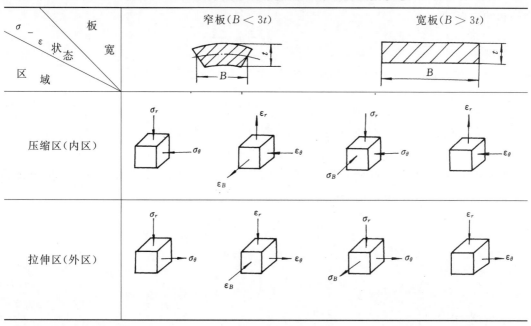

对于 V 形或 U 形工件,在受外弯矩作用弯曲变形时,其弯曲过程都是由弹性弯曲进入弹-塑性弯曲、线性纯塑性弯曲或立体纯塑性弯曲。飞机的长桁、框、肋等骨架的相对弯曲半径 R/t 比较大;一般的弯曲工件,相对弯曲半径 $R/t \leqslant 3 \sim 5$。

4.2 最小弯曲半径

4.2.1 宽板立体纯塑性弯曲应力状态与应力中性层位置

从平衡微分方程、塑性条件、平面应变条件出发,建立三个独立的方程式,可以对宽板发生塑性弯曲时的应力分布进行分析。

1. 外区的三个主应力

(1) 微分平衡方程。在外区选取任意微体 $ABCD$,微体的宽度方向选取为单位长度,如图 4.4 所示。在弯曲变形的任一瞬间,微体都应当处于力的平衡状态。在板料的纵向剖面内,微体只有 σ_θ,σ_r 两个未知主应力的作用,宽度方向的应力(σ_B)对微体在此平面内的平衡没有影响。微体切向应力(σ_θ)对称相等,半径为 r 处的径向应力为 σ_r。采用极坐标,选取极点与此变形瞬时毛坯曲率中心重合。则平衡方程式为

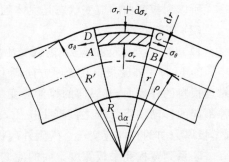

$$\frac{\mathrm{d}\sigma_r}{\mathrm{d}r} + \frac{(\sigma_r - \sigma_\theta)}{r} = 0 \qquad (4.9)$$

(2) 塑性条件。平面应变时,其塑性条件表示为

图 4.4 弯曲时微体 $ABCD$ 的受力情况

$$\sigma_\theta - \sigma_r = \pm 1.155\sigma_s \qquad (4.10)$$

(3) 平面应变条件。平面应变时,中间主应力即宽度方向的主应力(σ_B)为其余两个主应力的和的一半,即

$$\sigma_B = \frac{\sigma_\theta + \sigma_r}{2} \qquad (4.11)$$

将式(4.10) 代入式(4.9),并考虑应力的符号(式(4.10) 取正号),则有

$$\mathrm{d}\sigma_r = 1.155\sigma_s \frac{\mathrm{d}r}{r} \qquad (4.12)$$

进行积分(积分时,不考虑加工硬化效应,所以 σ_s 为一常数),则

$$\sigma_r = 1.155\sigma_s \ln r + C \qquad (4.13)$$

在板料外缘 $r = R'$ 时,由于此处为自由表面,所以 $\sigma_r = 0$,因而积分常数 $C = -1.155\sigma_s \ln R'$。

将 C 代入式(4.13),外区的径向应力 σ_r,即

$$\sigma_r = -1.155\sigma_s \ln \frac{R'}{r} \qquad (4.14)$$

将式(4.14) 代入式(4.10),外区的切向应力 σ_θ,即

$$\sigma_\theta = 1.155\sigma_s \left(1 - \ln \frac{R'}{r}\right) \qquad (4.15)$$

将 σ_r,σ_θ 代入式(4.11),外区 σ_B,即

$$\sigma_B = 1.155 \frac{\sigma_s}{2}\left(1 - 2\ln\frac{R'}{r}\right) \tag{4.16}$$

2. 内区的三个主应力

同理，可以建立式(4.9)、式(4.10)和式(4.11)。将式(4.10)代入式(4.9)，并考虑应力的符号后(式(4.10)取负号)，则有

$$d\sigma_r = -1.155\sigma_s \frac{dr}{r} \tag{4.17}$$

同理，内区的三个主应力为

$$\sigma_\theta = -1.155\sigma_s\left(1 + \ln\frac{r}{R}\right) \tag{4.18}$$

$$\sigma_r = -1.155\sigma_s\ln\frac{r}{R} \tag{4.19}$$

$$\sigma_B = -1.155\frac{\sigma_s}{2}\left(1 + 2\ln\frac{r}{R}\right) \tag{4.20}$$

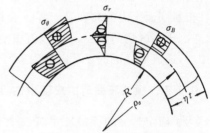

图 4.5　主应力分布图

按照应力公式求得板料剖面上三个主应力的分布规律如图 4.5 所示。

3. 应力中性层位置

由主应力分布图 4.5 可以看出，在某一纤维层上(曲率为 ρ_σ 处)应力是不连续的。σ_θ 与 σ_B 有突变现象，σ_r 为一高峰，这个应力不连续的纤维层即为应力中性层。根据该层上内外区径向应力 σ_r 相等的条件，应力中性层的半径 ρ_σ(即图 4.4 的 ρ)为求得(此时 $r = \rho_\sigma$)。

$$\ln\frac{R'}{\rho_\sigma} = \ln\frac{\rho_\sigma}{R}$$

$$\rho_\sigma = \sqrt{RR'} \tag{4.21}$$

将式(4.21)代入式(4.14)或式(4.19)，应力中性层的切向最大应力，即

$$\sigma_{r\max} = -1.155\sigma_s\ln\sqrt{\frac{R'}{R}} \approx 0.5 \times 1.155\sigma_s\ln\frac{R'}{R} =$$

$$-0.578\sigma_s\ln\frac{R'}{R} \tag{4.22}$$

由于 $\ln\sqrt{\dfrac{R'}{R}} \approx \sqrt{\dfrac{R'}{R}} - 1$，而且已知 $R' = R + t$ 和 $\sqrt{1 + \dfrac{t}{R}} \approx 1 + \dfrac{t}{2R}$，并代入式(4.22)，可得

$$\sigma_{r\max} \approx -1.155\sigma_s \frac{t}{2R} \tag{4.23}$$

由式(4.23)可知，当 $R/t > 5$ 时，应力中性层的应力 σ_r 的极大值 $|\sigma_{r\max}| < 0.1\sigma_s$，由此引出，当 $R/t > 5$ 时，应力状态简图接近于线性，在平均误差不超过 5% 的情况下，同样可以认为，应力中性层与板料中心层重合($\rho_\sigma \approx R + 0.5t$)。

当 $R/t < 5$ 时，σ_r 和 σ_θ 的大小和在板料厚度上的分布影响显著，而应力中性层从中心层向曲率中心方向移动。

假如以 $R' = R + t$，选取中心层弯曲半径 $\rho = \dfrac{R' + R}{2}$，ρ_σ 由式(4.12)计算，应力中性层自中心层移动的相对值 C，即

$$C = \frac{\rho - \rho_\sigma}{t} = \frac{1}{2}\left(\sqrt{1 + \frac{R}{t}} - \sqrt{\frac{R}{t}}\right)^2 \tag{4.24}$$

由式(4.24)可见,当 $R/t \gg 1$ 时,应力中性层的相对移动 $C \approx 0$,并随着比值 R/t 逐渐减小而增大,直至当 $R/t = 0$ 时,$C \approx 1/2$。在后者情况下,中性层趋近于板料内表面。

应力中性层内移是由于径向压应力 σ_r 的作用,使得板料拉、压两区切向应力 σ_θ 的分布性质发生了显著变化。外区拉应力的数值小于内区的压应力。因此拉、压两区的分界线必将向内移,使得拉区扩大、压区减小。只有在这种条件下,才能满足弯曲时的静力平衡条件 —— 作用在板料剖面上力的总和等于零。板料的相对弯曲半径 R/t 越小,径向应力 σ_r 的作用越显著。拉、压两区切向应力 σ_θ 的数值相差也越大。因此应力中性层的位置必将越靠近弯曲的曲率中心,造成中性层的显著内移现象。

4.2.2 板料弯曲时的应变中性层位置

为了确定弯曲的板料尺寸,必须知道应变中性层的位置。应变中性层是指变形前后纤维长度不变的那一层。

对于大圆角半径弯曲($R/t > 5$ 时),即当弯曲变形程度不大时,应变中性层位于板厚的中央,其位置由下式计算,即

$$\rho = R + \frac{t}{2} \tag{4.25}$$

式中 ρ —— 应变中性层曲率半径,mm;

R —— 弯曲件的内半径,mm;

t —— 板料厚度,mm。

对于小圆角半径弯曲($R/t < 5$ 时),应变中性层的位置由在弯曲开始时的板料中央位置,向板料内缘方向不断移动。

应变中性层的位置,可以根据弯曲变形前后体积不变的条件确定,如图 4.6 所示。

弯曲前变形区的体积为

$$V_0 = LBt = \rho\,\alpha\beta t$$

弯曲后变形区的体积为

$$V = \pi(R'^2 - R^2)\,\frac{\alpha}{2\pi}B_1$$

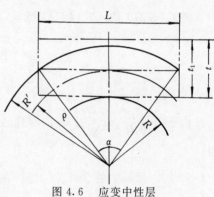

因为 $V = V_0$

所以

$$\rho = \frac{R'^2 - R^2}{2t}\frac{B_1}{B} = \frac{R' + R}{2}\frac{t_1}{t}\frac{B_1}{B} \tag{4.26}$$

图 4.6 应变中性层

将 $R' = R + t_1$ 代入式(4.26),可得

$$\rho = \left(\frac{R}{t} + \frac{\eta}{2}\right)\eta\,\beta t \tag{4.27}$$

式中 η —— 变薄因数,$\eta = t_1/t < 1$,其值见表 4.2;

β —— 展宽因数,$\beta = B_1/B$,当 $B/t > 3$ 时,$\beta = 1$;

B, B_1 —— 分别为弯曲前后的毛坯宽度和平均宽度,mm;

t, t_1 —— 分别为弯曲前后的板料厚度,mm。

由式(4.27)可以看出,应变中性层的位置不在板厚中央是因为弯曲时存在变薄现象。

表 4.2　变薄因数 η

R/t	0.1	0.5	1	2	5	> 10
η	0.82	0.92	0.96	0.985	0.998	1

由式(4.26),设 $\beta=1$,应变中性层半径为

$$\rho = \frac{R' + R}{2}\eta$$

由式(4.21),应力中性层的半径为

$$\rho_\sigma = \sqrt{\left(\frac{R'+R}{2}\right)^2 - \left(\frac{R'-R}{2}\right)^2} = \sqrt{\left(\frac{\rho}{\eta}\right)^2 - \left(\frac{t_1}{2}\right)^2}$$

由此可见,应变中性层半径 ρ 大于应力中性层的半径 ρ_σ。

工程上,应变中性层的位置按照下式计算,即

$$\rho = R + Kt \tag{4.28}$$

式中　　K—— 应变中性层因数,见表 4.3。

表 4.3　应变中性层因数 K

R/t	0.10	0.25	0.50	1.0	1.5	2.0	3.0	4.0	5.0	7.5
K	0.30	0.34	0.38	0.42	0.44	0.45	0.47	0.475	0.48	0.50

4.2.3　最小弯曲半径

1. 影响最小弯曲半径的因素

由弯曲时的应力应变分析可知,相对弯曲半径 R/t 越小,弯曲时的切向变形程度越大,即变形区外表面所受的拉伸应力与拉伸应变越大。当相对弯曲半径减小到一定程度时,会使得弯曲件外表面纤维的拉伸应变超过材料性能所允许的极限而出现裂纹或折断。在保证板料外表面纤维不发生破坏的条件下,工件能够弯成的内表面的最小圆角半径,称为最小弯曲半径 R_{min}。R_{min}/t 越小,板料弯曲的性能越好。工程上,采用它表示弯曲时的成形极限。

影响最小弯曲半径的因素如下:

(1) 材料的机械性能。材料的塑性越好,其塑性指标(δ, ψ 等)越高,因此可采用的最小弯曲半径越小。

(2) 板料的方向性与弯曲线方向的关系。如图 4.7 所示,弯曲件的弯曲线与板料的纤维方向垂直时,最小弯曲半径的数值最小。反之,弯曲件的弯曲线与板料的纤维方向平行时,则最小弯曲半径的数值最大(见表 4.4)。当弯曲 R/t 比较小的工件或塑性较差的材料(如磷青铜等)时,弯曲线应当垂直于轧制方向;当弯曲 R/t 比较大的工件时,主要考虑材料的利用率。

(3) 板料的表面质量与冲切断面质量。弯曲板料,都由冲裁或剪裁获得,其断面因变形而产生硬化层,使得材料塑性降低,影响最小弯曲圆角半径。一般冲裁件断面上有光亮面、粗糙面和毛刺存在。毛刺和粗糙面在弯曲时都会产生应力集中现象,致使弯曲件从侧边开始破

裂。因此,弯曲前,应当将板料上的毛刺去除。当毛刺比较小时,有时将有毛刺一面处于弯曲的受压内缘,以免产生应力集中而破裂。

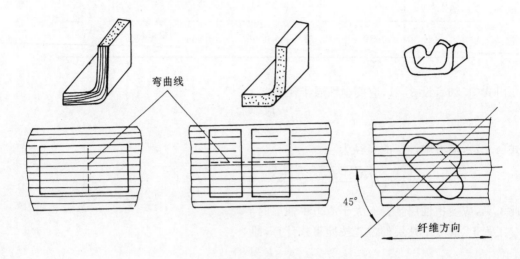

图 4.7　各向异性对弯曲线的影响

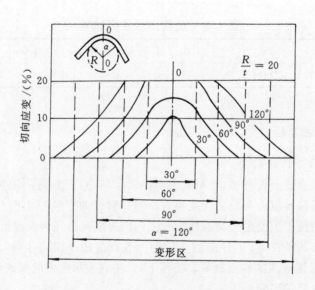

图 4.8　弯曲中心角对于变形分散效应的影响

(4) 弯曲中心角。理论上弯曲变形区局限于圆角部分,而直壁部分完全不参与变形,因而变形程度只与 R/t 有关,而与弯曲中心角无关。但是,实际上由于纤维的制约作用,接近圆角的直边也参与了变形,即扩大了弯曲变形区的范围。圆角附近的材料参与变形以后,分散了集中在圆角部分的弯曲应变,这对于圆角外表面受拉状态有缓解作用,因而有利于降低最小弯曲半径。弯曲中心角越小,变形分散效应越显著,所以最小弯曲半径也越小。图 4.8 所示为弯曲中心角对变形分散效应的影响。图 4.8 的实线表示不同弯曲角度下,变形区的切向应变的实际分布;虚线表示不考虑变形分散效应时,切向应变的理论分布。弯曲中心角大于 60° 以后,变形分散效应当仅限于直边附近的局部区域,而在圆角中段已逐渐失去直边参与变形以后的有利影响。所以弯曲中心角大于 $60° \sim 90°$ 以后,最小弯曲半径与弯曲中心角无关。

（5）板料厚度。变形区内切向应变在厚度方向上按线性规律变化,在外表面最大,在中性层为零。当板料的厚度比较小时,切向应变变化的梯度大,很快由最大值衰减为零。与切向变形最大的外表面相邻近的金属,可以起到阻止外表面金属产生局部不均匀延伸的作用。所以在这种情况下可能得到比较大的变形和比较小的最小弯曲半径。板料厚度对最小弯曲半径的影响如图 4.9 所示。

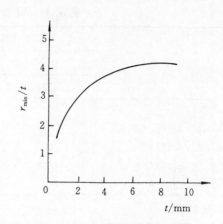

图 4.9　最小相对弯曲半径与板厚的关系

2. 最小弯曲半径的确定

弯曲时,外表面纤维的的变形程度与弯曲半径有如下关系,即

$$\delta = \frac{R_1 - \rho}{\rho} = \frac{(R + \eta t) - \rho}{\rho} \qquad (4.29)$$

式中　δ —— 延伸率,%;

　　　R_1 —— 弯曲外表面的圆角半径,mm;

　　　R —— 弯曲内表面的圆角半径,mm;

　　　η —— 变薄因数;

　　　t —— 板料厚度,mm;

　　　ρ —— 应变中性层的曲率半径,mm。

则弯曲半径为

$$R = \rho(1 + \delta) - \eta t \qquad (4.30)$$

假如以断面收缩率 ψ 表示变形程度,则 ψ 与 ε 有如下关系,即

$$\psi = \frac{\delta}{1 + \delta} \qquad (4.31)$$

$$\delta = \frac{\psi}{1 - \psi} \qquad (4.32)$$

根据式（4.27）,当板料宽度大于板料厚度的 3 倍时,$\beta = 1$,则

$$\rho = \left(\frac{R}{t} + \frac{\eta}{2} \right) \eta t$$

将上式和式（4.32）代入式（4.30）,化简后为

$$R = \frac{2 - 2\psi - \eta}{2(\eta + \psi - 1)} \eta t \quad 或 \quad R_{\min} = \frac{\eta + 2\psi_{\max} - 2}{2(1 - \psi_{\max} - \eta)} \eta t \qquad (4.33)$$

不考虑板料变薄的情况,选取 $\eta = 1$,则

$$R = \frac{1 - 2\psi}{2\psi} t \quad 或 \quad R_{\min} = \frac{1 - 2\psi_{\max}}{2\psi_{\max}} t \qquad (4.34)$$

最小弯曲半径值见表 4.4。

表 4.4　弯曲角 90° 时的最小弯曲半径

材　　料	正火或退火的		硬化的	
	弯曲线方向			
	与纤维方向垂直	与纤维方向平行	与纤维方向垂直	与纤维方向平等
05，08F	—	$0.3t$	$0.2t$	$0.5t$
08，10；Q195，Q215A	—	$0.4t$	$0.4t$	$0.8t$
15，20；Q235A	$0.1t$	$0.5t$	$0.5t$	$1.0t$
25，30；Q255A	$0.2t$	$0.6t$	$0.6t$	$1.2t$
35，40；Q275A	$0.3t$	$0.8t$	$0.8t$	$1.5t$
不锈钢	—	—	$2.5t$	$6.5t$
铜　M1，M2，M3	0	$0.2t$	$1.0t$	$2.0t$
黄铜 H6Z，H68	0	$(0.3 \sim 0.4)t$	$0.5t$	$0.8t$
黄铜 H59-1	$0.2t$	$0.5t$	$0.8t$	$1.4t$
2A12O	$1.0t$	$1.5t$	$1.5t$	$2.5t$
2A12T4	$2.0t$	$3.0t$	$3.0t$	$4.0t$
镁合金	300℃ 热弯		冷弯	
MA1，MA8	$2.0t$	$3.0t$	$(7.0 \sim 5.0)t$	$(9.0 \sim 8.0)t$
钛合金	$300 \sim 400℃$ 热弯		冷弯	
BT1	$1.5t$	$2.0t$	$3.0t$	$4.0t$
BT5	$3.0t$	$4.0t$	$5.0t$	$6.0t$

4.3　弯曲力矩与弯曲力的计算

4.3.1　塑性弯曲力矩的计算

根据上述计算所得各种塑性弯曲的 σ_θ 在板料厚度上的分布情况,可以求得其弯曲力矩。选取板料宽度为 B,则弯曲力矩为

$$M = \int_\rho^{R'} \sigma_{\theta外} rB\,dr + \int_B^\rho \sigma_{\theta内} rB\,dr \qquad (4.35)$$

当 $R/t > 5$,属于线性纯塑性弯曲时,其切向应力由式(4.8)求得,切向应变由式(4.1)求得。此时,切向应力形成的弯矩为

$$M = 2 \int_0^{t/2} \sigma_\theta yB\,dy = \frac{\sigma_s Bt^2}{4} + \frac{DBt^3}{12\rho} = \left[\frac{S}{\overline{W}} + \frac{tD}{2\rho\,\sigma_s} \right] \overline{W} \sigma_s$$

$$M = m\overline{W}\sigma_s \qquad (4.36)$$

式中　S —— 弯曲工件的断面静矩,矩形断面或板料时 $S = \dfrac{Bt^2}{4}$;

$\overline{W}$ —— 弯曲工件的抗弯系数,矩形断面或板料时 $\overline{W} = \dfrac{Bt^2}{6}$;

m —— 相对弯矩,$m = \dfrac{S}{W} + \dfrac{tD}{2\rho\,\sigma_s}$,见表 4.5。

当 $R/t < 5$,属于立体塑性弯曲时,由式(4.35)可得有加工硬化时的弯曲力矩,即

$$M = 1.155B\left[\sigma_0\left(\frac{R'-R}{2}\right)^2 + D\left(\frac{R'^2+R^2}{4}\ln\sqrt{\frac{R'}{R}} - \frac{R'^2-R^2}{8}\right)\right] \tag{4.37}$$

对于无加工硬化的弯曲,假如取 $\sigma_0 = \sigma_s$,则弯矩为

$$M = 1.155B\left[\sigma_s\left(\frac{R'-R}{2}\right)^2\right] = 1.155\sigma_s\frac{Bt^2}{4} \tag{4.38}$$

冷弯时,板料存在加工硬化效应,因而弯矩往往会增大。

表 4.5   相对弯矩 *m*（矩形断面或板料）

材　料	R/t				
	100	50	25	10	5
钢 10 ～ 钢 15	～ 1.6	～ 1.75	1.7	2	2.45
钢 20 ～ 钢 25	～ 1.6	～ 1.75	1.75	2.1	2.6
钢 30 ～ 钢 35	～ 1.6	～ 1.75	1.8	2.2	2.8
钢 40 ～ 钢 45	～ 1.6	～ 1.8	1.85	2.35	3.5

4.3.2 弯曲力的计算

弯曲力的理论计算可以由式(4.37)和式(4.38)计算的塑性弯矩 M 和外加弯矩 $M_外 = PL$ 相等的条件求得,以线性塑性弯曲为例,则有

$$m\overline{W}\sigma_s = PL$$

$$P = \frac{m\overline{W}\sigma_s}{L} \tag{4.39}$$

由于弯曲力受材料性能、工件形状、弯曲方法和模具结构等的影响,采用理论公式计算不但计算复杂,而且也不一定准确。因此,工程上经常采用经验公式计算,作为设计工艺过程和选择设备的依据。求弯曲力的经验公式见表 4.6。图 4.10 为弯曲力行程曲线。

表 4.6   求弯曲力的经验公式

序　　号	弯曲形式	弯曲性质	计算公式
1		自由弯曲	$P = P_1 = \dfrac{Bt^2\sigma_b}{R+t}$
2		校正弯曲	$P = P_2 = Fq$

续 表

序 号	弯曲形式	弯曲性质	计算公式
3	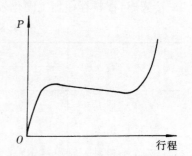	用弹顶器,不校正的弯曲	$P = P_1 + Q = \dfrac{Bt^2\sigma_b}{R+t} + 0.8P_1$
4		用弹顶器,加校正的弯曲	$P = P_2 = Fq$

表中　P —— 弯曲时的总弯曲力,N;

P_1 —— 弯曲力,N;

P_2 —— 校正力,N;

Q —— 最大弹顶力,$Q = 0.8P_1$, N;

B —— 弯曲件的宽度(弯曲线长度),mm;

t —— 板料厚度,mm;

R —— 内弯曲半径,mm;

F —— 材料校正部分投影面积,mm;

σ_b —— 材料的抗拉强度极限,MPa;

q —— 校正弯曲时的单位压力,MPa,其数值见表 4.7。

图 4.10　弯曲力行程曲线

表 4.7　校正弯曲时的单位压力 q　　　　　　MPa

材　料		板料厚度 $t/$mm	
		$0 \sim 3$	$3 \sim 10$
铝		$30 \sim 40$	$50 \sim 60$
黄铜		$60 \sim 80$	$80 \sim 100$
钢 10 ~ 钢 20		$80 \sim 100$	$100 \sim 120$
钢 25 ~ 钢 35		$100 \sim 120$	$120 \sim 150$
钛合金	BT1	$160 \sim 180$	$180 \sim 210$
	BT3	$160 \sim 200$	$200 \sim 260$

4.4　弯曲件的回弹

4.4.1　弯曲件回弹的理论分析

塑性弯曲与所有塑性变形一样,伴有弹性变形。当弯曲变形结束、工件不受外力作用时,中性层附近纯弹性变形以及内、外区总变形中弹性变形部分的恢复,使得弯曲件的弯曲中心角和弯曲半径与模具的尺寸不一致。这种现象称为弯曲件的回弹(也称弹复或回跳)。

由于弯曲时内、外区纵向应力方向不一致,因而弹性恢复时方向也相反。这种反向的弹性恢复大大加剧了工件形状和尺寸的改变,因而影响到弯曲件的几何公差等级,并成为生产中不易解决的一个特殊问题。

回弹是在塑性弯曲后卸载过程中产生的。假如弯曲件在受外加弯矩(塑性弯矩)$M_外$ 的作用下,产生线性纯塑性弯曲,其应力分布如图 4.3(c) 所示。当外加弯矩去除发生回弹时,根据平衡原则假设内部的抵抗弯矩(弹性弯矩)$M_弹$,其大小与塑性弯矩相等,方向相反,故在内、外区纵向的卸载应力和加载时板料内应力的方向相反。此时工件所受合成力矩为零,相当于工件经过弯曲变形后从模具中取出以后的自由状态。外加弯矩与弹性弯矩所引起的合成应力是卸载后工件在自由状态下断面内的残余应力,如图 4.11(a) 所示。同理可以得出,有加工硬化时线性纯塑性弯曲卸载后工件在自由状态下断面内的残余应力,如图 4.11(b) 所示。

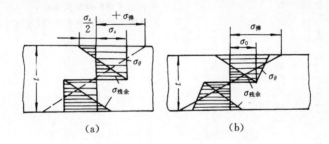

图 4.11　塑性弯曲卸载过程中应力的合成

4.4.2　回弹值的确定

弯曲回弹的表现形式有两种。弯曲半径的改变,由回弹前工件弯曲半径 R 变为回弹后的 R_0;弯曲角度的改变,由回弹前工件弯曲角度 φ(凸模的角度)变为回弹后工件实际角度 φ_0,角度的回弹值 $\Delta\varphi = \varphi_0 - \varphi$。

由于回弹直接影响工件的尺寸公差等级与形状误差,因而在模具设计和制造时,需要预先将材料的回弹值考虑进去,修正模具工作部分的尺寸与形状。

回弹值的确定方法有查图法与经验法两种。

查图方法:在图 4.12 中,先在 R_0/t 线和 σ_s 线上找出与其数值相当的点,然后作直线连接此两点,与 R/t 线相交,由此交点即可读出 R/t 值,并求出回弹前半径 R。例如:已知 $R_0/t = 80/5 = 16$,$\sigma_s = 300$ MPa,则得 $R/t = 15$,即 $R/5 = 15$,$R = 75$ mm。

在图 4.13 中,先在横坐标上找出 R_0/R 的点,过此点向上作垂线与弯曲角度 φ_0 的相当数值(在半射线上)相交,由此交点向右作横坐标的平行线与纵坐标相交,即可求得 $\Delta\varphi$。例如:已知 $R_0/R = 80/75 = 1.07$,$\varphi_0 = 85°$,则 $\Delta\varphi = 6.5°$。

弯曲半径 $R/t < 5$ 时的自由弯曲,卸载后弯曲件的弯曲角度发生变化,而弯曲半径的变化是很小的,可以不予考虑。此时,回弹角的近似值可以采用下列简化公式计算。

对于 V 形件的弯曲,有

$$\tan \Delta\varphi = 0.375 \frac{l}{(1-K)t} \frac{\sigma_s}{E} \tag{4.40}$$

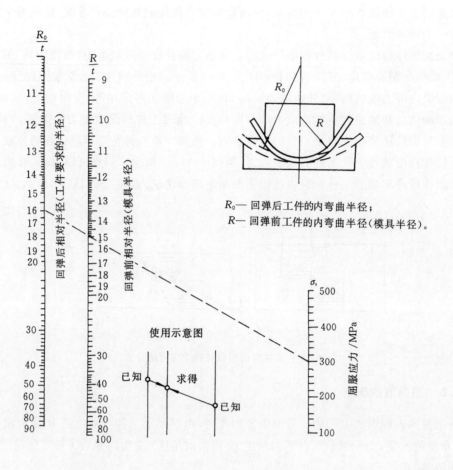

R_0— 回弹后工件的内弯曲半径；

R— 回弹前工件的内弯曲半径（模具半径）。

图 4.12 回弹值计算图表

对于 U 形件的弯曲，有

$$\tan \Delta\varphi = 0.75 \frac{l_1}{(1-K)t} \frac{\sigma_s}{E} \qquad (4.41)$$

式中 $\Delta\varphi$ —— 回弹角（单面）；

K —— 中性层系数，见表 4.3；

l —— 支点的距离，即凹模的口宽，mm；

l_1 —— 弯曲力壁，$l_1 = r_d + r_p + 1.25t$，mm，r_d 为凹模圆角半径，r_p 为凸模圆角半径；

σ_s —— 屈服应力，MPa；

E —— 弹性模量，MPa；

t —— 板料厚度，mm。

各种弯曲方法与弯曲角度的回弹经验值也可以查阅有关手册，见表 4.8。

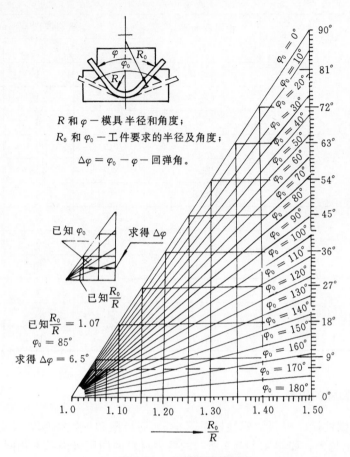

R 和 φ — 模具半径和角度；

R_0 和 φ_0 — 工件要求的半径及角度；

$\Delta\varphi = \varphi_0 - \varphi$ — 回弹角。

已知 φ_0　　求得 $\Delta\varphi$

已知 $\dfrac{R_0}{R}$

已知 $\dfrac{R_0}{R} = 1.07$

$\varphi_0 = 85°$

求得 $\Delta\varphi = 6.5°$

图 4.13　回弹值计算图表

表 4.8　弯曲角 90° 自由弯曲时的回弹角度　　　　　单位:(°)

材　料	相对弯曲半径 R/t	板料厚度 t/mm		
		< 0.8	$0.8 \sim 2$	> 2
软钢 $\sigma_b = 350$ MPa	< 1	4	2	0
黄铜 $\sigma_b = 350$ MPa	$1 \sim 5$	5	3	1
铝、锌	> 5	6	4	2
中硬钢 $\sigma_b = 400 \sim 450$ MPa	< 1	5	2	0
硬黄铜 $\sigma_b = 350 \sim 400$ MPa	$1 \sim 5$	6	3	1
硬青铜	> 5	8	5	3
硬钢 $\sigma_b > 550$ MPa	< 1	7	4	2
	$1 \sim 5$	9	5	3
	> 5	12	7	6

续 表

材　　料	相对弯曲半径 R/t	板料厚度 t/mm		
		<0.8	$0.8\sim2$	>2
电工钢	<1	1	1	1
	$1\sim5$	4	4	4
CrNi78Ti	>5	5	5	5
	<2	2	2	2
30CrMnSiA	$2\sim5$	4.5	4.5	4.5
	>5	8	8	8
	<2	2	3	4.5
2A12	$2\sim5$	4	6	8.5
	>5	6.5	10	14
	<2	2.5	5	8
7A04	$2\sim5$	4	8	11.5
	>5	7	12	19

4.4.3　影响回弹的因素

（1）材料的机械性能。板料的弹性模量越小，屈服极限和抗拉强度等与变形抗力有关的数值越大，则回弹也越大。如图 4.14(a) 所示的两种材料的屈服极限基本相同，但是弹性模量不同（$E_1 > E_2$）。当弯曲件的相对弯曲半径 R/t 相同时，其外表面的切向变形的数值相等，均为 ε。在卸载时这两种材料的回弹变形不一样，弹性模量比较大的退火软钢的回弹变形小于软锰黄铜，即 $\varepsilon_1' < \varepsilon_2'$。又如图 4.14(b) 所示的两种材料，其弹性模量基本相同，而屈服极限不同。在弯曲变形程度相同的条件下，卸载时的回弹变形不同，经加工硬化而屈服极限比较高的软钢的回弹变形大于屈服极限比较低的退火软钢，即 $\varepsilon_4' > \varepsilon_3'$。

（2）相对弯曲半径 R/t。相对弯曲半径越小，板料的变形程度越大，在板料中性层两侧的纯弹性变形区以及塑性变形区总变形中的弹性变形的比例减小，所以回弹值越小。如图 4.15 所示，同一种材料，造取 A，B 两点不同的变形分别为 ε_A 和 ε_B，$\varepsilon_B > \varepsilon_A$。将 AB 间的应力应变曲线看作直线，延长此直线与横坐标轴相交于点 P，并设 PO 长为 ε_p。而 A，B 两点的回弹变形分别为 ε_A' 和 ε_B'，则有

$$\frac{\varepsilon_p + \varepsilon_A}{\varepsilon_A'} = \frac{\varepsilon_p + \varepsilon_B}{\varepsilon_B'}$$

由于 $\varepsilon_p/\varepsilon_A' > \varepsilon_p/\varepsilon_B'$，可知 $\varepsilon_B'/\varepsilon_B < \varepsilon_A'/\varepsilon_A$。

（3）弯曲中心角。弯曲中心角 α 越大，则变形区域 $R\alpha$ 越大，回弹积累值越大，回弹角越大，但是对弯曲半径的回弹没有影响。

（4）工件形状。U 形件的回弹由于两边互受牵制而小于 V 形件。形状复杂的弯曲件，假如一次弯成，由于各部分互相牵制和弯曲件表面与模具表面之间的摩擦影响，可以改变弯曲工件各部分的应力状态（一般可以增大弯曲变形区的拉应力），使得回弹困难，因而回弹角减小。

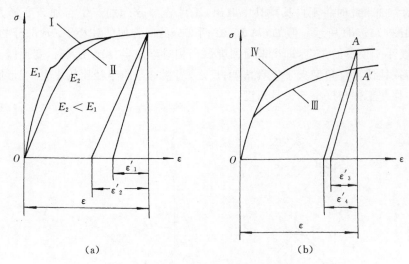

图 4.14 机械性能对回弹值的影响

Ⅰ,Ⅲ — 退火软钢;Ⅱ — 软锰黄铜;Ⅳ — 退火后再经冷变形硬化的软钢

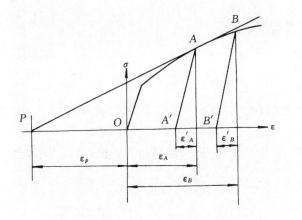

图 4.15 变形程度对回弹值的影响

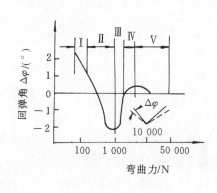

图 4.16 Ⅴ形件弯曲力与回弹角的关系

(5) 弯曲方式。自由弯曲时回弹角大,采取校正弯曲时回弹角减小。校正力越大,回弹值越小。工程上,多采用带一定校正成分的弯曲方法。校正力大于弯曲变形所需的力。这时弯曲变形区的应力状态和应变的性质与纯弯曲有一定的差别。由于板料受凸模和凹模压缩的作用,不仅弯曲变形外区的拉应力有所减小,而且在外区中性层附近,还出现与内区同号的压应力。当校正力很大时,可能完全改变弯曲件变形区的应力状态,即压应力区向板料的外表面逐步扩展,使得板料的全部或大部分断面均出现压应力。于是内、外区回弹的方向一致,其回弹可比自由弯曲时显著减小。Ⅴ形件弯曲力与回弹角的关系如图 4.16 所示。图 4.16 的 Ⅰ 区相应于如图 4.17(a) 所示,Ⅱ 区相应于如图 4.17(b) 所示,Ⅲ 和 Ⅳ 区相应于如图 4.17(c) 所示。

弯曲件的相对弯曲半径比较小,且带有一定校正力的弯曲时,会出现负回弹现象,即弯曲件的弯曲角度小于模具角度。其原因如下:以 Ⅴ 形件弯曲变形过程(见图 4.17)为例,开始弯曲时,如图 4.17(a) 所示。再进一步弯曲时,板料两端由于接触到凸模斜面就开始反向弯曲,如图 4.17(b) 所示。随着凸模和凹模的间隙逐渐变窄,板料在凸模之间被压平伸直,如图

4.17(c)所示。如果此时将工件从模具中取出,工件各部分分别产生与加载变形方向相反的回弹变形,如图4.17(d)所示。假如 OA 和 BC 两部分的回弹值的和小于 AB 部分的回弹值,所得工件的角度小于模具的角度,即所谓负回弹。当相对弯曲半径比较大时,变形区 OA 的回弹值变大,因而往往使工件角度大于模具角度;反之,当相对弯曲半径比较小时,变形区 OA 的弹复值变小,往往使工件角度小于模具角度。

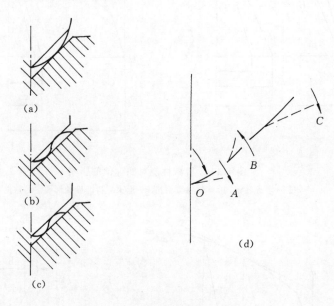

图 4.17　V 型弯曲过程及其弹复

　　对 U 形弯曲件,顶件力大小对回弹有很大影响。顶件力大,回弹角为正值;顶件力小,会出现负回弹。这是因为顶件力小,在开始弯曲时,弯曲底部出现鼓形,如图 4.18(a) 所示。在弯曲最后阶段,此鼓形被校正压平,如图 4.18(b) 所示。弯曲件从模具中取出后,底部有回弹到鼓形的趋势,回弹方向与弯角回弹方向相反。当底部回弹量大于弯角回弹量时,便出现负回弹。顶件力大时,在变形过程中弯曲件底部不会出现鼓形,所以只有弯角处的正回弹。

　　工程上,常常采用调整凸模与凹模之间的间隙(即施加与调整校正力)控制回弹值。

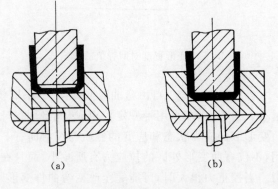

图 4.18　顶件力对回弹的影响

4.4.4　减少回弹的措施

　　弯曲件因回弹而产生形状和尺寸误差,很难获得合格的工件,因此,需要采取减小回弹的措施。

1. 工件结构

改进结构,可以促使回弹角减小。如在弯曲区压出加强筋,如图 4.19 所示,使得弯曲件回弹困难,并提高弯曲件的刚度。

采用弹性模量大、屈服极限低、机械性能稳定的材料。

2. 工艺设计

采用校正弯曲代替自由弯曲。对于有加工硬化效应的硬材料,可以先退火,使得屈服极限 σ_s 降低,减少回弹,弯曲后再淬硬。

图 4.19 弯曲区的加强筋 图 4.20 U 形件弯曲时的弧形顶件板

3. 模具结构

根据弯曲回弹规律与改变变形区应力状态减小回弹。

(1)在接近纯弯曲(只受弯矩作用)的条件下,可以根据回弹值的计算结果,对弯曲模工作部分的形状与尺寸作校正。

(2)根据弯曲件不同部位回弹方向相反的特点,使得相反方向的回弹变形相互补偿。例如 U 形件弯曲,将凸模、顶件板做成弧形面,如图 4.20 所示。弯曲后,利用底部产生的回弹补偿两个圆角处的回弹。

(3)对于一般材料(Q215A,Q235A,钢 10,钢 20 和 H62 软等),其回弹角 $\Delta\alpha < 5°$,当板料厚度偏差比较小时,可以在凸模或凹模上作出斜度,并选取凸、凹模之间的间隙等于最小的料厚减小回弹,如图 4.21 所示。

(4)对于一般材料,假如板料厚度在 0.8 mm 以上,弯曲圆角半径又不大时,可以将凸模做成如图 4.22 所示的形状,对变形区进行整形(即改变变形区的应力状态)减小回弹。

(5)减小凸、凹模间隙,其值比板料公称厚度 t 降低 3% ~ 5%。

(6)采用橡胶或聚氨酯软凹模代替金属的刚性凹模。板料在变形过程中是全面支撑在聚氨酯块上时,始终受到聚氨酯单位压力 q 的作用,变形时两直边绕凸模圆角折起,逐渐与凸模斜面贴合。因为受聚氨酯侧压力的作用,直边部分不发生弯曲,且圆角部分所受的单位压力大于两侧部分。卸载时,回弹仅发生在圆角弯曲部分,直边不另外发生回弹。采用调整凸模压入聚氨酯的深度可以控制弯曲角,所以可以减小回弹。

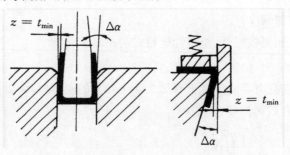

图 4.21　模具上作出斜度并取最小料厚作为间隙

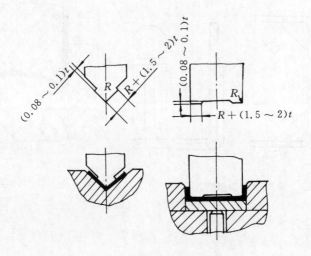

图 4.22　利用整形减小回弹的模具

　　(7) 采用拉弯工艺,当弯曲件的相对弯曲半径很大时,由于变形区大部分处于弹性变形状态,产生的回弹最大,工件难以成形,这时可以采用拉弯工艺。拉弯工艺的特点是将板料先轴向拉伸再弯曲;或先弯曲再拉伸;或拉伸后弯曲再拉伸。所加的拉伸力大小应使得弯曲件内表面的合成应力(即内表面在弯曲时的压应力与加上的拉伸应力之和)大于材料的屈服极限。拉弯时,如先拉后弯,其沿断面切向应变的分布变化图如图 4.23(a) 所示;如先弯后拉,则其变化如图 4.23(b) 所示。如图 4.23(c) 所示为拉弯时应变中性层位置。拉弯工艺不仅加大了弯曲件的变形量,而且使得工件的整个横断面都处于塑性拉伸变形范围(内、外区都处于拉应变状态)。因此在卸载后内、外区回弹变形方向一致,使得工件的回弹量大大减小。

　　拉弯工艺既可以在专用的拉弯机上进行,也可以采用模具进行。拉弯模结构如图 4.24 所示。工作时,上模下行,模具两侧夹子 2 首先夹住材料,同时压缩弹簧 3,夹子 2 夹住板料沿斜面下行,拉伸材料,最后上模 1 和下模 4 对板料弯曲成形。

　　在拉弯机上进行的拉弯工艺原理,如图 4.25 所示,适合拉弯的工件如图 4.26 所示。

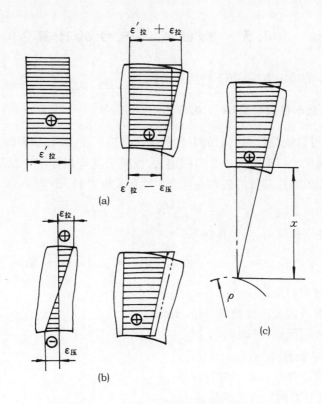

图 4.23 拉弯时的切向应变分布

（a）先拉后弯时切向应变分布；（b）先弯后拉时切向应变分布；（c）拉弯时应变中性层位置

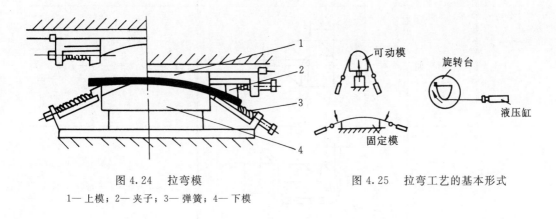

图 4.24 拉弯模

1—上模；2—夹子；3—弹簧；4—下模

图 4.25 拉弯工艺的基本形式

图 4.26 适合拉弯的工件

4.5 弯曲毛坯尺寸的计算

弯曲毛坯尺寸的确定方法,有下列两种情况。

4.5.1 有圆角半径的弯曲($R > 0.5t$)

宽板弯曲时,可以认为弯曲前后的宽度和厚度保持不变。因此,弯曲毛坯尺寸的确定是指长度展开尺寸的确定。根据应变中性层的定义,板料长度应当等于中性层的长度。因此弯曲件的展开长度等于各直边部分的各弯曲部分中性层长度之和,即

$$L_{总} = \sum L_{直边} + \sum L_{弯曲} \tag{4.42}$$

各个弯曲部分中性层长度 $L_{弯曲}$ 计算如下:

$$L_{弯曲} = \frac{\pi\alpha}{180}\rho = \frac{\pi\alpha}{180}(R + Kt) \approx 0.17\alpha(R + Kt) \tag{4.43}$$

式中　α —— 弯曲中心角,(°);

　　　R —— 弯曲件内表面的圆角半径,mm;

　　　K —— 中性层因数,见表4.3;

　　　t —— 板料厚度,mm;

　　　ρ —— 应变中性层的曲率半径,mm。

各种板料展开长度的计算公式见表4.9。

表 4.9　板料展开长度($R > 0.5t$) 的计算公式

序　号	弯曲性质	弯曲形状	公　式
1	单直角弯曲	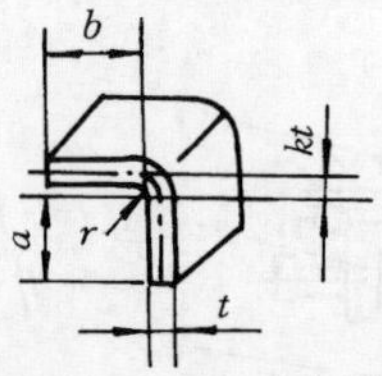	$L = a + b + \frac{\pi}{2}(r + Kt)$
2	双直角弯曲	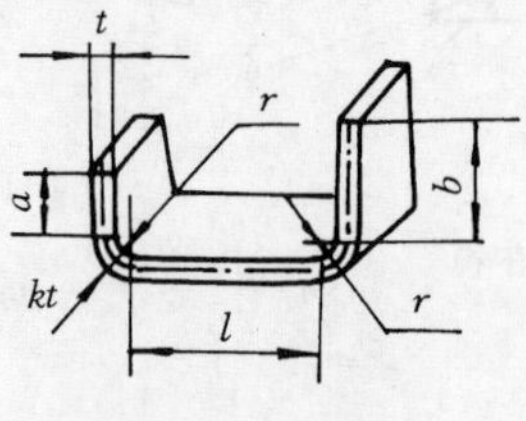	$L = a + b + L + \pi(r + Kt)$
3	四直角弯曲	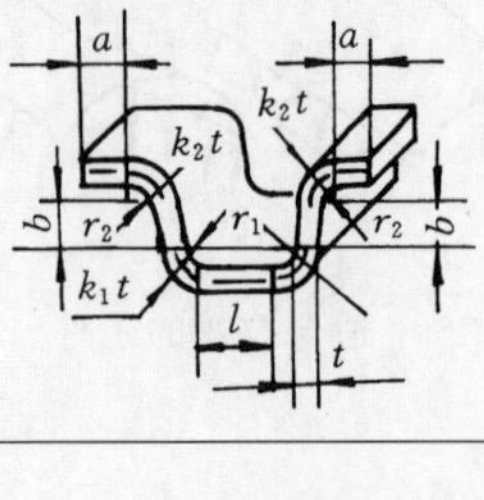	$L = 2a + 2b + L + \pi(r_1 + K_1 t)\pi(r_2 + K_2 t)$

续　表

序　号	弯曲性质	弯曲形状	公　式
4	铰链弯形		$L = a + \dfrac{\pi a}{180°}(r + Kt)$
5	半圆		$L = 2a + \dfrac{\pi a}{180°}(r + Kt)$
6	圆形		$L = \pi D = \pi(d + 2Kt)$

4.5.2　无圆角半径或圆角半径很小$(R < 0.5t)$时的弯曲

展开长度一般根据板料与工件体积相等的原则,并考虑弯曲处板料变薄的情况进行计算。各种板料展开长度的计算公式见表 4.10。

表 4.10　板料展开长度$(R < 0.5t)$的计算公式

序　号	弯曲性质	弯曲形状	公　式
1	弯曲一个角	$\alpha = 90°$	$L = a + b + 0.4t$
		$\alpha < 90°$	$L = a + b + \dfrac{\alpha}{90°} \times 0.5t$
		$\alpha = 180°$	$L = a + b - 0.43t$

续表

序　号	弯曲性质	弯曲形状	公　式
2	一次弯曲两个角	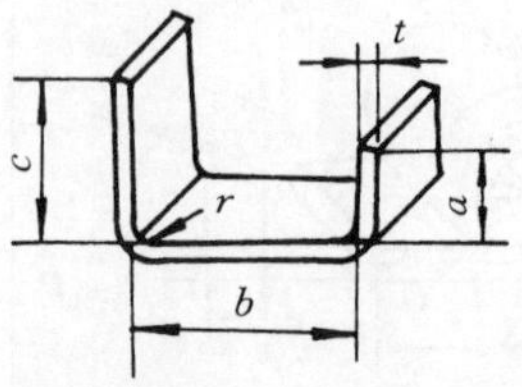	$L = a + b + c + 0.6t$
3	一次弯曲三个角	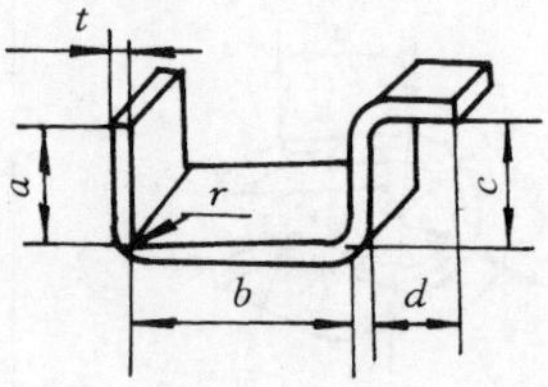	$L = a + b + c + d + 0.75t$
4	一次弯曲四个角	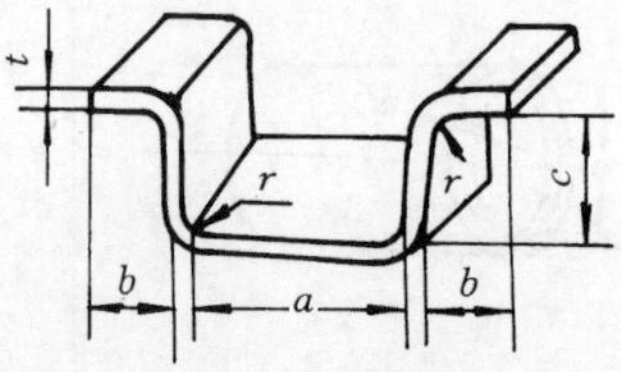	$L = a + 2b + 2c + t$

用上述各式计算时,很多因素(如材料性能、模具情况和弯曲方式等)没有考虑,因而可能产生比较大的误差。所以只适用于形状简单、弯角个数少和公差等级要求不高的弯曲件。对于形状复杂、多角及精度要求高的弯曲件,应当先用上述公式进行初步计算,经过试压后才能最后确定合适的毛坯形状和尺寸。工程上,往往是先制造弯曲模,经过试弯,确定板料尺寸后再设计与制造落料模。

4.6　弯曲件的工艺分析与设计

4.6.1　弯曲件的工艺分析

(1)弯曲半径。弯曲件的半径不能小于材料的许可最小弯曲半径,否则会产生拉裂。假如工件要求的弯曲半径很小或清角时,可以分为两次弯曲。第一次弯成比较大的弯曲半径,然后退火,第二次再按照工件要求的弯曲半径进行弯曲。此外,也可以采用热变或预先沿弯曲区内侧开制槽口,如图4.27所示,再进行弯曲。当弯曲比较小的直壁高度时,采用此法比较适宜。有时可以采用校形工序。

(2)形状。弯曲件形状应对称,弯曲半径左右一致,以保证板料不会因摩擦阻力不均匀而产生滑动,如图4.28所示,造成工件偏移。假如工件不对称,为了阻止板料的偏移,在设计模具结构时应当考虑增设压料板,或增加工艺孔定位。有时为了使毛坯在弯曲模内定位准确,特别在对毛坯进行多道工序弯曲时,也需要在弯曲件上设计出工艺定位孔。

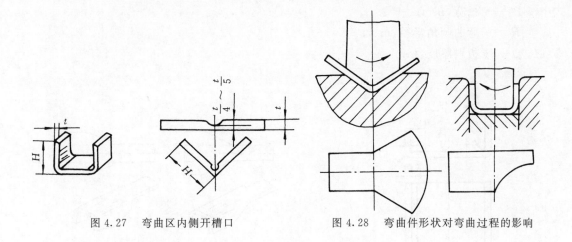

图 4.27 弯曲区内侧开槽口   图 4.28 弯曲件形状对弯曲过程的影响

弯曲件形状应当力求简单。某些带缺口的弯曲件,缺口只能安排在弯曲成形之后切除。假如先将切口冲出,弯曲时切口处会发生叉口现象,严重时难以成形。

(3) 孔的位置。对于带孔的弯曲件,先冲好孔再将毛坯进行弯曲,则孔的位置应当处于弯曲变形区外,如图 4.29 所示。否则孔要发生变形。孔边至弯曲半径 R 中心的距离 B 与板料厚度有关。一般为

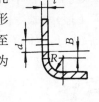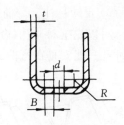

当 $t < 2$ mm 时,$B \geqslant t$;

当 $t \geqslant 2$ mm 时,$B \geqslant 2t$。

假如不能满足上述规定,而且孔的公差等级要

图 4.29 带孔弯曲件

求比较高时,假如弯曲成形后再进行冲孔。假如工件的结构允许,可以在工件弯曲变形区上预先冲出工艺孔或工艺槽来改变变形范围,即使工艺孔变形但仍能保持所需的孔不产生变形。

(4) 直边高度。当工件弯曲 90° 时,为了保证弯曲件的直边平直,弯曲件直边高度 H 不应小于 $2t$,最好大于 $3t$。假如 $H < 2t$,在弯曲成形过程中,不能产生足够的弯矩。对较厚的板料则须预先压槽再弯曲,如图 4.30 所示,此时最小弯曲半径可以减小;或增加弯边高度,弯曲后再切除多余部分。

直边侧面带有斜边的弯曲件,假如其斜边到达变形区如图 4.31(a) 所示,是不合理的,侧面斜边部分会弯不成要求的角度。正确的结构如图 4.31(b) 所示,需要加高侧面的弯边高度。

(5) 工艺槽和工艺孔。如图 4.32(a)(d) 所示的弯曲件,在弯曲变形时容易撕裂材料。为了防止这种情况发生,应当在板料上预先冲出工艺槽或工艺孔,如图 4.32(b)(c) 所示,其槽深尺寸为

$$L = R + t + \frac{B}{2} \tag{4.44}$$

工艺孔的直径为

$$d \geqslant t$$

式中　　B —— 槽宽，mm；

　　　　R —— 弯曲圆角半径，mm；

　　　　t —— 板料厚度，mm。

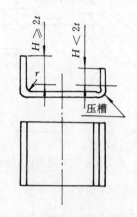

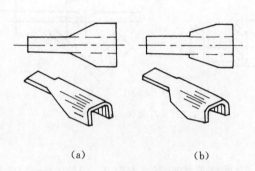

图 4.30　直边高度过小时须先压槽　　　　　图 4.31　直边侧面带斜边的弯曲件

（6）尺寸标注。弯曲件尺寸的标注不同，会影响冲压工序的安排。如图 4.33(a) 所示的弯曲件，可以先落料冲孔（合并工序）增加弯曲成形，工艺比较简单。如图 4.33(b) 所示的尺寸标注，冲孔只能安排在弯曲之后进行，增加了工序。

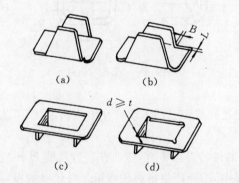

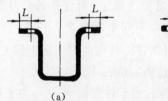

图 4.32　应冲出工艺槽或工艺孔的弯曲件　　　　图 4.33　弯曲件尺寸的标注

（7）公差等级。经过弯曲成形后工件的尺寸公差等级与很多因素有关。假如工件的机械性能和板料厚度，模具结构和模具尺寸公差等级，工序的多少和工序的先后顺序，弯曲模的安装与调整情况以及工件的形状尺寸等。工件弯曲后所得直线尺寸的偏差值见表 4.11。

表 4.11　弯曲件未注公差的长度尺寸的极限偏差　　　　　　　　mm

长度尺寸		$3 \sim 6$	$>6 \sim 18$	$>18 \sim 50$	$>50 \sim 120$	$>120 \sim 260$	$>260 \sim 500$
板料厚度	$\leqslant 2$	± 0.3	± 0.4	± 0.6	± 0.8	± 1.0	± 1.5
	$>2 \sim 4$	± 0.4	± 0.6	± 0.8	± 1.2	± 1.5	± 2.0
	>4	—	± 0.8	± 1.0	± 1.5	± 2.0	± 2.5

4.6.2　弯曲件的工艺设计

需要两道工序弯曲成形时,工序安排如图 4.34 所示;需要三道工序弯曲成形的工序安排如图 4.35 所示。

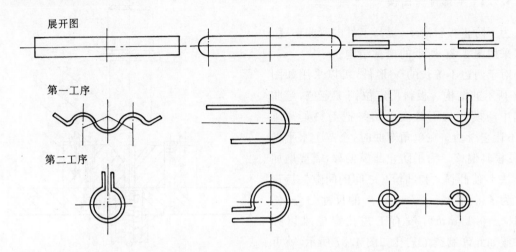

图 4.34　弯曲件的工序安排(两道)

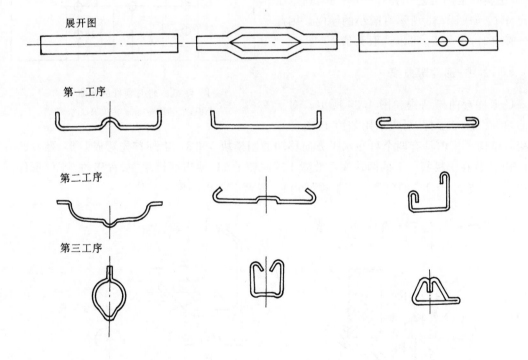

图 4.35　弯曲件的工序安排(三道)

4.7　典型弯曲模结构

4.7.1　V形件弯曲模

为了防止板料滑动,提高工件的弯曲精度,可以采用图 4.36 所示的模具结构。

对于两边不等长的 V 形件,可以采用如图 4.37 所示的结构。板料用定位销 1 定位,弯曲过程中凸模 3 与压料板 5 始终把毛料紧紧压住,不让它滑动。在单角弯曲时,会产生水平推力,使模具偏移。为了防止凸模偏移,需要增加止推块 4,使凸模 3 和凹模 2 之间的间隙保持正常。为了得到边长 ±0.1 mm 的尺寸公差(例如 (15 ± 0.1)mm),没有工艺孔定位难以办到。假如允许制造工艺孔如图 4.37 所示,就可以满足上述工件的制造公差。虽然有定位销,可以防止工件因弯曲产生的拉伸作用而产生移动,但是实际上因工艺孔会有一定变形,所以工件尺寸 L_1 如图 4.38 所示有减小的倾向。因此设计模具时,尺寸 L_1 可以选取大值。

4.7.2　U形件弯曲模

U 形件弯曲模结构如图 4.39 所示。对于弯曲角 90° 的 U 形件,可以采用如图 4.40 所示

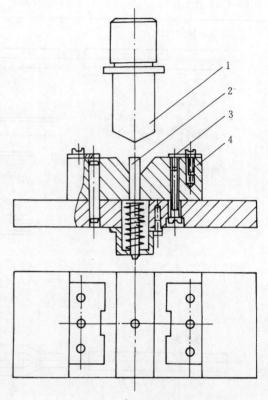

图 4.36　带有顶杆的弯曲模
1—凸模;2—顶杆;3—定位块;4—凹模

的模具结构。模内具有两个可在水平方向移动的凹模块 7 和 8。毛坯首先弯成 U 形,随着凸模 5 下压时,装在上模板 4 上的两块楔形装置 1 压向转子 11,使得凹模块左、右移动,将 U 形件两侧边向里弯成小于 90° 的角度。当上模回程时,弹簧 9 使得凹模块复位。

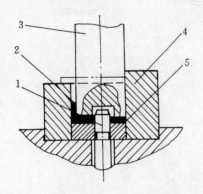

图 4.37　直边不等长的 V 形件弯曲模
1—定位销;2—凹模;3—凸模;4—止推块;5—压料板

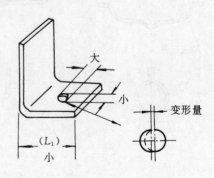

图 4.38　弯曲孔产生变形

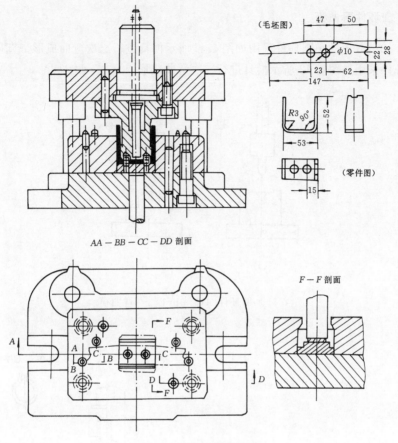

图 4.39　U 形件弯曲模

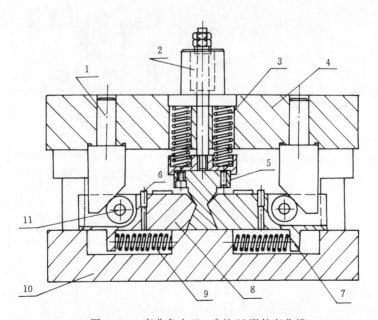

图 4.40　弯曲角小于 90° 的 U 形件弯曲模

1— 左斜楔；2— 模柄；3、9— 弹簧；4— 上模座；5— 凸模；6— 销钉；7、8— 凹模；10— 下模座；11— 转子

4.7.3　圆环件弯曲模

直径 $\phi10$ mm 以下的小圆环件采用如图 4.41 所示模具进行二次弯曲成形。直径在 $\phi40$ mm 以上的大圆环件采用如图 4.42 所示模具进行二次弯曲成形。

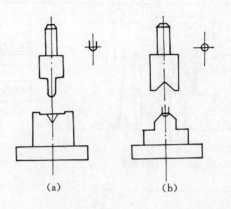

（a）　　　　　（b）

图 4.41　圆环件（$\phi10$ mm 以下）弯曲模

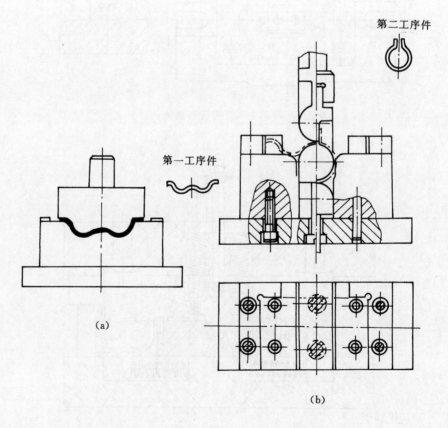

图 4.42　圆环件（$\phi40$ mm 以上）弯曲模

4.8　弯曲模工作部分尺寸的计算

4.8.1　凸模和凹模圆角半径

当弯曲件的弯曲圆角半径大于最小弯曲半径,并且没有特殊要求时,则凸模圆角半径 r_p 等于工件的弯曲半径 r_1。

凹模圆角半径 r_d 对弯曲力和工件质量均有影响。过小的圆角半径会使得工件表面擦伤,甚至出现压痕。凹模两边的圆角半径应当一致,以免弯曲工件时毛坯发生偏移。工程上,凹模圆角半径通常根据板料的厚度选取。即

当 $t \leqslant 2$ mm 时　　　　$r_d = (3 \sim 6)t$

当 $t = 2 \sim 4$ mm 时　　　$r_d = (2 \sim 3)t$

当 $t > 4$ mm 时　　　　$r_d = 2t$

对于 V 形件的凹模,其底部可以开退刀槽或选取圆角半径 $r_{底} = (0.6 \sim 0.8)(r_p + t)$。

假如弯曲件的公差等级要求比较高,或相对弯曲半径 R/t 比较大时,应当考虑回弹的影响。

4.8.2　凹模深度

凹模深度 h_d 的选择适当,如图 4.43 所示。凹模深度 h 过小,工件两端的自由部分长,弯曲工件回弹大,且不平直;凹模深度 h_d 过大,则模具钢材消耗多,且要求比较大行程的压力机。对于 V 形弯曲件,凹模尺寸见表 4.12;对于 U 形弯曲件,尽可能使得直边部分进入凹模型腔内,采用如图 4.43(b) 所示结构时,$h_d' \geqslant L + r_d$,采用如图 4.43(c) 所示结构时,h_d'' 见表 4.12。

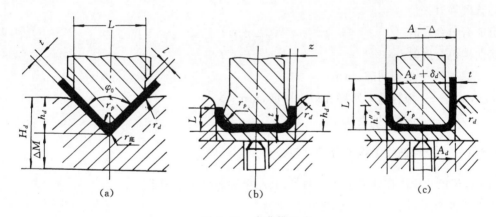

(a)　　　　　　　　　　(b)　　　　　　　　　　(c)

图 4.43　弯曲模尺寸

表 4.12　弯曲模工作零件的尺寸

制造尺寸	弯曲件直边的长度	板料厚度 t/mm								
		<1	$1 \sim 2$	$2 \sim 3$	$3 \sim 4$	$4 \sim 5$	$5 \sim 6$	$6 \sim 7$	$7 \sim 8$	$8 \sim 10$
凹模圆角半径 r_d/mm		3	5	7	9	10	11	12	13	15

续表

制造尺寸	弯曲件直边的长度	板料厚度 t/mm								
		<1	$1\sim2$	$2\sim3$	$3\sim4$	$4\sim5$	$5\sim6$	$6\sim7$	$7\sim8$	$8\sim10$
凹模工作深度 h_d/mm		4	7	11	15	18	22	25	28	$32\sim36$
凹模工作深度 h_d''/mm	$25\sim50$	15	20	25	25	—	—	—	—	—
	$50\sim75$	20	25	30	30	35	—	—	—	—
	$75\sim100$	25	30	35	35	40	40	40	40	—
	$100\sim150$	30	35	40	40	50	50	50	50	60
	150 以上	40	45	55	55	60	65	65	65	80
确定间隙的因数 C	<25	0.10	0.08	0.08	0.07	0.07	0.06	0.06	0.05	0.05
	$25\sim100$	0.15	0.10	0.10	0.08	0.08	0.07	0.07	0.06	0.06
	$50\sim100$	0.18	0.15	0.15	0.10	0.10	0.09	0.09	0.08	0.08
	100 以上	0.20	0.18	0.18	0.12	0.12	0.11	0.11	0.10	0.10

4.8.3 凸模与凹模间隙

弯曲 V 形件时,凸模与凹模间隙是通过调节压力机的闭合高度而控制,不需要在设计与制造模具时确定。对于 U 形弯曲件,则必须选择适当的间隙。间隙对工件质量和弯曲力有很大影响。间隙越小,弯曲力越大;间隙过小,会使得工件边部壁厚减薄,降低凹模寿命。间隙过大,则回弹大,降低工件的公差等级。因此,间隙值与板料厚度、材料机械性能、工件弯曲回弹和直边长度等有关。

弯曲有色金属时
$$z = t_{\min} + C\,t \tag{4.45}$$

弯曲黑色金属时
$$z = t_{\max} + C\,t \tag{4.46}$$

式中 z —— 单面间隙,mm;

$t_{\max}$, $t_{\min}$ —— 板料最大厚度和最小厚度,mm;

C —— 因数,见表 4.12。

4.8.4 凸模和凹模工作部分尺寸与公差

(1) 对于尺寸标注在外形上的弯曲件,其凸模和凹模尺寸如下:

当弯曲件为单向公差 $A_{-\Delta}^{0}$ 时,凹模尺寸为

$$A_d = \left(A - \frac{3}{4}\Delta\right)_{0}^{+\delta_d} \tag{4.47}$$

当弯曲件为双向公差 $A_{\pm\Delta}^{}$ 时,凹模尺寸为

$$A_d = \left(A - \frac{\Delta}{2}\right)_{0}^{+\delta_d} \tag{4.48}$$

凸模尺寸按凹模配制,保证单面间隙值 z。

(2) 对于尺寸标注在内形上的弯曲件,其凸模和凹模尺寸如下:

当弯曲件为单向公差 $A_{0}^{+\Delta}$ 时,凸模尺寸为

$$A_p = \left(A + \frac{1}{4}\Delta \right)_{-\delta_p}^{0} \tag{4.49}$$

当弯曲件为双向公差 $A_{-\Delta}^{+\Delta}$ 时,凸模尺寸为

$$A_p = \left(A - \frac{\Delta}{2} \right)_{-\delta_p}^{0} \tag{4.50}$$

凹模尺寸 A_d 按凸模配制,保证单面间隙 z。

式中　　A_d —— 凹模尺寸,mm;

　　　　A_p —— 凸模尺寸,mm;

　　　　A —— 弯曲件公称尺寸,mm;

　　　　Δ —— 弯曲件公差,mm;

δ_p、δ_d —— 凸模与凹模的制造公差,mm,按照 IT6 ~ 8 级。

凸模和凹模工作部分的粗糙度应为 $\overset{0.8}{\triangledown}$ ~ $\overset{0.4}{\triangledown}$。凸模和凹模材料,一般选用碳素工具钢。加热弯曲时,可以选用 5CrNiMo 或 5CrNiTi,并进行淬火热处理。

4.9　弯管加工

4.9.1　断面形状的变化

管料弯曲时的变形机理与前述的板料弯曲机理相同。但是,由于管料断面是中空的,被弯曲的管料外侧与内侧的壁厚变化是相反的。管料的整个横断面形状的变化,及在弯管时内侧管面上产生折皱等,往往成为加工中的问题,这些问题与板料的弯曲是不同的。

分析如图 4.44 所示弯管的弯曲断面。外侧的壁厚发生拉伸变形,内侧的壁厚发生压缩变形,这与板料的弯曲是完全相同的。但是由于管料弯曲时,内外侧壁厚之间有空间,在厚度方向上的伸长、压缩变得更自由了。随着弯曲的进行,外侧的壁厚逐渐减薄,内侧厚壁则逐渐增加。此外,管料的壁厚与直径相比,假如薄到一定程度,则内侧的管壁在压应力的作用下会失去稳定而发生折皱。再者,弯管外侧的管壁材料,由于受切向拉伸而被拉向内侧;另一方面,内侧部分的材料,受切向压缩也更靠向内侧,但是因为有模具而阻碍其向内靠的倾向。由于这些作用,整个断面形状变成椭圆形。

尽可能减少弯曲加工中产生的形状和尺寸的变化,对于管料弯曲很重要。为此,形成了各种成形方法。而在每一种成形方法中,管料的变形都稍有不同。下述介绍几种典型的成形方法。

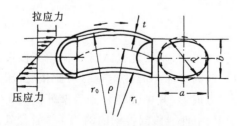

图 4.44　管料弯曲时的变形

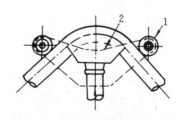

图 4.45　压弯法
1— 支承模;2— 弯曲模

4.9.2 各种弯曲方法与管材料变形

最简单的管料弯曲方法如图 4.45 所示。它是采用两个支承模支持管料,在其中间用具有一定弯曲半径的弯曲模进行加压弯曲的压弯法。希望管料断面的椭圆度小并在弯曲模上截过弯曲半径的垂直断面内,加工出与管料直径相应的圆弧,但是在弯曲时所加的弯曲力集中在模具的中部。特别对于薄壁管,假如不先在管内灌满砂子、松香或低熔点合金等填充物,容易发生折皱,断面的椭圆变形也更明显。这种方法是与板料的 V 形弯曲类似的方法。对于管料在加工中发生的不良变形没有有效的约束,所以仅在精度要求不高、厚壁管或弯曲半径大时,作为操作简单的方法而被采用。

图 4.46 所示的压缩弯曲和图 4.47 所示的回转牵引弯曲属于圈绕弯曲成形方法。它们是一边对变形材料施加更大的约束,一边进行弯曲加工。在压缩弯曲中,采用沿着固定弯曲模 3 运动的加压模(空心砧块)2 或滚子,一边压管料一边进行弯曲。因为是从管料外侧以推压方式施加压力的,所以在多数情况下使整个管料的长度变短,因而对于薄壁管料有容易产生折皱的倾向。在回转牵引弯曲时,管料弯曲部分的前部被夹紧固定在回转弯曲模 4 上(利用夹紧模 3),然后一面用固定加压模 1 对管料加压,一面使弯曲模 4 转动,进行弯曲。由于管料沿着回转弯曲模被逐渐拉入,所以就一边被拉伸一边弯曲。为了防止断面的椭圆变形及其内侧部分发生折皱,需要同时使用适当形状的心轴 2。

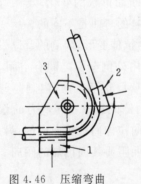

图 4.46 压缩弯曲
1— 夹紧模;2— 加压模(空心砧块);3— 固定弯曲模

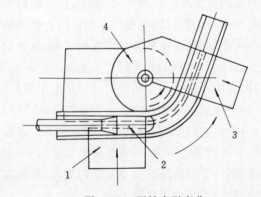

图 4.47 回转牵引弯曲
1— 加压模;2— 心轴;3— 夹紧模;4— 弯曲模

弯管时发生的内外表面的切向应变 ε_θ,与板料弯曲时相同。当外径为 d 的管料弯成中性线曲率半径为 ρ 时,弯曲后的应变可式(4.51)求得。即

$$|\varepsilon_\theta| = \frac{d}{2\rho} \tag{4.51}$$

压弯时,如图 4.48 所示的内外表面周向应变的大小,与采用此公式计算值相当接近。而既不延伸又不缩短的所谓应变中性线的位置是在管壁的弯曲中心线附近。与此相反,压缩弯曲时,由于管料一边被加压模压在固定弯曲模上,一边成形,其中性线移到管壁外侧约 1/3 管径处。而在回转牵引弯曲时,由于整个管被拉伸变形,中性线移到管壁内侧约 1/3 管径处。因此在这两种成形方法中,管的内外表面的切向应变与用式(4.51)计算得到的结果都不相同。

假如管壁厚方向的应变为 $\varepsilon_t = (t/t_0) - 1$（$t_0$，$t$ 分别为变形前后的壁厚），变形前后管料的体积无变化，并且不考虑沿管径圆周方向的应变，则由于 $(\varepsilon_t + 1)(\varepsilon_\theta + 1) = 1$，可以求出弯曲后的壁厚变化为

$$t/t_0 = \varepsilon_\theta + 1 \approx 1 - \varepsilon_\theta + \varepsilon_\theta^2 \tag{4.52}$$

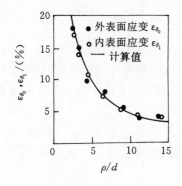

图 4.48　弯曲半径与管的内外表面的切向应变
（压弯，$d = 48.6$ mm，$t_0 = 2.3$ mm）

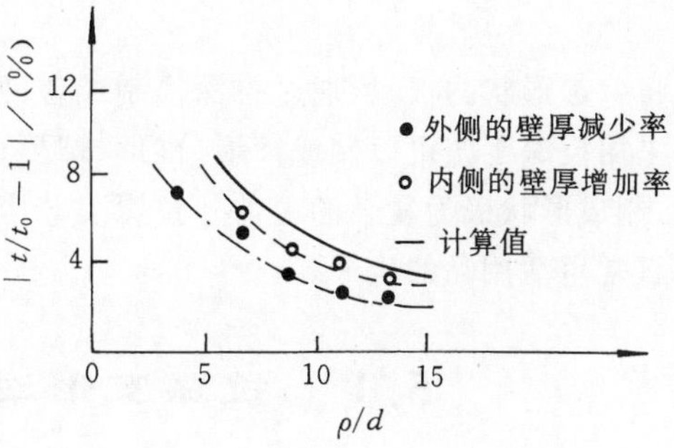

图 4.49　弯曲半径与管的壁厚变化
（压弯，$d = 48.6$ mm，$t_0 = 2.3$ mm）

图 4.49 所示为根据式（4.52）的计算值与压弯实测值的比较。由图 4.49 可以看出，实际壁厚变化比式（4.52）的计算值小。图 4.49 内侧壁厚的增加率比外侧壁厚的减少率大，这种倾向在压缩弯曲及回转弯曲时也同样可以看到。

虽然椭圆变化的程度根据加工中使用约束的程度（包括使用心轴）而不同，但是用压缩弯曲或回转弯曲方法进行 $\rho/d = 2.0$ 的弯曲时，假定 a 表示已变成椭圆的管料断面长径，b 表示短径，则椭圆率 $\eta = [(a-b)/a] \times 100\%$ 约为 5%。

管料弯曲时的成形极限是根据外侧管壁受到超过拉伸极限的拉伸变形而破裂，或内侧管壁由于纵向弯曲而产生折皱等情况所决定。在回转牵引弯曲时，由于整个管料都受拉伸，所以容易发生破裂。然而，一般来说，对于壁厚 t_0 与管径 d 之比较小的薄壁管料，多数以是否发生折皱为条件确定加工极限。

思 考 题 四

4.1　分析弯曲变形机理。

4.2　简述最小弯曲半径与影响最小弯曲半径的因素。

4.3　分析弯曲回弹形成机理及说明减小回弹的方法。

4.4　简述弯曲件的工艺分析方法。

4.5　简述管件弯曲成形特征。

第5章 拉　　深

将一定形状的板料,通过拉深模制成各种形状的开口空心工件的工序称为拉深。

采用拉深工艺可以制成筒形、锥形、球形、方盒形和其他形状的薄壁件,也可以与其他工序配合,制成形状极为复杂的工件。拉深工艺广泛用于航空航天、汽车、仪表和电子等各工业部门和日常生活用品的生产。

5.1　拉深变形过程与应力应变状态

5.1.1　拉深变形过程

如图 5.1 所示,直径为 D、厚度为 t 的圆形毛坯,经过拉深模拉深,可得直径为 d 的圆筒形工件。

圆形的平板毛坯是怎样变成筒形件呢?

假如将平板毛坯如图 5.2 所示的三角形阴影部分 b_1,b_2,b_3,… 切除,将留下部分的狭条 a_1,a_2,a_3,… 沿直径为 d_m 的圆周弯折过来,再将它们焊接,就可以成为一个圆筒形工件。这个圆筒形工件的高度则为 $h=0.5(D-d_m)$。

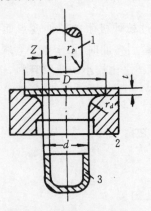

图 5.1　拉深过程示意图
1—凸模；2—凹模；3—工件

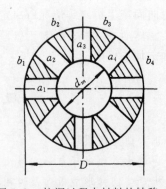

图 5.2　拉深过程中材料的转移

然而实际拉深过程中并没有将三角形材料切除,这部分材料在拉深过程中由于塑性流动而转移。其结果是:一方面,工件壁厚增加 Δt;另一方面,更主要的是工件高度增加 Δh,使得工件的高度 $h>0.5(D-d_m)$。

图 5.3 所示为经过拉深产生塑性流动后工件的厚度和硬度发生的变化。

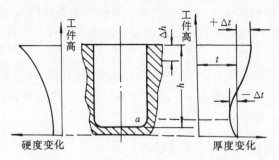

图 5.3 拉深件沿高度方向的硬度和壁厚变化

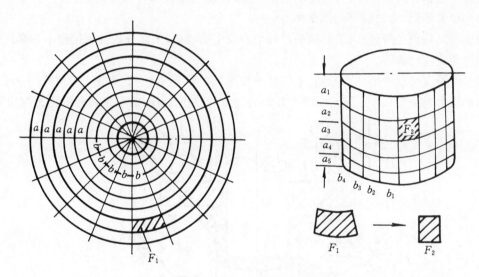

图 5.4 拉深件的网格畸变

为了进一步了解拉深过程中材料的流动状态,可以在圆形毛坯上画出许多等间距为 a 的同心圆和等分度的辐射线如图 5.4 所示,由这些同心圆和辐射线所组成的网格,经过拉深后,在筒形件底部的网格基本上保持原来的形状,而在筒形件筒壁部分,网格发生了很大变化。原来的同心圆变为筒壁上的水平圆筒线,而且其间距 a 也增大,愈靠近筒壁的上部增大愈多,即

$$a_1 > a_2 > a_3 > \cdots > a$$

另外,原来等分度的辐射线变成了筒壁上的垂直平行线,其间距完全相等,即

$$b_1 = b_2 = b_3 = \cdots \geqslant b$$

假如自筒壁选取网格中的一个小单元体,拉深前为扇形 F_1 在拉深后变成了矩形 F_2,假如忽略很少的厚度变化,则小单元体的面积不变,即 $F_1 = F_2$。

为什么原来是扇形的小单元体,拉深后变成了矩形呢? 这与一块扇形毛坯被拉着通过一个楔形槽(见图 5.5)的变化过程类似,在直径方向被拉长的同时,切向被压缩,产生了径向应力 σ_1,切向应力 σ_3。

拉深过程中,当然并没有楔形槽,毛坯上的扇形小单元体也

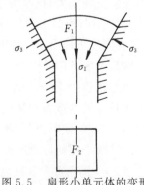

图 5.5 扇形小单元体的变形

不是单独存在的,而是处在相互联系、紧密结合在一起的毛坯整体内,σ_1是在凸模作用下,半径方向小单元体材料间的相互拉伸作用产生的,而σ_3是切线方向小单元体材料间的相互挤压作用产生的。

因此,拉深变形过程可以归结为,毛坯在拉深过程中受凸模拉深力的作用,凸缘毛坯的径向产生拉伸应力σ_1,切向产生压缩应力σ_3。在应力σ_1和σ_3的共同作用下,凸缘材料发生塑性变形,并不断被拉入凹模内形成筒形拉深件。

5.1.2 拉深过程中毛坯内的应力应变状态

拉深件各部分的厚度不一样,硬度也不一样,这说明在拉深过程中的不同时刻,各部分由于所处的位置不同,它们的变化情况并不一样。

为了深刻认识拉深过程,了解拉深过程中所发生的现象,下面分析拉深过程中坯料内各部分的应力与应变状态。

假如在拉深过程中的某一时刻,毛坯处于如图5.6所示的状态。由图5.6可见,σ_1,ε_1为毛坯径向的应力与应变;σ_2,ε_2为毛坯厚度方向的应力与应变;σ_3,ε_3为毛坯切向的应力与应变。

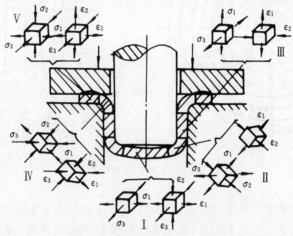

图5.6 拉深过程中毛坯的应力应变状态

根据毛坯各部分的应力与应变状态,将其分为5个区域:

Ⅰ——筒底部分。这一部分材料受平面拉伸,由于凸模圆角处摩擦的制约,筒底材料的应力与应变均不大,拉深前后的厚度变化甚微,一般只有$1\% \sim 3\%$,因此,可以忽略不计。

Ⅱ——凸模圆角部分。这一部分是过渡区域,它承受径向应力σ_1和切向应力σ_3的作用,同时,在厚度方向由于凸模的压力和弯曲作用而受压应力σ_2的作用。

在这个区域的筒壁与底部转角处稍上的地方,拉深开始时,它处于凸模与凹模间,需要转移的材料比较少,变形程度小,加工硬化程度低,而又不受凸模圆角处有益的摩擦作用,但是需要传递拉深力的截面积又比较小,所以往往在该处成为整个拉深件强度最薄弱的地方。通常称此断面为"危险断面"。如果拉深的变形程度很大,则拉深件可能在此处断裂,或由于在该处材料的变薄严重而导致工件报废。

Ⅲ——筒壁部分。此处将凸模的拉深力传递到凸缘。由于此处是平面应变状态,且厚度方向应力σ_2为零,因此其切向应力σ_3(中间应力)等于轴向拉应力σ_1的一半,即$\sigma_3 = \sigma_1/2$。

Ⅳ——凹模圆角部分。这也是一个过渡区域,材料的变形比较复杂,除与凸缘部分相同之外,即受径向拉应力 σ_1 和切向压应力 σ_3 作用,还由于承受凹模圆角的压力和弯曲作用而产生压应力 σ_2。其变形情况是材料经过凹模时,受到弯曲和拉直的作用而被拉长和变薄,切向也有少量的压缩变形。

Ⅴ——凸缘部分。这是拉深变形的主要区域。该处的材料受径向拉应力 σ_1 和切向受压应力 σ_3 作用;假如有压边圈,还由于压边圈的作用而产生压应力 σ_2。

凸缘部分的应变状态也是两向拉伸、一向压缩的体积应变状态,但是,由于其应力与应变的绝对值随着拉深过程而不断变化,导致了工件壁厚和硬度的不均匀,在不考虑模具间隙的影响时,工件外缘的最大厚度可以按照下式计算,即

筒形件 $\qquad\qquad t_f = t\sqrt{D/d_m}$ $\qquad\qquad\qquad\qquad\qquad$ (5.1)

凸缘件 $\qquad\qquad t_f = t\sqrt{D/D_f}$ $\qquad\qquad\qquad\qquad\qquad$ (5.2)

式中 $\quad t_f$ ——筒形件口部或凸缘件的凸缘外周最大厚度,mm;

$\qquad D_f$ ——凸缘外径,mm;

$\qquad d_m$ ——筒形件的平均直径,mm。

5.2　拉深变形过程分析

5.2.1　带压边圈拉深

带压边圈拉深时,在变形毛坯内可能产生以下应力。

(1)径向拉应力 σ_1 和切向压应力 σ_3,其大小与材料的变形抗力有关;

(2)压边圈与毛坯之间和凹模面与毛坯之间的摩擦引起的应力 σ_m;

(3)毛坯与凹模圆角处的摩擦引起的应力 σ_m';

(4)毛坯经过凹模时的弯曲和过凹模圆角后变直引起的应力。

所有上述应力构成毛坯拉深时的拉深变形抗力,其值等于作用在拉深件筒形部分截面内的单位拉深力 $p_1\left(p_1 = \dfrac{P}{\pi d_m t}, P\ 为拉深力,\mathrm{N}\right)$。

凸缘部分是拉深变形的主要变形区域。假如忽略了由于压边作用产生不大的压应力 σ_2(一般小于 4.5 MPa),则该区材料只承受径向拉伸应力 σ_1 和切向压缩应力 σ_3 的作用。求解这两个数值,通常需要两个方程,可以通过材料受力(拉深)过程的平衡条件和反映材料内部特性的塑性方程联合求解。

由于筒形件的拉深变形过程是轴对称的,可以在拉深的某一瞬间,从毛坯的凸缘部分割出一小块 $ABCD$ 进行分析,如图 5.7 所示。

现在分析一下离中心点 O 的距离为 R_x,宽度为 $\mathrm{d}R_x$ 的小单元体的平衡条件。

略去高次项 $\mathrm{d}\sigma_1 \mathrm{d}R_x$,则平衡方程为

$$\sigma_1 R_x t\,\mathrm{d}\varphi + \sigma_1 \mathrm{d}R_x t\,\mathrm{d}\varphi + R_x \mathrm{d}\sigma_1 t\,\mathrm{d}\varphi - \sigma_1 R_x t\,\mathrm{d}\varphi + 2\sigma_3 t\sin\frac{\mathrm{d}\varphi}{2}\mathrm{d}R_x = 0 \qquad (5.3)$$

$\mathrm{d}\varphi$ 选取任意小值,则 $\sin\dfrac{\mathrm{d}\varphi}{2} \approx \dfrac{\mathrm{d}\varphi}{2}$,于是得

$$R_x \mathrm{d}\sigma_1 + (\sigma_1 + \sigma_3)\mathrm{d}R_x = 0 \qquad (5.4)$$

所以

$$\mathrm{d}\sigma_1 = -\frac{\sigma_1 + \sigma_2}{R_x}\mathrm{d}R_x \qquad (5.5)$$

当不考虑材料加工硬化效应时,其塑性方程为

$$\sigma_1 + \sigma_3 = \beta\sigma_s \qquad (5.6)$$

由于拉深凸缘区内各圈应力状态都不相同,因此其 β 值也不同。$\beta = \dfrac{2}{\sqrt{3+\mu^2}}$($\mu$ 为 Lode 参数),因为 μ 随着应力状态的不同,在 $(-1 \sim +1)$ 范围内变化,故 β 的变化范围为 $(1 \sim 1.155)$。为了简便,选取 $\beta = 1.1$。

将式(5.6)代入式(5.5),得

$$\mathrm{d}\sigma_1 = -1.1\sigma_s\frac{\mathrm{d}R_x}{R_x}$$

或

$$\mathrm{d}\sigma_1 = -1.1\sigma_s\int\frac{\mathrm{d}R_x}{R_x} \qquad (5.7)$$

将式(5.7)积分,得

$$\sigma_1 = -1.1\sigma_s\ln R_x + C \qquad (5.8)$$

当 $R_x = R_t$ 时,$\sigma_1 = 0$,代入式(5.8),可得

$$\sigma_1 = 1.1\sigma_s\ln\frac{R_t}{R_x} \qquad (5.9)$$

将式(5.9)代入式(5.6),可得

$$\sigma_3 = 1.1\sigma_s\left(1 - \ln\frac{R_t}{R_x}\right) \qquad (5.10)$$

R_x 在 r_m 到 R_t 范围内变化。假如将不同的 R_x 代入,则可以得到 σ_1 和 σ_3 沿拉深件凸缘区的分布规律。

由式(5.8)和式(5.9)可以看出,σ_1 变化是由凸缘的边缘($R_x = R_t$)为零,逐渐增大到 $R_x = r_m$ 处(凹模进口处)为最大。而切向压缩应力 σ_3 的绝对值则由外缘的最大值 $1.1\sigma_s$ 逐渐减少到凹模口的最小值,如图 5.8 所示。

由式(5.9)可得,径向拉应力 σ_1 的最大值不应超过 $1.1\sigma_s$。将 $R_t = R_0$(毛坯半径),$\sigma_1 = 1.1\sigma_s$ 和 $R_x = r_m$ 代入,即得 $\ln\dfrac{R_0}{r_m} = 1$,则

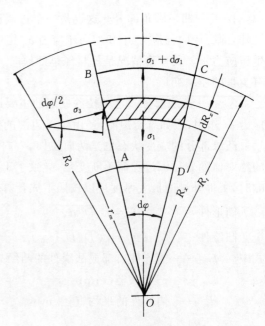

图 5.7　拉深某瞬间凸缘部分单元体的受力状态(带压边而不考虑摩擦的影响)

r_m— 工件的内径平均值($r_m = r_1 + t/2$);R_0— 毛坯半径($D/2$);R_t— 移动的毛坯外径;R_x— 任取的环形小条内径;t— 板料厚度(假设在整个拉深过程中厚度不变)

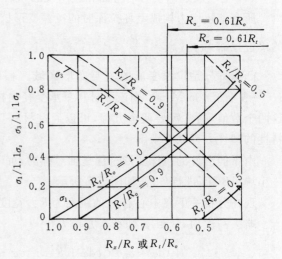

图 5.8　径向拉应力 σ_1(实线)和切向压应力 σ_3（虚线）沿凸缘宽度方向的分布规律

$\dfrac{R_0}{r_m}=2.72$。$\dfrac{R_0}{r_m}$ 的比值通常称之为拉深比,用 K_1 表示,即 $K_1=\dfrac{R_0}{r_m}=2.72$。$K_1$ 是在没有考虑摩擦、凹模圆角处毛坯的弯曲作用和材料效应加工硬化效应引起的损失时得出的,因此,K_1 被称之为理想极限拉深比,其倒数 $m_1=\dfrac{1}{K_1}=\dfrac{1}{2.72}=0.37$,称为理想极限拉深因数。也就是说,在理想条件下,圆筒形件能够拉深的最大直径约为工件直径的2.72倍,否则必裂。

实际上,由于摩擦、凹模圆角处的弯曲和拉直,以及材料加工硬化效应等影响,其最大拉深比 $K_{1\max}$ 约为 $2.0\sim1.8$,而拉深因数的极限值 $m_{1\min}$ 约为 $0.5\sim0.56$。

由 σ_1 和 σ_3 的变化规律(按式(5.9)和式(5.10))可见,当 R_x 等于某值 R_p 时,径向拉应力 σ_1 与切向应力 σ_3 的绝对值相等。由此可以得出,$\ln\dfrac{R_t}{R_p}=1/2$,即 $R_p=0.61R_t$。当 $R_t=R_0$ 时,则 $R_p=0.61R_0$(见图5.8)。

在 $R_p=0.61R_t$ 处,板料承受一向拉伸和一向压缩且其绝对值相等的平面应力状态。该处变形状态亦为平面变形状态,$\varepsilon_2=0$,亦即在该处既无增厚,也无变薄。

当 $\sigma_2=0$ 时,由应力与应变的关系可得

$$\frac{\sigma_3}{\sigma_1}=\frac{\varepsilon_3-\varepsilon_2}{\varepsilon_1-\varepsilon_2} \tag{5.11}$$

根据体积不变条件,即 $\varepsilon_1=-(\varepsilon_2+\varepsilon_3)$,代入式(5.11),并将式(5.9)和式(5.10)的 σ_1 和 σ_3 值代入式(5.11),可得

$$\varepsilon_2=-\frac{1-2\ln(R_t/R_x)}{2-\ln(R_t/R_x)}\varepsilon_3 \tag{5.12}$$

由式(5.12)可以看出,当 $2\ln\dfrac{R_t}{R_x}<1$,即 $R_x>0.6R_t$ 时,则毛坯厚度方向的变形 ε_2 的符号与压缩变形 ε_3 相反,亦即为增厚变形,而且增厚最大的地方在边缘,即当 $R_t=R_x=R_0$ 时,$\varepsilon_2=-0.5\varepsilon_3$。当 $2\ln\dfrac{R_t}{R_r}>1$,即 $R_x<0.61R_t$ 时,则应变 ε_2 与 ε_3 的符号相同,也就是说为压缩应变,此处是减薄。

由上述分析可知:拉深时的压边力只作用在毛坯外缘的环形部分。

由于压边力 Q 使得压边圈与毛坯之间和凹模与毛坯之间引起摩擦而产生的应力 σ_m 按照下式计算,即

$$\sigma_m=\frac{2\mu Q}{2\pi r_m t}=\frac{\mu Q}{\pi r_m t} \tag{5.13}$$

考虑压边引起的摩擦影响,则其最大拉伸应力 σ'(取 $R_x=r_m$)为

$$\sigma'=\sigma_1+\sigma_m=1.1\sigma_s\ln\frac{R_t}{r_m}+\frac{\mu Q}{\pi r_m t} \tag{5.14}$$

式中,μ 为摩擦因数,其值与材料种类和润滑剂性质有关。当采用带有添加剂(如石墨、白垩粉、滑石粉,在总量中不少于20%)的润滑剂时,对钢、黄铜、铝和硬铝,$\mu=0.06\sim0.12$;当润滑剂为矿物油(没有添加剂)时,对上述同样材料,则 $\mu=0.12\sim0.16$;当不进行润滑时,对钢、黄铜和硬铝,$\mu=0.18\sim0.22$,对铝则 $\mu=0.35$。

为了确定总的拉深力,还必须考虑由于凹模圆角处的弯曲作用而产生的应力 σ_w 和经过凹模圆角后变直时的应力 σ_w'。

弯曲应力 σ_w 可以按照材料沿拉深凹模弯曲时内力和外力所做的功相等求得。为了简化计算，认为由凸缘的平面部分过渡到圆角处的弯曲力矩等于材料没有强化和没有纵向作用力时条料的塑性弯曲力矩。

当宽度为 b、厚度为 t 时，方形条料在单向塑性弯曲时的内力矩为

$$M = 2\int_0^{\frac{t}{2}} \sigma_s by\,\mathrm{d}y = 2\sigma_s b\int_0^{\frac{t}{2}} y\,\mathrm{d}y = 2\sigma_s S_0 \tag{5.15}$$

式中　　y —— 由中性层到所要研究截面的距离（见图 5.9(a)），mm；

S_0 —— 半截面的静力矩，N·m。

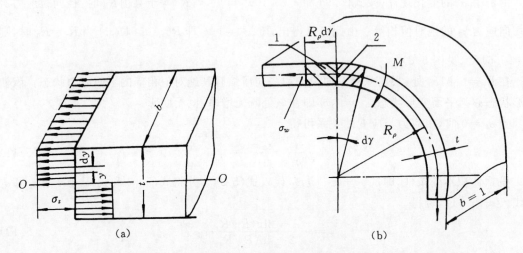

图 5.9　内力矩计算示意图及拉深时单元体沿凹模圆角的弯曲与移动

(a) 内力矩计算图；(b) 单元体的弯曲与转移

将式(5.15)积分，可得

$$M = \frac{bt^2}{4}\sigma_s \tag{5.16}$$

式中　　$\dfrac{bt^2}{4}$ —— 塑性抗力矩，N·m。

从毛坯上选取一段宽度 $b(=1)$ 的小条进行弯曲，如图 5.9(b)所示，在弯曲时由位置 1 移到位置 2，则内力所做的功为 $\sigma_w tR_\rho \mathrm{d}r$，其值等于外力所做的功，即 $M\mathrm{d}r$，可得

$$\sigma_w tR_\rho = \frac{\sigma_s t^2}{4}$$

由此式可得

$$\sigma_w = \frac{\sigma_s t}{4R_\rho} \tag{5.17}$$

式中　　　　　　　　　　$R_\rho = r_d + \dfrac{t}{2}$

式中　　r_d —— 凹模圆角半径，mm。

弯曲后的板料经过凹模后又被拉直成筒壁，其所需要的应力 σ_w' 仍然可以按照式(5.17)计算而误差不大，亦即

$$\sigma_w' = \sigma_w$$

不考虑拉深凹模口部摩擦力 σ_m' 的作用,上述拉深抗力的总和,亦即作用在筒形拉深件危险断面处的拉应力 σ'' 可以写成以下形式,即

$$\sigma'' = \sigma_1 + \sigma_m + 2\sigma_w = 1.1\sigma_s \ln\frac{R_t}{r_m} + \frac{\mu Q}{\pi r_m t} + \sigma_s \frac{t}{2r_d + t} \quad (5.18)$$

凹模圆角部分的摩擦力 σ_m' 可以近似地按照受拉的皮带沿滑轮的摩擦理论进行计算,当受拉的皮带沿滑轮滑动时,由于滑轮上摩擦的影响而增加应力,可以采用原来的抗力乘以 $e^{\mu\alpha}$,亦即

$$\sigma''' = \sigma_1 + \sigma_m + 2\sigma_w + \sigma_m' = \left(1.1\sigma_s \ln\frac{R_t}{r_m} + \frac{\mu Q}{\pi r_m t} + \frac{\sigma_s t}{2r_d + t}\right) e^{\mu\alpha} \quad (5.19)$$

式中　　e——自然对数的底;

　　　　μ——摩擦因数;

　　　　α——包角,(°)。

由式(5.19)可以看出,σ_1' 最大值是出现在毛坯完全包住凹模圆角,当 $\alpha = \pi/2$ 时,可得

$$\sigma_{\max}''' = \sigma_s\left(1.1\ln\frac{R_t}{r_m} + \frac{\mu Q}{\pi r_m t \sigma_s} + \frac{t}{2r_d + t}\right) e^{\mu\frac{\pi}{2}} \quad (5.20)$$

将乘数 $e^{\mu\pi/2}$ 展开,同时忽略高次项,在没有比较大误差的前提下,可得

$$e^{\mu\pi/2} \approx 1 + \frac{\mu\pi}{2} = 1 + 1.6\mu$$

代入式(5.20)后,可得

$$\sigma_{\max}''' = \sigma_s\left(1.1\ln\frac{R_t}{r_m} + \frac{\mu Q}{\pi r_m t \sigma_s} + \frac{t}{2r_d + t}\right)(1 + 1.6\mu) \quad (5.21)$$

由式(5.21),只要知道压边力 Q 和材料流动应力 σ_s 后就可以计算出 $\sigma_{\max}'''$,再求得所需要的拉深力 P。

Q 值的确定可以采用解析法,也可以采用经验法。

材料流动应力 σ_s 与材料的强化程度有关。

为了考虑拉深变形过程中材料加工硬化效应对材料流动极限应力的影响,认为在凸缘上最大的变形是切向压缩变形 ε_3,而其加工硬化效应与拉伸试验中试件出现相对颈缩值 ψ 时等效。

在拉深中,切向变形量是与半径 R_x 有关的函数,因为在拉深过程中,材料流动应力 σ_s 沿凸缘的宽度方向变化,因此流动应力只能按照平均值 σ_{sm} 计算,而 σ_{sm} 又必须通过平均相对应变 ε_{3m} 确定。切向变形在毛坯的外缘为最大(ε_{3H}),而在凹模的进口处为最小(ε_{3B})。

当毛坯的直径在拉深中由 R_0 减至 R_t(见图 5.10)时,在凸缘外缘的相对切向压缩应变为

$$\varepsilon_{3H} = \frac{R_0 - R_t}{R_0} = 1 - \frac{R_t}{R_0} \quad (5.22)$$

根据体积不变条件,当外径 R_0 移至 R_t 位置时,中间过渡半径 R' 与此同时移至 r_m,则

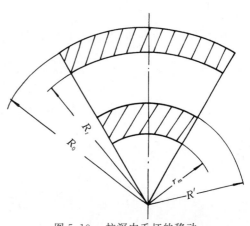

图 5.10　拉深中毛坯的移动

$$\pi(R_0^2 - R_t^2)t = \pi(R'^2 - r_m^2)t$$

因而,中间的过渡半径 R' 为

$$R' = \sqrt{r_m^2 + R_0^2 - R_t^2} \tag{5.23}$$

凹模入口处材料切向压缩变形为

$$\varepsilon_{3B} = \frac{R' - r_m}{R'} = 1 - \frac{r_m}{R'} \tag{5.24}$$

将式(5.23)代入式(5.24),可得

$$\varepsilon_{3B} = 1 - \frac{r_m}{\sqrt{r_m^2 + R_0^2 - R_t^2}} \tag{5.25}$$

当毛坯半径由 R_0 减至 R_t 时,则切向压缩应变的平均值为

$$\varepsilon_{3m} = \frac{\varepsilon_{3H} + \varepsilon_{3B}}{2} = 1 - 0.5\left(\frac{R_t}{R_0} + \frac{r_m}{\sqrt{r_m^2 + R_0^2 - R_t^2}}\right) \tag{5.26}$$

考虑材料的加工硬化效应,流动应力平均值 σ_{sm} 可以由 $\sigma_s - \psi$ 硬化曲线确定,将 ψ 代入相应的 ε_{3m},于是有

$$\sigma_{sm} = \frac{\sigma_b}{1 - \psi_b}\left(\frac{\varepsilon_{3m}}{\psi_b}\right)^{\frac{\psi_b}{1-\psi_b}} =$$

$$\frac{\sigma_b}{1 - \psi_b}\left[\left(1 - 0.5\frac{R_t}{R_0} - 0.5\frac{r_m}{\sqrt{r_m^2 + R_0^2 - R_t^2}}\right)\frac{1}{\psi_b}\right]^{\frac{\psi_b}{1-\psi_b}} \tag{5.27}$$

为了简化计算,弯曲应力 σ_w 已经考虑材料的加工硬化效应,选取其中 $\sigma_s \approx \sigma_b$,于是,拉深件的截面内的最大拉应力为

$$\sigma_{max}''' = \left(1.1\sigma_{sm}\ln\frac{R_t}{r_{1m}} + \frac{\mu Q}{\pi r_m t} + \frac{\sigma_b t}{2r_d + t}\right)(1 + 1.6\mu) =$$

$$\left\{\frac{\sigma_b}{1 - \psi_b}\left[\left(1 - 0.5\frac{R_t}{R_0} - 0.5\frac{r_m}{\sqrt{r_m^2 + R_0^2 - R_t^2}}\right)\frac{1}{\psi_b}\right]^{\frac{\psi_b}{1-\psi_b}} \times \right.$$

$$\left.1.1\ln\frac{R_t}{r_m} + \frac{\mu Q}{\pi r_m t} + \frac{\sigma_b t}{2r_d + t}\right\}(1 + 1.6\mu) \tag{5.28}$$

为了简化 σ_{sm} 计算,图5.11所示提供了板料厚度为 $t = 1$ mm 的 σ_{sm} 与 $\varepsilon_m(\varepsilon_{3m})$ 关系的硬化曲线。

由计算和实践可知,当 $R_t = 0.85R_0$ 时,拉深力 σ_{max}''' 达到最大值 $\sigma_{max}''^{max}$,可得

$$\sigma_{max}''^{max} = \left\{\frac{\sigma_b}{1 - \psi_b}\left[\left(0.57 - \frac{0.5r_m}{\sqrt{r_m^2 + 0.28R_0^2}}\right)\frac{1}{\psi_b}\right]^{\frac{\psi_b}{1-\psi_b}} \times \right.$$

$$\left.1.1\ln\frac{0.85R_0}{r_m} + \frac{\mu Q}{\pi r_m t} + \frac{\sigma_b t}{2r_d + t}\right\}(1 + 1.6\mu) \tag{5.29}$$

将 $\frac{r_m}{R_0} = m$ 代入式(5.29),可得

$$\sigma_{max}''^{max} = \left\{\frac{\sigma_b}{1 - \psi_b}\left[\left(0.57 - \frac{0.5m}{\sqrt{m^2 - 0.28}}\right)\frac{1}{\psi_b}\right]^{\frac{\psi_b}{1-\psi_b}} \times \right.$$

$$\left.1.1\ln\frac{0.85}{m} + \frac{\mu Q}{m\pi R_0 t} + \frac{\sigma_b t}{2r_d + t}\right\}(1 + 1.6\mu) \tag{5.30}$$

5.2.2 不带压边圈拉深

不带压边圈拉深时,毛坯内的应力和应变状态与带压边圈拉深时的区别仅仅是在凸缘部分的应力状态(不存在由于压边而产生的垂直方向压缩应力 σ_2)。由于没有压边作用和由此而产生的 σ_2 作用,与此有关的摩擦作用已不存在,因此,假如不考虑材料的加工硬化效应,则最大拉应力为

$$\sigma'''_{\max} = \left(1.1\sigma_s \ln \frac{R_t}{r_m} + \frac{\sigma_b t}{2r_d + t}\right)(1 + 1.6\mu)$$

$$(5.31)$$

考虑材料的加工硬化效应,则最大拉应力为

$$\sigma'''_{\max} = \left(1.1\sigma_{sm} \ln \frac{R_t}{r_m} + \frac{\sigma_b t}{2r_d + t}\right)(1 + 1.6\mu)$$

$$(5.32)$$

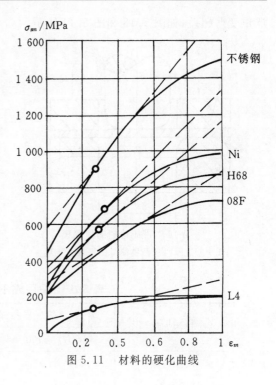

图 5.11　材料的硬化曲线

同样,当 $R_t = 0.85R_0$ 时,拉深力达到最大值,并将 $\frac{r_{1m}}{R} = m_1$ 代入式(5.32),可得

$$\sigma''_{\max} = \left\{ \frac{\sigma_b}{1-\psi_b} \left[\left(0.57 - \frac{0.5m}{\sqrt{m^2 + 0.28}}\right) \frac{1}{\psi_b} \right]^{\frac{\psi_b}{1-\psi_b}} \times \right.$$

$$\left. 1.1\ln \frac{0.85}{m} + \frac{\sigma_b t}{2r_d + t} \right\}(1 + 1.6\mu) \qquad (5.33)$$

5.3 压边力、拉深力与拉深功的计算

为了合理选用设备与设计模具,必须确定拉深时的压边力、拉深力和拉深功。

5.3.1 压边力

拉深过程中由于切向压应力 σ_3 的作用,凸缘材料失去稳定而起皱,起皱首先出现在凸缘的最外缘。根据压杆失稳理论与实践,凸缘部分材料的失稳与压杆两端受压失稳相似,它不仅与类似作用在压杆两端的压应力 σ_3 有关,也与类似于压杆粗细程度的凸缘部分材料的相对厚度 $\frac{t}{R_t - r_m}$(或 $\frac{t}{D_t - d_m}$)有关。

为了解决拉深过程中的起皱问题,工程中主要采用的防皱压边圈如图5.12所示。至于是否需要采用压边圈,由表5.1确定。在压边圈上施加压边力 Q,可以防止毛坯起皱。但是,Q 值选择应当合理。Q 太小,防皱效果不好;Q 太大,会增加危险断面处的拉应力,引起拉裂破坏或

严重变薄超差,如图 5.13 和图 5.14 所示。

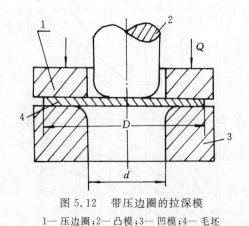

图 5.12　带压边圈的拉深模

1—压边圈;2—凸模;3—凹模;4—毛坯

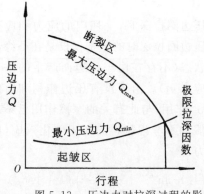

图 5.13　压边力对拉深过程的影响

表 5.1　采用或不采用压边圈的条件

拉深方法	第一次拉深		以后各次拉深	
	$(t/D) \times 100$	m_1	$(t/D) \times 100$	m_n
用压边圈	<1.5	<0.6	<1	<0.8
可用可不用	1.5~2.0	0.6	1~1.5	0.8
不用压边圈	>2.0	>0.6	>1.5	>0.8

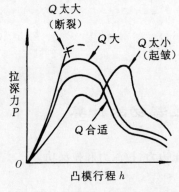

图 5.14　拉深力与压边力的关系

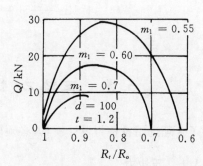

图 5.15　拉深过程中最小压边力的实验曲线

压边力按照表 5.2 计算,表 5.2 的单位压边力 q 由实验确定,其值按照表 5.3 查得。

根据以上分析,在拉深过程中凸缘起皱的趋势是变化的,其变化规律与 σ_{max} 的变化规律很相似。因此合理的压边力亦应当按照起皱趋势变化,图 5.15 所示为凸缘不失稳起皱时所需的最小压边力 Q 在整个拉深过程中的实验曲线。工程上压边装置要按照图 5.15 的规律实现十分困难。目前,工程上常用的压边装置有两大类。

表 5.2　计算压边力的公式

拉深情况	公 式
任何形状拉深件	$Q = Fq$
筒形件第一次拉深	$Q = \dfrac{\pi}{4}\left[D^2 - (d_1 + 2r_d)^2\right]q$
筒形件以后各次拉深	$Q_n = \dfrac{\pi}{4}\left[d_{n-1}^2 - (d_n + 2r_d)^2\right]q$

注：① F— 压边的面积，mm^2；② q— 单位压边力，N；③ d_1、…、d_n— 拉深件直径，mm；④ r_d— 凹模圆角半径，mm。

表 5.3　单位压边力 q

材料名称		单位压边力 q/MPa
铝		$0.8 \sim 1.2$
紫铜、硬铝（退火）		$1.2 \sim 1.8$
黄铜		$1.5 \sim 2.0$
软钢	$t < 0.5$	$2.5 \sim 3.0$
	$t > 0.5$	$2.0 \sim 2.5$
镀锡钢		$2.5 \sim 3.0$
耐热钢（软化状态）		$2.8 \sim 3.5$
高合金钢、高锰钢、不锈钢		$3.0 \sim 4.5$

1. 弹性压边装置

这种装置多用于普通冲床。这一类通常有以下三种：

(1) 橡皮压边装置如图 5.16(a) 所示。

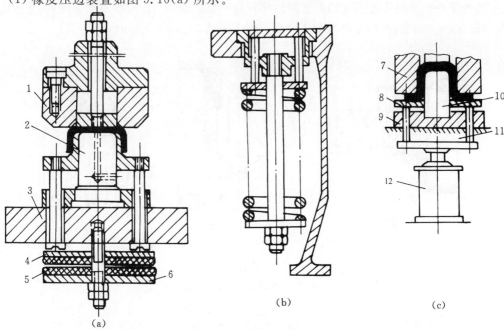

(a)　(b)　(c)

图 5.16　弹性压边装置

1— 凹模；2— 凸模；3— 下模板；4— 上托板；5— 橡皮；6— 下托板；7— 凹模；

8— 压边圈；9— 下模座；10— 凸模；11— 压力机工作台；12— 汽缸

（2）弹簧压边装置如图 5.16（b）所示。

（3）气垫式压边装置如图 5.16（c）所示。

这三种压边装置压边力的变化曲线如图 5.17 所示。

随着拉深深度的增加，需要压边的凸缘部分不断减少，故需要的压边力也逐渐减小。由图 5.17 可以看出，橡皮及弹簧压边装置的压边力却恰好与需要的相反，是随着拉深深度的增加而增加，尤以橡皮压边装置更为严重。这种情况会使拉深力增加，从而导致工件断裂。因此橡皮及弹簧结构通常只用于浅拉深。

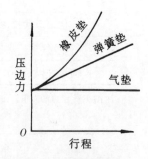

图 5.17　各种弹性压边装置的压边力曲线

气垫式压边装置的压边效果比较好，但是其结构复杂，制造、使用维修都比较困难。弹簧与橡皮压边装置结构简单，对于单动的中小型压力机采用橡皮或弹簧装置比较方便。根据工程经验，只要正确选择弹簧规格及橡皮的牌号和尺寸，可以尽量减少它们的不利影响，充分发挥其作用。

关于弹簧的选择，可以参考前面冲裁模设计中讲述的方法。由于拉深行程比较大，因此应当选用总压缩量大、压边力随着压缩量缓慢增加的弹簧。

橡皮应当选用软橡皮（冲裁卸料是用硬橡皮）。由于橡皮的压边力随着压缩量增加很快，因此橡皮的总厚度应选比较大的值，以保证相对压缩量不致过大。一般情况下，橡皮总厚度不小于拉深行程的 5 倍。

拉深带宽凸缘的工件时，为了克服弹簧和橡皮的缺点，可以采用图 5.18 的限位装置（定位销、柱销或螺栓），使得压边圈与凹模之间始终保持一定的距离 S。拉深铝合金件时，$S = 1.1t$；拉深钢件时，$S = 1.2t$；拉深带凸缘的工件时，$S = t + (0.05 \sim 0.1)$ mm。

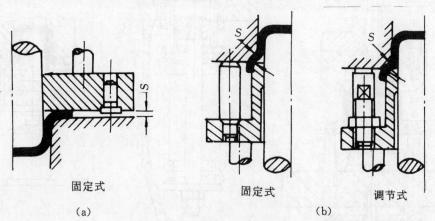

固定式

（a）

固定式

（b）

调节式

图 5.18　有限位装置的压边

（a）第一次拉深；（b）第二次拉深

2. 刚性压边装置

这种装置的特点是压边力不随着行程变化，拉深效果比较好，且模具结构简单。这种结构用于双动压力机，凸模装在压力机的内滑块上，压边装置装在外滑块上，如图 5.19 所示。

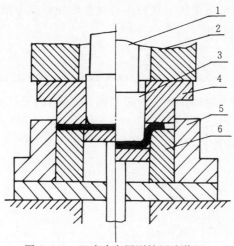

图 5.19　双动冲床用刚性压边装置

1— 内滑块；2— 外滑块；3— 拉深凸模；4— 落料凸模兼压边圈；

5— 落料凹模；6— 拉深凹模

5.3.2　拉深力和拉深功

根据式(5.30)，第一次拉深的拉深力 P_1 为

$$P_1 = F_1 \sigma''_{\max} = \pi(d_{1m} + t)t \left\{ \frac{\sigma_b}{1 - \psi_b} \left[\left(0.57 - \frac{0.5m_1}{\sqrt{m_1^2 - 0.28}}\right) \frac{1}{\psi_b} \right]^{\frac{\psi_b}{1 - \psi_b}} \times \right.$$

$$\left. 1.1\ln\frac{0.85}{m_1} + \frac{\mu Q}{m_1 \pi R_0 t} + \frac{\sigma_b t}{2r_d + t} \right\} \times (1 + 1.6\mu) \tag{5.34}$$

由于上述理论计算比较复杂，工程上常用经验公式。圆筒形件计算方法如下：

第一次拉深力为

$$P_1 = \pi d_1 t \sigma_b K_1$$

第 n 次拉深力为

$$P_n = \pi d_n t \sigma_b K_2 \tag{5.35}$$

式中　　K_1, K_2 —— 与拉深因数有关的修正因数，见表 5.4。

表 5.4　修正因数 K_1, λ_1, K_2 和 λ_2

拉深因数 m_1	0.55	0.57	0.60	0.62	0.65	0.67	0.70	0.72	0.75	0.77	0.80	—	—	—
修正因数 K_1	1.00	0.93	0.86	0.79	0.72	0.66	0.60	0.55	0.50	0.45	0.40	—	—	—
因数 λ_1	0.80	—	0.77	—	0.74	—	0.70	—	0.67	—	0.64	—	—	—
拉深因数 m_2	—	—	—	—	—	—	0.70	0.72	0.75	0.77	0.80	0.85	0.90	0.95
修正因数 K_2	—	—	—	—	—	—	1.00	0.95	0.90	0.85	0.80	0.70	0.60	0.50
因数 λ_2	—	—	—	—	—	—	0.80	—	0.80	—	0.75	—	0.70	—

对于横截面为矩形、椭圆形等的拉深件，拉深力 P 也可以按照同样原理求得。即

$$P = Lt\sigma_b K \tag{5.36}$$

式中　　L —— 横截面周边长度，mm；

　　　　K —— 修正因数，可取 $0.5 \sim 0.8$。

假如采用有压边的拉深,而压边力又为压力机在拉深行程中所提供,则根据拉深力 P 和压边力 Q 之和选择压力机吨位,即

$$\sum P = P + Q \tag{5.37}$$

当拉深行程很大,特别是采用落料-拉深复合模时,不能简单地将落料力与拉深力叠加选择压力机吨位,而应注意压力机的压力—行程曲线。否则,由于过早出现最大冲压力而使压力机超载而损坏,如图 5.20 所示。

一般可以采用下式概略计算,即

浅拉深时

$$\sum P \leqslant (0.7 \sim 0.8) P_M \tag{5.38}$$

深拉深时

$$\sum P \leqslant (0.5 \sim 0.6) P_M \tag{5.39}$$

式中　　$\sum P$ —— 拉深力与压边力的总和,N,在用复合模冲裁-拉深时,还应当包括由压力机同时负担的其他压力;

　　　　P_M —— 压力机的公称压力,N。

当拉深深度大,特别是在落料-拉深复合冲压时,由于电机的长时间工作,有可能使电机的功率超载烧损,因此,通常还应对电机的功率进行检查。

单次行程所需的拉深功按照下式计算,如图 5.21 所示。

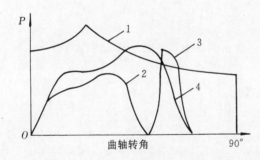

图 5.20　拉深力与压力机压力曲线
1— 压力机压力曲线;2— 拉深力;3— 落料力;4— 深拉深力

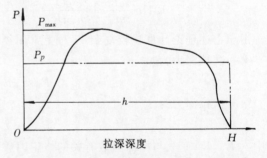

图 5.21　最大拉深力 P_{max} 和平均变形力 P_p

第一次拉深

$$A_1 = \frac{\lambda_1 P_{1max} h_1}{1\ 000} \quad (N \cdot m) \tag{5.40}$$

第二次和以后各次拉深

$$A_n = \frac{\lambda_2 P_{nmax} h_n}{1\ 000} \quad (N \cdot m) \tag{5.41}$$

式中　　P_{1max}, P_{nmax} —— 第一次及以后各次的最大拉深力,N;

　　　　λ_1, λ_2 —— 平均变形力 P_p 和最大变形力 P_{max} 的比值,其值与拉深因数有关,见表5.4;

　　　　h_1, h_n —— 第一次及以后各次的拉深深度,mm。

该工件拉深所需要的压力机应当具备的电机功率为

$$N = \frac{A\zeta n}{60 \times 75 \times \eta_1 \eta_2 \times 1.36 \times 10} \quad (\text{kW}) \qquad (5.42)$$

式中　　A —— 拉深功,N·m;

　　　　ζ —— 不均衡因数,取 $\zeta = 1.2 \sim 1.4$;

　　　　η_1 —— 压机效率,$\eta_1 = 0.6 \sim 0.8$;

　　　　η_2 —— 电机效率,$\eta_2 = 0.9 \sim 0.95$;

　　　　n —— 压机每分钟的行程次数。

假如选择压力机的电机功率小于计算值,则应当另选更大的压力机。

在选择压力机速度时,对于复杂的大型覆盖件拉深,宜采用比较慢的拉深速度。对于拉深加工硬化严重的材料,如不锈钢、高温合金,以及钛、镁及其合金等,亦宜用比较低的拉深速度,一般以小于 250 mm/s 为宜,相当于液压机的成形速度。

5.4　圆筒形件的拉深

5.4.1　毛坯尺寸的计算

拉深件毛坯尺寸计算正确与否,不仅直接影响到拉深过程,而且对冲压生产有很大的经济意义,因为在冲压件的总成本中,材料费用占到 60% ~ 80%。

由于拉深后工件的平均厚度与毛坯厚度差别不大,厚度变化可以忽略不计,所以拉深件毛坯尺寸的确定可以按照拉深前后毛坯与工件的表面积不变的原则计算。

在计算毛坯尺寸前,还应当考虑到由于板料具有方向性和凸模与凹模之间的间隙不均等原因,拉深后工件的顶端一般都不平齐,通常都需要修边,即将不平齐部分切除。所以,在计算毛坯之前,需要在拉深件高度方向增加一段修边余量 δ,如图 5.22 所示。

修边余量的数值,根据生产实践经验,见表 5.5。对于带有凸缘的圆筒形件,见表 5.6 和图 5.23。

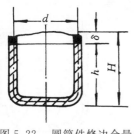

图 5.22　圆筒件修边余量

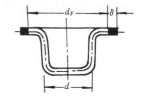

图 5.23　凸缘件修边余量

表 5.5　无凸缘零件的修边余量 δ

拉深件相对高度 h/d 或 h/B　　　　δ/mm 拉深高度 /mm	> 0.5 ~ 0.8	> 0.8 ~ 1.6	> 1.6 ~ 2.5	> 2.5 ~ 4
≤ 10	1.0	1.2	1.5	2
> 10 ~ 20	1.2	1.6	2	2.5

续 表

拉深件相对高度 h/d 或 h/B 拉深高度/ mm δ/mm	>0.5~0.8	>0.8~1.6	>1.6~2.5	>2.5~4
>20~50	2	2.5	3.3	4
>50~100	3	3.8	5	6
>100~150	4	5	6.5	8
>150~200	5	6.3	8	10
>200~250	6	7.5	9	11
>250	7	8.5	10	12

注:①B 为正方形的边宽或长方形的短边宽度;

② 对于高拉深件必须规定中间修边工序;

③ 对于板料厚度小于 0.5 mm 和多次拉深时,应当按照表值增加 30%。

表 5.6   凸缘件的修边余量 δ

相对凸缘直径 d_F/d 或 B_F/B 凸缘直径 d_F(或 B_F)/mm δ / mm	<1.5	1.5~2	2~2.5	2.5~3
<25	1.6	1.4	1.2	1.0
>25~50	2.5	2.0	1.8	1.6
>50~100	3.5	3.0	2.5	2.2
>100~150	4.3	3.6	3.0	2.5
>150~200	5.0	4.2	3.5	2.7
>200~250	5.5	4.6	3.8	2.8
>250	6.0	5.0	4.0	3.0

注:同表 5.5。

1. 简单的圆筒形拉深件

对于简单的圆筒形拉深件,如图 5.24 所示,其毛坯尺寸为

$$\frac{\pi}{4}D^2 = F_1 + F_2 + F_3 = \sum F_i \qquad (5.43)$$

故

$$D = \sqrt{\frac{4}{\pi}\sum F_i}$$

式中 D—— 毛坯直径,mm;

F_1,F_2,F_3—— 圆筒形拉深件的各部分面积,如图 5.24 所示,mm^2。

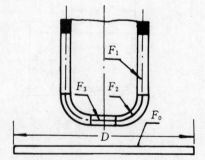

图 5.24   毛坯计算图

计算中,工件的直径按照厚度中线计算;但是当板厚 $t<1$ mm 时,也可以按照工件的外径和内高(或按内径和外高)计算。

圆筒形件的毛坯直径计算如下:

$$F_1 = \pi d(H - R)$$

$$F_2 = \frac{\pi}{4}\left[2\pi R(d - 2R) + 8R^2\right]$$

$$F_3 = \frac{\pi}{4}(d - 2R)^2$$

则毛坯直径为

$$D = \sqrt{(d - 2R)^2 + 2\pi R(d - 2R) + 8R^2 + 4d(H - R)} \tag{5.44}$$

2. 各种复杂形状的旋转体工件

各种复杂形状的旋转体工件,其毛坯直径的确定常常采用作图解析法和作图法。该两种方法求毛坯直径的原则是,旋转体的表面积等于旋转体外形曲线(母线)的长度 L 乘以由该母线所形成的重心绕旋转轴一周所得的周长 $2\pi R_s$,即

$$F = 2\pi R_s L \tag{5.45}$$

式中　　F —— 旋转体表面积,mm^2;

　　　　L —— 旋转体母线长,其值等于各组成部分长度之和,mm;

　　　　R_s —— 旋转体母线重心至旋转轴距离,mm。

由此可以得出毛坯的直径为

$$D = \sqrt{8LR_s} = \sqrt{8\sum lr} \tag{5.46}$$

式中　　l, r —— 旋转体各组成部分母线长度和其重心至旋转轴的距离,mm。

(1) 作图法。作图法如图 5.25 所示,求得的旋转体重心至旋转轴的距离为 R_s,知道 R_s 后即可以采用以上公式或如图 5.25 的方法直接求得。

作图法的作图步骤如下:

1) 将工件的轮廓线(母线)分成直线、弧线等若干个简单的几何部分,标以数字代号,并找出各部分相应的重心,每个简单部分母线长 $l_1, l_2, l_3, \cdots, l_n$;

2) 由各几何部分的重心引出平行于旋转轴的平行线,并作出相应的标号;

3) 在旋转体图形外任意点 A 作一直线平行于旋转体中心轴,并在其上截取长度 $l_1, l_2, l_3, \cdots, l_n$;

4) 经任意点 O 向 $l_1, l_2 \cdots$ 各线端点作连接线,并作出相应标号;

5) 自直线 1 上任意点 A 作一直线平行于线 1—2 与线 2 相交,自此交点作一直线与线 2—3 平行与线 3 相交,以此类推,最后在线 5 上得交点 B_1;

6) 自点 A_1 作一线与线 1—5 平行,自点 B_1 作一线与 5—1 平行,两线交于一点 S,此交点与旋转轴线之距离即为该旋转体母线重心的半径 R_s;

7) 在 AB 延长线上截取 AC,其长度为 $2R_s$,并以 AC 为直径作半圆,然后自点 B 作一与直径相垂直的线段与半圆交于点 D,该垂直线段即为毛坯的半径 R。

作图法简单,但是误差比较大。

(2) 作图解析法。作图解析法的步骤如下(见图 5.26):

1) 将工件按母线分成若干个简单的几何部分;

2) 求出各简单几何部分的重心至旋转轴的旋转半径 $r_1, r_2, r_3, \cdots, r_n$,并求出各部分母线长度 $l_1, l_2, l_3, \cdots, l_n$,则其乘积之和 $\sum lr = l_1 r_1 + l_2 r_2 + l_3 r_3 + \cdots + l_n r_n$;

3) 根据毛坯及工件(包括余量部分) 表面积相等原则,得毛坯直径为

$$D=\sqrt{8\sum lr} \tag{5.47}$$

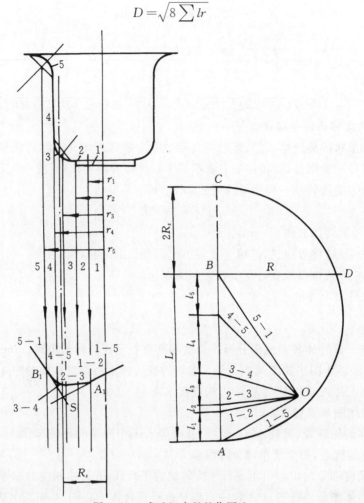

图 5.25　求毛坯直径的作图法

　　复杂旋转体各简单的几何部分重心位置的确定是上述求毛坯直径的关键,可以按照下述办法来计算:

对于直线段,则重心即在线段中心。

圆弧线可分两种情况(见图 5.27):圆弧与水平线相交和圆弧与垂直线相交。

弧形重心至轴线 y-y(此线通过圆弧中心) 距离 A 或 B 按照下式计算(见图 5.27),即

$$A=aR, \qquad B=bR \tag{5.48}$$

式中　 a,b —— 因数,其值与圆心角 α 有关,见表 5.7;

　　　　R —— 圆弧的半径,mm。

圆弧重心的旋转半径 r 为

对于外凸的圆弧 　　　　　　$r=A+r_0$ 　或 　$r=B+r_0$ 　　　　(5.49)

对于内凹的圆弧 　　　　　　$r=r_0-A$ 　或 　$r=r_0-B$ 　　　　(5.50)

式中　 r_0 —— 工件旋转轴至各段圆弧中心的距离,mm。

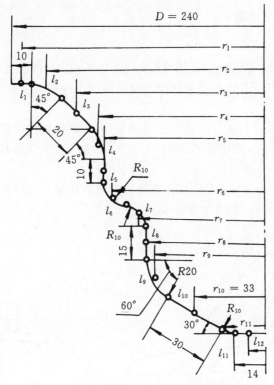

图 5.26 求毛坯直径的作图解析法

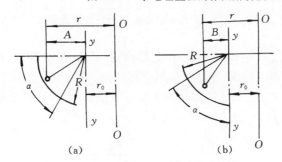

图 5.27 圆弧重心位置

(a) 圆弧与水平线相交;(b) 圆弧与垂直线相交

表 5.7 确定圆弧重心位置的因数 a 和 b

$\alpha(°)$	a	b	$\alpha(°)$	a	b	$\alpha(°)$	a	b
5	0.999	0.043	35	0.939	0.296	65	0.799	0.509
10	0.995	0.087	40	0.921	0.335	70	0.769	0.538
15	0.989	0.130	45	0.901	0.377	75	0.738	0.566
20	0.980	0.173	50	0.879	0.409	80	0.705	0.592
25	0.969	0.215	55	0.853	0.444	85	0.671	0.615
30	0.955	0.256	60	0.827	0.478	90	0.637	0.637

5.4.2 拉深因数与拉深次数

1. 拉深因数

在制定拉深工艺和设计拉深模具时,必须预先确定工件是一次拉深还是多次拉深。

由拉深过程分析可知,拉深件的起皱和拉裂是拉深过程中存在的主要问题,而其中拉裂是首要问题。

如前所述,拉裂一般是在工件底部转角稍上的地方,因为该处是拉深件最薄弱的部位。对于壁厚尺寸要求严格的拉深件,即使没有拉裂,但是因该处严重变薄而超差,也会导致工件报废。

图 5.28 为厚度为 0.35 mm 的 08F 钢板在拉深实验时的拉深力与行程的关系。由图5.28可见,当毛坯直径 $D > 100$ mm 时,发生了断裂。

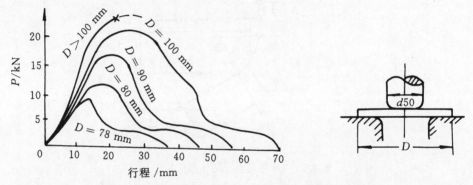

图 5.28　板料厚度 0.35 mm 的 08F 钢板的拉深力曲线

假如以 P_B 表示毛坯在危险断面处所能承受的负荷,P_{max} 表示最大拉深力,当 $P_B > P_{max}$(见图 5.29(a))时,进行正常拉深,能够拉深出合格产品。当 $P_B < P_{max}$ 时,就必然导致毛坯断裂,如图 5.29(b)所示。因此,当工件需要的毛坯直径很大时,往往需要多次拉深,使得每次拉深中在凸缘上的"多余三角形"面积不至于太大。

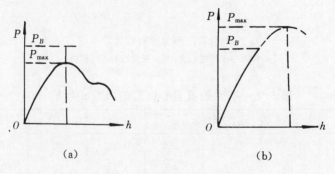

（a）　　　　　　　　　　（b）

图 5.29　P_B 和拉深力 P_{max} 的关系

为了计算拉深次数,工程上采用了"拉深因数"这一概念。

拉深因数是指每次拉深后圆筒形件的直径与拉深前毛坯(或半成品)的直径之比,即

第一次　　　$m_1 = \dfrac{d_1}{D}$

以后各次为 $m_2 = \dfrac{d_2}{d_1}$，$m_3 = \dfrac{d_3}{d_2}$，…，$m_n = \dfrac{d_n}{d_{n-1}}$

式中 $m_1, m_2, m_3, \cdots, m_n$ —— 各次的拉深因数；

D —— 毛坯直径，mm；

$d_1, d_2, d_3, \cdots, d_n$ —— 各次半成品（或工件）的直径，见图 5.30，mm。

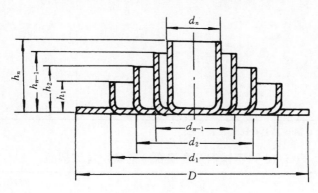

图 5.30 工序示意图

拉深因数是拉深工艺设计的重要工艺参数。工艺设计时，由每次工序的拉深因数值可以计算出各道工序中工件的尺寸。

拉深因数可以表示拉深过程中的变形程度。拉深因数愈小，说明拉深前后直径差别愈大，需要转移的"多余三角形"面积愈大，亦即该次工序的变形程度愈大。

由上式可见，拉深因数 m 永远小于 1。

制定拉深工艺时，假如拉深因数 m 取得过小，就会导致拉深件起皱、断裂或严重变薄超差。因此拉深因数 m 的减小有一个客观的界限，这个界限称为极限拉深因数。

工程上采用的极限拉深因数见表 5.8～表 5.11。

表 5.8 圆筒形件带压边圈时的极限拉深因数

拉深因数	相对厚度 $(t/D) \times 100$					
	2.0～1.5	1.5～1.0	1.0～0.6	0.6～0.3	0.3～0.15	0.15～0.08
m_1	0.48～0.50	0.50～0.53	0.53～0.55	0.55～0.58	0.58～0.60	0.60～0.63
m_2	0.73～0.75	0.75～0.76	0.76～0.78	0.78～0.79	0.79～0.80	0.80～0.82
m_3	0.76～0.78	0.78～0.79	0.79～0.80	0.80～0.81	0.81～0.82	0.82～0.84
m_4	0.78～0.80	0.80～0.81	0.81～0.82	0.82～0.83	0.83～0.85	0.85～0.86
m_5	0.80～0.82	0.82～0.84	0.84～0.85	0.85～0.86	0.86～0.87	0.87～0.88

注：① 拉深因数适合于 08、10 和 15Mn 等低碳钢及软化的 H62 黄铜。对拉深性能较差的材料如 20、25 号钢及 Q215A、Q235A，硬铝等，应当将表中值增大 1.5%～2.0%；而对塑性更好的材料如 05 钢及 08、10 号深冲钢和软铝等，可以将表中值减小 1.5%～2.0%。

② 适合于未经中间退火的拉深，假如采用中间退火工序时，可以将表中值减小 2%～3%。

③ 比较小的值适合于大的凹模圆角半径 $(r_d = (8～15)t)$；比较大的值适合于小的凹模圆角半径 $(r_d = (4～8)t)$。

表 5.9　圆筒形件不带压边圈时的极限拉深因数

拉深因数	相对厚度$(t/D)/100$				
	1.5	2.0	2.5	3.0	＞3.0
m_1	0.65	0.60	0.55	0.53	0.50
m_2	0.80	0.75	0.75	0.75	0.70
m_3	0.84	0.80	0.80	0.80	0.75
m_4	0.87	0.84	0.84	0.84	0.78
m_5	0.90	0.87	0.87	0.87	0.82
m_6	—	0.90	0.90	0.90	0.85

注:此表适用于 08、10 及 15Mn 等,其余同表 5.7。

表 5.10　不锈钢及高温合金的首次拉深因数

材　料	试验值 m_1	推荐值 m_1
奥氏体型	0.46～0.50	0.53～0.59
铁素体型	—	0.57～0.65

表 5.11　不锈钢及高温合金的以后各次拉深因数

材料	热处理	$m_1=0.53$		$m_1=0.56$		$m_1=0.63$		$m_1=0.72$	
		试验值 m_n	推荐值 m_n	试验值 m_n	推荐值 m_n	试验值 m_n	推荐值 m_n	试验值 m_n	推荐值 m_n
奥氏体型	无中间热处理	0.75～0.83	0.86～0.91	0.72～0.80	0.83～0.88	0.70～0.76	0.80～0.83	0.67～0.72	0.76～0.81
	有中间热处理	0.70～0.74	0.78～0.81	0.67～0.72	0.76～0.80	0.63～0.69	0.72～0.75	0.62～0.65	0.69～0.72
铁素体型	无中间热处理	—	—	—	—	0.74～0.80	0.84～0.87	0.72～0.77	0.80～0.84
	有中间热处理	—	—	0.71～0.74	0.80～0.83	0.67～0.73	0.77～0.80	0.65～0.69	0.74～0.76

影响拉深因数的因素有以下几种:

(1)供应状态。一般用于拉深的材料为软化状态即退火状态,而奥氏体型不锈钢和高温合金为淬火状态。对于加工硬化效应剧烈的材料,必须增加工序间的热处理恢复其塑性,才能进行下一道次拉深。

低碳钢(如08钢)及纯铝,当内部晶粒过大(钢1～4级;纯铝,大于0.035 mm)时,虽然塑性很好,但是变形(拉深)后,表面会出现橘皮状组织,有时还会导致局部断裂。

材料的微观组织要均匀,方向性要小,以减少拉深件口部凸耳的产生。

(2)相对厚度 t/D。相对厚度愈大,对拉深愈有利。因为 t/D 大,抵抗凸缘处失稳起皱的能力提高,这样压边力可以减小甚至不需要,这就相应地减小甚至完全去掉了压边圈对毛坯摩擦的阻力,从而使得变形抗力相应减小。

(3) 厚向异性指数 r 和硬化指数 n。大量的试验研究表明,材料的厚向异性指数 r 显著影响材料的极限拉深因数。

根据理论推导可知,拉深成形极限由凸模圆角附近毛坯危险断面处的承载能力 P_k 与凸缘变形区阻力 P 两者之间的关系确定。这两个力与 r 值的关系如下:

$$P_k = A\left(\frac{1+r}{\sqrt{1+2r}}\right)^{1+n} \tag{5.51}$$

$$P = B\sqrt{\frac{(1+r)^{1+n}}{[r(1+c)^2 + 1 + c^2]^{1-n}}} \tag{5.52}$$

式中　　A, B —— 常数;

$\qquad n$ —— 加工硬化指数,如图 5.31 所示,按照平均值计算;

$\qquad c$ —— 凸模直径与凸缘变形区宽度之比。

当凸缘变形区阻力为最大时,设 $c = c'$,其比值为

$$D' = \frac{P_k}{P} = K\sqrt{\frac{(1+r)^{1+n}[r(1+c')^2 + 1 + c'^2]^{1-n}}{(1+2r)^{1+n}}} \tag{5.53}$$

采用 D' 值可以衡量不同材料的拉深性能,假如材料的加工硬化指数 n 为已知(一般 $n <$ 1,通常为 $n \approx 0 \sim 0.5$),则 r 愈大,D' 也愈大,材料的拉深性能也就愈好。由图 5.31 可以看出,

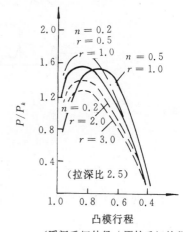

随着 r 值的增大,相对拉深力(拉深力 P 与拉深件危险断面处的抗拉强度 P_k 的比值)下降,容易成形。从最大拉深力的行程位置看,$D' = P_k/P = 1/(P/P_k)$,即 D' 是随着 r 的增大而增大的,即 r 增大,极限拉深因数减小。

前面讲到材料的厚向异性。但是,r 对拉深性能的影响也受材料的面内各向异性类型的影响。假如对于不同组织的金属材料,r 即使相同,但是其面内各向异性程度也大不相同,如在 45°方向 r_{45} 最大的材料,其拉深性能不好。

除 r 外,影响极限拉深因数值的还有加工硬化指数 n。由图 5.31 可以看出,应力上升速度大的材料,其 n 就高。

对于像铝一样 r 各向差别不大的金属(见图 5.31 的实线),当 n 由 0.2 增至 0.5 时,最大拉深力点向行程数值大的方向移动,但是最大拉深力本身并未减小,因此,n 的影响要比 r 的影响小。

图 5.31　n 值和 r 值对行程-拉深力曲线的影响

总的来说,软钢板的 r 比较高,拉深性能好,而且铝镇静钢比沸腾钢的拉深性能要好。

奥氏体不锈钢(如 1Cr18Ni9Ti)对不规则形状的拉深容易成形;但是 r 不如软钢高,极限拉深因数也不如软钢低。铁素体型不锈钢(18Cr 型)虽然有的 r 比奥氏体型不锈钢高,但是 n 较低,拉深性能不好。

铝的 r 值在 1 以下,但是 n 比软钢稍高。

(4) 润滑。润滑的好坏对拉深变形抗力的影响很大。因此,润滑好,可以降低极限拉深因数。当板料厚度或拉深力很大时,特别要注意润滑剂的选用,必要时还必须采用固体润滑剂或

毛坯表面隔离层(磷化和涂漆等)处理。但是对凸模则不必润滑,否则会减弱凸模表面摩擦对危险断面处的有益作用,但是对矩形件的拉深例外,因为这类工件在拉深变形时,角部的材料不仅有轴向流动,还有沿周边(切向)流动,后者对矩形件的拉深有好处,因此应该对凸模有很好滑润。

(5)包角 α。根据 $\sigma'''_{max} = \sigma_s \left(1.1 l_n \dfrac{R_t}{r_{1m}} + \dfrac{\mu Q}{\pi r_{1m} t \sigma_s} + \dfrac{t}{2r_d + t} \right) e^{\mu \alpha}$ 的关系可知,要减小 σ'''_{max},还可以改变凹模包角 α 和尽可能增大凹模圆角 r_d。前已论述,当 $\alpha = 90°$ 时,$e^{\mu \alpha} = e^{\mu \times \frac{\pi}{2}} \approx 1 + 1.6\mu$,这时的 σ'''_{max} 具有最大值;当 $\alpha = 0°$ 时,$e^{\mu \alpha} = 1$,σ'''_{max} 具有最小值,但是 α 永远不可能为零。试验证明,在拉深中,α 与板料厚度和工件尺寸有关,与材料性质无关。当板料相对厚度 $(t/d) \times 100$(d 为凹模直径)> 3 时,选取凹模包角 α 为 $80°$,即凹模的锥角为 $20°$,但是,为了减少凹模的高度和凸模行程,选取凹模锥角为 $30°$,如图 5.32(a)所示。当板料相对厚度 $(t/d) \times 100 < 3$ 时,选取凹模锥角为 $90°$,如图 5.32(b)所示。由于锥形凹模在拉深一开始时就使得毛坯的凸缘部分形成碟形,因而这种凹模具有比较好的防皱效果。

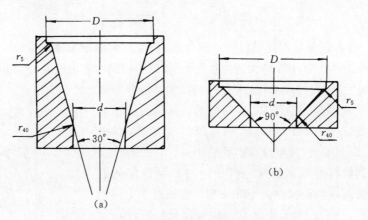

(a)

(b)

图 5.32 不带压边圈的第一道锥形凹模
(a)$(t/d) \times 100 > 3$;(b)$(t/d) \times 100 < 3$

锥形凹模同样也可以用于带压边圈的拉深,如图 5.33 所示。

由于锥形凹模可以减小包角 α(见图 5.32),所以与不带锥角凹模相比,不带压边圈时能够降低拉深因数达 $25\% \sim 30\%$。其拉深因数见表 5.12。

表 5.12 不带压边圈的锥形凹模第一次拉深因数

材　　料	板料厚度 /mm				
	2.2	2.0	1.7	1.5	1.25
08F	0.412	—		0.406	0.427
20Cr13	—	0.575	—	0.538	0.538
Cr20Ni80Ti	—	—	0.416	0.426	0.443

带锥形压边圈的拉深因数按照下式确定,即

$$m_k = \frac{d_1}{D} = Km_1 \tag{5.54}$$

式中　m_1——带普通平面压边圈拉深时的首次拉深因数；

　　　K——修正因数，见表 5.13。

表 5.13　修正因数 K

2α	164°	160°	156°	150°	140°	130°	120°	110°	100°	90°	80°	60°
K	0.987	0.983	0.980	0.973	0.966	0.957	0.947	0.940	0.932	0.925	0.908	0.900

(6) 模具表面粗糙度。对极限拉深因数有较大影响的是凹模的表面粗糙度和毛坯表面的粗糙度。采用高黏度润滑剂,凹模表面的粗糙度在 $3 \sim 5\ \mu\mathrm{m}$ 范围内,其润滑效果最好,毛坯表面的粗糙度也有同样的影响。对上述现象的解释如下:具有几微米的表面粗糙度,其凹部积存的润滑油可向凸出的部分流动,使整个拉深变形表面都能得到润滑。假如表面粗糙度过小,则表面的存油性差,润滑性能不好。但是表面过于粗糙,凹部反而不能向凸部提供充足的润滑剂。

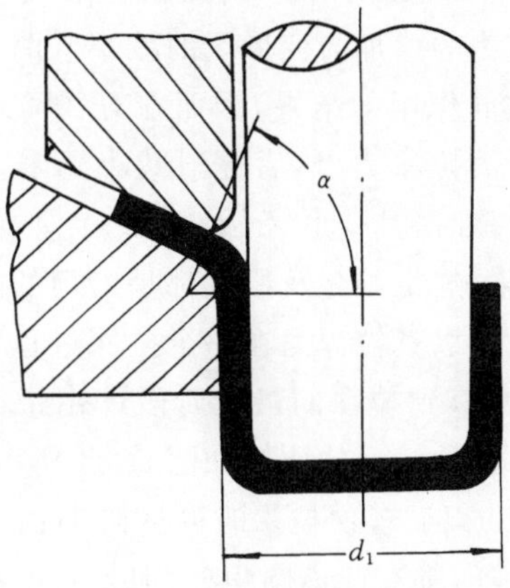

(7) 模具的几何参数。凸模与凹模之间间隙和凸模和凹模圆角半径对拉深因数有影响。因此确定拉深因数和模具的几何参数需要综合考虑。这个问题将在讨论凸模和凹模工作部分设计时详细论述。

图 5.33　带压边圈锥形凹模拉深

2. 拉深次数

实际上拉深因数有两个不同的概念,一个是工件所要求的拉深因数 m_d,即 $m_d = d/D$,式中 d 为工件的直径,而 D 为该工件的毛坯直径;另一个是按照材料的性能及拉深条件等所能达到的极限拉深因数(见表 5.7 ～ 表 5.11)。假如工件所要求的拉深因数 m_d 大于按照材料及拉深条件所允许的极限拉深因数 m,则该工件只需一次拉深,否则必须多次拉深。

多次拉深时,其拉深次数按照下式确定:

选取第一次拉深因数为 m_1,则 $d_1 = m_1 D$;

选取第二次拉深因数为 m_2,则 $d_2 = m_2 d_1 = m_1 m_2 D$,假如 d_2 小于或等于工件直径 d,即 $d_2 \leqslant d$,计算则到此为止,即 2 次可以拉成。

假如 $d_2 > d$,则需要继续计算:

选取第三次的拉深因数为 m_3,则 $d_3 = m_1 m_2 m_3 D$;若 $d_3 \leqslant d$,同理计算可到此为止,即 3 次可以拉成。

选 $d_3 > d$,则需要继续计算,直到 $d_n \leqslant d$,则工件 n 次可以拉成。

每次所取 $m_1, m_2, m_3, \cdots, m_n$ 应当符合下列原则:

(1) $m_1, m_2, m_3, \cdots, m_n$ 应当大于各次的极限拉深因数;

(2) 而且 $m_1 < m_2 < m_3 < \cdots < m_n$,这是因为每次拉深后材料的加工硬化效应不断增加,无中间软化热处理工序时尤为严重。

5.4.3 以后各次拉深的特点

以后各次拉深时所用的毛坯与首次拉深时不同,不是平板而是筒形件。因此,它与首次拉深相比,有以下不同之处:

(1)首次拉深时,平板毛坯厚度和机械性能均匀;以后各次拉深时,筒形毛坯的壁厚及机械性能不均匀。

(2)首次拉深时,凸缘变形区逐渐缩小;以后各次拉深时,其变形区($d_{n-1} - d_n$)保持不变。只是在拉深终了以前,才逐渐缩小。

(3)首次拉深时,其拉深力的变化是由于变形抗力的增加与变形区的减小这两个相反的因素共同作用的结果,因而在开始阶段较快地达到最大拉深力,然后逐渐减小到零。而以后各次拉深时,其变形区($d_{n-1} - d_n$)保持不变,但是材料的加工硬化及厚度都是沿筒的高度方向增加。所以其拉深力在整个拉深过程中一直都在增加,直到拉深的最后阶段才由最大值下降到零。两种情况的比较如图 5.34 所示。

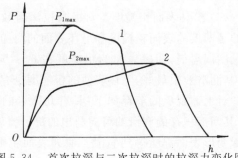

图 5.34　首次拉深与二次拉深时的拉深力变化图

1— 首次拉深;2— 二次拉深

(4)以后各次拉深时的危险断面与首次拉深时一样,都在凸模圆角处,但是首次拉深的最大拉深力发生在初始阶段,所以破裂也发生在拉深的初始阶段;而以后各次拉深最大拉深力发生在拉深的终结阶段,所以破裂就往往出现在拉深过程的末尾。

(5)以后各次拉深时的变形区,因为其外缘有筒壁的刚性支持,所以稳定性比较首次拉深时要好。只是在拉深最后阶段,筒壁边缘进入变形区以后,变形区的外缘失去了刚性支持,这时才容易起皱。

(6)以后各次拉深时,由于材料经历了加工硬化,加上拉深时变形比较复杂(毛坯的筒壁须经过两次弯曲才被凸模拉入凹模内),所以它的极限拉深因数比首次拉深时的极限拉深因数大得多,而且通常后一次都略大于前一次。

5.4.4 拉深凸模和凹模工作部分的设计

1. 凸模和凹模圆角半径

(1)凹模圆角半径 r_d。凹模圆角半径对拉深过程有重要影响。它影响到拉深变形力、是否起皱、材料壁部的变薄程度、拉深因数和次数以及模具的寿命。

根据式(5.30),凹模的圆角 r_d 愈大,则所需要的拉深力愈低,这对减少拉深件的壁部变薄、降低拉深因数和减少拉深次数、提高模具寿命等有明显好处。但是,凹模圆角半径过大,使得毛坯过早脱离压边圈的压边作用而可能起皱。拉深模结构如图 5.35 所示。

凹模圆角半径的选取原则是在不产生起皱的前提下愈大愈好。

图 5.36 和图 5.37 为试验得出的凹模圆角半径 r_d 对拉深力和拉深因数的影响。由图 5.36 和图 5.37 可以看出,凹模圆角半径 r_d,特别是相对凹模圆角半径 r_d/t 值对拉深力或极限拉深因数的影响比较显著。但是,当 $r_d/t > 10$ 时,其影响比较小。

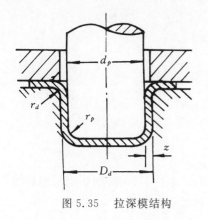

图 5.35 拉深模结构

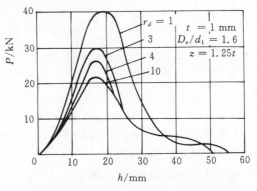

图 5.36 凹模圆角半径 r_d 对拉深力的影响(材料:08F)

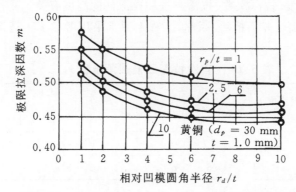

图 5.37 相对凹模圆角半径 r_d/t 对极限拉深因数的影响

凹模圆角半径 r_d 过大会导致起皱,同样会导致拉深因数极限值的增大。假如采用如图5.38的结构,即在凹模圆角处增加补充压边装置,实践证明,对 $t < 2$ mm 的薄料,能够降低极限拉深因数 m_1 至 0.40 而不起皱。这种方法对拉深球形、抛物线形等工件特别有效。

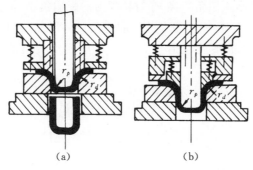

图 5.38 带补充球状压边圈拉深

(a) 双动压机上拉深;(b) 单动压机上拉深

如何确定合理的凹模圆角半径 r_d? 通过分析,得出了以下计算公式。

当板料厚度 $t > 0.5 \sim 5.0$ mm,第一次拉深时

$$r_{1d} = \frac{0.95t}{2\left(\dfrac{\lg m_1}{\lg 0.85e} + 0.9\dfrac{\sigma_b}{\sigma_{scp}} - 0.05\right)} - t \qquad (5.55)$$

当板料厚度 $t > 1.5$ mm,以后各次拉深时,则有

$$r_{nd} = \frac{nt}{2\left(\dfrac{\lg m_n}{\lg e} + \dfrac{\sigma_b}{\sigma_{scp}} - 0.03\right)} - t \qquad (5.56)$$

式中　　n—— 薄料因数,当 $t > 1.5 \sim 5$ 时,$n = 1.0 \sim 0.68$;

　　　　σ_{scp}—— 平均屈服极限,MPa。

采用补充球状压边圈,则凹模圆角 r_d 可以选取比一般情况大 $1 \sim 2$ 倍,例如当板料厚度 $t \leqslant 3$ mm 时,凹模圆角 r_{1d} 可以选取至 $(18 \sim 30)t$,其中薄料因数取大值。

严格地讲,凹模圆角半径 r_d 不仅与毛坯的性能如 σ_b、σ_{scp} 有关,也与板料厚度 t 有关,而且与变形程度(m)、拉深速度、拉深次数、拉深方法和拉深件的高度有关。采用上述计算方法确定 r_d,不仅繁琐不实用,而且并不精确,因此,工程上通常采用考虑了上述影响因素的经验数据,见表 5.14。

表 5.14　　首次拉深凹模圆角半径 r_{1d}　　　　　　　　　　　　mm

材　　料	$\leqslant 3$	$> 3 \sim 6$	$> 6 \sim 20$
钢	$(10 \sim 6)t$	$(6 \sim 4)t$	$(4 \sim 2)t$
紫铜、黄铜、铝	$(8 \sim 5)t$	$(5 \sim 3)t$	$(3 \sim 1.5)t$

表头斜线栏:板料厚度 t

注:薄料取上限,厚料取下限。

对于以后各次工序的凹模圆角半径可以按照下式选取,但是不得小于板料厚度的 2 倍,即 $r_{d_n} \approx (0.7 \sim 0.8)r_{d_{n-1}} \geqslant 2t$。

宽凸缘件拉深时,不用担心压边圈会失去作用,因此,其凹模圆角半径 r_d 可以选取比表 5.14 的值增大 $(0.5 \sim 1.0)$ 倍。

(2) 凸模圆角半径 r_p。凸模圆角半径 r_p 对拉深力的影响很小,但是凸模圆角半径取得过小,会严重影响材料的变薄,会使"危险断面"处的弯曲应力增加,材料的强度减弱,会提高极限拉深因数,而且,局部变薄的痕迹在后续拉深工序中或半成品的侧壁保留,影响工件的质量。

工程上,凸模圆角半径 r_p 按照下列公式计算:

多次拉深中的第一次　　　　　　　$r_p = (0.7 \sim 1.0)r_d$ $\qquad (5.57)$

多次拉深中的以后各次　　　　　　$r_{p_{n-1}} = \dfrac{d_{n-1} - d_n - 2t}{2}$ $\qquad (5.58)$

式中　　d_{n-1}—— 前后两道工序中毛坯的过渡直径,mm。

单次拉深或最后一次拉深的凸模圆角半径,选取等于工件的圆角半径,但是不得小于 $(2 \sim 3)t$。假如工件的圆角半径要求小于 $(2 \sim 3)t$,除浅拉深件外,凸模圆角半径仍应当选取 $(2 \sim 3)t$,最后再用一次整形得到工件所要求的圆角半径。

2. 凸模和凹模结构

凸模和凹模结构形式设计得合理与否,不但关系到产品的质量,而且直接影响拉深的变形

程度(拉深因数)。

现在介绍几种常见的结构形式。

(1) 不用压边圈的拉深。

1) 浅拉深(即可一次拉成的情况)可以采用图 5.39 结构,图 5.39(a) 适用于大件,图 5.39(b)(c) 适用于小件。

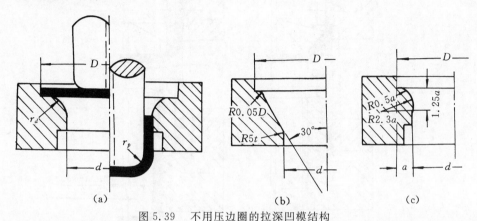

图 5.39　不用压边圈的拉深凹模结构

(a)圆弧形;(b)锥形;(c)渐开线形

2) 深拉深(两次以上拉深)可以采用图 5.40 结构。

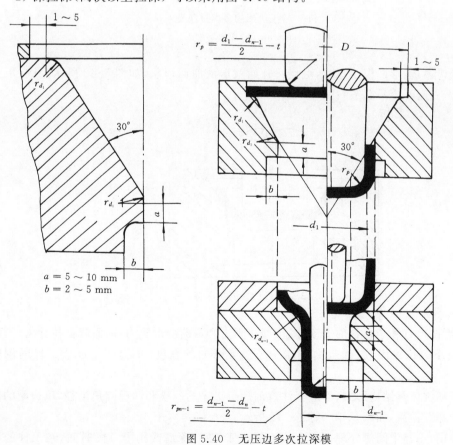

图 5.40　无压边多次拉深模

（2）带压边圈的拉深如图 5.41 所示。

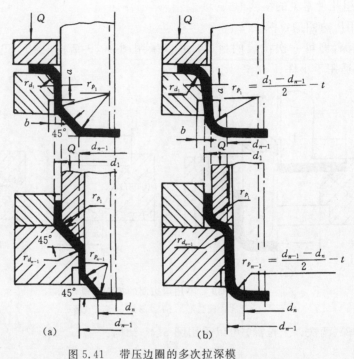

图 5.41　带压边圈的多次拉深模

（a）工件尺寸 $d > 100$ mm；（b）工件尺寸 $d \leqslant 100$ mm

前面已经讲述，锥形凹模拉深时，毛坯一开始就形成曲面形状，如图 5.42 所示，具有更大的抗失稳能力，因而不容易起皱。

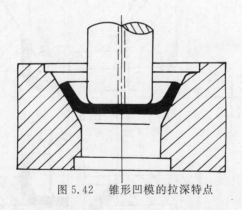

图 5.42　锥形凹模的拉深特点

另外，锥形凹模有利于材料的流动，减少摩擦阻力和弯曲变形阻力，因而降低拉深力，所以可以采用比较小的拉深因数；而且由于减少了反复弯曲的程度，也提高了冲压工件的侧壁质量。

不论采用哪种模具结构形式，都应当注意前后道工序的凸模和凹模圆角半径、压边圈的圆角半径之间的相互关系，如图 5.40 和图 5.41 所示。

还必须指出，不经中间热处理而多次拉深的工件，在拉深后或稍隔一段时间，在工件的口部往往会出现龟裂,这种现象对于加工硬化效应大的金属(如不锈钢、高温合金、黄铜等) 尤为严重。为了改善这一状况,通常采用限制型腔,即在凹模上部加一毛坯限制圈,如图 5.43(b)所示,其结构可以将凹模壁加高,也可以单独做成分离式。

限制型腔的高度 h 在各次拉深工序中可以保持不变,一般选取 $h=(0.4\sim0.6)d_1$,式中 d_1 为第一次拉深的凹模直径。

限制型腔的直径选取略小于前一道工序的凹模直径(小于 $0.1\sim0.2$ mm)。

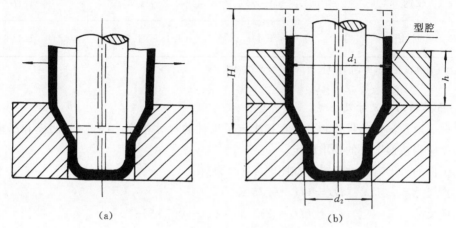

图 5.43　带型腔与不带型腔时的拉深

(a)不带型腔;(b)带型腔

3. 拉深模的间隙

拉深模的凸模与凹模之间的间隙是拉深模具设计中的重要参数,它影响到:

(1)拉深力。间隙愈小,拉深力愈大。

(2)工件质量。间隙过大,容易起皱,而且毛坯口部的增厚得不到消除,另外,也会导致工件出现锥度。间隙过小,容易导致工件拉断或严重变薄。

(3)模具寿命。间隙小,磨损加剧。

因此,确定间隙的原则是,既要考虑板料本身的厚度和公差,又要考虑毛坯口部的增厚现象。间隙 z(单边) 一般应当比毛坯厚度略大一些,其值按照下式计算,即

$$单边间隙 \qquad\qquad z=t_{max}+ct \qquad\qquad (5.59)$$

式中　t_{max} —— 板料的最大厚度,$t_{max}=t+\Delta$,mm;

　　　Δ —— 板料的正偏差,mm;

　　　c —— 考虑增厚现象而增大的因数(c 值见有关手册)。

一般情况下的圆筒形件拉深间隙见表 5.15。

不锈钢和高温合金的拉深间隙 z 一般可取 $1.20t\sim1.25t$。

研究发现,当凸模与凹模间隙比板料厚度小 10% 时,对提高危险断面处的抗拉强度最为有利。其原因是,由于间隙小,使得毛坯的危险断面处提前紧紧包住凸模,在凸模面摩擦阻力作用下,阻碍危险断面处的变薄和断裂;但是凹模筒壁要能够很好润滑,使其与材料之间的摩擦作用很小。但是,当间隙小于板料厚度 10% 以上时,由于材料的减薄过多,材料通过间隙时的变形阻力过大,反而使得拉深件更容易拉裂。

表 5.15　圆筒形件拉深间隙 z　　　　　　　　　　mm

材　　料	间　　隙		
	第一次拉深	中间各次拉深	最后拉深
软钢	$(1.3 \sim 1.5)t$	$(1.2 \sim 1.3)t$	$1.1t$
黄铜、铝	$(1.3 \sim 1.4)t$	$(1.15 \sim 1.2)t$	$1.1t$

注：当工件精度要求高时，也可以选取最后一次拉深间隙 $z = 1.05t$。

4. 凸模和凹模尺寸及公差

最后一道拉深模的尺寸和公差直接决定了工件的尺寸精度。因此，其凹模和凸模的尺寸及其公差应当按照工件的要求确定。

当工件的外形有尺寸要求时如图 5.44(a) 所示：

凹模尺寸　　　　　　　$D_d = (D - 0.75\Delta)^{+\delta_d}$ 　　　　　　　　　　　　(5.60)

凸模尺寸　　　　　　　$D_p = (D_d - 2z)_{-\delta_p} = (D - 0.75\Delta - 2z)_{-\delta_p}$ 　　　(5.61)

当工件的内形有尺寸要求时如图 5.44(b) 所示：

凸模尺寸　　　　　　　$D_p = (d + 0.4\Delta)_{-\delta_p}$ 　　　　　　　　　　　(5.62)

凹模尺寸　　　　　　　$D_d = (D_p + 2z)^{+\delta_d} = (d + 0.4\Delta + 2z)^{+\delta_d}$ 　　　(5.63)

对于多次拉深时的第一次拉深及中间过渡拉深，毛坯的尺寸公差没有必要严格限制，模具的尺寸只要取等于毛坯过渡尺寸即可。假如取凹模为基准，则

凹模尺寸　　　　　　　$D_d = D^{+\delta_d}$ 　　　　　　　　　　　　　　(5.64)

凸模尺寸　　　　　　　$D_p = (D - 2z)_{-\delta_p}$ 　　　　　　　　　　(5.65)

式中，凸模及凹模的制造公差 δ_p 及 δ_d 一般按照 IT6 $\sim$ IT9 级选取，或见表 5.16。

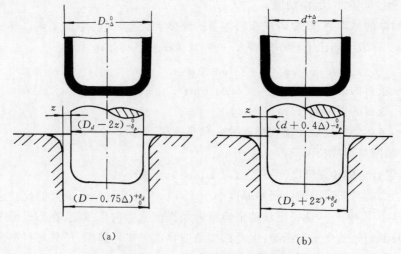

图 5.44　工件的尺寸与模具尺寸

(a) 要求外形；(b) 要求内形

表 5.16 **凸模与凹模的制造公差 δ_p 与 δ_d** mm

板料厚度 t	拉深直径					
	≤ 20		20 ~ 100		> 100	
	δ_d	δ_p	δ_d	δ_p	δ_d	δ_p
≤ 0.5	0.02	0.01	0.03	0.02	—	—
> 0.5 ~ 1.5	0.04	0.02	0.05	0.03	0.08	0.05
> 1.5	0.06	0.04	0.08	0.05	0.10	0.06

注:凸模制造公差在必要时可以提高至 IT6 ~ IT7 级。

5.4.5 拉深模的典型结构

根据工作情况和使用设备的不同,拉深模的结构也不相同。首次拉深模和以后各次拉深模一般均分为以下几种:

$$\left.\begin{array}{l} \text{用于单动压力机} \left\{\begin{array}{l} \text{有压边装置} \\ \text{无压边装置} \end{array}\right. \\ \text{用于双动压力机} \end{array}\right.$$

1. 无压边装置的简单首次拉深模

如图 5.45 所示。这种模具的结构简单,上模(凸模)往往是整体的,当凸模直径过小时,为了防止因凸模根部直接与滑块接触,接触压应力超过滑块材料的允许值(≤ 80 ~ 90 MPa),则需要增加一块上模板。为了便于从凸模上取出工件,应在凸模上开一直径为 ϕ3 mm 以上的通气孔。上下模的导向靠材料及凸模、凹模间隙自然形成,一般不需要另加导柱导套。

上述结构一般适用于板料厚度较大(> 2 mm)和拉深深度比较小的工件。

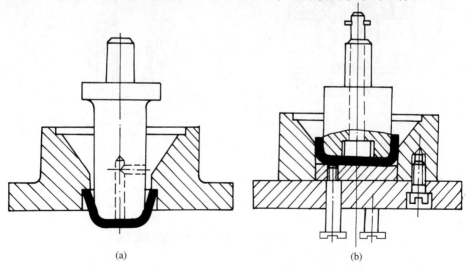

(a)   (b)

图 5.45 无压边装置拉深模

(a) 下出件;(b) 上出件

2. 有压边装置的拉深模

目前工程上所采用的压边装置大多安装在压力机下部,这样能够将弹性元件(弹簧、橡皮或聚氨酯橡胶)做得很高或利用气垫以满足深拉深的要求。装在模具上的压边装置一般只能用于很浅的拉深,如图 5.46 所示。

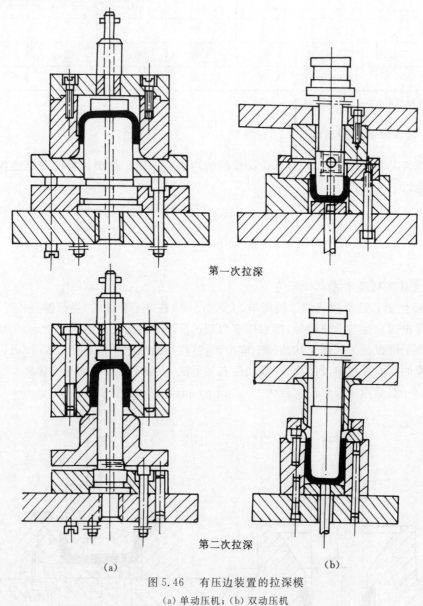

第一次拉深

第二次拉深

(a)　　　　　　　　　　　　　(b)

图 5.46　有压边装置的拉深模

(a) 单动压机;(b) 双动压机

5.5　其他形状工件的拉深

5.5.1　带凸缘圆筒形件的拉深

(1) 小凸缘件的拉深。$d_f/d = 1.1 \sim 1.4$ 的凸缘件称为小凸缘件(见图 5.47)。这类工件因为凸缘很小,可以当作一般圆筒件进行拉深,只在倒数第二道工序时才拉出凸缘或拉成具有锥形的凸缘,最后通过整形工序压成水平凸缘,其过程如图 5.48 所示。

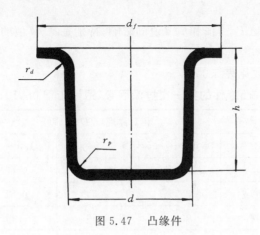

图 5.47 凸缘件

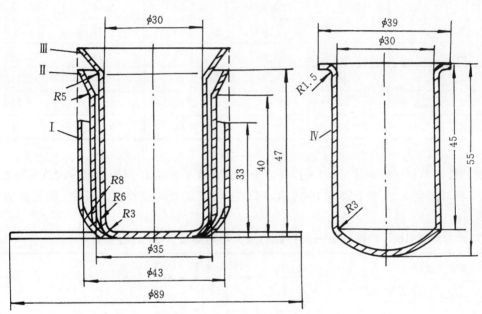

图 5.48 小凸缘件的拉深过程

工件:套管;材料:钢 10;板料厚度:1 mm

（2）宽凸缘件的拉深。$d_f/d > 1.4$ 的凸缘件称为宽凸缘件。宽凸缘件的拉深因数计算公式如下:

当工件的圆角半径 $r_d \neq r_p$ 时,有

$$m = \frac{d}{D} = \frac{1}{\sqrt{\left(\dfrac{d_f}{d}\right)^2 + 4\dfrac{h}{d} - 1.72\dfrac{r_d + r_p}{d} + 0.56\dfrac{r_d^2 - r_p^2}{d^2}}} \qquad (5.66)$$

当工件圆角半径 $r_d = r_p = r$ 时,有

$$m = \frac{d}{D} = \frac{1}{\sqrt{\left(\dfrac{d_f}{d}\right)^2 + 4\dfrac{h}{d} - 3.44\dfrac{r}{d}}} \qquad (5.67)$$

　　宽凸缘件的第一次拉深与拉深圆筒形件相同,只是当凸缘外径尺寸等于工件要求尺寸时停止拉深。

　　宽凸缘件的拉深因数 m 受 d_f/d 值和 h/d 值的影响,特别是 d_f/d 值的影响比较大,其值越大,则拉深越困难。

　　凸缘件的第一次拉深因数见表 5.17。

表 5.17　凸缘件的第一次拉深因数(适用于钢 08,10)

凸缘相对直径 d_f/d	相对厚度 $(t/D) \times 100$				
	$>0.06 \sim 0.2$	$>0.2 \sim 0.5$	$>0.5 \sim 1.0$	$>1.0 \sim 1.5$	>1.5
~ 1.1	0.59	0.57	0.55	0.53	0.50
$>1.1 \sim 1.3$	0.55	0.54	0.53	0.51	0.49
$>1.3 \sim 1.5$	0.52	0.51	0.50	0.49	0.47
$>1.5 \sim 1.8$	0.48	0.48	0.47	0.46	0.45
$>1.8 \sim 2.0$	0.45	0.45	0.44	0.43	0.42
$>2.0 \sim 2.2$	0.42	0.42	0.42	0.41	0.40
$>2.2 \sim 2.5$	0.38	0.38	0.38	0.38	0.37
$>2.5 \sim 2.8$	0.35	0.35	0.34	0.34	0.33
$>2.8 \sim 3.0$	0.33	0.33	0.32	0.32	0.31

　　宽凸缘件的拉深原则是,假如工件的拉深因数 m 大于表 5.17 所给的第一次拉深因数极限值,或其相对高度 h/d 小于表 5.18 的值,则该工件仅需要一次拉深。反之,则工件需要多次拉深。

表 5.18　凸缘件第一次拉深的最大相对高度 h/d(适用于钢 08,10)

凸缘相对直径 d_f/d	相对厚度 $(t/D) \times 100$				
	$>0.06 \sim 0.2$	$>0.2 \sim 0.5$	$>0.5 \sim 1.0$	$>1.0 \sim 1.5$	>1.5
~ 1.1	$0.45 \sim 0.52$	$0.50 \sim 0.62$	$0.57 \sim 0.70$	$0.60 \sim 0.80$	$0.75 \sim 0.90$
$>1.1 \sim 1.3$	$0.40 \sim 0.47$	$0.45 \sim 0.53$	$0.50 \sim 0.60$	$0.56 \sim 0.72$	$0.65 \sim 0.80$
$>1.3 \sim 1.5$	$0.35 \sim 0.42$	$0.40 \sim 0.48$	$0.45 \sim 0.53$	$0.50 \sim 0.63$	$0.58 \sim 0.70$
$>1.5 \sim 1.8$	$0.29 \sim 0.35$	$0.34 \sim 0.39$	$0.37 \sim 0.44$	$0.42 \sim 0.53$	$0.48 \sim 0.58$
$>1.8 \sim 2.0$	$0.25 \sim 0.30$	$0.29 \sim 0.34$	$0.32 \sim 0.38$	$0.36 \sim 0.46$	$0.42 \sim 0.51$
$>2.0 \sim 2.2$	$0.22 \sim 0.26$	$0.25 \sim 0.29$	$0.27 \sim 0.33$	$0.31 \sim 0.40$	$0.35 \sim 0.45$
$>2.2 \sim 2.5$	$0.17 \sim 0.21$	$0.20 \sim 0.23$	$0.22 \sim 0.27$	$0.25 \sim 0.32$	$0.28 \sim 0.35$
$>2.5 \sim 2.8$	$0.16 \sim 0.18$	$0.15 \sim 0.18$	$0.17 \sim 0.21$	$0.19 \sim 0.24$	$0.22 \sim 0.27$
$>2.8 \sim 3.0$	$0.10 \sim 0.13$	$0.12 \sim 0.15$	$0.14 \sim 0.17$	$0.16 \sim 0.20$	$0.18 \sim 0.22$

　　注:比较大的值相应于工件圆角半径比较大的情况,即 r_d、$r_p = (10 \sim 20)t$;比较小的值相应于工件圆角半径比较小的情况,即 r_d、$r_p = (4 \sim 8)t$。

多次拉深时第一次以后的各次拉深因数见表 5.19。

多次拉深方法是，按照表 5.17 的第一次极限拉深因数或表 5.18 的相对拉深高度拉成凸缘直径等于工件尺寸 d_f 的中间过渡形状，以后各次拉深均保持 d_f 不变，只按照表 5.19 的拉深因数逐步减小筒形部分直径，直至拉至工件筒形直径为止。

表 5.19　凸缘件的第一次拉深以后各次拉深因数（适用于钢 10,08）

拉深因数	相对厚度 $(t/d_{n-1}) \times 100$				
m_1	$2.0 \sim 1.5$	$1.5 \sim 1.0$	$1.0 \sim 0.6$	$0.6 \sim 0.3$	$0.3 \sim 0.15$
m_2	0.73	0.75	0.76	0.78	0.80
m_3	0.75	0.78	0.79	0.80	0.82
m_4	0.78	0.80	0.82	0.83	0.84
m_5	0.80	0.82	0.84	0.85	0.86

以后各次的拉深因数按照 $m_n = d_n/d_{n-1}$ 计算。

工程上，宽凸缘件的多次拉深工艺通常分为两种情况：

1) 对于中小型工件（$d_f < 200$ mm），通常靠减小筒形部分直径，增加高度达到，这时圆角半径 r_d，r_p 在整个拉深过程中基本上保持不变，如图 5.49(a) 所示。

2) 对于大型工件（$d_f > 200$ mm），通常采用改变圆角半径 r_d，r_p，逐渐缩小筒形部分的直径达到。工件高度基本上一开始即已形成，而在整个过程中基本保持不变，如图 5.49(b) 所示。此方法对于厚料更为适合。

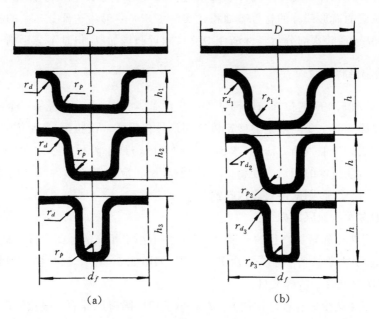

图 5.49　宽凸缘件的多次拉深
(a) r_d，r_p 不变，缩小直径而增加高度；(b) 高度不变，减小 r_d 和 r_p 而减小直径

以上两种情况也可兼而有之。

用第二种方法(见图 5.49(b))制成的工件表面光滑平整,而且厚度均匀,不存在中间拉深工序中圆角部分的弯曲与局部变薄所留下的痕迹。但是,这种方法只能用于相对厚度比较大的毛坯,因为在此情况下第一次拉深成大圆角的曲面形状时不致起皱。当板料相对厚度小,而且第一次拉深成曲面形状具有起皱危险时,应当采用如图 5.49(a) 所示的另一种方法。但是采用这种方法制成的工件的表面质量比较差,容易在直壁部分和凸缘上残留有中间工序形成的圆角部分弯曲和厚度局部变化的痕迹,所以最后要加一次压力比较大的整形工序。当工件的底部圆角半径比较小,或者对凸缘有不平度要求时,上述两种方法都需要一次最终的整形工序。

拉深宽凸缘件时应当特别注意的是,在凸缘 d_f 形成之后,在以后的拉深过程中,凸缘外径 d_f 不再变化,因为凸缘尺寸的微小变化(缩小)都会引起很大的变形抗力,而导致底部危险断面处拉裂。这就要求正确计算拉深高度和严格控制凸模进入凹模的深度。

各次拉深高度的计算如下:

第一次拉深高度为

$$h_1 = \frac{0.25}{d_1}(D^2 - d_f^2) + 0.43(r_p + r_d) + \frac{0.14}{d_1}(r_p^2 - r_d^2) \tag{5.68}$$

以后各次的拉深高度为

$$h_n = \frac{0.25}{d_n}(D^2 - d_f^2) + 0.43(r_{pn} + r_{dn}) + \frac{0.14}{d_n}(r_{pn}^2 - r_{dn}^2) \tag{5.69}$$

凸缘件拉深时,凸模和凹模的圆角半径与一般圆筒形件的圆角半径相同。

除了准确计算拉深件高度和严格控制凸模进入凹模的深度以外,为了保证凸缘不受拉力,通常使第一次拉成的筒形部分的材料表面积比实际多 3% ~ 5%,这部分多余的材料逐步分配到以后各道工序中,最后这部分材料逐渐使得筒口附近凸缘加厚,但是不会影响工件质量。

5.5.2　阶梯形件的拉深

阶梯形件(见图 5.49)的拉深与圆筒形件的拉深基本相同,也就是说每一个阶梯相当于相应圆筒形件的拉深。其主要问题是要确定该阶梯形件仅需要一次拉深,还是需要多次拉深。

能否一次拉成的近似判断方法是,求出工件的高度与最小阶梯直径之比 h/d_n,再与按相应圆筒形件一次所能拉深的相对高度相比,如果前者比相应的圆筒形件允许的相对高度要小或相等,则可一次拉成,否则就需要多次拉深。

阶梯形件的多次拉深原则如下:

(1)假如任意两相邻阶梯直径的比值 d_n/d_{n-1} 都不小于相应的圆筒形件的极限拉深因数,则其拉深方法是,由大阶梯到小阶梯依次进行拉深,如图 5.50 所示,而其拉深因数选取与圆筒形件相同,拉深次数则等于阶梯数目。

(2)假如某相邻两阶梯直径之比值 d_n/d_{n-1} 小于相应圆筒形件的极限拉深因数,则由直径 d_{n-1} 到 d_n 按凸缘件的拉深办法,其拉深顺序由小阶梯筒壁到大阶梯筒壁依次拉深。例如图 5.51 的工件,其中 d_2/d_1 小于相应的圆筒形件极限拉深因数,故先拉出 d_2,最后拉出 d_1(工序 V)。

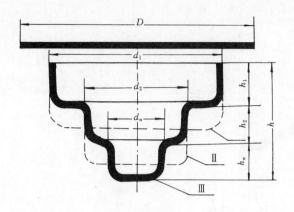

图 5.50　第一类阶梯形件的拉深顺序

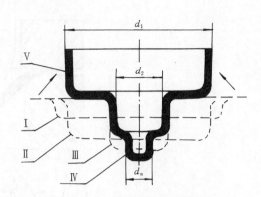

图 5.51　第二类阶梯形件的拉深顺序

5.5.3　球形、抛物线形及锥形件的拉深

球形、抛物线形及锥形件的拉深,由于其变形区的位置、受力情况、变形特点等都与圆筒形件不同,所以在拉深中出现的各种问题和解决这些问题的办法也与圆筒形件不同,例如,对于这类工件不能像圆筒形工件一样简单地采用拉深因数衡量拉深的难易程度,也不能用作为模具设计和工艺过程设计的依据。

1. 球形件的拉深

圆筒形件拉深时,毛坯的变形区仅局限于压力圈下环形部分;球形件拉深时,参与变形的区域已经扩展到包括凹模口内中间部分的全部毛坯,如图 5.52 所示。其凸缘部分的应力和应变特点与圆筒形件的拉深相同,而中间部分的受力情况与变形情况比较复杂:第一,拉深开始时,凸模与毛坯只有一点接触,由于单位压力过大,假如板料较厚、刚度大时,往往会在工件顶端形成凹坑。随着拉深的继续,凸模与毛坯的接触面积扩大和拉深力减小,单位压力(垂直压力)也随之减小。第二,在凸模与毛坯接触区内,由于板料已完全贴模,这部分材料的应力状态是两向受拉、一向受压,与液压胀形相似。在开始阶段,由于凸模与材料的接触区域小,拉深力却比较大,其径向和切向拉应力往往会使材料达到屈服条件而导致接触部分材料严重变薄。但是随着凸模接触区域的扩大和拉深力的减小,其变薄量由球形件顶端往外逐渐减弱,如图 5.53(b) 所示。存在这样一环材料,其变薄量与凸模接触前由于切向压缩变形而增厚的量相等。此环以外,不存在减薄,相反,出现增厚。第三,球形类工件拉深时,需要转移的材料不仅处在压边圈下环形区,而且还包括在凹模口内中间部分。在凸模与材料接触区以外的中间部分,其应力状态与凸缘部分的应力状态相同。因此,这类工件的起皱不仅可能在凸缘部分产生,也可能在中间部分产生,而且,由于中间部分不与凸凹模接触,当板料较薄时,这种起皱现象极为严重。

综上所述,这类工件的拉深比较困难。

为了解决球形件在拉深中的起皱问题,工程上常采用增加压边圈下摩擦力的方法,例如加大凸缘尺寸、增大压力圈下摩擦因数和增大压边力、采用拉深筋以及采用反拉深方法等等,借以增大径向拉应力 σ_1 和减小切向压应力 σ_3。

工程上常用的球形件拉深方法见表 5.20。

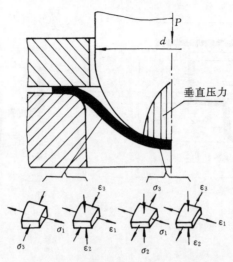

图 5.52　球形件拉深时的应力和应变

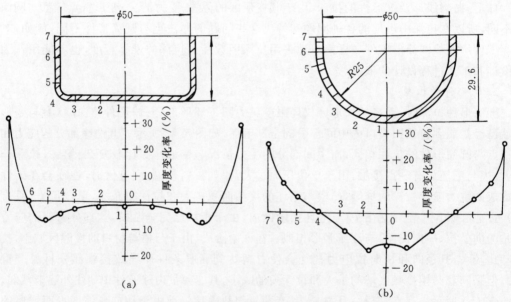

图 5.53　球形件和圆筒形件拉深后壁厚变化的比较
(a) 筒形件；(b) 球形件

然而,采用增大径向应力 σ_1 而减小 σ_3 作用,却增加了"危险区域"的载荷,使得材料的变薄增加,甚至导致破裂。因此,此类方法比较适合于拉深高强度、高塑性的材料。

球形件可分为半球形(见图 5.54(a))和非半球形(见图 5.54(b)(d))两大类。

半球形件(见图 5.54(a))的拉深因数是与工件直径无关的常数,其值按照下式确定,即

$$m = \frac{d}{D} = \frac{d}{\sqrt{2}\,d} = 0.71 \text{（常数）}$$

如图 5.54(b)(c) 所示的球形件,虽然拉深因数有所减小,但是对拉深有利。

表 5.20　球形件的拉深方法

相对厚度	$\dfrac{t}{D}\times100>3$	$\dfrac{t}{D}\times100>0.5$	$\dfrac{t}{D}\times100<0.5$	极薄工件
拉深方法	不需压边,在闭合模中带校正成形 ①	用压边圈或反拉深 ②	带拉深筋拉深或用反拉深 ③	不压边的双弯曲拉深 ④
拉深示意图				

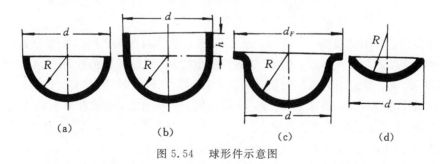

2. 抛物线形件的拉深

抛物线形件拉深过程中的应力和变形特点与球形件的拉深相似,不同的是,有时由于这类工件曲面部分的高度与口部直径之比比球形件更大,拉深更困难。

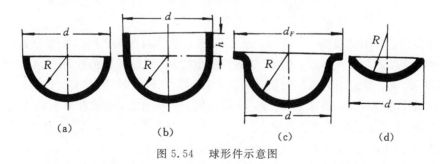

（a）　　　（b）　　　（c）　　　（d）

图 5.54　球形件示意图

工程上,对这类工件的拉深分为两种情况:

（1）浅抛物线件(其曲面部分高度与直径之比 $h/d<0.5\sim0.6$)的拉深。由于其相对高度与球形件接近,因此,其拉深方法与球形件拉深方法一致。

（2）深抛物线件(其曲面部分高度与直径之比 $h/d>0.5\sim0.6$)的拉深。对于这类工件的拉深,必须防止起皱。当顶部圆角比较大时,仍然可以采用增大径向拉应力 σ_1 方法,如汽车灯罩的拉深(见图 5.55)就是采用有两道拉深筋的模具进行拉深。

当工件的深度大而顶部圆角又比较小时,单靠增大径向拉应力会导致毛坯顶端开裂。在这种情况下必须采用多工序逐渐成形的方法。多工序逐渐成形方法的主要特点是,采用正拉深或反拉深方法,在逐渐增加深度的同时减小顶部的圆角半径。为了保证成形工件的尺寸公差等级和表面质量,最后必须采用一道整形工序。

对于球形、抛物线形等曲面工件,采用液压和橡皮囊成形可以取得很好的效果。

3. 锥形件的拉深

锥形件的拉深特点与球形件的拉深特点一样,具有接触面积小、压力集中、容易引起局部变薄及自由面积大、压边圈作用小、容易起皱等特点。此外,由于锥形件口部与底部直径差大,回弹现象特别严重,因此,这类工件的拉深比球形件的拉深更困难,如图 5.56 所示。

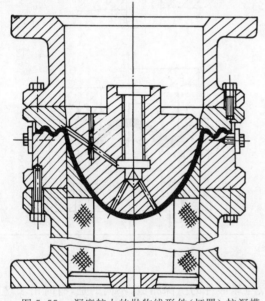

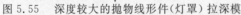

图 5.55　深度较大的抛物线形件(灯罩)拉深模

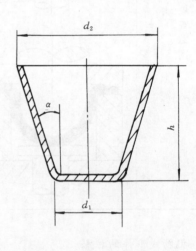

图 5.56　锥形件

由此可见,锥形件的拉深,受下列因素的影响。

(1) 锥形件的相对高度 h/d_2。h/d_2 愈大,材料在凸模与凹模之间悬空部分需要转移的材料愈多,愈容易起皱。另外,h/d_2 愈大,变形程度也愈大,因而需要的拉深力也愈大。在其达到一定限度后,就会导致工件底部断裂。所以,当 h/d_2 比较大时,需要多次拉深。

(2) 相对锥顶直径 d_1/d_2。当 d_1/d_2 比较小时,锥度增加,起皱和断裂的可能性增大。d_1/d_2 愈大,则愈接近圆筒形件的拉深。

(3) 相对厚度 t/d_2(或 t/d_1)。其值愈小,愈容易起皱。

根据以上分析,锥形件的拉深可以分为三类:

第一类,浅锥形件(当 $h/d_2 \leqslant 0.25 \sim 0.3$ 时)的拉深:浅锥形件用压边装置一般均可以一次拉成。但是当 d_2 比 d_1 大出很多时,回弹现象比较严重,不容易获得准确的形状,因此,当锥角 $\alpha > 45°$ 时,通常采用有压筋(拉深筋)的拉深模,其结构如图 5.57 所示。

这类工件采用聚氨酯橡胶或液压代替钢质凸模进行拉深,效果很好。

第二类,中锥形件(当 $h/d_2 = 0.4 \sim 0.7$ 时)的拉深:这类工件按相对厚度 t/D 值(D 为毛坯直径)不同,又可以分为三种情况:

1) 当 $(t/D) \times 100 > 2.5$ 时,可以一次拉成而不需要压边,但是需要在行程终了时进行整形。其模具结构如图 5.58 所示。

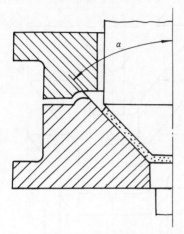

图 5.57　浅锥形件的拉深

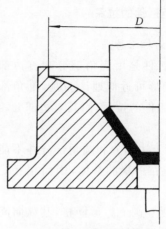

图 5.58　锥形件无压边拉深

2) 当 $(t/D) \times 100 = 1.5 \sim 2$ 时,可以一次拉成。但是因为板料比较薄,为了防止起皱,需用强压边结构以增加径向拉应力的作用。其方法是加大压边力、采用拉深筋或增大毛坯尺寸而后将多余材料切除等。

3) 当 $(t/D) \times 100 < 1.0$ 时,一般需要两次或三次拉深,第一次拉深形成带有大圆角的简单圆筒形件或半球形件,然后拉深形成所需形状。其模具结构如图 5.59 所示。

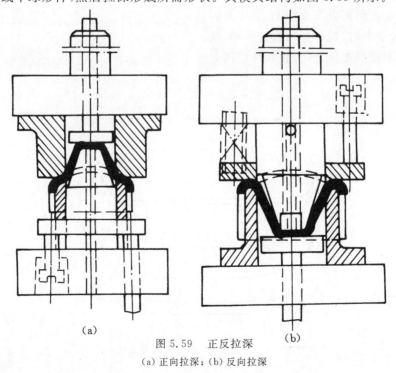

(a)

(b)

图 5.59　正反拉深

(a) 正向拉深;(b) 反向拉深

第三类,深锥形件($h/d_2 > 0.8$ 时)的拉深:这类工件一般均需要多次拉深。为了获得光洁平整的表面,目前多采用锥形表面逐步形成的方法。其拉深过程如图 5.60 所示。

5.5.4 矩形件的拉深

1. 矩形件的拉深特点

矩形盒状工件是由圆角部分和直边部分组成,其拉深变形可近似地认为是,圆角部分相当于圆筒形工件的拉深,而其直边部分相当于简单的弯曲。

但是,由于直边部分和圆角部分并不能截然分开,而是连在一块的整体,因而相互受到牵制。

将矩形盒毛坯画上方形网格,其纵向间距为 a,横向间距为 b,且 $a=b$。

拉深后方形网格发生了明显的变化,如图 5.61 所示:在直边部分,横向间距缩小了,而且愈靠近角部缩小愈多,即 $b > b_1 > b_2 > b_3$;纵向间距增大了,而且愈往上,间距增大愈多,即 $a_1 > a_2 > a_3 > a$。这说明,直边部分不是单纯弯曲,特别靠近圆角部分更是如此。其原因是,当圆角部分变形时,材料要向直边流动,使得直边部分材料受到挤压,这种挤压作用离开圆角愈远愈弱。

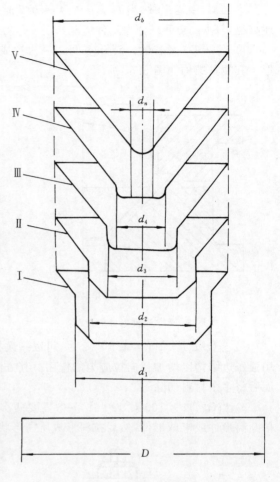

图 5.60　深锥形件的拉深

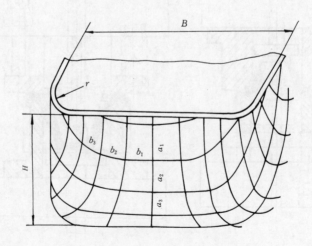

图 5.61　矩形件拉深时金属的流动

圆角部分应力和应变特点与圆筒形件的拉深相似,但是由于直边部分的存在,圆角部分材料可以向直边部分流动,这就减轻了圆角部分材料的变形程度(与相同圆角半径的圆筒形工件相比)。由此可见,矩形件的拉深因数可以取得比相同直径圆筒形件的小些。

其应力状态如图 5.62 所示。

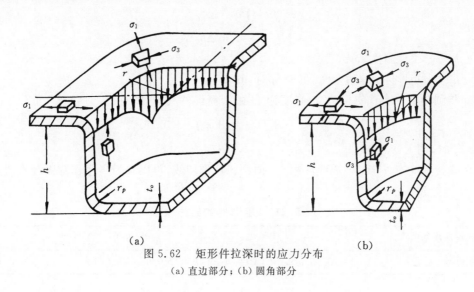

（a）　　　　　　　　　　　　　　　　　　　　（b）

图 5.62　矩形件拉深时的应力分布
(a) 直边部分；(b) 圆角部分

根据以上分析,可以将矩形件的拉深特点归纳如下:

(1) 径向拉应力 σ_1 沿盒件周边的分布不均匀,在圆角部分最大,直边部分最小。压应力 σ_3 的分布也一样。因此,从角部看,由于应力分布不均匀,其平均拉应力与相应的圆筒形件(后者的拉应力是平均分布的)相比要小得多。对危险断面处的载荷,矩形件要小得多,故在相同条件下,矩形件的拉深因数选取小值。

(2) 由于压(挤压)应力 σ_3 在角部最大,向直边部分逐步减小。因此,与角部相应的圆筒形件相比,材料的稳定性增强,角部起皱的趋势减小。直边部分很少起皱。

(3) 直边与圆角相互影响的大小,则因为盒形件形状的不同而不同,主要由盒形件的圆角半径 r 与宽度 B 的比值 r/B 决定。r/B 越小,直边部分对圆角部分的变形影响越显著,也就是说,圆角部分的变形和圆筒形件的差别越大。当 $r/B=0.5$ 时,盒形件变成圆筒形件。

2. 矩形件的毛坯计算

工程上通常采用简单的作图计算法,确定供试验用的毛坯尺寸和形状,而后在试生产中修正。

由于矩形件拉深的变形比较复杂,一般不可能直接拉深出口部平齐的工件,因此均需要最后进行切边。

(1) 低矩形件的毛坯计算及其极限变形程度

低矩形件是指可以一次拉深完成,或虽然采用两次拉深,但是第二道工序仅用于整形以减小壁部转角及底部圆角。其毛坯尺寸用下列方法求得,如图 5.63 所示。

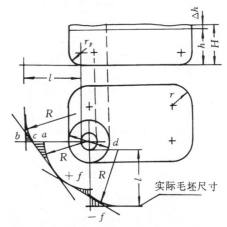

图 5.63　低矩形件的毛坯计算

假如四角部分为圆筒形件拉深变形,直壁部分为弯曲变形,在分别展开后再将四角以平滑曲线连接起来,即得到毛坯的形状及尺寸。

具体计算如下:

1) 直边部分展开长度。

$$l = H + 0.57r_p \qquad (5.70)$$

式中

$$H = h + \Delta h$$

式中　　h—— 工件高度,mm;

　　Δh—— 矩形件的修边余量,见表 5.21,mm。

2) 将圆角部分当作直径为 d、高度为 H 的圆筒形件展开,则有

$$R = \sqrt{r^2 + 2rH - 0.86r_p(r + 0.16r_p)} \qquad (5.71)$$

当 $r = r_p$ 时,则 $R = \sqrt{2rH}$。

3) 连接成光滑外形,由 ab 线段中点 c 向圆弧 R 作切线,再以 R 为半径作圆弧与直边及切线相切,使得面积 $+f \approx -f$。

表 5.21　矩形件的修边余量

拉深次数	1	2	3	4
修边余量 Δh	$(0.03 \sim 0.05)h$	$(0.04 \sim 0.06)h$	$(0.05 \sim 0.08)h$	$(0.08 \sim 0.1)h$

假如方形件的高度 h 和角部的圆角半径 r 都比较大,可以采用圆形毛坯如图 5.64 所示,其直径按照下式计算。

$$D = 1.13\sqrt{B^2 + 4B(H - 0.43r_p) - 1.72r(H + 0.5r) - 4r_p(0.11r_p - 0.18r)} \qquad (5.72)$$

对于高度和圆角半径都比较大的矩形件,可以采用如图 5.65 所示的长圆形毛坯或椭圆形毛坯。毛坯窄边的曲率半径按照半个方形件计算,即 $R' = D/2$。

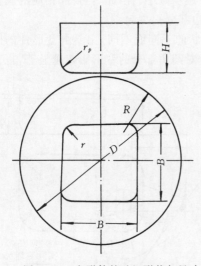
图 5.64　方形件的毛坯形状与尺寸

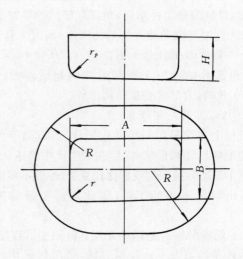
图 5.65　高度和圆角半径较大时的毛坯形状与尺寸

矩形件第一次拉深的极限变形程度可以采用矩形件的相对高度 H/r 来表示。由平板毛

坯一次拉深可能拉成的矩形件,其最大相对高度决定于矩形件的尺寸 r/B,t/B 和板料的性能,见表 5.22。当矩形件的相对厚度比较小($t/B<0.01$),而且 $A/B \approx 1$ 时,选取表 5.22 的比较小的值;当矩形件的相对厚度比较大($t/B>0.015$),而且 $A/B \geqslant 2$ 时,选取表 5.22 的比较大的值。

表 5.22 矩形件第一次拉深的最大相对高度

相对圆角半径 r/B	0.4	0.3	0.2	0.1	0.05
相对高度 H/r	$2 \sim 3$	$2.8 \sim 4$	$4 \sim 6$	$8 \sim 12$	$10 \sim 15$

注:适用于软钢板。

假如矩形件的相对高度 H/r 不超过表 5.22 的极限值,则矩形件可以采用一次拉深成形,否则必须采用多次拉深成形。

(2)高矩形件的毛坯计算与拉深方法。高矩形件是指必须采用多工序拉深才能最后成形的矩形件。图 5.66 为方形件多工序拉深时各中间工序的毛坯过渡形状和尺寸的确定方法。由于是多次拉深的方形件,其毛坯可以采用直径为 D_0 的圆形毛坯,中间各道工序均可以按照圆筒形件进行拉深,只在最后一次工序拉成工件所要求的形状和尺寸,因此,关键是最后一次工序之前(即 $n-1$ 次)工序的计算。$n-1$ 次工序后应当得到的毛坯过渡直径采用下式计算,即

$$D_{n-1} = 1.41B - 0.82r + 2\delta \tag{5.73}$$

式中　D_{n-1}——$n-1$ 次拉深后应得到的圆筒毛坯的内径,mm;

　　　　B——方形件宽度(按内表面计算),mm;

　　　　r——方形件角部的内圆角半径,mm;

　　　　δ——由 $n-1$ 次工序拉深后应当得到的圆筒形过渡毛坯内表面到方形件的内表面之间的距离,也可以简称为角部的壁间距离,mm。

角部的壁间距离 δ 直接影响毛坯变形区拉深变形的分布和均匀程度。其值可以按照下式确定,即

$$\delta = (0.2 \sim 0.25)r$$

其他各次工序的计算可以参照圆筒形工件的拉深方法,这相当于将平板毛坯 D_0 拉至直径为 D_{n-1}、高为 H_{n-1} 的圆筒形工件。

对于如图 5.65 所示的长方形多工序矩形拉深,其中间工序的毛坯过渡形状与尺寸的确定与方形件的多次拉深中毛坯过渡形状与尺寸的确定基本相似。计算由末到前,即 $n-1$ 次工序开始。由 $n-1$ 次拉深工序得到的椭圆形半成品,其半径按照下式计算,即

$$R_{a_{n-1}} = 0.705A - 0.41r + \delta \tag{5.74}$$

$$R_{b_{n-1}} = 0.705B - 0.41r + \delta \tag{5.75}$$

式中　$R_{a_{n-1}}$,$R_{b_{n-1}}$——由末前一次($n-1$ 次)拉深工序所得的椭圆形过渡毛坯在长轴和短轴方向上的曲率半径,mm;

　　　　A,B——矩形件长度和宽度,mm;

　　　　δ——第 n 次拉深工序中的角部壁间距离,选取 $\delta = (0.2 \sim 0.25)r$,mm;

　　　　r——矩形件的角部圆角半径,mm。

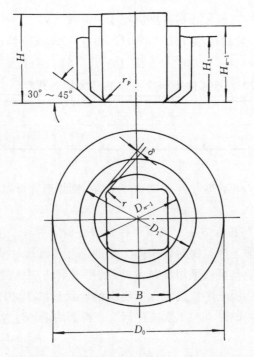

图 5.66　方形件多次拉深时毛坯的过渡形状与尺寸

圆弧 $R_{a_{n-1}}$ 和 $R_{b_{n-1}}$ 的圆心可以按照如图 5.67 所示的关系确定。确定了 $n-1$ 次工序后毛坯的过渡形状和尺寸后,应该用前面讲述的矩形件第一次拉深的计算方法检查可能用平板毛坯一次冲压成为 $n-1$ 次工序的过渡形状和尺寸。如果不可能,需要进行 $n-2$ 次工序的计算。$n-2$ 次拉深工序将椭圆形毛坯冲压成椭圆形半成品。这时应当保证

$$\frac{R_{a_{n-1}}}{R_{a_{n-1}}+a} = \frac{R_{b_{n-1}}}{R_{b_{n-1}}+b} = 0.75 \sim 0.85$$

$$(5.76)$$

式中　a,b——椭圆形过渡毛坯之间在长轴和短轴上的壁间距离,见图 5.67,mm。

由式(5.76)计算的椭圆形半成品之间的壁间距离 a 和 b 之后,可以在对称轴线上找到 M 和 N 两点,然后选定半径 R_a 和 R_b,使其圆

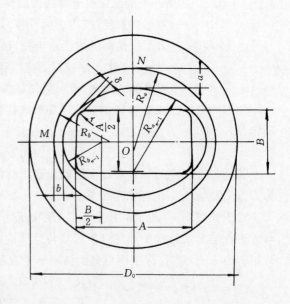

图 5.67　长方形件多次拉深时毛坯的形状与尺寸

弧通过 M 和 N 两点,并且又能圆滑相接。R_a 和 R_b 的圆心都比 $R_{a_{n-1}}$ 和 $R_{b_{n-1}}$ 的圆心更靠近矩形件的中心点 O。确定了 $n-2$ 次拉深工序的半成品形状和尺寸后,应当重新检查是否可能由平板毛坯直接拉深。如果还不能,应该继续进行前一次工序的计算,其方法与前相同。

由于矩形件拉深时沿毛坯周边的变形十分复杂,当前还不可能用数学方法进行准确计算,

与以前所述的各中间拉深工序的半成品形状和尺寸的计算方法类似。假如在试模调整时发现圆角部分出现材料堆聚,应当适当减小圆角部分的壁间距离 δ。

3. 拉深模工作部分形状和尺寸的确定

拉深凹模圆角半径按照下式确定,即

$$r_d = (4 \sim 10)t \tag{5.77}$$

一般在设计冲模时选取比较小的值,然后在试冲调整时,根据实际情况适当修磨加大。

间隙 c 根据工件尺寸公差等级选取。

当矩形件公差等级要求高时,$c = (0.9 \sim 1.05)t$;

当矩形件公差等级要求不高时,$c = (1.1 \sim 1.3)t$。

最后一次拉深间隙很重要,这时,间隙大小沿周边应当是不均匀的,直边部分可以小些,圆角部分要大些。这是因为角部材料的变形量最大。因此,在按照上述公式决定最后一次拉深的间隙后,应当将角部间隙比直边部分的间隙增大 $0.1t$。假如工件要求内径尺寸,则此增大值由修正凹模得到。假如工件要求外径尺寸,则由修正凸模得到。

为了使矩形件直壁满足技术要求,常常在最后一次工序采用的间隙等于板厚 t。

倒数第二次拉深出的半成品形状对最后一次拉深影响很大,因此,倒数第二次拉深的凸模形状十分重要。

根据工程经验,$n-1$ 次拉深凸模的形状应当是底部具有与拉深成品相似的矩形,然后用 $45°$ 斜角向壁部过渡,这样便于最后一次拉深时材料的流动。其尺寸关系如图 5.68 所示。 图 5.68 中斜度开始的尺寸 $y = B - 1.11r_p$,B 为矩形件的长或宽。

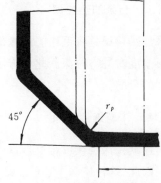

图 5.68 倒数第二次拉深的凸模形状

此外,矩形件拉深时,角部变形量比较大,为了便于材料流动,角部的凹模圆角要比直边部分大一些。

为了保证工件质量,往往最后需要增加一次整形工序。

5.6 其他拉深方法

除前述的基本拉深方法之外,还有许多特殊拉深工艺,如变薄拉深、弹性介质拉深、凸缘加热拉深和爆炸拉深等等。其中有的是为了满足工件形状和尺寸要求,有的是为了提高材料塑性、增加拉深变形程度、提高生产率,有的是为了简化工艺装备和工艺过程、降低成本、缩短生产周期。

采用何种拉深工艺,需要根据具体情况进行具体分析,例如考虑生产条件、产品数量、工件形状和尺寸、材料性能和经济指标等因素,不应当片面地夸大某种拉深工艺的先进性。

下面介绍几种工程上采用比较广泛,而且行之有效的特殊拉深工艺。

5.6.1 弹性介质拉深

弹性介质是指橡皮、塑料和聚氨酯橡胶等弹性材料。这类材料具有易变形性，又具有易于控制的特点，代替钢质的凸模或凹模可以大大简化拉深模的结构、缩短生产周期、降低成本等，但是，由于生产率一般比较低，比较适用于小批或单件试制生产。

采用弹性介质拉深工艺拉深球形件、抛物线形件等复杂工件具有优越性。

5.6.2 液压拉深

液压拉深是一种直接利用液体（水、油类等）的压力而使得毛坯成形的拉深方法。

通常将液体置于一橡皮囊中，采用橡皮（或聚氨酯橡胶）作为成形介质。橡皮囊既可以当凹模，又可以当凸模。目前国内外有专用的橡皮囊成形机。这种设备的特点是拉深深度大、工件表面质量好、毛坯变薄小，而且仅需一个钢质凸模（或凹模），模具成本可节省90%以上。

5.6.3 凸缘加热拉深

凸缘加热拉深是将毛坯的凸缘部分置于凹模和压边圈的加热面之间进行加热，当加热到所需变形温度时进行拉深。此种方法可以提高材料塑性，降低凸缘的变形抗力，从而达到增加拉深深度的目的。

5.6.4 带料连续拉深

带料连续拉深是在带料上直接（不裁成单个毛坯）进行拉深。工件拉成后才从带料上冲裁得到。因此，这种拉深工艺的生产率很高，但是模具结构复杂，只有在大批量生产且工件不大的情况下才采用；或者工件尺寸特别小，手工操作很不安全，虽然不是大批生产，但是产量也比较大时，也可以采用。

带料连续拉深由于不能进行中间退火，所以在考虑采用连续拉深时，首先应当弄清楚材料不进行中间退火所能允许的最大总拉深变形程度（即允许的极限拉深因数）是否满足拉深件总拉深因数的要求。拉深件总的拉深因数为

$$m=\frac{d}{D}=m_1 m_2 m_3 \cdots \tag{5.78}$$

各种材料允许的总极限拉深因数见表 5.23。

表 5.23　连续拉深总的极限拉深因数

材　　料	强度极限 σ_b / MPa	相对延伸率 δ / %	总的极限拉深因数 m		
			不带推件装置		带推件装置
			料厚 $t \leqslant 1.2$ mm	料厚 $t = 1.2 \sim 2.0$ mm	
钢 08F	$300 \sim 400$	$28 \sim 40$	0.40	0.32	0.16
黄铜 H62,H68	$300 \sim 400$	$28 \sim 40$	0.35	0.29	$0.20 \sim 0.24$
软铝	$80 \sim 110$	$22 \sim 25$	0.38	0.30	0.18

带料连续拉深分无切口拉深与有切口拉深两种，如图 5.69 所示。

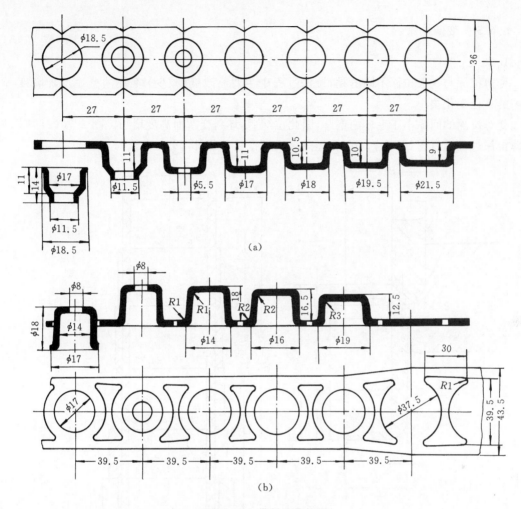

图 5.69　带料连续拉深

(a) 材料:黄铜,厚度:0.8 mm,无切口带料拉深；(b) 材料:钢 08,厚度:1.2 mm,带切口带料拉深

　　无切口的连续拉深,即在整体带料上拉深。由于相邻两个拉深件之间相互约束,因此材料的纵向流动比较困难,变形程度大时容易拉裂。为了避免拉裂,就应当减小每次拉深的变形程度,即采用比较大的拉深因数,因而增加了工序。但是这种方法的优点是节省材料(相当于有切口的而言),这对大量生产特别重要。由于这种方法变形困难,故一般用于拉深不太困难的工件,即有比较大的相对厚度($t/D \times 100 > 1$),其凸缘相对直径比较小($d_f/d = 1.1 \sim 1.5$)和相对高度 h/d 比较低的拉深件。

　　有切口的连续拉深是在工件的相邻处切开。这样,两工件相互影响和约束比较小,与单个毛坯的拉深类似。因此,每次拉深因数可小些,即拉深次数可以少些,且模具比较简单;但是毛坯材料消耗比较多。这种拉深一般用于拉深比较困难的工件,即工件的相对厚度比较小($t/D \times 100 < 1$),其凸缘相对直径比较大($d_f/d > 1.3$)和相对高度比较大($h/d \geqslant 0.3 \sim 0.6$)的拉深件。

5.6.5 变薄拉深

1. 概述

变薄拉深与一般拉深不同的是,拉深过程中主要靠改变(减少)毛坯的壁厚增加高度,而毛坯的直径变化很小。

变薄拉深的间隙小于毛坯的壁厚,因此拉深后,坯料变薄而高度增加。图5.70(a)所示为变薄拉深过程示意图,图5.70(b)为经过多次拉深后的工件图。

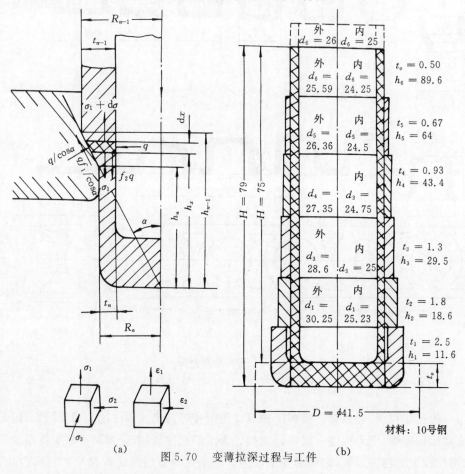

图 5.70　变薄拉深过程与工件

变薄拉深主要用于制造壁部和底部厚度不一样的空心圆筒形工件(如炮弹壳)。

变薄拉深的应力与应变如图5.70(a)所示。由图5.70(a)可以看出,变薄拉深过程的主要问题是传力区材料强度与变形区抗力之间的矛盾。而其解决方法仍然是尽量减小变形区的变形抗力和增加传力区的材料强度。

传力区所产生的σ_1由两部分所组成:一部分是材料塑性变形必需的,它与材料的性能和前后的变形量有关;另一部分与模具的结构和摩擦因数有关。

2. 工艺计算

(1)毛坯计算。由于变薄拉深过程中壁厚存在变化,因此毛坯的计算原则只能应用变形前后体积不变的原则,即

$$V = aV_1$$

式中　　V —— 毛坯体积，mm^3；

　　　　V_1 —— 工件体积，mm^3；

　　　　a —— 考虑修边余量的修正因数，选取 $a = 1.15 \sim 1.20$。

毛坯直径为

$$D = 1.13\sqrt{\frac{V}{t_0}} \tag{5.79}$$

式中　　t_0 —— 材料厚度，亦即工件底厚，mm。

（2）变形程度的计算。变薄拉深的变形程度按照下式计算，即

$$\varphi_n = \frac{t_n}{t_{n-1}} \tag{5.80}$$

式中　　t_{n-1}, t_n —— 前后两次工序的板料壁厚，mm。

极限变薄因数见表 5.24。

表 5.24　极限变薄因数 φ

材 料	首次变薄因数 φ_1	中间各次变薄因数 φ_p	末次变薄因数 φ_n
铜、黄铜（H68，H80）	0.45 ~ 0.55	0.58 ~ 0.65	0.65 ~ 0.73
铝	0.50 ~ 0.60	0.62 ~ 0.68	0.72 ~ 0.77
软钢	0.53 ~ 0.63	0.63 ~ 0.72	0.75 ~ 0.77
中等硬度钢（质量分数 ω_C 为 0.25% ~ 0.35%）	0.70 ~ 0.75	0.78 ~ 0.82	0.85 ~ 0.90
不锈钢	0.65 ~ 0.70	0.70 ~ 0.75	0.75 ~ 0.80

注：① 厚料取小值，薄料大值；② 中等硬度钢的值为试用数值。

5.7　拉深件的工艺分析及设计

5.7.1　拉深件的工艺分析

拉深件的工艺性直接影响到工件能否采用拉深方法进行加工，影响到工件的质量、成本和生产周期等等。工艺性好的拉深件，不仅能够满足产品的使用要求，而且能够采用最简单的、最经济的和最快的拉深方法进行加工。

对拉深件工艺性的要求有：

1. 外形尺寸

设计拉深件时，应当尽量减小拉深件的高度，使其采用一次或两次拉深工序完成。对于各种形状的拉深件，用一次工序可拉成的条件为：

（1）对圆筒形件一次拉成的条件为拉深的高度 $h \leqslant (0.5 \sim 0.7)d$（$d$ 为拉深件直径，mm，按照厚度中心线算）。

对于不同材料一次拉深所允许的极限高度见表 5.25。

表 5.25　一次拉深的极限高度　　　　　　　　　　　mm

材　料	铝	硬　铝	黄　铜	软　钢
相对拉深高度 h/d	$0.73 \sim 0.75$	$0.60 \sim 0.65$	$0.75 \sim 0.80$	$0.68 \sim 0.72$

（2）对于矩形件一次拉成的条件为当矩形件角部的圆角半径 $r = (0.05 \sim 0.20)B$（式中，B 为矩形件的短边宽度）时，拉深件高度 $h \leqslant (0.3 \sim 0.8)B$。

（3）对于凸缘件一次拉成的条件为工件的圆筒形部分直径与毛坯的比值 $d/D \geqslant 0.4$。

2. 形状

（1）设计拉深件时，应当注明必须保证外形还是内形，不能同时标注内外尺寸。

（2）尽量避免采用非常复杂或非对称的拉深件。对半敞开或非对称的空心件，应当能够组合成对进行拉深后将其切成两个或多个工件，如图 5.71 所示。

（3）拉深复杂外形的空心件时，需要考虑工序间毛坯定位的工艺基准。

（4）凸缘面上有下凹的拉深件如图 5.72 所示，假如下凹的轴线与拉深方向一致，则可以拉深成形。假如下凹的轴线与拉深方向垂直，则只能在最后校正时压出。

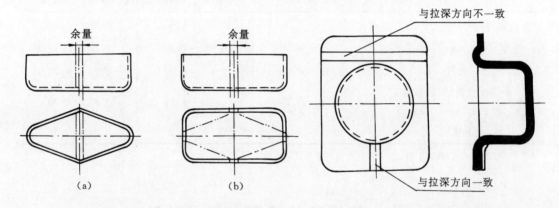

图 5.71　组合成对进行拉深　　　　　　　图 5.72　凸缘面上带下凹的拉深件

3. 圆角半径

（1）筒形件的圆角半径：底与壁部的圆角半径应当满足 $r_p \geqslant t$，凸缘与壁之间的圆角半径应满足 $r_d \geqslant 2t$。否则，应当增加整形工序。为了有利于变形，选取 $r_p \approx (3 \sim 5)t$，$r_d \approx (4 \sim 8)t$，如图 5.73 所示。

（2）矩形盒角部分的圆角半径 $r \geqslant 3t$，为了减少拉深次数，选取 $r \geqslant 1/5H$（H 为盒形件高，如图 5.74 所示）。

4. 尺寸公差等级及表面质量

（1）拉深件断面尺寸的公差等级一般都在 IT11 以下。假如公差等级要求高，可以采取整形达到尺寸的要求。

（2）拉深件的厚度变化（不变薄拉深）为上下壁厚为 $1.2t \sim 0.6t$。矩形盒四角也要增厚。

（3）多次拉深件外壁或凸缘表面上应当允许在拉深过程中产生的印痕。

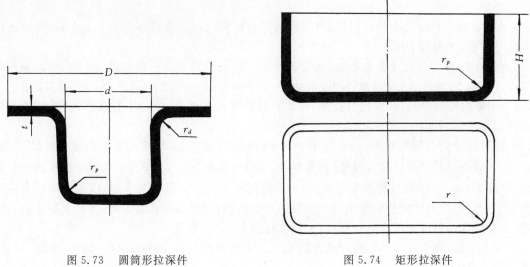

图 5.73　圆筒形拉深件　　　　　　　　图 5.74　矩形拉深件

5.7.2　拉深工艺规程的拟定

以图 5.75 所示工件为例,对拉深工艺规程拟定与步骤予以简要说明。

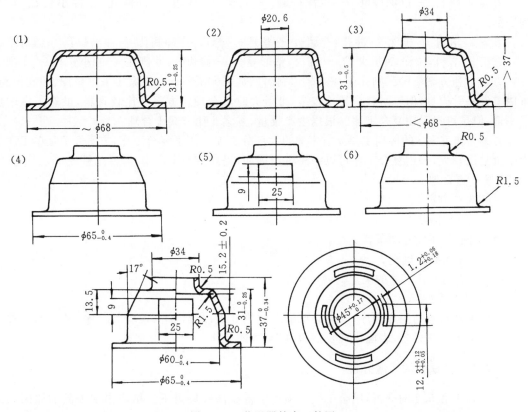

图 5.75　节温器外壳工件图

1. 工艺分析

(1) 材料。H62M 塑性比较好,对拉深成形与比较合适。板料厚度为 0.8 mm,对该工件的尺寸来说,成形没有困难。

(2) 工件形状与尺寸公差等级。$\phi60$ 高度处 $31^0_{-0.25}$ 部分是带凸缘的圆筒形件,可以用拉深得到;$\phi34$ 的竖边部分,高度不大,可以采用拉深或翻边的办法做出;圆角 $R1.5$,相当于 $R=2t$,根据拉深中凸、凹模设计要求,可以直接拉深出成形来;比较小的圆角 $R0.5$ 则应当采用整形办法达到。

外形尺寸公差等级要求:$\phi60^0_{-0.40}$ 相当于 IT12 或 IT13 级,采用拉深方法能够达到 IT12 级;$\phi65^0_{-0.40}$ 的外径尺寸可以通过修边(冲模切边)达到;高度 $31^0_{-0.25}$,15.2 ± 0.2 可以通过整形保证;高度 $37^0_{-0.34}$ 可以通过普通车削实现;小长孔宽度 1.2 mm 等于 $1.5t$,可以采用冲模直接冲出,而 $1.2^{+0.12}_{+0.05}$ 两尺寸的公差等级也可以采用冲裁达到;虽然小长孔有尖角,工艺上制作会有困难,但是可以通过改进模具结构形式(如用镶块组合凹模)解决。

综上所述,该工件可以采用冲压方法加工。需要采用落料、拉深、冲孔、翻边、整形、切边、车小端头等主要工序。

2. 拟定工艺方案

同一工件往往可以采用不同的工艺方案进行加工。选择工艺方案在经济与技术上最为合理,必须结合工程对方案进行论证,从中选择最合理的工艺方案。

如图 5.75 所示工件有如下方案:

方案 1:落料 — 拉深($\phi60$)— 拉深($\phi34$)— 整形 — 修边 — 冲侧孔 — 冲小长孔 — 车削底部。

方案 2:落料 — 拉深 — 冲孔 — 翻边 — 整形 — 修边 — 冲侧孔 — 冲小长孔 — 车削。

方案 3:落料,拉深,冲孔复合 — 翻边,整形复合 — 修边 — 冲侧孔 — 冲小长孔 — 车削。

方案 1 和方案 2 的区别在于 $\phi34$ 竖边制出的加工方法不同。方案 1 采用拉深、切底得到,可以节省一套模具,但是材料消耗比较多,批量大时不合理。方案 2 比较省料,虽然工序增加了一道,但是可以采用复合工序。根据生产批量,方案 2 比方案 1 合理。

方案 2 和方案 3 的区别主要是方案 3 的大部分工序采用了复合工序,方案 2 则是单工序。由于批量比较大,采用复合工序可以缩短生产周期,提高劳动生产率,降低工件成本,所以方案 3 比方案 2 更合理。

最终选择方案 3。

3. 工艺计算(略)

(1) 确定毛坯尺寸和条料宽度。

(2) 拉深次数的确定。

(3) 翻边前冲孔尺寸的确定。

4. 辅助工序(略)

根据工件材料与工序顺序,安排必要的中间热处理以及润滑、检验等工序,又根据工件的要求制定出最后热处理、表面处理及检验,以至入库工作。

5.7.3 拉深件的质量分析

综合 5.1 和 5.2 的分析,结合工程经验可以将拉深件质量不合格或出现废品的原因归纳成以下几个方面。

(1) 产品设计不符合拉深工艺要求;

（2）工件材料不适合拉深成形；

（3）拉深工序设计不合理；

（4）冲模设计和制造不合工艺要求；

（5）生产中模具未调整好或操作不当。

工程上经常遇到的拉深件废品的类型、产生原因和预防或解决方法见表5.26。

5.26　拉深件废品类型、产生原因和预防或解决方法

废品类型	产生原因	预防或解决方法
拉深件尺寸不符合图纸要求	1. 拉深件高度不够。 （1）毛坯尺寸过小； （2）凸模和凹模间隙过大； （3）凸模圆角半径太小	（1）增加毛坯尺寸； （2）更换凸模或凹模，调整间隙； （3）增加凸模圆角半径
	2. 拉深件高度过高。 （1）毛坯尺寸过大； （2）凸模和凹模间隙太小； （3）凸模圆角半径太大	（1）减小毛坯尺寸； （2）磨削凸模和凹模，调整其间隙； （3）减小凸模圆角半径
	3. 壁厚不均匀并与工件底部倾斜。 （1）凸模与凹模的轴线不同心，造成间隙不均匀； （2）凹模与定位零件不同心； （3）凸模轴线与凹模顶面不垂直； （4）压边力不均匀； （5）凹模形状不正确	（1）调整凸模或凹模使之同心； （2）调整定位零件的位置； （3）调整凸模或凹模； （4）调整压边装置； （5）修磨凹模
起皱	1. 压边力太小或不均匀。 2. 凸模与凹模的间隙太大。 3. 板料厚度太小，超过其许可下偏差，或材料塑性低。 4. 凹模圆角半径太大。 5. 按计算应当采用压边圈而未用	1. 调整压边力。 2. 调整间隙，调换凸模或凹模。 3. 更换材料。 4. 修磨凹模或修改压边装置。 5. 采用压边圈
裂纹或破裂	1. 板料质量不好（表面粗糙，微观组织不均匀，表面有划痕、擦伤等缺陷）。 2. 压边力太大或不均匀（材料变薄，呈现韧性裂口）。 3. 凹模圆角不光洁，有磨损或裂纹。 4. 凹模圆角半径太小（板料严重变薄）。 5. 凸模和凹模间隙太小（板料严重变薄）。 6. 工艺规程（如润滑、退火等）不合理。 7. 凸模圆角半径太小。 8. 毛坯边缘不符合要求，有较大毛刺。 9. 毛坯尺寸太大，形状不正确。 10. 凸模和凹模不同心，不平行。 11. 拉深因数取值太小	1. 选择合适材料。 2. 调整压边力。 3. 修磨凹模或更换凹模。 4. 增加凹模圆角半径。 5. 修磨凸模或凹模，调整间隙。 6. 修改工艺规程。 7. 修磨凸模。 8. 调整落料膜，去除毛刺。 9. 修改毛坯形状与尺寸。 10. 调整冲模。 11. 增加工序，调节各工序的变形量

续 表

废品类型	产生原因	预防或解决方法
表面质量不好，或出现拉毛	1. 间隙过小或不均匀。 2. 凹模圆角部分粗糙。 3. 冲模工作面或板料表面不清洁。 4. 凸模和凹模硬度低,有金属黏模。 5. 润滑不当	1. 修磨凸模和凹模间隙。 2. 修磨凹模圆角。 3. 清洁表面。 4. 提高凸模和凹模硬度或更换凹模。 5. 采用合理的润滑剂与润滑方法
工件外形不平整	1. 凸模上无出气孔。 2. 材料的回弹作用。 3. 凸模和凹模间隙太大。 4. 矩形件的末道变形程度取值太大	1. 增加出气孔或整形工序。 2. 增加整形工序。 3. 调整间隙。 4. 调整变形程度或增加整形工序

5.7.4 拉深中的辅助工序

拉深中的辅助工序很多,大致可以分为:拉深工序前的辅助工序,如材料的软化热处理、清洗、润滑等;拉深工序间的辅助工序,如软化热处理、涂漆、润滑等;拉深后的辅助工序,如消除应力退火、清洗、打毛刺、表面处理、检验等。

1. 润滑

拉深过程中凡是与毛坯接触的模具表面均有摩擦存在。

在凸缘部分和凹模入口处的有害摩擦不仅降低了拉深变形程度(增加了拉深件在危险断面处的载荷),而且会导致工件表面的严重擦伤,降低模具的寿命,这在拉深不锈钢、高温合金等黏性大的材料更是如此。

(1)采用润滑剂的目的是:

1)减少模具和拉深件之间的有害摩擦系数,提高拉深变形程度和减少拉深次数;

2)提高凸模和凹模的寿命;

3)减小危险断面处的变薄;

4)提高拉深件的表面质量。

(2)在拉深中使用不同润滑剂的原则是:

1)当拉深材料中的应力接近于强度极限时,必须采用含有大量粉状填料(如白垩、石墨、滑石等,含量不少于20%)的润滑剂。

2)当拉深材料的应力不大时,允许采用不带填料的油剂润滑剂。

3)当拉深圆锥形件时,为了增加摩擦抗力以减少毛坯起皱,同时又要求不断通入润滑液进行冷却时,则一般采用乳化液。

4)变薄拉深时,润滑剂不仅是为了减少摩擦,同时又起冷却模具的作用,因此不可能采用干摩擦。拉深钢质件时,往往在毛坯表面进行镀铜或磷化处理,使得毛坯表面形成一层与模具的隔离层,它能贮存流体润滑剂和在拉深过程中具有"自润"性能。

5)拉深不锈钢、高温合金等粘模严重、加工硬化效应大的材料,一般需要对毛坯表面进行"隔离层"处理,目前常用的方法是在金属表面喷涂氯化乙烯漆(G01-4),而在拉深时再另涂机油。

常用润滑剂见表5.27和表5.28。

表 5.27 拉深低碳钢用润滑剂

简称号	润滑剂成分	质量分数 %	附 注	简称号	润滑剂成分	质量分数 %	附 注
5 号	锭子油 鱼肝油 石墨 油酸 硫磺 钾肥皂 水	43 8 15 8 5 6 15	该润滑剂可收到最好的效果,硫磺应以粉末状加入	10 号	锭子油 硫化蓖麻油 鱼肝油 白垩粉 油酸 苛性钠 水	33 1.6 1.2 45 5.5 0.7 13	润滑剂很容易去掉,用于单位压力大的拉深
6 号	锭子油 黄油 滑石粉 硫磺 酒精	40 40 11 8 1	硫磺应以粉末加入	2 号	锭子油 黄油 鱼肝油 白垩粉 油酸 水	12 25 12 20.5 5.5 25	该润滑剂比以上几种略差
9 号	锭子油 黄油 石墨 硫磺 酒精 水	20 40 20 7 1 12	将硫磺溶于温度约160℃的锭子油内,其缺点是保存时间太久会分层	8 号	钾肥皂 水	20 80	将肥皂溶在温度为60～70℃水里,用于球形及抛物线形工件的拉深
					乳化液 白垩粉 焙烧苏打 水	37 45 1.3 16.7	可溶解的润滑剂,加3%的硫化蓖麻油后,可改善其效用

表 5.28 拉深有色金属、不锈钢和高温合金时用的润滑剂

材 料	润滑方式
硬铝	植物油乳化液
铝	植物(豆)油,工业凡士林
黄铜、紫铜、青铜	菜油或肥皂与油的乳化液(将油与浓肥皂液混合)
铁素体型不锈钢及奥氏体型不锈钢及高温合金	用氯化乙烯漆(G01-4)喷涂板料表面,拉深时再另涂机油
镍及其合金	服皂与油的乳化液

2.热处理

对于拉深材料,为了提高拉深变形程度,一般是软化状态。

在拉深过程中,材料一般都会产生加工硬化。

(2)冲压所用的金属按照加工硬化率可分为两类:

1)普通硬化金属。出现缩颈时的断面收缩率 $\psi_b = 0.2 \sim 0.25$(如钢 08,10,15,黄铜和经过退火的铝);

2) 高度硬化金属。$\psi_b = 0.25 \sim 0.30$（如不锈钢、高温合金、退火紫铜等）。

加工硬化能力比较弱的金属不能用于拉深。

对于普通硬化的金属，假如工艺过程制订正确，模具设计合理，一般可以不进行中间退火，而对于高度硬化的金属，一般在一、二次拉深工序之后需要进行中间热处理。

不需要中间热处理而能完成的拉深次数见表5.29。

表 5.29　不需要热处理能连续拉深的次数

材　料	次数/次
钢 08,10,15	3 ～ 4
铝	4 ～ 5
黄铜 H62,H68	2 ～ 4
不锈钢及高温合金	1 ～ 2
镁合金	1
钛合金	1

假如降低每次拉深时的变形程度（即增加拉深因数）增加拉深次数，则由于每次拉深后的危险断面不断往上移动，拉裂的矛盾得到缓和，于是可以增加总的变形程度而不需要或减少中间热处理工序。

（2）中间工序的热处理主要有两种：

1) 低温退火。这种热处理方式主要用于消除加工硬化和恢复塑性。其退火规范是，加热至略低于 A_{C_1}，然后在空气中冷却。低温退火可以诱发材料的再结晶，使得材料的加工硬化效应消除，塑性得到恢复，从而能够继续拉深。

低温（再结晶）退火的温度见表5.30。

表 5.30　低温（再结晶）退火温度

材　料	加热温度/℃	附　注
钢 08,10,15,20	600 ～ 650	空气中冷却
紫铜 T1,T2	400 ～ 450	空气中冷却
黄铜 H62,H68	500 ～ 540	空气中冷却
铝,铝合金 5A02,3A21	220 ～ 250	保温 40 ～ 45 min
镁合金 MB1,MB8	260 ～ 350	保温 60 min
工业纯钛	650 ～ 700	空气中冷却
钛合金 TA5	550 ～ 600	空气中冷却

低温退火会使得临界变形（如碳钢变形为 5% ～ 10%、不锈钢及高温合金为 8% ～ 14%）之后的材料晶粒剧烈长大，应当予以关注。另外，由于低温退火时保温时间比较长（有时以小时计算），对低碳钢特别是含碳质量分数在 0.2% 以下的低碳钢，需要考虑如何防锈的问题。

低温退火使得残余应力全部消除。

2) 高温退火。对某些材料或工件，假如低温退火的效果还不够满意，可以采用高温退火。其规范是，材料加热至 A_{C_3} 以上 30 ～ 40℃，保温后，按照所给速度予以冷却。高温退火温度见表5.31。

奥氏体不锈钢和高温合金的软化是将其加热至 1 000℃ 以上，然后在空气或水中冷却，形成单相组织，从而使得塑性恢复。这种热处理叫淬火。

拉深工件常常需要进行消除残余应力的低温退火。一般碳钢和合金钢的退火温度为

500 ～ 650℃,奥氏体型不锈钢和高温合金仍然采用淬火处理。

不论是工序间热处理还是最后消除应力的热处理,应当尽可能立即进行,以免由于长期存放,工件在内应力的作用下产生变形或龟裂。特别是对于不锈钢、高温合金和黄铜等加工硬化效应大的材料更是如此,这些工件拉深后不经热处理不得存放。

表 5.31　高温退火规范

材　料	加热温度 /℃	保温时间 /min	冷　却
钢 08,10,15	700 ～ 800	20 ～ 40	空盒中冷却
Q195,Q215A	900 ～ 920	20 ～ 40	空盒中冷却
钢 20,25,30,Q235A,Q255A	700 ～ 720	60	炉冷
25CrMnSiA,30CrMnSiA	650 ～ 700	12 ～ 18	空冷
06Cr18Ni11Ti	1 050 ～ 1 100	5 ～ 15	空冷或水冷
Cr20Ni80Ti(GH4030)	1 020 ～ 1 050	10 ～ 15	空冷
紫铜 T1,T2	600 ～ 650	30	空冷
黄铜 H62,H68	650 ～ 700	15 ～ 30	空冷
镍	750 ～ 850	20	空冷
铝,防锈铝 3A21,5A02	300 ～ 350	30	250℃ 以后空冷
硬铝 2A12	350 ～ 400	30	250℃ 以后空冷

3.酸洗

拉深件经热处理后,表面有氧化皮与其他污物,必须进行酸洗清理。酸洗槽中溶液成分如表 5.32 所示。

酸洗有时也用于拉深前的毛坯准备。

近年来,不锈钢酸洗采用酸-碱合用的方法,即预先在沸腾的碱液(苛性钠 80%、硝酸钾 20%) 中浸 10 ～ 30 min,然后在 18% 的硫酸或盐酸中浸 5 ～ 20 min。这种方法既可以大大减少金属和酸液的消耗,又能够提高生产率。

酸洗后需要进行仔细的表面洗涤,以便将残留在工件表面上的酸液洗掉。其方法是,先在流动的冷水中清洗,然后放在加温至 60 ～ 80℃ 的弱碱液中中和,最后用热水洗涤。

表 5.32　酸洗槽中溶液成分

材　料	化学成分	分　量	说　明
低碳钢	硫酸或盐酸	15% ～ 20%	
	水	其余	
高碳钢	硫酸	10% ～ 15%	预浸
	水	其余	
高碳钢	苛性钠或苛性钾	50 ～ 100 g/l	最后酸洗
不锈钢	硝酸	10%	得到光亮的表面
	盐酸	1% ～ 2%	
	硫化胶	0.1	
	水	其余	
铜及其合钢	硝酸	200 份(重)	预浸
	盐酸	1 ～ 2 份(重)	
	碳黑	1 ～ 2 份(重)	

续表

材　料	化学成分	分　量	说　明
铜及其合金	硝酸	75份(重)	光亮酸洗
	硫酸	100份(重)	
	盐酸	1份(重)	
铝及锌	苛性钠或苛性钾	$100 \sim 200$ g/l	闪光酸洗
	食盐	13 g/l	
	盐酸	$50 \sim 100$ g/l	

5.8　大型覆盖件的拉深

　　大型覆盖件包括载重汽车的驾驶室、客运汽车的车身等,其拉深成形工艺和模具有以下特点:

　　(1)外表覆盖件,它的拉深和压筋一般是一次成形,以防止材料因多次变形而使表面有痕迹。

　　(2)大型浅拉深件,有时采取措施使凸缘材料很少流动或基本不流动,工件的成形主要是依靠材料的局部变薄,以便增加工件的刚度。假如凸缘材料过多参与变形,进入变形区就容易起皱。

　　(3)为了防止大型拉深件起皱,经常采用拉深筋。一般拉深筋设置在压边圈上,拉深筋的槽在凹模上,便于材料定位。

　　由于大型拉深件往往变形不均匀,在设计模具时应当在材料流动容易的地方多加拉深筋,而在材料不容易流动的地方不加或少加拉除筋。

　　(4)设计大型拉深件模具时要正确地选择冲压方向,尽量使得压料面在平面上,这样便于冲模制造。

　　(5)某些薄材料的无凸缘拉深件,假如直接采用无凸缘冲压,往往因起皱而造成困难。一般是先冲压成凸缘件,然后再将凸缘切除。

　　(6)大型覆盖件的冲模,根据生产条件的不同,采用不同的类型。大批量生产时,采用金属铸造冲模和金属镶块拼模;中小批量生产时,采用焊接拼模、塑料模、水泥模、木材模和橡皮模等。

思　考　题　五

5.1　分析拉深变形机理。

5.2　简述极限拉深因数的概念及影响极限拉深因数的因素。

5.3　简要说明拉深过程中缺陷的形成机理与预防措施。

5.4　举例说明圆筒形拉深件的工艺分析方法。

5.5　举例说明拉深模主要零件尺寸的计算方法。

5.6　简述其他圆筒形件、矩形件和大型覆盖件的拉深成形特征。

5.7　简要说明拉深成形工艺中的辅助工艺要点。

第6章 成形及其新技术

冲压生产中,除冲裁、弯曲和拉深之外,还有其他变形工艺,如胀形、翻边、缩口、扩口、校形和旋压等,这些变形工艺统称为成形。一般来说,成形是在坯料上局部区域进行变形的工艺。冲压成形时大多采用刚性模具,但是近年来一些先进的成形技术,如软模成形、超塑成形、电液成形、电磁成形、激光成形、无模多点成形、数控增量成形喷丸成形和微冲压成形比等得到较好应用。

6.1 胀 形

对板料或管状毛坯的局部施加压力,使其变形区内的材料在双向拉应力作用下发生厚度变薄而表面积增大,获得需要的几何形状,如图6.1所示。胀形可以分为平板毛坯胀形和管状毛坯胀形两种情况。

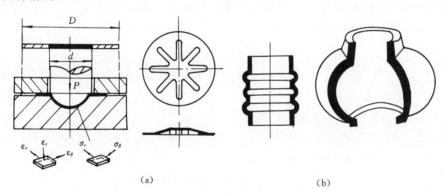

图6.1 胀形件示例
(a)平板;(b)管状

6.1.1 平板毛坯胀形

平板毛坯胀形,俗称起伏成形或局部成形。根据工件要求,可以在平板上压出各种形状,如压筋、压包、压字、压花纹和压标识等,既可以增加工件的刚度,还可以起到装饰作用,已经得到广泛应用。

如图6.1(a)所示,平板圆坯 D 在模具作用下发生塑性变形。大致来说,当 $D/d < 3$ 时,发生拉深变形;当 $D/d > 3$ 时,发生胀形变形。胀形变形时,塑性变形仅局限于 d 区域材料,这时 d 区域材料既不向外转移,也不从外部环状区域拉入材料。d 区域内材料处于径向拉应力 σ_r 和切向拉应力 σ_θ 的双向拉应力状态,依靠厚向变薄而使得表面积增大,形成需要的几何形状。胀形时,板料一般不会发生失稳起皱现象。假如变形量过大,严重变薄,会导致胀裂。

平板胀形时,极限变形程度可以采用变形材料的延伸率进行描述,即

$$\varepsilon_p = \frac{L_1 - L_0}{L_0} \leqslant (0.70 \sim 0.75)\delta \qquad (6.1)$$

式中 ε_p——平板胀形时的许用变形程度,%;

δ——毛坯单向拉伸时的延伸率,%;

L_0, L_1——变形区前后的线尺寸,mm,如图 6.2(a)所示。

由于平板胀形时变形不均匀,式(6.1)选取系数 $0.70 \sim 0.75$,其大小视平板胀形时的形状而定,球形筋选取大值,梯形筋选取小值。

假如计算结果符合上述条件,可以一次胀形;假如不符合上述条件,先制成半球形过渡形状,然后再压出工件所需要的形状,如图 6.2 所示。

表 6.1 为平板胀形加强筋的形式和尺寸,以及加强筋的间距和加强筋与工件边缘之间的距离。当平板胀形的筋与边框的距离为 $3t \sim 3.5t$ 时(t 为板厚),由于在变形过程中,边缘材料要往内收缩,成形后需要增加切边工序,因此应当预先留切边余料。

平板胀形压力的确定,通常以试验数据为基础。采用刚性模具胀形加强筋时,按照下式计算压力,即

$$P = KLt\sigma_b \qquad (6.2)$$

式中 P —— 变形力,N;

K —— 因数,选取 $0.7 \sim 1.0$,由筋的宽度和深度确定,窄而深时选取大值,宽而浅时选取小值;

L —— 加强筋周长,mm;

t —— 板料厚度,mm;

σ_b —— 材料抗拉强度,MPa。

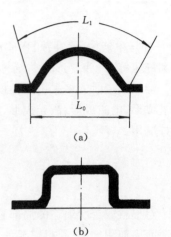

图 6.2 压凸包成形
(a)预成形;(b)最后成形

表 6.1 加强筋的形式和尺寸

名　称	图　例	R	h	D 或 B	r	$\alpha/(°)$
圆弧形筋		$(3 \sim 4)t$	$(2 \sim 3)t$	$(7 \sim 10)t$	$(1 \sim 2)t$	—
梯形筋		—	$(1.5 \sim 2)t$	$\geqslant 3h$	$(0.5 \sim 1.5)t$	$15 \sim 30$

续　表

名　　称	图例	D/mm	L/mm	l/mm
		6.5	10	6
		8.5	13	7.5
		10.5	15	9
		13	18	11
		15	22	13
		18	26	16
		24	34	20
		31	44	26
		36	51	30
		43	60	35
		48	68	40
		55	78	45

6.1.2　管状毛坯胀形

将空心工件或管状毛坯局部的直径向外扩张,使其成为曲面工件的工艺称管状毛坯胀形。采用这种工艺可以制造各种形状复杂的工件。

机械胀形一般采用刚性分块凸模,如图 6.3 所示。当压力机滑块下压时,分块凸模在芯子锥面的作用下向外扩张,使得毛坯发生径向增大的凸肚变形。变形结束后,分块凸模在下弹顶器和弹簧的作用下回到初始位置,可以取出工件。这种方法模具结构复杂,不利于胀形形状复杂的工件。同时由于分块凸模之间存在滑动摩擦或间隙,因此很难得到正确的回转体和精度比较高的工件。

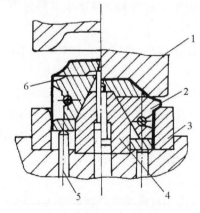

图 6.3　刚性分块凸模胀形

1—上凹模;2—分块凸模;3—下凹模;

4—锥形块或锥形芯轴;5—顶杆;6—毛坯

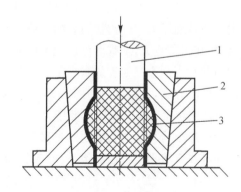

图 6.4　软凸模胀形

1—柱塞;2—分块凹模;3—橡胶

假如采用橡胶、PVC 塑料、石蜡、液体或气体等作为传力介质,可以实现软凸模胀形,如图 6.4 所示。毛坯的变形比较均匀,容易保证工件的正确几何形状,也便于加工形状复杂的空心件。采用这种方法生产波纹管和某些异形件效果比较好。

胀形时变形条件不同,可以有不同的结果。在胀形过程中,假如工件的成形主要靠管坯壁厚变薄和轴向自然收缩实现,则称为自然胀形。假如在自然胀形的同时,又在管坯的轴向进行压缩,则称为轴向压缩胀形。假如在轴向压缩胀形的同时,再对胀形区施加径向反压力,实现内压 — 轴压 — 径向反压缩,则称为复合胀形。自然胀形应用广泛,而轴向压缩胀形和复合胀形可以显著改善变形条件,提高胀形变形程度,已在工程上得到应用。

自然胀形时,如图 6.5(a) 所示,毛坯在内压力 p 作用下,忽略其厚向应力,变形区材料主要承受径向(母线方向)拉应力 σ_r 和切向(圆周方向)拉应力 σ_θ 的双向拉应力作用,发生切向拉应变 ε_θ、径向拉应变 ε_r 和厚向压应变 ε_t。这种不利的变形条件要求胀形极限变形程度不能太大,否则管壁变薄严重,甚至破裂。

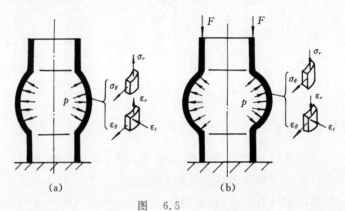

图　6.5

(a) 自然胀形;(b) 轴向压缩胀形

轴向压缩胀形,如图 6.5(b) 所示,由于在管壁轴向加压,使得管坯在胀形过程中发生轴向压缩,以补偿胀形区材料的不足。在轴向压力达到一定程度后,可以改变径向拉应力为径向压应力 σ_r,径向拉应变也改变为径向压应变 ε_r。这种应力应变状态有利于塑性变形的变化,可以延缓变形区材料的变薄,提高胀形极限变形程度。这种变形方式,只有在管壁比较厚时才容易实现。同时轴压力 F 和内压力 p 的比值要恰当,假如其比值过小,难以改变材料的应力应变状态;假如其比值过大,则管坯可能发生压缩失稳。

图 6.6 所示为三通管的胀形工艺。传统用自然胀形和轴向压缩胀形的方法,效果欠佳,采用复合胀形方法,效果好。如图 6.6(c) 所示,对管坯内橡胶施加压力 F_1,同时对管壁加以轴向压力 F_2,再对胀形区施加径向反压力 F_3,这样的内压 — 轴压 — 径向反压复合胀形,使得胀形区最大变形处材料的应力应变状态得到了明显改善,成形极限显著提高,可以有效防止胀裂现象。这种复合胀形工艺已成为生产三通管的主要方法。

胀形时,凸肚最大处的材料切向拉伸最严重,故极限变形程度受此处材料许用延伸率的限制。工程上,通常采用胀形因数 K 表示胀形变形程度,如图 6.7 所示,即

$$K=\frac{d_{\max}}{d_0} \tag{6.3}$$

式中　$d_{\max}$——胀形后最大处的直径,mm;

　　　d_0——毛坯原始直径,mm。

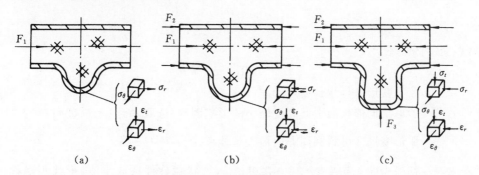

图 6.6　三通管胀形工艺

(a)自然胀形;(b)轴向压缩胀形;(c)复合胀形

一般胀形的胀形因数 K 和毛坯材料许用延伸率$[\delta]$ 的关系为

$$[\delta]=\frac{d_{\max}-d_0}{d_0}=K-1$$

或

$$K=1+[\delta]$$

由于胀形时材料的变形条件和应力应变状态与单向拉伸不完全相同,所以材料许用延伸率$[\delta]$ 不能简单套用单向拉伸试验数据,应当由专门工艺试验确定。表 6.2 为常用材料的许用延伸率$[\delta]$ 和极限胀形因数的试验值。

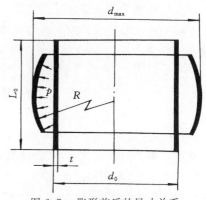

图 6.7　胀形前后的尺寸关系

表 6.2　胀形因数试验数据

材　料	板料厚度 /mm	许用延伸率$[\delta]$/(%)	极限胀形因数 K
铝合金 3A21	0.5	25	1.25
	1.0	28	1.28
	1.5	32	1.32
	2.0	32	1.32
黄铜 H62 H68	0.5～1.0 1.5～2.0	35 40	1.35 1.40
低碳钢 08F 10,20	0.5 1.0	20 24	1.20 1.24
不锈钢 06Cr18Ni11Ti	0.5 1.0	26 28	1.26 1.28

自然胀形时,为了便于材料流动,减小变形区材料的变薄率,毛坯两端一般不加固定,使其自由收缩,因此毛坯高度应当比工件高度增加一个收缩量并留出相应的切边余量。胀形工件

的毛坯计算如下(见图 6.7):

管坯直径

$$d_0 = \frac{d_{\max}}{K} \qquad (6.4)$$

胀形变形区管坯长度

$$L_0 = L(1 + c\delta) + b \qquad (6.5)$$

式中　　L——胀形变形区母线长度,mm;

　　　　c——考虑切向伸长而引起高度缩小的影响因数,选取 $c = 0.3 \sim 0.4$;

　　　　δ——胀形变形区材料圆周方向最大延伸率,$\delta = \dfrac{d_{\max} - d_0}{d_0}$;

　　　　b——切边余量,选取 $b = 10 \sim 20$ mm,形状对称件选取小值,形状不对称件选取大值。

管坯总长度等于胀形变形区长度与管件直管部分长度之和。

轴向压缩胀形时的管坯长度按变形前与变形后体积相等的原则计算。

管状毛坯胀形完全采用刚性模具难以实现,常常采用各种形式的软模成形,见本章相关部分内容。

6.2　翻　　边

翻边是将工件的孔边缘或外边缘在模具作用下翻成竖立的直边,如图 6.8 所示。采用翻边方法可以加工形状比较复杂,而且具有良好刚度和合理空间形状的立体工件。一般用于代替拉深切底工序,制成空心无底件。

根据工件边缘的性质和应力应变状态的不同,翻边可以分为内缘翻边和外缘翻边。内缘翻边按照竖边壁厚的变化情况,可以分为不变薄翻边(普通翻边)和变薄翻边。外缘翻边有外曲翻边(见图6.8(b)下图)和内曲翻边(见图6.8(b)上图)两种情况。以下分别介绍。

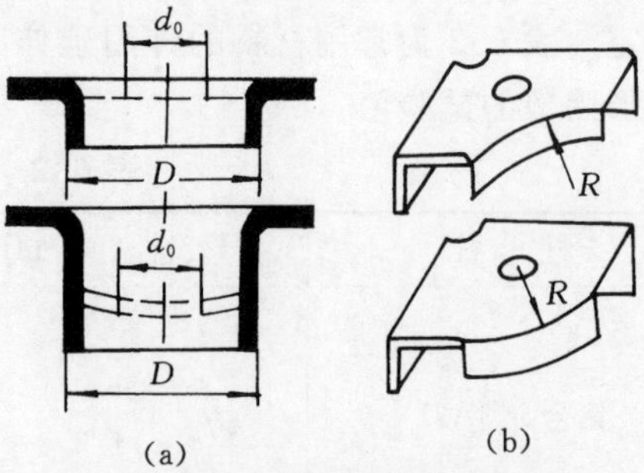

图 6.8　内缘和外缘翻边

(a) 内缘翻边;(b) 外缘翻边

6.2.1　内缘翻边

1. 内缘翻边变形特点

翻边前毛坯孔径为 d_0,如图 6.9 所示。翻边变形区是内径为 d_0 而外径为 D 的环形部分。变形区的毛坯受切向 σ_θ 和径向 σ_r 的两向拉应力。其中切向拉应力 σ_θ 值是最大主应力,而径向拉应力 σ_r 值则比较小。在整个变形区内,应力是变化的。孔的边缘处于单向切向受拉的应力状态,而且其值最大。切向拉应变在变形区内也是变化的,在内孔边缘处最大,随着与孔边缘距离的增大而迅速减小,其应力与应变分布如图 6.10 所示。

变形程度以翻边前孔径 d_0 与翻边后孔径 D(如考虑到板厚,则用板厚中线计量)的比值 m(翻边因数)表示,即

$$m = \frac{d_0}{D} \qquad (6.6)$$

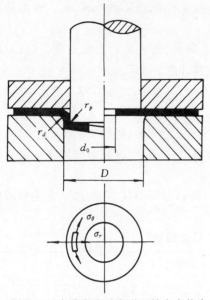

图 6.9　内孔翻边时变形区的应力状态

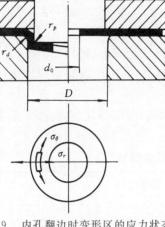

图 6.10　圆孔翻边时变形区的应力与应变分布

显然,m 愈大,变形程度愈小;m 愈小,变形程度愈大。翻边孔不致破裂所能达到的最小翻边因数称为极限翻边因数。极限翻边因数与许多因素有关,主要有:

(1) 材料性能。塑性好的材料,极限翻边因数小。m 与材料的延伸率 δ 或断面收缩率 φ 之间的近似关系为

$$\delta = \frac{\pi D - \pi d_0}{\pi d_0} = \frac{D}{d_0} - 1 = \frac{1}{m} - 1$$

即 $m = 1/(1 + \delta)$,或 $m = 1 - \varphi$。

表 6.3 为圆孔翻边时的首次翻边因数。

表 6.3　首次翻边因数

经退火后材料		翻边因数	
		m_0	$m_{\min}$
白铁皮		0.70	0.65
软钢	$t = 0.25 \sim 2.0$ mm	0.72	0.68
	$t = 3.0 \sim 6.0$ mm	0.78	0.75
黄铜 H62	$t = 0.5 \sim 6.0$ mm	0.68	0.62
铝	$t = 0.5 \sim 5.0$ mm	0.70	0.64
硬铝合金		0.89	0.80
钛合金	TA1(冷态)	$0.64 \sim 0.68$	0.55
	TA1(加热 $300 \sim 400$℃)	$0.40 \sim 0.50$	
	TA5(冷态)	$0.85 \sim 0.90$	0.75
	TA5(加热 $500 \sim 600$℃)	$0.70 \sim 0.65$	0.55
不锈钢、高温合金		$0.69 \sim 0.65$	$0.61 \sim 0.57$

翻边壁上允许有不大的裂痕时可以选用 $m_{\min}$，而在一般情况下，均采用 m_0。在翻边前对板料应当进行退火处理。

（2）孔的边缘状况。翻边前孔边缘表面质量高，无撕裂、无毛刺和无加工硬化时，对翻边有利，极限翻边因数可以小些。因此，常用钻孔方法代替冲孔。

（3）相对厚度。翻边前孔径 d_0 与板料厚度 t 的比值 d_0/t 愈小，即板料相对厚度愈大，在断裂前板料的绝对伸长可以大些，故翻边因数相应小些。

（4）凸模形状。凸模工作边缘的圆角半径愈大，直至成为球形（抛物线形或锥形），对翻边变形愈有利，因为在这种情况变形时，翻边孔是圆滑地逐渐张开，可以减小或延缓孔边破裂的可能性。

低碳钢的极限翻边因数见表 6.4。由表 6.4 可以看出，凸模形状、孔的加工方法和板料相对厚度对极限翻边因数都有影响。

表 6.4　低碳钢的极限翻边因数

翻边凸模形状	孔的加工方法	相对厚度（d_0/t）										
		100	50	35	20	15	10	8	6.5	5	3	1
球形凸模	钻孔去毛刺	0.70	0.60	0.52	0.45	0.40	0.36	0.33	0.31	0.30	0.25	0.20
	冲孔模冲孔	0.75	0.65	0.57	0.52	0.48	0.45	0.44	0.43	0.42	0.42	—
圆柱形凸模	钻孔去毛刺	0.80	0.70	0.60	0.50	0.45	0.42	0.40	0.37	0.35	0.30	0.25
	冲孔模冲孔	0.85	0.75	0.65	0.60	0.55	0.52	0.50	0.50	0.48	0.47	—

对于非圆孔的翻边如图 6.11 所示，翻边线是曲率变化的曲线。在变形区内，沿翻边线其应力与变形的分布是不均匀的，随着曲率半径的变化而变化。假如翻边的高度相同，则曲率半径较小的部位的，切向拉伸应力和切向拉伸变形都较大；相反，在曲率半径较大的部位的，切向拉伸应力和切向拉伸变形都比较小，而在直线部位仅仅于凹模圆角附近发生弯曲变形。由于曲线部分和直线部分是一个整体，曲线部分的翻边变形在一定程度上可以扩展到直边部分，而使曲线部分切向伸长变形得到一定程度的减轻。因此对非圆孔翻边来说，可以采用比圆孔翻边时小的极限翻边因数，见表6.5。计算公式如下：

$$m' = \frac{m\alpha}{180°} \qquad (6.7)$$

式中　　m' —— 非圆孔翻边时的极限翻边因数；

　　　　m —— 表 6.4 的圆孔极限翻边因数；

　　　　α —— 曲率部分中心角。

式（6.7）适用于 $\alpha \leqslant 180°$ 的情况。当 $\alpha > 180°$ 时，直边部分的影响不明显，可以参照圆孔翻边确定的极限翻边因数。当直边部分很短或不存在直边部分时，其极限翻边因数直接按照圆孔翻边计算。

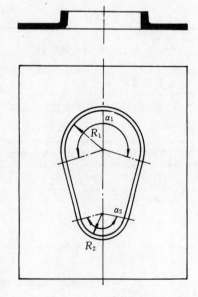

图 6.11　非圆孔翻边

表 6.5　非圆孔的极限翻边因数(低碳钢)

曲率中心角 $\alpha/(°)$	相对厚度(d_0/t)						
	50	33	20	12.5 ~ 8.3	6.6	5	3.3
180 ~ 360	0.80	0.60	0.52	0.50	0.48	0.46	0.45
165	0.73	0.55	0.48	0.46	0.44	0.42	0.41
150	0.67	0.50	0.43	0.42	0.40	0.38	0.375
135	0.60	0.45	0.39	0.38	0.36	0.35	0.34
120	0.53	0.40	0.35	0.33	0.32	0.31	0.30
105	0.47	0.35	0.30	0.29	0.28	0.27	0.26
90	0.40	0.30	0.26	0.25	0.24	0.23	0.225
75	0.33	0.25	0.22	0.21	0.20	0.19	0.185
60	0.27	0.20	0.17	0.17	0.16	0.15	0.145
45	0.20	0.15	0.13	0.13	0.12	0.12	0.11
30	0.14	0.10	0.09	0.08	0.08	0.08	0.08
15	0.07	0.05	0.04	0.04	0.04	0.04	0.04
0	压　弯　变　形						

2. 内孔翻边的工艺计算

翻边工艺计算,如图 6.12 所示,应当根据工件尺寸 D,计算出预冲孔直径 d_0,并核算其翻边高度 H。翻边时,材料主要是切向拉伸变形,厚度变薄,而径向变形不大,因此在进行工艺计算时,可以根据弯曲件中性层长度不变的原则,近似进行预冲孔孔径的计算。实践证明,这种计算方法误差不大。现在分别对平板毛坯翻边和拉深毛坯翻边两种情况进行讨论。

平板毛坯翻边时,如图 6.12 所示,其预冲孔直径 d_0 计算如下:

$$d_0 = D_1 - \left[\pi\left(r + \frac{t}{2}\right) + 2h\right] \tag{6.8}$$

因为

$$D_1 = D + 2r + t$$

$$h = H - r - t$$

代入式(6.8),化简后,翻边高度 H 的表达式为

$$H = \frac{D - d_0}{2} + 0.43r + 0.72t \tag{6.9}$$

或

$$H = \frac{D}{2}\left(1 - \frac{d_0}{D}\right) + 0.43r + 0.72t =$$

$$\frac{D}{2}(1 - m) + 0.43r + 0.72t \tag{6.10}$$

由式(6.10)可知,极限翻边因数 $m_{\min}$ 对应的许可最大翻边高度 $H_{\max}$ 为

$$H_{\max} = \frac{D}{2}(1 - m_{\min}) + 0.43r + 0.72t \tag{6.11}$$

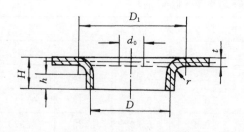

图 6.12　平板毛坯翻边

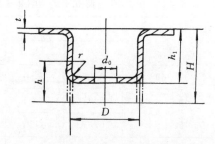

图 6.13　拉深件底部冲孔翻边

变形区内切向拉应力引起的变形,使得翻边高度减小;而径向拉应力引起的变形,使得翻边高度增大。翻边时的变形程度、模具和板料性能等因素都可能使得翻边高度变化。但是在一般情况下,切向拉应力的作用比较显著,所以所得的实际翻边高度都略小于按弯曲变形展开计算所得的翻边高度值。由于这种差值很小,故一般计算可以不考虑,或按照试冲结果修正。

当工件高度 $H > H_{\max}$ 时,难于一次直接翻边成形。这种情况下可以先拉深,在拉深件底部预冲孔,再进行翻边,如图 6.13 所示。这时,应当先决定翻边所能达到的最大高度,然后根据翻边高度确定拉深高度。由图 6.13 可知,翻边高度 h 为

$$h = \frac{D - d_0}{2} - \left(r + \frac{t}{2}\right) + \frac{\pi}{2}\left(r + \frac{t}{2}\right) \approx$$
$$\frac{D}{2}\left(1 - \frac{d_0}{D}\right) + 0.57\left(r + \frac{t}{2}\right) \tag{6.12}$$

假如以极限翻边因数 $m_{\min}$ 代入上式,翻边的极限高度 $h_{\max}$ 为

$$h_{\max} = \frac{D}{2}(1 - m_{\min}) + 0.57\left(r + \frac{t}{2}\right) \tag{6.13}$$

此时,预冲孔直径 d_0 应为

$$d_0 = m_{\min} D$$

或按照式(6.12)求得 d_0,即

$$d_0 = D + 1.14\left(r + \frac{t}{2}\right) - 2h \tag{6.14}$$

于是,拉深高度 h_1 为

$$h_1 = H - h_{\max} + r + t \tag{6.15}$$

根据工件图所要求的翻边后直径 D(按照厚度中心线的直径计算)、工件高度 H、工件圆角 r 和板厚 t,可以求得翻边前预拉深高度 h_1、预冲孔孔径 d_0 和翻边高度 h。

一次翻边难于成形的工件,也可以分几次翻边,但是应当在工序之间进行退火,且每次所用翻边因数应当比上次大 $15\% \sim 20\%$。

3. 翻边力的计算

翻边力一般不大。采用普通圆柱形凸模翻边时的压力按照下式计算,即

$$P = 1.1\pi(D - d_0)t\sigma_s \tag{6.16}$$

式中　D——翻边后直径(按照厚度中心线直径计算),mm;

　　　d_0——翻边预冲孔直径,mm;

　　　t——材料厚度,mm;

σ_s—— 板料屈服极限，MPa。

翻边凸模的圆角半径和凸模与凹模之间的间隙对翻边过程和翻边力有很大影响。增大凸模圆角半径，可以显著降低翻边力。采用球形凸模时，比采用小圆角半径凸模时的翻边力可以降低 50% 左右。适当增大凸凹模之间的间隙，也可以降低翻边力。

4. 翻边模设计

内孔翻边模的结构与拉深模的结构相似。模具工作部分的形状和尺寸不仅对翻边力有影响，而且直接影响翻边质量和效果。

凸模圆角半径应当尽量选取大值，或直接做成球形和抛物线形。图 6.14 所示为常见的几种圆内孔翻边的凸模形状。从变形的有利条件看，以抛物线形凸模最好，球形次之，平头形最差；但是从凸模加工难易程度看，则相反。

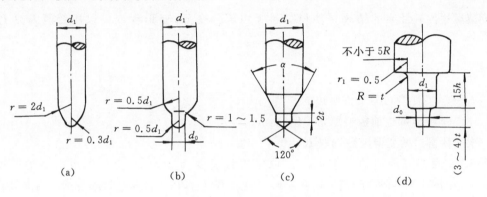

图 6.14　翻边凸模的形状

凹模圆角半径对翻边成形一般影响不大，可以选取等于工件的圆角半径。

凸模与凹模之间的间隙选取大值对翻边变形有利。假如工件孔边垂直度无要求，则间隙值可以尽量选取大值。假如工件孔边垂直度要求比较高，则间隙值可以略小于板料原始厚度 t。其单边间隙 z 一般取为

$$z = 0.85t$$

其 z 见表 6.6。

表 6.6　翻边时凸模与凹模的间隙值　　　　　　　　　　　　　　mm

板料厚度	0.3	0.5	0.7	0.8	1.0	1.2	1.5	2.0
平板毛坯翻边	0.25	0.45	0.6	0.7	0.85	1.0	1.3	1.7
拉深后翻边	—	—	—	0.6	0.75	0.9	1.1	1.5

翻边后竖边材料自然变薄情况近似计算如下：

$$t' = t\sqrt{\frac{d_0}{D}} = t\sqrt{m} \tag{6.17}$$

式中　　t'—— 翻边后竖边端部厚度，mm；

t—— 板料厚度，mm；

d_0—— 预冲孔孔径，mm；

D—— 翻边后直径,mm;

m—— 翻边因数。

5. 变薄翻边

材料竖边变薄是指在翻边变形过程中,由于拉应力作用而引起的材料自然变薄,是翻边的普遍情况。当工件高度 H 很高时,可以减小模具凸模与凹模之间的间隙强迫材料变薄,以便提高生产率和节约原材料,这种方法叫变薄翻边。

变薄翻边时,在凸模压力作用下,变形区材料先受拉伸变形使孔径逐步扩大,而后材料又在小于板料厚度的凸模与凹模间隙中受到挤压变形,使得板料厚度显著变薄,所以变薄翻边的变形程度不仅取决于翻边因数,而且取决于壁部的变薄。变薄翻边可以得到更大的直边高度。

变薄翻边因其最终的结果是使得材料竖边部分变薄,变形程度可以用变薄因数 K 表示,即

$$K = \frac{t_1}{t} \tag{6.18}$$

式中 t_1—— 变薄翻边后工件竖边的厚度,mm;

t—— 变薄翻边前板料原始厚度,mm。

一次变薄翻边的变薄因数选取 $K = 0.4 \sim 0.5$。

图 6.15 为变薄翻边的一个例子。原始板料厚度为 2 mm,变薄翻边后竖边厚度为 0.8 mm。由图 6.15 可见,凸模采用台阶形。经过不同台阶,工件竖边逐步变薄。台阶与台阶之间的距离应当大于工件高度,方便前一台阶变薄结束后再进行后一台阶的变薄。

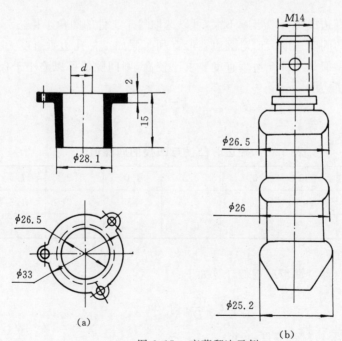

图 6.15 变薄翻边示例

(a) 变薄翻边件;(b) 变薄翻边凸模

6.2.2　外缘翻边

外缘翻边是应用广泛的一种翻边工艺,包括内曲翻边和外曲翻边两种情况,如图 6.16 所示。

外缘翻边的变形程度可以采用以下公式表示 (见图 6.16):

外曲翻边的变形程度 $E_外$ 为

$$E_外 = \frac{b}{R+b} \quad\quad (6.19)$$

内曲翻边的变形程度 $E_内$ 为

$$E_内 = \frac{b}{R-b} \quad\quad (6.20)$$

材料外缘翻边的允许极限变形程度见表 6.7。

外缘翻边的毛坯形状,对于内曲翻边,参照内孔翻边方法计算;对于外曲翻边,参照浅拉深方法计算。

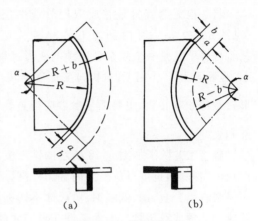

图 6.16　外缘翻边
(a) 外曲翻边;(b) 内曲翻边

外缘翻边方法很多,除采用刚性模具之外,还可以采用软模成形。对于有不同方向竖边的翻边工件,多采用分步翻边成形方法。

表 6.7　外缘翻边允许的极限变形程度

板料名称及牌号	$E_外/100$		$E_内/100$		板料名称及牌号	$E_外/100$		$E_内/100$	
	橡皮成形	模具成形	橡皮成形	模具成形		橡皮成形	模具成形	橡皮成形	模具成形
铝合金					黄铜				
1035O	25	30	6	40	H62 软	30	40	8	45
1035HX6	5	8	3	12	H62 半硬	10	14	4	16
3A21O	23	30	6	40	H68 软	35	45	8	55
3A21HX6	5	8	3	12	H68 半硬	10	14	4	16
5A02O	20	25	6	35	钢				
5A03HX6	5	8	3	12	10	—	38	—	10
2A12O	14	20	6	30	20	—	22	—	10
2A12HX8	6	8	0.5	9	10Cr18Ni9 软	—	15		10
2A11O	14	20	4	30	10Cr18Ni9 硬	—	40	—	10
2A12HX8	5	6	—	—	2Cr18Ni9	—	40	—	10

内曲的外缘翻边,其应力状态和变形特点都与内孔翻边相同。其变形区内主要是切向拉伸变形,其极限变形程度主要受边缘拉裂的限制。外曲的外缘翻边,在变形区内除靠近竖边根部圆角半径附近的材料产生弯曲变形外,其竖边部分受到切向压应力和径向拉应力的作用,产生切向压缩和径向伸长变形,而且以切向压应力和切向压缩变形为主。实质上外曲翻边的应力状态和变形特点与拉深是相同的,外曲翻边可看作沿不封闭的曲线边缘进行的非轴对称的

拉深变形。其极限变形程度主要受变形区材料失稳起皱的限制。

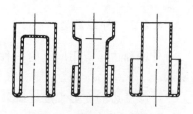

图 6.17　翻管工艺制件

6.2.3　翻管工艺

将一根无缝管材翻卷成双层管或多层管的翻管工艺（见图 6.17）是一种由翻边工艺发展形成的新型成形工艺。翻管工艺是一个复杂且连续的变形过程，如图 6.18 所示，在翻管力 P 作用下，从扩口变形逐渐转化到卷曲变形，进而转化到翻卷变形。为了保证变形过程的顺利转化，主要工艺参数应当是翻管力 P、模具半锥角 α、管材相对厚度 $s=\dfrac{t}{D}$、管材塑性和强度。

翻管工艺除了如图 6.18 所示的锥形模以外，还有圆角模、槽模和拉伸翻管模。翻管既可以从内向外翻，也可以从外向内翻。外翻导致管壁变薄，内翻则使得管壁变厚。翻管工艺的适用材料有铝合金、铜、低碳钢、奥氏体不锈钢和钛合金等。目前，从 $\phi 10 \times 1$ 到 $\phi 250 \times 5$ 管坯能够成功地翻成双层管。翻管工件在吸能元件和管接头等方面得到了大量应用。

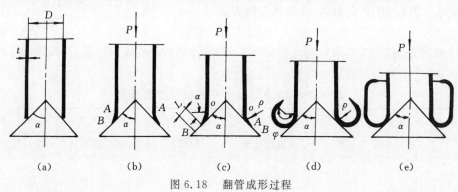

图 6.18　翻管成形过程

6.3　缩口与扩口

6.3.1　缩口

缩口是将空心件或管形毛坯的开口端直径加以缩小的成形方法，如图 6.19 所示。

缩口时，变形区内金属受切向和轴向压应力，且主要是受切向压应力的作用，使得直径缩小，壁厚和高度增加。切向压应力也使得变形区材料易于失稳起皱；同时在非变形区的简壁，由于承受全部缩口压力 P，也可能引起失稳变形。因此，防止失稳是缩口工艺的主要问题。其极限变形程度受到侧壁的抗压强度或稳定性的限制。

缩口变形程度用缩口因数 m 表示，即

$$m=\frac{d}{D} \tag{6.21}$$

式中　　d——缩口后直径，mm；

　　　　D——缩口前直径，mm。

缩口因数 m 一般与材料种类、板料厚度、模具形式和毛坯表面质量有关。表6.8为不同材料和不同支承方式下平均缩口因数 m 值。

表 6.8　平均缩口因数 m

材　　料	支承方式		
	无支承	外支承	内外支承
软钢	$0.70 \sim 0.75$	$0.55 \sim 0.60$	$0.30 \sim 0.35$
黄铜 H62,H68	$0.65 \sim 0.70$	$0.50 \sim 0.55$	$0.27 \sim 0.32$
铝,3A21	$0.68 \sim 0.72$	$0.53 \sim 0.57$	$0.27 \sim 0.32$
硬铝(退火)	$0.73 \sim 0.80$	$0.60 \sim 0.63$	$0.35 \sim 0.40$
硬铝(淬火)	$0.75 \sim 0.80$	$0.68 \sim 0.72$	$0.40 \sim 0.43$

缩口模具的支承形式有以下三种,如图6.20所示:无支承(见图 6.20(a)),这种模具结构简单,但是缩口过程中毛坯稳定性差;外支承(见图6.20(b)),这种模具比前者复杂,但是稳定性比较好,允许缩口因数可以选取小值;内外支承形式(见图6.20(c)),这种模具比前两种复杂,但是稳定性更好,允许缩口系数可以选取更小值。

当工件的缩口因数经计算后小于表 6.8 的数值时,则需要进行多次缩口。这时,对于第一次工序,其缩口因数通常选取比平均值小 $5\% \sim 10\%$。以后各次工序,因为加工硬化效应等影响,其缩口因数选取比平均值大 $5\% \sim 10\%$。多次缩口计算方法如下:

求出总的缩口因数

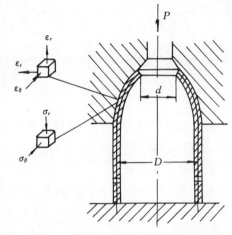

图 6.19　空心件缩口

$$m_0 = \frac{d_n}{D}$$

式中　　d_n——第 n 次缩口后直径(即工件要求直径),mm;

　　　　D——毛坯直径,mm。

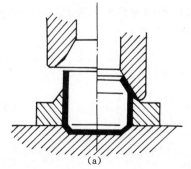 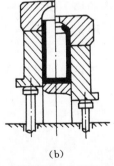 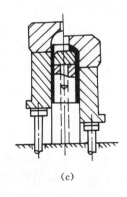

图 6.20　缩口模的支承形式
(a) 无支承;(b) 外支承;(c) 内外支承

按照表6.8确定的第一次工序平均缩口因数 m,可以计算每一次工序缩口后与缩口前的直径变化值,即

$$m=\frac{d_1}{D}=\frac{d_2}{d_1}=\cdots=\frac{d_n}{d_{n-1}}$$

于是缩口次数

$$n=\frac{\lg m_0}{\lg m}=\frac{\lg d_n-\lg D}{\lg m} \qquad (6.22)$$

板料厚度不同,缩口系数也不相同,这是由于随着板料厚度的增加,抗失稳能力增强。所以板料厚度增加,缩口因数相应可以选取小值。以黄铜和钢为例,在无支承缩口模变形时,缩口因数随着板料厚度的变化值见表6.9。

表6.9 平均缩口因数 m

材　料	板料厚度 /mm		
	$0\sim0.5$	$>0.5\sim1.0$	>1.0
黄铜	0.85	$0.80\sim0.70$	$0.70\sim0.65$
钢	0.85	0.75	$0.70\sim0.65$

6.3.2 扩口

扩口是将管件或空心件的口部直径用扩口模加以扩大的成形方法,如图6.21所示。

1.扩口变形程度

扩口变形程度采用扩口因数 K 表示,即

$$K=\frac{d}{d_0} \qquad (6.23)$$

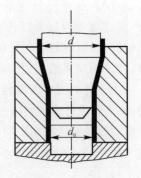

图6.21 扩口

式中　d——扩口后直径,mm;

　　　d_0——扩口前直径,mm。

极限扩口因数与材料性能、模具、管口状态、管口形状、扩口方式和相对厚度等有关。在管材传力部位增加约束,提高抗失稳能力以及对管口局部加热等措施均可以提高极限扩口因数。粗糙的管口表面不利于扩口,采用刚性锥形凸模的扩口比分瓣凸模扩口有利于提高极限扩口因数。钢管扩口时,相对厚度越大,则极限扩口因数也越大。假如扩口坯料为经过拉深的空心开口件,还应当考虑预成形材料的加工硬化效应和材料各向异性的影响;预成形量越大,极限扩口率越小,为了提高极限扩口因数,可以增加中间退火工序。

2.扩口力及毛坯尺寸的计算

采用锥形刚性凸模扩口时,单位扩口力可以按照下式计算,即

$$p=1.15\sigma_s\frac{1}{3-\mu-\cos\alpha}\times\left(\ln K+\sqrt{\frac{t_0}{2R}}\sin\alpha\right) \qquad (6.24)$$

式中　p——单位扩口压力,N;

　　　σ_s——材料的抗拉强度,MPa;

　　　μ——摩擦因数;

α——凸模半锥角；

K——扩口因数。

工程上,其简化计算公式如下：

$$P = \pi b d_1 t \sigma_s \tag{6.25}$$

式中　　P——扩口力,N；

d_1——管坯的平均直径,$d_1 = \frac{1}{2}(D+d)$,mm；

D——管坯外径,mm；

d——管坯内径,mm；

t——管坯厚度,mm；

σ_s——材料的抗拉强度,MPa；

b——修正因数,其值与扩口因数有关,见表 6.10。

表 6.10　修正因数 b

扩口因数 K	1.05	1.11	1.18	1.25	1.33	$\geqslant 1.42$
修正因数 b	0.30	0.40	0.60	0.75	0.90	1.0

计算扩口件毛坯尺寸时,对于给定形状、尺寸的扩口管件,其管坯直径及壁厚通常选取与管件要求的筒体直径及壁厚相等,如图 6.22 所示。管坯的长度按扩口前后体积不变条件确定,再加上管件筒体部分的长度,即

$$l_0 = \frac{1}{6}\left[2 + K + \frac{t_1}{t}(1 + 2K)\right] \tag{6.26}$$

式中　　K——扩口因数；

l_0——锥形母线长度,mm；

t——扩口前管坯壁厚,mm；

t_1——扩口后口部壁厚,mm。

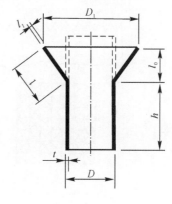

图 6.22　扩口件尺寸

6.4　校　　　形

校形属于修整性成形工序,它包括两种情况:将毛坯或冲裁件的不平度和挠曲度压平,即所谓校平；将弯曲、拉深或其他成形件校整成最终的正确形状,即所谓整形。

6.4.1　校平

根据板料厚度和表面要求的不同,校平可以采用光面模校平和齿形模校平。

对于材料薄而软且工件表面不允许有压痕时,一般采用光面模校平。为了使得校平不受压力机滑块导向精度的影响,校平模最好采用浮动上模或浮动下模,如图 6.23 所示。光面模校平时,由于材料回弹的影响,对材料强度比较高的工件,校平效果比较差。

对于材料比较厚的工件,通常采用齿形模校平,齿形有细齿和粗齿两种情况。细齿模如图

6.24 所示,齿的高度 $h=(1\sim2)t$,两齿间距离 $l=(1\sim1.2)t$,它适用于表面允许留有齿痕的工件。粗齿模如图 6.25 所示,齿的高度 $h=t$,具有一定宽度 $b=(0.2\sim0.5)t$ 的齿顶,两齿间距离 $l=(1\sim1.2)t$,它适用于料厚比较小的铝、青铜、黄铜等表面不允许有齿痕的工件。无论是细齿模或是粗齿模,上下齿形均应当互相错开。

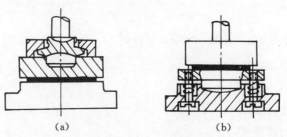

图 6.23 光面模校平

(a) 浮动上模;(b) 浮动下模

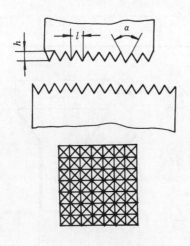

图 6.24 细齿模齿形

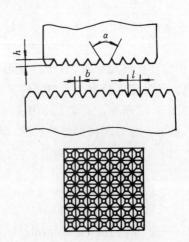

图 6.25 粗齿模齿形

校平压力 P 按照下式计算,即

$$P=Fg \tag{6.27}$$

式中　　F—— 校平投影面面积,mm^2;

　　　　g—— 单位校平力,选取 $50\sim200\ \mathrm{MPa}$。

6.4.2 整形

空间形状工件的整形是在弯曲、拉深或其他成形工序之后,这时工件已接近于成品件的形状和尺寸,但是圆角半径可能比较大,或是某些部位尺寸形状精度不高,需要通过整形完全达到图纸要求。整形模和先行工序的成形模大体相似,只是模具工作部分的精度等级和光洁度要求更高,圆角半径和间隙比较小。按照工件形状和要求的不同,整形方法也不相同。

对于弯曲件的整形,采用如图 6.26 所示的镦校方法。这种方法使得工件在模具内除了在垂直表面受压应力外,并且在长度方向上也受到压应力,形成三向受压的应力状态,使其产生不大的塑性变形,可以得到比较好的整形效果。

对于直筒形拉深件的整形,通常采用间隙 $z=(0.9\sim0.95)t$ 的整形模。这种整形也可以和最后一次拉深工序结合进行。

带凸缘拉深件需整形的部位可能包括凸缘平面、侧壁、底平面和外凸与内凹的圆角半径。其模具如图 6.27 所示。

整形力 P 可按照下式计算,即

$$P=Fg \tag{6.28}$$

式中　　F——整形投影面的面积,mm^2;

　　　　g——单位整形力,选取 $g=150\sim200$ MPa。

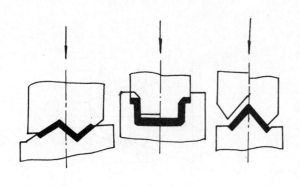

图 6.26　弯曲件的整形

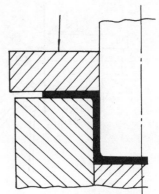

图 6.27　带凸缘拉深件的整形

6.5　旋　　压

旋压又称赶形,用于制造各种不同形状的旋转体工件。10 世纪初,中国发明了旋压并应用,14 世纪传入欧洲。20 世纪 50 年代以后,随着航空航天工业的迅速发展,除普通旋压之外,又发展了强力旋压。

6.5.1　普通旋压

旋压工作原理如图 6.28 所示。将平板或半成品毛坯套于芯模上并采用顶块压紧,芯模、毛坯和顶块均随主轴旋转,操纵赶棒使得材料逐渐贴模,从而获得所要求的工件形状。

旋压方法所用的设备和模具都很简单,各种形状的旋转体拉深、翻边、缩口、胀形和卷边件都可以适用。与一切半机械化手工操作一样,旋转方法机动性大,加工范围广,但是生产率比较低,劳动强度大,操作技术要求比较高,产品质量不稳定,所以只适于单件试制及小批量生产。

由图 6.28 可知,赶棒加压于毛坯上反复赶辗,由点到线,由线到面,最后使得毛坯逐渐紧贴芯模成形。在变形过程中,毛坯切向受压,径向受拉,一方面在与赶棒的接触点产生局部塑性变形,另一方面在沿赶棒加压的方向倒伏。假如操作不当,会引起材料失稳起皱或破裂。因此,应当恰当选择主轴转速、变形过渡形状和赶棒压力,使得毛坯均匀地变形。

旋压的变形程度以旋压因数 m 表示,即

$$m = \frac{d}{D} \qquad\qquad (6.29)$$

式中　　d—— 工件直径(对于锥形件,指最小直径),mm;

　　　　D—— 毛坯直径,mm。

圆筒形件极限旋压因数可取 $m = 0.6 \sim 0.8$,当相对厚度 $t/D \times 100 = 0.5$ 时,选取大值;当 $t/D \times 100 = 2.5$ 时,选取小值。圆锥形件极限旋压因数选取 $m = 0.2 \sim 0.3$。

假如工件需要的变形程度比较大,可以在不同芯模上进行多次旋压,但是不同工序间需要进行中间退火。

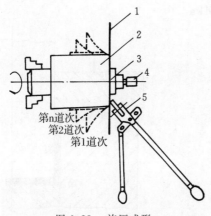

图 6.28　旋压成形

1— 毛坯;2— 芯模;3— 顶块;

4— 尾顶尖;5— 赶棒

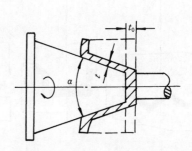

图 6.29　锥形件的变薄旋压

6.5.2　强力旋压

图 6.29 所示为锥形件强力旋压示意图。毛坯套在芯模上随同旋压主轴一起旋转,旋轮沿一定轨迹移动,并与芯模保持一定间隙而加压于毛坯,使得毛坯按芯模形状逐渐成形,加工成所需要的工件。旋轮压力可达 $2\,500 \sim 3\,000$ MPa。采用强力旋压方法,可以加工形状复杂、尺寸比较大的旋转体工件,其表面质量 Ra 可达 $0.8 \sim 3.2\ \mu\mathrm{m}$,尺寸精度可达 IT8 左右,均比普通旋压方法高。

强力旋压为逐点变形。瞬时变形对工件凸缘未变形区域影响极小,凸缘直径始终保持不变。变形中旋轮加压于毛坯,逐渐滚轧,类似于旋转挤压过程,使得毛坯按预定要求变薄。这是强力旋压与普通旋压的根本区别。

强力旋压过程中,毛坯外径保持不变,因而没有凸缘起皱问题,也不受毛坯相对厚度的限制,可以一次旋压出相对深度较大的工件。

经强力旋压后,材料晶粒细化,其强度、硬度和疲劳强度均有提高。对各种难变形加工的金属(如高温合金、钛合金)可以采用加热强力旋压,材料的高温性能也能得到改善。

强力旋压一般需要专门的旋压机,要求功率大,有足够的刚度。在中小批量生产中采用强力旋压比较合适。

对于锥形件的强力旋压,芯模锥角 α 是一常数,工件厚度的变化始终遵循正弦规律,见图 6.29。对于非锥形件,工件上任意一点的厚度可由该点切线与轴线所成夹角计算出来。正弦

规律的表达式为

$$t = t_0 \sin(\alpha/2) \qquad (6.30)$$

式中　t—— 工件厚度，mm；

　　　t_0—— 毛坯厚度，mm；

　　　α—— 芯模锥角。

强力旋压的变形程度采用变薄率 ε 表示，即

$$\varepsilon = \frac{t_0 - t}{t_0} = 1 - \frac{t}{t_0} = 1 - \sin(\alpha/2) \qquad (6.31)$$

由此可见，芯模锥角 α 表示了变形程度的大小。α 愈小，变形程度愈大。各种材料每次强力旋压变形的最大极限值，可以采用最小锥角 $\alpha_{\min}$ 表示。表 6.11 为不同板料厚度时 $\alpha_{\min}$ 的试验值。

当工件的锥角小于允许的最小锥角时，则需要进行二次或多次强力旋压，这时应进行工序间的退火处理。对于锥形毛坯，也可以预先用其他加工方法制得，再进行强力旋压。

对于圆筒形件的强力旋压，不可能用平板毛坯加工出来。因为圆筒形件的锥角 α 为零，根据正弦规律，毛坯厚度 $t_0 = t/\sin(\alpha/2) = \infty$，这是不可能的。因此强力旋压圆筒形件时，只能采用壁部较厚、长度较短而内径与工件相同的圆筒形毛坯。

表 6.11　强力旋压的最小锥角

板料厚度 mm	允许的最小锥角 $\alpha_{\min}$				
	3A21O	2A12O	06Cr18Ni11Ti	钢 20	钢 08F
1	30°	35°	40°	35°	30°
2	25°	30°	30°	30°	30°
3	20°	30°	30°	30°	30°

对于抛物线形和半球形件的强力旋压，因为工件的母线是曲线，母线上各点的锥角是有规律的变数，假如采用平板毛坯，则旋压后工件的壁部不等厚。假如要得到壁部等厚的工件，则毛坯应当是不等厚的，其关系式仍然由式（6.30）的正弦规律求得。

图 6.30 所示为工件壁厚与毛坯厚度的关系。图 6.30（a）为采用等厚平毛坯加工不等厚工件，图 6.30（b）为采用不等厚的平毛坯加工等厚工件，图 6.30（c）为由等厚预成形毛坯加工等厚工件。不等厚毛坯既可以采用车削，也可以采用预成形方法加工。

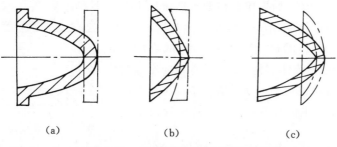

（a）　　　　　　　（b）　　　　　　　（c）

图 6.30　工件壁厚与毛坯厚度的关系

（a）等厚毛坯，不等厚工件；（b）不等厚平毛坯，等厚工件；（c）等厚预成形毛坯，等厚工件

6.6 成形新技术

为了满足难变形材料和形状复杂工件的冲压成形需求,发展了成形新工艺,如软模成形、超塑成形、电液和电磁成形、激光成形、无模多点成形、数控增量成形喷丸成形和微冲压成形等。这些新工艺解决了工程上的许多难题,也取得了显著的技术经济效益。下面分别进行简要介绍。

6.6.1 软模成形

相对于刚性模具,假如采用橡胶、PVC塑料、石蜡、液体或气体等作传压介质,代替成形凸、凹模模具中的一方,这将使得模具结构大为简化,便于模具的设计和加工。不但可以缩短生产准备周期、降低成本,而且提高成形件质量,对于形状复杂或大型成形工件的冲压加工效益更加显著。

1. 液压成形

液压成形是指采用液态的水、油或者黏性物质作为传力介质,代替刚性的凹模或凸模,使得坯料在传力介质的压力作用下贴合凸模或凹模而成形。根据不同的成形对象,液压成形技术可以分为壳液压成形、板液压成形和管液压成形三类。

与传统工艺相比,板液压成形技术具有以下优越性:

(1)提高成形极限,减少工件的成形次数和退火次数,以及配套模具数量和成本;

(2)成形零件回弹小,工件的表面质量和尺寸精度提高;

(3)液压成形仅仅需要一个凸模或凹模,另一半采用液体介质代替,减少了模具成本,一般模具费用可以降低30%以上,模具可以采用便宜的材料加工,且结构简单,加工精度要求比较低,通用性好,配套数量少,适合于小批量、多品种柔性加工的要求;

(4)由于液体的应用,可以成形室温下难以变形材料,如镁合金、铝合金、钛合金、高温合金以及复杂结构拼焊板等;

(5)可以加工形状复杂工件。

液压成形中,应用最为广泛、技术最为成熟的是对向液压拉深技术。图6.31为板料液压成形示意图。首先将板料放置于凹模上,压边圈压紧板料,使得凹模型腔形成密封状态。当凸模下行进入型腔时,型腔内的液体由于受到压缩而产生高压,最终使毛坯紧紧贴向凸模而成形。当然,如果成形初期对液体压力要求较高,可以在成形一开始使用液压泵实行强制增压,使得液体压力达到一定值,以满足成形要求。另外,在凹模与板料下表面之间产生的流体润滑,减少了有害的摩擦阻力,这样不仅使得板料的成形极限大大地提高,而且可以减少传统拉深时可能产生的局部缺陷,从而成形出精度高、表面质量好的工件。

国内外学者在液压成形方法、有限元数值模拟和成形设备等方面开展了大量研究。目前,代表性方法有:橡皮

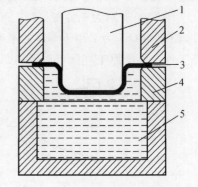

图6.31 板料液压成形示意图
1—凸模;2—压边圈;3—板料;
4—凹模;5—液体

垫液压成形,液压拉深,径向加压液压成形,液压成对成形等。其中,液压成对成形(见图6.32)是德国在 20 世纪 90 年代提出的一种板料成形工艺,因为成形液压力比较高,又称为板材内高压成形。板材液压成对成形时,首先将叠放的两块平板毛坯放置在上下凹模中间,压边后充液预成形,边缘切割,对边缘采用激光焊接技术焊接。然后,在两板间充入高压液体,使其贴模成形。这种成形属于内高压成形,适于成形腔体工件。

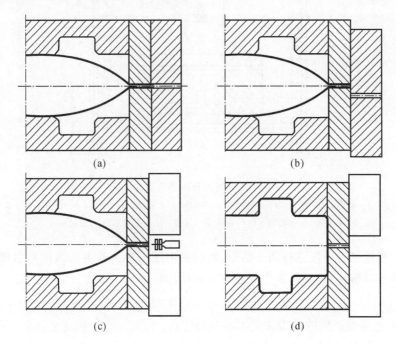

图 6.32　液压成对成形
(a) 预成形；(b) 切边；(c) 激光焊接；(d) 液压成形

2. 爆炸成形

爆炸成形是利用爆炸物质在爆炸瞬间释放出的巨大化学能对毛坯进行加工的高能率成形方法。爆炸成形的模具简单,无需冲压设备,能够简单加工出大型板材工件等。尤其适用于小批量或试制特大型冲压件。主要用于板材的拉伸、胀形、校形等成形工艺。

爆炸成形时,爆炸物质的化学能在极短时间内转化为周围物质(空气或水)中的高压冲击波,并以脉冲波的形式作用于毛坯,使其产生塑性变形。冲击波对毛坯的作用时间为微秒级,仅占毛坯变形时间的一小部分。这种异乎寻常的变形条件,使得爆炸成形的变形机理及过程与常规冲压加工有着本质的差别。爆炸成形常用的炸药有梯恩梯(TNT)、黑索金、泰安等。药包可以是铸成的、压实的或粉末状的。常用电雷管作为起爆物质,采用起爆器起爆。

图 6.33 所示为爆炸拉深装置示意图。药包起爆后,爆炸物质以极高的传爆速度在极短的时间内完成爆轰过程。

药位、药量和药形是爆炸成形工艺的重要参数。

药位是指炸药与毛坯之间的相对位置。对于轴对称工件,药包的形状也是轴对称的,其中心点应与工件的对称轴线重合。对于球面工件,过低的药位 h_1(见图6.33)将引起中心部分的局部变形和厚度变薄。药位的选择除与工件形状有关外,还与工件的材料性能和板料相对厚度有关。对于强度高而厚度大的工件,药位可以低些,反之应当高些。

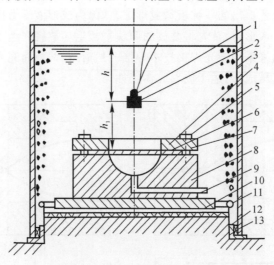

图 6.33　爆炸拉深装置示意图

1—电雷管；2—炸药；3—水筒；4—压边圈；5—螺栓；6—毛坯；7—密封；8—凹模；9—排气管道；
10—缓冲装置；11—压缩空气管道；12—垫环；13—密封

药量通常根据经验方法进行初步估算,然后采用逐步加大药量的方法最后确定合适的药量。对于简单的球形装药,可以采用下述方法估算,即

$$p_{\max} = 5.35 \times 10^5 (W^{\frac{1}{3}} R^{-1})^{1.13} \tag{6.32}$$

式中　　$p_{\max}$——爆炸产生的冲击波最大压力,MPa；

$\qquad$ W——药量,kg；

$\qquad$ R——药包距工件距离,m。

工程上,常用下式确定装药量,即

$$p_{\max} > Kp \tag{6.33}$$

式中　　p——成形静压力,MPa；

$\qquad$ K——增大因数,其值取决于毛坯变形量(对变形量很小的校形,$K \approx 3$；对变形量不大的成形,$K = 5$；对变形量比较大的成形,$K \geqslant 10$)。

3.聚氨酯橡胶模成形

天然橡胶和 PVC 塑料成本比较低,但是所能够承受的单位压力一般小于 40 MPa,寿命短,只能用于软金属(如铝、铜等)的成形模具。而高分子材料聚氨酯橡胶却能承受 100 MPa甚至更高的单位压力,耐磨和耐油性能也较高,使用寿命比天然橡胶能提高数倍。利用聚氨酯橡胶作为传压介质,在冲压成形加工中得到了广泛应用。这种模具还可以一模多用,同时完成冲孔落料和各种成形的复合工艺。

在平板毛坯胀形中,成形各种加强筋、文字图案和标识,聚氨酯橡胶是十分理想的模具材料。聚氨酯橡胶作为凸模称正向成形,变形区筋部材料变薄比较小,一般不大于 7％,但是需要比较大的单位压力,这是因为聚氨酯橡胶需要利用摩擦带动毛坯材料往筋部流动。聚氨酯橡胶作为凹模称反向成形,虽然要求的单位压力比较小,但是筋部材料变薄比较严重,一般为10％～15％。这种模具的形状和结构参数见表 6.12。

表 6.12　加强筋的成形方法和结构参数

材料	成形方法			
	正向		反向	
	几何尺寸关系		几何尺寸关系	
	r/R	R/H	r/R	R/H
铝合金	$0.3 \sim 0.4$	$0.6 \sim 0.7$	$0.3 \sim 0.5$	$0.8 \sim 0.9$
钢	$0.5 \sim 0.8$	$0.7 \sim 1.3$	$0.5 \sim 0.9$	$1.0 \sim 1.5$
钛合金	$0.9 \sim 1.0$	1.8	$0.8 \sim 1.0$	2.0
镁合金	$0.9 \sim 1.0$	1.5	$0.8 \sim 1.0$	1.8

　　管状毛坯胀形时,无论采用何种胀形方法,聚氨酯橡胶都可以作为首选的传力介质材料。聚氨酯橡胶作为凸模,轴向压缩胀形的模具结构形式如图 6.34 所示。这种模具可使胀形因数 K 对碳钢从自然胀形时的 $1.15 \sim 1.2$ 提高到 $1.4 \sim 1.5$;对不锈钢从自然胀形时的 $1.26 \sim 1.32$ 提高到 $1.6 \sim 1.7$。K 的上限值受到材料的稳定性和加工硬化效应的影响。

　　采用聚氨酯橡胶胀形时,胀形力 P 可以按照下式计算,即

$$P = kpA \tag{6.34}$$

式中　　k——考虑摩擦等因素的增加因数,选取 $k = 1.3 \sim 1.5$;

　　　　p——单位胀形压力,MPa;

　　　　A——垂直于力方向上聚氨酯橡胶垫的投影面积,mm^2。

　　单位胀形压力 p 可以按照下式计算,即

平板毛坯胀形加强筋时

$$p = \frac{Ht}{3BL}\sigma_b \tag{6.35}$$

管状毛坯自然胀形时

$$p = 1.15\sigma_b \frac{2t}{d_{max}} \tag{6.36}$$

式中　　　H —— 加强筋深度,mm;

　　　　　B —— 加强筋宽度,mm;

　　　　　L —— 加强筋长度,mm;

　　　　　t —— 板料厚度,mm;

　　　d_{max} —— 胀形区最大凸肚直径,mm;

　　　　σ_b —— 材料强度极限,MPa。

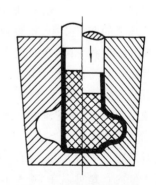

图 6.34　轴向压缩胀形
模具结构

胀形中聚氨酯橡胶的硬度,宜选用 HS50A ~ 70A,比较软的适用于曲面比较圆滑的胀形件,允许变形量大,可以提高使用寿命,也可以降低设备吨位。对于小圆弧成形件,并要求成形后外表轮廓清晰时,应当采用比较硬的聚氨酯橡胶。假如成形时,还同时要求冲孔落料工序,则宜选用硬度为 HS70A ~ 80A 的聚氨酯橡胶。

内缘翻边中,一般不采用聚氨酯橡胶作传压力介质,因为此时传力介质难以密封,单位压力难以达到要求。而在外缘翻边中,采用聚氨酯橡胶有各种翻边方法,如图 6.35 所示。因为采用了各种侧压装置,可将一部分垂直压力有效地转化为横向压力,以达到翻边成形的目的。翻边用聚氨酯橡胶的硬度,从消皱角度出发,应当选用高硬度的聚氨酯橡胶,但是硬度增高,其流动性减弱,同样达不到翻边的目的,故宜选用硬度为 HS65A ~ 75A。假如在翻边的同时,还需要冲孔等,则应当选用 HS75A ~ 85A。为了顺利成形和降低设备吨位,可以将聚氨酯橡胶做成分层结构,表层用比较硬的,内层用比较软的,效果更好。

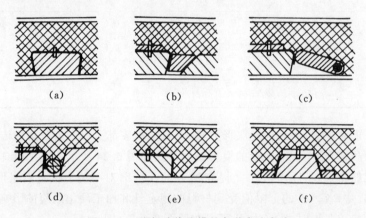

图 6.35 聚氨酯橡胶模的各种翻边方法
(a) 直接用聚氨酯橡胶;(b) 用侧压楔块;(c) 用铰链压板;(d) 用侧压钢棒;
(e) 用侧压活动板;(f) 用钢环

4.石蜡模成形

石蜡具有易于呈固体和流体状独特优点,作为传力凸模,对小型而变形量大和形状复杂的工件进行胀形,效果好。如图 6.36 所示,固体石蜡碾碎后直接装入放好毛坯 2 的凹模 4 中,也可以经熔化后注入毛坯内。凸模 6 随行程下降,在石蜡压力超过一定数值后,石蜡由节流孔 5 逸出,螺钉 1 可调节节流孔大小,从而控制住石蜡的压力。由于凸模 6 直接作用于石蜡及毛坯 2 的顶端,因而毛坯受到轴向压力作用,其变形程度比一般胀形法提高很多。表 6.13 为采用图 6.36 石蜡胀形模时的胀形因数 K 值。石蜡的熔点为 $60 \sim 80℃$,成形后工件内石蜡可以在 $90 \sim 100℃$ 热水中脱蜡,并可回收使用。经验证明,热水除蜡后,工件表面往往仍黏附一层石蜡薄膜,必须进一步在 $90 \sim 100℃$ 的 $5\% \sim$

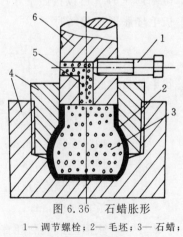

图 6.36 石蜡胀形
1— 调节螺栓;2— 毛坯;3— 石蜡;
4— 凹模;5— 节流孔;6— 凸模

10% 苛性钠溶液中洗涤 $3 \sim 5$ min。

表 6.13　石蜡胀形法的胀形因数

材　料	板料原始厚度 t_0/mm	胀形因数 K
紫铜 T3	0.5	1.59
黄铜 H62	0.5	1.53
钢 20	0.5	1.54
不锈钢 06Cr18Ni11Ti	0.5	1.48

6.6.2　超塑成形

金属在一定条件下呈现出异常高的塑性,称为超塑性。这些条件既包括材料的成分、微观组织及相变、再结晶的转化能力等固有条件,也包括变形温度和变形速率等加工条件。在超塑性状态下,材料的塑性指标异常高,并且强度很低,极易变形。金属材料的这一特性有很大的工程意义,在冲压生产中,不仅可以直接成形冲压工件,而且也可以制造冲模。

金属板材超塑成形冲压工件,既可以减少工序,也可以成形形状很复杂的工件;变形抗力小,可以在低于一般塑性加工所需载荷 $1 \sim 2$ 个数量级的载荷下加工,大大减少设备动力;不存在由于加工硬化效应引起的残余应力,成形工件尺寸稳定,同时由于微观组织均匀,不存在织构和各向异性,保证冲压件质量;由于载荷低,成形速度缓慢,可以采用低强度材料或便宜材料制造模具。但是这种成形工艺生产效率不高,需要加热装置,对某些超塑变形温度较高的材料,要求模具材料的耐热性能也随之提高。目前,对于形状复杂的成形工件和用常规方法加工困难的低塑性材料,采用超塑成形方法,效果好。

金属板材超塑成形,根据模具特点,可以分为自由气胀成形、气胀凹模成形或气胀凸模成形。如图 6.37 所示,在超塑成形时,由上端模盖中间的孔内进入气压,板料在模腔内先是自由胀形,随后与模腔侧面和底面逐步贴模,由于摩擦作用,贴模后的材料几乎不再参与变形,最后成形未贴模的圆角部位,直至校正成形。变形过程中材料表面积的扩大是依靠板材扩展中的变薄实现的。材料各部分贴模先后顺序不同,变薄程度也不同。最后贴模部位变薄最严重。故板材超塑成形,工件壁厚不均匀是不可避免的。

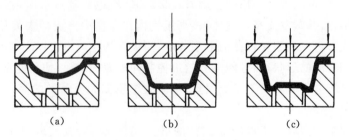

图 6.37　超塑气胀成形

(a) 自由胀形;(b) 初始成形;(c) 校正成形

超塑气胀成形模具,通常由加热、压紧、供气和成形模腔等部分组成,典型装置如图 6.38 所示。该装置用于超塑成形抛物面雷达天线(Zn - Al 合金,ω_{Al} 为 22％)。由于超塑成形属于等温成形,成形材料的温度与模具的温度相同。对于板材超塑成形更应严格控制温度,使得成形保持在材料的超塑温度范围内。加热方法有电热板法(见图 6.38)、感应加热法和电阻炉加热法。超塑成形过程应当在压紧和密封状态下进行。成形模腔的上模或下模,按照成形工件的尺寸形状设计,同时应当考虑工件材料与模具材料的热膨胀率。

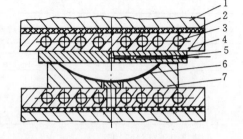

图 6.38　超塑气胀成形模具

1— 垫板；2— 隔热板；3— 加热棒；4— 加热板；

5— 上模；6— 工件；7— 下模

目前应用的超塑金属材料有:Zn - Al 合金、Al - Cu 合金、不锈钢、铜合金、钛合金、镍基合金和一些黑色金属,等等。

6.6.3　电液成形与电磁成形

电液成形与电磁成形均属于高能高速成形。这时载荷是以脉冲方式作用于坯料,故高能成形又称为脉冲加工成形。这种成形技术具有成形能量大、成形速度快、模具结构简单,并具软成形性质,即成形工件回弹小、精度高,能够成形复杂形状的工件。电液成形与电磁成形可以充分利用电工电子技术,易于实现自动化与智能化。

1. 电液成形

电液成形是利用储存在电容器中的电能作为能源,使其在液体中瞬时放电,利用放电时所产生的冲击波来加工工件。液体通常是水作为传递能量的介质,故又称电水成形。一些高强度、耐高温合金,如钼、钛、铌、铍、镍、锂合金,不锈钢,工具钢等,采用常规冲压方法难以成形,用电液成形技术则易于实现。

电液成形的装置如图 6.39 所示。升压变压器 1 将来自网络的交流电升压,经二极管 2 整流后变为高压直流电,向电容器 4 充电,充电电压达到一定值时,辅助间隙 5 被击穿,高压电瞬时加到两放电电极所组成的主放电间隙上,并使得电极之间产生击穿电流,高压电流在瞬间通过电极间的水域,形成冲击波而使毛坯 10 按凹模 12 的形状成形。

如果将图 6.39 的两电极之间用细金属丝连接起来,在电容器放电时,强大的脉冲电流会使得金属丝迅速熔化,并蒸发成高压气体,该高压气体在介质中形成冲击波使板料成形,称为电爆成形。电爆成形可以利用比较低的电压放电,两极间的距离也可以大些,金属丝可以弯成与工件几何形状相适应的形状,而且能够有效地控制冲击波的波形,使得能量得到充分利用。但是电爆成形每次放电之后需要更换金属丝,生产效率不如无金属丝的高。金属丝必须是良导体,如铜、铝丝等。

电液成形的加工能力取决于电容器储存的最大能量 $E(\mathrm{J})$,其值取决于电容器的电容量 $C(\mathrm{F})$ 和充电电压 $U(\mathrm{V})$,按照下式确定,即

$$E = \frac{1}{2}CU^2 \tag{6.37}$$

电极材料可以采用铜合金、低碳钢或不锈钢等。模具材料要求不高,单件试制生产时,可

以采用锌基合金、环氧树脂或石膏；小批量生产时，可以采用低碳钢。对于复合冲孔工序，模具材料强度可以适当提高，如工具钢。

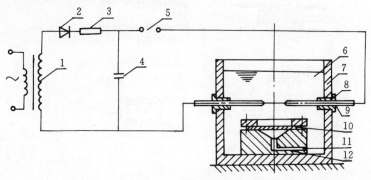

图 6.39 电液成形基本装置

1—升压变压器；2—整流器；3—充电电阻；4—电容器；5—辅助间隙；6—水；

7—液体容腔；8—绝缘子；9—电极；10—毛坯；11—抽气孔；12—凹模

2. 电磁成形

依据交变电磁场的基本理论，变化着的磁场产生电场，而变化着的电场产生磁场。当流过导体的电流发生变化时，在其周围的磁场强度也发生变化，在变化磁场中若存在金属毛坯导体，则该导体会在阻碍磁场变化的方向上产生感应电流，该电流按左手定则产生磁场力，迫使金属毛坯发生循模具形状的塑性变形。由于脉冲电磁力与金属毛坯上的电流大小有关，金属毛坯电阻越大，电流越小，金属毛坯所受电磁脉冲力也越小。目前铝、铜、金、银等导电性好的材料，电磁成形效果好。对于不锈钢等导电性比较差的材料，可在其表面镀铜后进行成形。

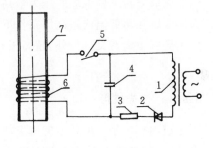

图 6.40 电磁成形基本装置

1—升压变压器；2—整流器；3—限流电阻；

4—电容器；5—开关；6—成形线圈；7—毛坯

如图 6.40 所示，在给储能电容器 4 充以一定的能量后，闭合开关 5，电容器 4 中的电能就会通过线圈 6 瞬时释放。放电电流取决于电路的有关参数，其峰值可达数万数百万安培，如此强大的脉冲电流通过线圈 6 时，就会在金属毛坯 7 中产生感应电流，并受到强大磁场脉冲力的作用，迫使毛坯按放置在内部的模具形状成形。

磁场力 P 按照下式计算，即

$$P = \frac{KCU_0^2}{r^2 L} \tag{6.38}$$

式中 C —— 电容组的电容量，F；

   U_0 —— 原始电压，V；

   r —— 线圈半径，cm；

   L —— 放电线圈长度，cm；

   K —— 系数，选取 0.1。

电磁成形主要应用于扩管、缩管和平板成形以及打孔、切断和连接等工序，图 6.41 为电磁成形的几种典型工艺。

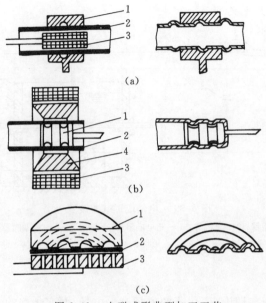

图 6.41　电磁成形典型加工工艺

(a) 管坯胀形；(b) 管坯缩径；(c) 平板毛坯成形；

1— 模具；2— 毛坯；3— 线圈；4— 集磁器

电磁成形时对工件毛坯的压力最高可达 20 000 MPa，这种超高压接近固体多晶转变所需的压力。金属在超低温或超高压条件下均具有超导性能，这对于提高电磁成形的加工能力和扩大应用具有重大意义。另外，超高压条件下金属材料会出现超塑性，这也有利于材料的塑性变形。

6.6.4　激光成形

激光塑性加工是一种新型的成形加工技术，其研究价值和应用前景十分广阔。在冲压成形技术领域，激光打孔、激光切割这种无模具的冲裁技术已经得到很好应用，无模具的激光弯曲成形和激光冲击成形技术也相继问世。如今，激光加工技术已从特殊用途的加工技术变为通用的、具有各种加工能力的精密微细加工技术，已经成为各种材料加工，特别是超高强、超高温，甚至脆性材料的加工，提供了一种理想实用的新手段，在航空航天、汽车、造船和冶金等工业的板材冲压成形中得到了应用。

1. 激光无模弯曲

如图 6.42 所示是激光弯曲成形装置。利用激光扫描金属板料，在热作用区域内产生明显的温度梯度，这种非均匀分布的热应力诱发局部应力应变场，使得材料发生塑性变形。

该装置的组成有能产生多种功率激光束的激光源。激光头能在平面 x、y 方向移动光束。工作台可定位工件和进行 x、y、z 三维方向运动。单轴旋转器可在工作台面上旋转工件。监视器用来获得工件的温度分布和形状变化的数据，并反馈给中心计算机。激光弯曲成形过程大致是，首先将工件信息输入计算机，经计算机处理和确定各种加工参数；激光光束照射工件表面，并沿设定的路线在工件表面上扫描移动，驱使工件发生弯曲变形；在工件受热区进行适当的快速冷却。激光弯曲成形每次弯曲的角度与激光功率、光点半径、光束与工件相对运动速度、材料性能、板料厚度和弯曲半径有关。通过各种参数和工作台及工件的各种配合运动等的精密控制,可以加工成形各种形状的工件,如平板弯曲 S 形、锥形和球形截面工件时,需将光束与工件配合运动;加工管状工件时,需要使用单轴旋转器。

激光弯曲成形是一种无模弯曲工艺,效率高而成本低,弯曲时不需外力,无回弹效应,工件精度高。由于瞬间作用,并不影响材料性能,还可以成形硬度大的材料和脆性材料。

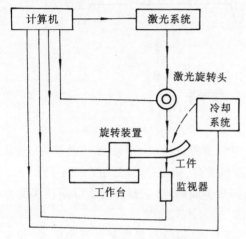

图 6.42 激光弯曲成形装置

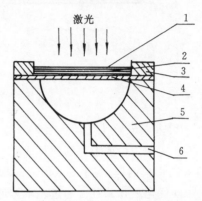

图 6.43 激光冲击成形装置
1— 透明层;2— 涂覆层;3— 压边圈;
4— 板料;5— 凹模;6— 出气孔

2. 激光冲击成形

图 6.43 所示为板料激光冲击成形的装置。利用激光对板料覆盖层进行照射,覆盖层受热后蒸发,产生冲击波,使得板料发生塑性变形。

激光冲击成形前,先在板料表面上进行黑化处理,即涂覆一层不透光的材料,例如黑漆,然后在涂覆层上面再覆盖一层透明材料,例如流动的水,称为透明层。激光照射时透过透明层,光束能量被不透光的涂覆层初步吸收,蒸发一薄层涂覆层材料。蒸发了的涂覆层材料继续吸收光束的剩余能量,从而迅速成为高压气体。高压气体在透明层的限制下,产生冲击应力波,作用在板料上,使板料发生塑性变形,沿凹模模腔成形。同时,高压气体的部分应力波穿越板料表面,使一定深度的表层产生残余压应力,有助于强化工件表面。另外还有一部分应力波则穿越透明材料,称为应力波损失。这种激光冲击成形装置仅使板料表面部分涂覆层蒸发,虽然产生大量的热,但在大多数情况下,工件表面温度仅为 150℃ 左右,而且达到这种温度的时间仅为数微秒,并未改变材料的微观结构。因此,激光冲击成形仍属于冷变形。

激光冲击成形通过与传输系统相连,适合于自动化或智能化生产,整个生产过程包括工艺参数的选择和处理,均可由计算机控制。

6.6.5 无模多点成形

无模多点成形是三维曲面板类件柔性成形新技术。采用整体模具成形时,板材由模具曲面来成形;而多点成形时则由一系列规则排列、高度可调的基本体(或称冲头)的包络面(或称成形曲面)完成,如图 6.44 所示。多点成形时各基本体的行程可以分别调节,改变各基本体的行程可以改变成形曲面,相当于重新构造了成形模具。

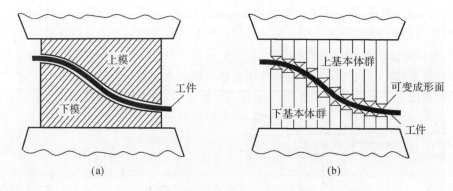

图 6.44　整体模具成形与多点成形的比较
(a) 整体模具成形；(b) 多点成形

无模多点成形具有以下特点：

(1) 实现无模成形。与模具成形法相比，不但可以节省巨额加工和制造模具费用，而且缩短修模与调模时间；与手工成形方法相比，成形工件精度高、质量好，并且生产效率高。

(2) 优化变形路径。通过基本体调整，实时控制变形曲面，改变板材的变形路径和受力状态，提高材料成形极限，实现难变形材料的塑性变形，扩大加工范围。

(3) 实现无回弹变形。可以采用反复多点成形新技术，消除材料内部的残余应力，并实现无回弹变形，保证工件的成形精度。

(4) 小设备成形大型件。采用分段多点成形新技术，可以连续逐次成形超过设备工作台尺寸数倍或数十倍的大型工件。

(5) 易于实现自动化与智能化。曲面造型、工艺计算、压力机控制和工件测试等整个过程都可以采用计算机技术，实现 CAD/CAM/CAT 一体化生产，效率高，劳动强度小。

无模多点成形技术不仅适用于大批量的工件生产，而且同样适用于单件、小批量的工件生产。工件尺寸越大，批量越小，这些优越性越突出，如船体外板、飞机蒙皮和大型容器具等三维曲面的成形。该技术还可以用于压力容器、建筑装饰、城市雕塑等各种三维曲面的制造，也可以用于鼓风机和汽轮机等叶片的生产。

6.6.6　数控增量成形

数控增量成形是一种柔性成形方法，它是根据板料成形过程的要求，编制出数控机床的控制程序，利用数控机床的进给系统，使得板料按照给定的轨迹逐步成形，最终达到所要求的形状。这种成形方法不需要专门的成形模具，因而成形准备快，特别适用于小批量、多品种、复杂形状工件的生产。

增量成形之前，首先将板料用压板在机床上压紧，底部留有一定的空间以容纳板料的变形，将数控机床的切削刀具换成成形球头，如图 6.45 所示。准备完成后，使得成形球头按照一定的顺序向板料施加作用力。一般来说，这种作用方式有两种。

(1) 逐点作用方式。即成形球头在一点压向板料，使之产生一定的变形后再抬起，然后移动到下一点再压下板料，如此循环使板料逐次产生一定的变形，这些变形的累积就使板料产生了一定的整体变形，如图 6.46(a) 所示。

（2）连续轨迹作用方式。即成形球头在一点压向板料，使之产生一定的变形，然后按一定的轨迹运动，在整个运动过程中板料连续成形，待完成一条路径的变形运动后，将成形球头抬起，移向下一条轨迹的起点，重复以上的运动，如图 6.46(b) 所示。

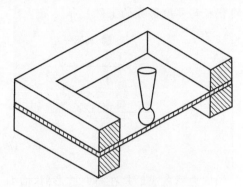

图 6.45　数控增量成形示意图

相对于普通的板料成形技术，板材数控增量成形过程主要有如下两个特点：一是板材要按照给定的路径或轨迹进行成形；二是板料变形逐点、逐步发展，每一点、每一步的变形量不能太大，这样能够充分利用板料的可成形性。因此，对增量成形工艺，要解决的关键问题是原始的板材应当按照何种变形次序达到最终的形状要求，这也是在 CNC 机床上进行编程所必须解决的关键问题。

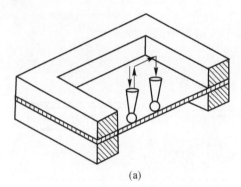
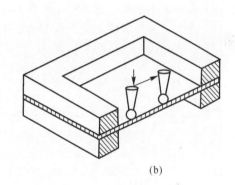

(a)　　　　　　　　　　　　　　　　　　(b)

图 6.46　成形球头作用方式
(a) 逐点作用方式；(b) 连续轨迹作用方式

6.6.7　喷丸成形

喷丸成形是借助于高速弹丸流撞击金属材料表面并产生塑性变形的金属材料成形方法，其原理如图 6.47 所示。喷丸成形作为无模成形新工艺，根据驱动弹丸运动方式分为叶轮式喷丸成形和气动式喷丸成形；根据弹丸喷打方式分为单面喷丸成形（见图 6.48(a)）和双面喷丸成形（见图 6.48(b)），双面喷丸成形主要用于复杂型面工件的喷丸成形；根据工件承受弹性外力情况分为自由状态喷丸成形（见图 6.48(c)）和预应力喷丸成形（见图 6.48(d)），预应力喷丸成形可以获得更大的塑性变形量和适合于结构形状复杂的工件。

喷丸成形工艺具有以下优势：① 成本低。喷丸成形时，无需成形模具，生产时间短，占用物理空间少，工件尺寸不受设备限制等；② 质量高。喷丸成形具有提高工件疲劳性能和抗腐蚀性能的潜力等。目前，国内 ARJ21 和空客、波音、庞巴迪等客机的机翼整体壁板均采用喷丸成形工艺加工。ARJ21 支线飞机超临界外翼下翼面整体壁板长度超过 10 m、厚度大于 10 mm，是国内采用喷丸成形工艺加工的长度最长与厚度最大、外型最复杂的工件；A380 客机超临界外翼下翼面整体壁板长度超过 30 m、厚度大于 30 mm，是国外采用喷丸成形工艺加工的长度最长与厚度最大的工件。

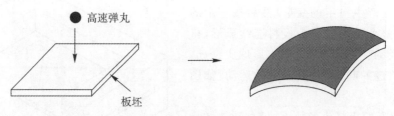

图 6.47　喷丸成形原理

　　预应力喷丸成形是在喷丸成形前,借助于预应力夹具等预先在金属板料上施加变形力并诱发弹性应变,再进行喷丸成形的加工方法。预应力喷丸成形在复杂双曲外型面的厚蒙皮与无筋或带筋整体壁板加工中应用广泛。

　　预应力喷丸成形具有以下优势:

　　(1)在一定程度上改变了喷丸球面变形趋势与可以控制喷丸变形主要方向。

　　(2)提高了工件喷丸成形的工艺性。

　　(3)增大了工件的喷丸变形量与能够很好适应于复杂外型面工件的加工。

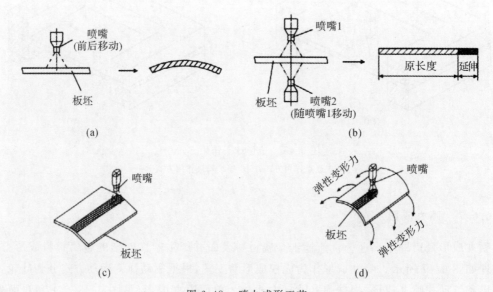

图 6.48　喷丸成形工艺

(a)单面喷丸成形;(b)双面喷丸成形;(c)自由喷丸成形;(d)预应力喷丸成形

6.6.8　微冲压成形

　　随着电子及精密机械的发展,产品微型化已成为其主要趋势之一。近年来,面向微细制造的微成形技术得到了迅速发展。微冲压成形技术是一种在介观尺度下的微成形技术。

　　由于介观尺度效应的影响,微冲压成形工艺涉及的材料模型、摩擦模型、工艺仿真方法以及成形设备、模具设计和制造技术等都发生了改变。微细状态下的材料受到晶粒尺寸和方向以及材料尺度的综合影响,表现出更强的各向异性,即尺寸效应;材料在微冲压成形过程中受到的摩擦也发生了变化,由于微小尺度下表面积和体积之比增大,摩擦力对成形的影响比宏观尺寸下要大,主要依赖于接触面的大小和形态,因此,润滑也成为微冲压成形中的重要因素。近年来,多种应变梯度塑性理论能够较好地解释微观尺度力学性能的尺度效应,如 CS(couple stress) 应变梯度塑性理论、SG(stretch and rotation gradients) 应变梯度塑性理论等。对微冲压成形的工艺仿真,除材料模型、摩擦理论有很大差异之外,分析模型的单元选择对模型的准确性也有很大影响。微冲压成形技术对精密制造设备的定位驱动系统提出了更高的要求,主要包括驱动机构的运动精度、响应速度、力感度、可控性和灵活性等方面。微冲压成形是成形尺寸仅为几十微米到几百微米的工件,给成形模具的设计和制造提出了新的要求,如果制造工艺是切削,那么微型模具的制造受到铣刀直径的限制;另外一种适合微冲压模具制造的加工工艺是放电加工,对于模具外形和表面质量的精度,微金属丝的放电加工可以获得很好的结果,但是几何学适应性低。

微冲压成形技术的理论研究和工艺方法还处在初期探索阶段,大多研究集中在分析比较微冲压的试验结果。为了提高微冲压成形工艺水平,必须对其材料模型、摩擦模型、仿真建模、装备与模具等方面开展深入研究,完善成形工艺基础理论。

思 考 题 六

6.1　分析成形新工艺的成形特征。

6.2　分析影响极限翻边因数的因素。

6.3　简述影响成形件质量的主要因素及质量控制方法。

6.4　举例说明板材成形新工艺的应用前景。

第7章 冷 挤 压

7.1 冷挤压的概念

冷挤压是根据金属塑性变形(或称永久变形)原理,利用模具,在压力作用下金属在模腔内产生塑性变形,使得毛坯变成一定形状、尺寸和性能的工件。1886 年,在法国采用冲挤法制造牙膏管,局限于铅、锡等几种比较软的金属。19 世纪末至 20 世纪初,开始应用于锌、紫铜、黄铜等比较硬的金属。对于钢的冷挤压,一直认为十分困难,这是因为钢在冷挤压时需要很大的挤压力,润滑问题难以解决。1938 年,在德国首先解决了用磷酸盐处理和皂化处理的润滑问题后,率先采用冷挤压钢制造引信和弹壳。随着科学技术的发展,钢的冷挤压应用越来越广泛。

7.1.1 冷挤压的基本概念

冷挤压是在室温下利用模具使得金属块料产生塑性流动,通过凸模与凹模间的间隙或凹模出口,制造空心件或剖面比毛坯断面要小的工件的一种塑性成形方法。按照挤压过程中金属的流动方向,挤压可以分为三类:正挤压、反挤压和复合挤压。

正挤压 —— 金属流动方向与凸模的运动方向相同,如图 7.1(a) 所示;

反挤压 —— 金属的流动方向与凸模的运动方向相反,如图 7.1(b) 所示;

复合挤压 —— 一部分金属的流动方向与凸模运动方向相同,而另一部分金属的流动方向则与凸模运动方向相反,如图 7.1(c) 所示。

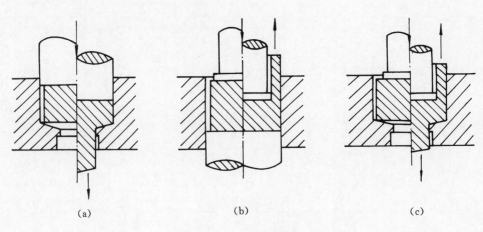

(a)　　　　　　　　　(b)　　　　　　　　　(c)

图 7.1　挤压的分类

(a) 正挤压;(b) 反挤压;(c) 复合挤压

7.1.2 冷挤压的优点

(1) 节约原材料。冷挤压是一种无切屑的塑性成形方法,节约了大量材料。

(2) 提高工件的机械性能。由于冷挤压时材料在室温下产生变形,必然产生加工硬化,而且纤维不被破坏,有利于提高工件的强度,采用低强度材料的冷挤压件可以代替高强度材料的工件。

(3) 劳动生产率高。冷挤压通常是在压力机上利用模具加工,操作简单,生产率高。

(4) 可以制造用其他方法难以制造的工件。

(5) 工件的公差等级高和表面粗糙程度低。冷挤压过程中,材料表面在高压下受到模具光滑表面的熨平,因此工件表面的粗糙度可达 $\sqrt{}$ ~ $\sqrt{}$ 。工件公差等级可以达到IT7 ~ 8。

7.1.3 冷挤压的主要技术问题

冷挤压是金属在三向压应力状态下发生了冷塑性变形,变形抗力很大,有时单位挤压力高达 2 500 ~ 3 000 MPa。这样高的压力,容易使得模具破坏,以致挤压加工不能实现。为了降低挤压力和提高模具使用寿命,需要全面解决下列问题。

(1) 选用适合于冷挤压的材料;

(2) 设计工艺性良好的工件结构;

(3) 制订合理的挤压工艺方案;

(4) 选择合适的毛坯软化热处理规范;

(5) 采用理想的表面处理方法和优良的润滑剂;

(6) 设计合理的模具结构;

(7) 选择合适的冷挤压模具材料及其热处理方法;

(8) 选用合理的挤压设备。

7.2 冷挤压的基本原理

冷挤压与其他塑性加工方法一样,都是以塑性变形为基础的加工工艺。塑性成形性能主要取决于材料的化学成分和微观组织状态,然而许多外部因素对金属材料塑性也会产生一定影响,这种影响不能忽视。

7.2.1 主应力状态对冷挤压工艺的影响

图 7.2 所示是一种纯铝工件,原用拉深方法加工,需要五次冲压工艺,即落料拉深 — 第二次拉深 — 第三次拉深 — 整修圆角 — 修边冲孔。采用挤压工艺,仅需要采用落料冲孔和挤压即可,如图 7.3 所示。

为什么对于同种材料的同类工件,采用拉深工艺要五次工序,而用冷挤压工艺却可以采用较少工序呢?这是由于两种工艺的应力状态不同对塑性变形产生了不同的影响,即压应力能够提高塑性,而拉应力则降低塑性。在拉深过程中,拉深件的凸缘处是两向压应力和一向拉应力状态;在拉深件的侧壁部分承受很大的轴向拉应力,如图 7.4 所示,工件可能在侧壁"危险断面"拉断。在挤压过程中,材料基本上是在三向压应力状态下发生塑性变形,如图 7.5 所示,从而大大提高了材料的塑性变形能力,减少了破裂的危险性。这就是可以采用比较少挤压工序代替比较多拉深工序的主要原因。

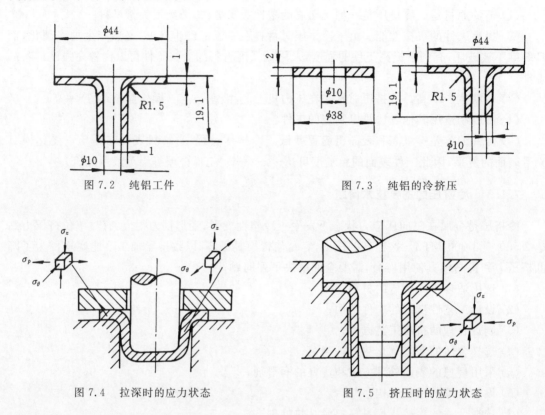

图 7.2 纯铝工件　　　　　　　图 7.3 纯铝的冷挤压

图 7.4 拉深时的应力状态　　　　图 7.5 挤压时的应力状态

7.2.2 冷挤压时的塑性流动

　　研究挤压时的塑性流动对解决挤压工件的质量问题有重要意义。研究挤压时的变形与应力分布方法有:网格法、硬度试验法、光塑性法、微观组织法和密栅云纹法等。

　　(1) 正挤压实心件。以圆棒料正挤压为例,如图 7.6 所示,发现被挤压材料的头部并无太大变形。进入凹模出口附近的变形区时,材料沿着模面造成流线弯曲,而且一旦挤出凹模出口就不再变形。变形区的大小和形状,在稳定变形时基本上保持不变,材料相继沿着同样的流线流动。假如凹模出口的形状和润滑状态是完全理想情况,则挤出材料的变形情况如图 7.6(b)所示,比较均匀,且不会产生剪切变形,这就是挤压时的理想变形。不过实际上凹模表面和毛坯之间总是存在摩擦,而且由于凹模出口形状的影响,挤压件的中间部分材料流动比外表面的材料流动要快,使得网格横线弯曲。其弯曲程度与凹模表面的摩擦和锥角有关。摩擦愈大、凹模锥角愈大,则横线的弯曲程度愈大,如图 7.6(c)(d)(e)所示。

　　凹模锥角大时,则出现死区,如图 7.6(e)所示。该区域材料由于受到约束而不易变形,所以后续材料就不再迂回到转角处,而是绕过死区由近道通过。死区大小随着凹模锥角的减小而减小。塑性差时,工件上的死区部分可能剥落。

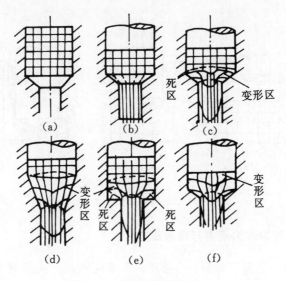

图 7.6 实心件的正挤压

(a) 毛坯；(b) 理想变形；(c) 中等模锥角；(d) 小模锥角；(e) 大模锥角；(f) 不稳定变形

（2）正挤压空心件。正挤压空心件时的塑性流动如图 7.7 所示。此时由于被挤金属受到中间芯杆表面摩擦的影响，因而横线在芯杆附近向后弯曲，流动比正挤实心件时的情况均匀，其他均与正挤实心件相同。

（3）反挤压件。反挤压时的塑性流动情况如图 7.8 所示。当凸模压入毛坯时，它的变形区域不是紧贴着凸模的下端面，而是处于凸模端面以下一定距离的区域，图7.8(b) 的虚线部分，变形区域轴向的界限大约为 $(0.1 \sim 0.2)d$（d 为凸模工作带的直径），其余部分几乎没有参与变形。紧贴凸模下端面变形极少的部分称为黏滞区。凸模下端面越平、圆角半径越小，凸模下端面摩擦越大，黏滞区越大。由于黏滞区材料不变形，而它下面的变形区材料则相对于黏滞区滑动，假如材料的塑性比较好，这样的相对滑动并不破坏金属的完整性，但是比如材料的塑性较差，黏滞区的材料就可能产生剥落现象，如图 7.9 所示。剥落的部分紧贴凸模下端面的锥体形材料，恰好是黏滞区。

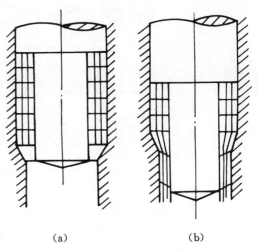

图 7.7 空心件的正挤压

(a) 毛坯；(b) 稳定变形

反挤压时，参与变形的材料只限于图 7.8(b) 的虚线部分。只有当挤压进行到底部厚度接近于一定数值（对薄壁件而言，接近于工件壁厚）时，则几乎全部材料都发生塑性变形，如图 7.8(c) 所示。

当变形材料达到反挤压工件的杯形壁部时，就不再发生塑性变形，此时，这一部分材料仅向上作刚性平移。

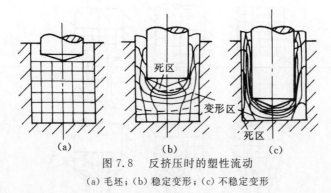

图 7.8　反挤压时的塑性流动

(a) 毛坯；(b) 稳定变形；(c) 不稳定变形

7.2.3　冷挤压时的附加应力与残余应力

挤压件的表面有时会发生开裂。冷挤压的基本应力是三向压应力,而压应力有利于材料的塑性变形。由图 7.9 可见,由于凹模侧壁与变形金属之间的摩擦力作用,正挤压实心件中心部分材料在挤压过程中的流动速度与工件表面材料的流动速度产生差异,而材料的内外层又是一个整体,这样,在材料的内部便产生了互相牵制的应力,这种应力称为附加应力。如图 7.10 所示,外层材料就受到一个附加拉应力;中间材料受到附加压应力。润滑条件不好时,附加拉应力可能很大,引起材料的破裂。

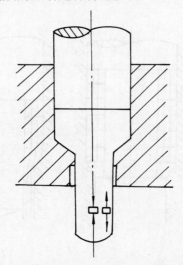

图 7.9　正挤压时内、外层材料的附加应力

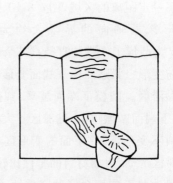

图 7.10　黏滞区的剥落

由此可见,冷挤压时变形材料内的应力和变形分布不均匀。变形不均匀,便会产生附加应力。挤压时材料内部应力和变形不均匀的主要原因有:变形材料和模具之间存在摩擦;挤压工件各部分的流动阻力不一致;冷挤压毛坯内部微观组织不均匀;挤压模具形状和尺寸等。例如,反挤压盒形件的侧壁厚度不一致时,材料流动速度不一致,必然产生附加应力,如果其数值很大,会引起工件撕裂。变形材料内部微观组织不均匀,也会引起附加应力。另外,模具的形状和尺寸不合理,也会引起附加应力。图 7.11 所示的正挤压过程中,如果凹模工作带在周边

上分布不均匀,会引起摩擦阻力分布不均匀,材料流动速度不同,工件产生弯曲,工件内部也会产生附加应力。

挤压过程中产生的附加应力可以分为三种:为了平衡变形材料内部几大部分间由于变形不均匀而引起的应力称为第一种附加应力(见图7.11);为了平衡两个或几个晶粒间由于变形不均匀而产生的应力称为第二种附加应力;为了平衡一个晶粒内部变形不均匀而产生的附加应力称为第三种附加应力。

挤压过程中的附加应力可能有以下不良后果。

(1)第一种附加应力的产生,会改变材料由于外力所引起的应力分布。正挤压时基本应力是压应力,但是当润滑不好时,外层材料却产生了附加拉应力,基本压应力和附加拉应力叠加,就是各质点的有效应力。当附加拉应力很大时,有效应力就可能变成拉应力,从而改变变形材料内部的应力分布,使得塑性变形向着不利的方向发展。同样第二、第三种附加应力也会降低金属的塑性,甚至引起局部破坏。

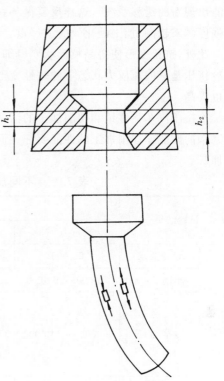

图 7.11 凹模工作带高度不均匀引起工件弯曲与附加应力

(2)附加应力的产生会使得材料的变形抗力提高。

(3)附加应力将使得挤压件的内部产生残余应力,因为自相平衡的附加应力在挤压变形终止后并不消失,而残留在挤压件内部成为残余应力。与附加应力相同,残余应力也会互相平衡。与附加应力相对应,分为第一、第二、第三种残余应力。

残余应力一般认为是一种有害的应力,它会引起挤压件化学稳定性(如抗蚀性)的降低,使得挤压件的形状和尺寸发生变化,降低挤压件的工艺性能,甚至严重的情况下会造成挤压件的破裂。

7.2.4　冷挤压时的外摩擦

外摩擦引起的附加应力对冷挤压工艺有不利影响,例如降低工件质量、增加能量消耗、加重模具负载、增加模具磨损和降低模具寿命等。因此,在挤压过程中应当尽量减小摩擦。

挤压中影响摩擦的主要因素是模具的表面状态与润滑效果。因此,挤压模具的粗糙度越低越好,一般模具工作部分都要求抛光;同时应当选用良好的润滑剂。

但是润滑剂的用量应当合理,用量不当也有可能造成废品。

7.2.5　冷挤压对材料机械性能的影响

挤压变形时,晶粒内部发生滑移,沿滑移面附近的晶格发生歪扭,晶粒破碎成许多碎块,这种紊乱现象给进一步滑移造成困难。为了使得滑移能够继续进行,必须增加外力的作用,这样才能出现新的滑移系统。这样反复循环,反映在材料机械性能上,就是随着变形程度的增加,其强度越来越高,加工硬化效应愈严重。

此外,挤压变形使得晶粒形状变得细长,这种形状的晶粒比球形晶粒承受的抗力要大;而且冷挤压是三向压应力状态下的塑性变形,三向压应力状态使得金属的微观组织更加紧密,强度也提高。

冷挤压汽车活塞销和切削加工的活塞销性能的对比见表7.1。由表7.1可以看出,冷挤压活塞销的性能比切削加工的性能要好。而且,随着冷挤压变形程度的增加,其主要力学性能亦增加。

表 7.1　不同加工方法生产活塞销的性能

试验结果		试验内容			
		抗弯力 /N	抗压力 /N	道路试验	强化试验
加工方法	设计要求	50 000	120 000		
	车削 20Cr	70 000 ~ 90 000	120 000 ~ 150 000		
	冷挤 20Cr	90 000 ~ 140 000	150 000 ~ 240 000	跑车 20 000 km,磨损 0.006 mm,探伤完好	64.7 kW,150 h 的满负载运转,磨损 0.003mm,探伤完好
	冷挤钢 20	80 000 ~ 95 000	130 000 ~ 150 000		同　　上

7.3　冷挤压用金属材料

正确选用冷挤压材料十分重要,它不仅影响到工件的质量,而且还会决定挤压加工的难易程度。

7.3.1　冷挤压对原材料的要求

为了防止或减少废品,减少生产工序中的故障和稳定工件质量,必须对原材料提出一定的要求。这些要求有以下 3 项:

(1)材料强度愈低,冷挤压时材料变形抗力愈低,可以降低冷挤压时的单位挤压力,延长模具寿命,减少工序数。

(2)材料的加工硬化敏感性越低越好。材料的加工硬化敏感性可以用应力应变曲线的斜率来表示。斜率愈大,则加工硬化敏感性越高。由图 7.12 可以看出,曲线的斜率以不锈钢 10Cr18Ni9Ti 为最大,这种材料的加工硬化敏感性比较剧烈。

(3)冷挤压的基本应力状态是三向压应力状态,但是存在的附加应力可能使得实际应力出现拉应力,于是存在开裂的危险,因此冷挤压材料应具有比较好的塑性。

7.3.2　常用的冷挤压材料

冷挤压发展的初期,只有铅、锡一类金属可以采用冷挤压加工。目前可以采用冷挤压加工的材料见表7.2。

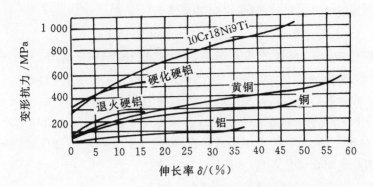

图 7.12　材料的应力应变曲线

表 7.2　冷挤压用金属材料

材　料		牌　号	典型件
铅、锡及其合金			管件
锌及其合金			干电池电极
铝及其合金		1070A ～ 1200,5A01 ～ 5A03,2A01 ～ 2A12	管件,食品容器、电容器、照相机和航空工件
铜及其合金		T1 ～ T4,TU1,TU2,H96,H90,H85, H80,H70,H68,H62,H59 等	电器工件、钟表工件、仪表工件
碳素钢		10,15,20,25,35,40,45,50	
合金钢		15Cr,20Cr,45Cr,30Cr,40Cr,30CrMo, 35CrMo,40CrMnMo,18CrMnTi	
不锈钢	奥氏体系	06Cr19Ni10,06Cr18Ni11Ti	
	马氏体系	20Cr13,Cr14,30Cr13,Cr17Ni2	电器工件、航空工件
	铁素体系	10Cr17	
镍及其合金			电器工件

7.3.3　化学成分及冶炼方法对冷挤压性能的影响

1. 化学成分对挤压性能的影响

碳钢中除铁和碳两种元素之外,还有锰、磷、硫、铬、镍、氧和铝等杂质。在合金钢中还存在有其他合金元素。现将主要元素对钢冷挤压性能的影响分析如下:

(1)碳。随着含碳量的增加,钢的屈服极限、强度极限和硬度都增加,而塑性指标则有所降低。因此,钢的含碳量愈低愈适合于冷挤压。

冷挤压单位压力与钢材含碳量、含锰量之间关系式为

$$p = 10 \times (195\omega_C + 50\omega_{Mn} + 186) \quad \text{MPa} \tag{7.1}$$

式中,ω_C 与 ω_{Mn} 为钢材中含碳与锰的质量分数。此式仅在断面缩减率 $\varepsilon_F = 80\%$,$\omega_C <$ 0.5%,$\omega_{Mn} < 1.2\%$ 时适用。

目前用于冷挤压的碳钢,其 ω_C 最好不超过 0.5%(即钢 50)。

(2)锰。锰在钢中是作为脱氧剂或使钢材具有特种性质。锰的加入可以减小钢的红脆性,改善钢的热轧与热锻性能。同时,由于锰的存在,钢的屈服极限 σ_s 和强度极限 σ_b 增高,而塑性则有所降低。因此钢中含锰量愈高,变形抗力就愈大。

由式(7.1)可知,锰对钢材性能的影响不如碳的影响大。

(3)硅。对于碳钢,硅和锰同样是冶炼时脱氧剂的残留物。硅含量对碳钢性能的影响仅次于碳的影响。含硅量过高,就会使含碳量很低的钢材变得又硬又脆,从而降低钢的冷挤压性能。

为了适应冷挤压的需要,新的钢种,如 S10A、S15A 等深冲钢,对硅的含量有作严格要求,它们的含硅质量分数都在 0.1% 以下。因此,这些材料得到了大量应用。

(4)硫。硫从矿石中以夹杂物形式带入钢内,也可能由炉气及燃料的燃烧物(SO_2)中带入。硫与锰或铁相结合后,以硫化物的形式存在。硫化铁严重影响钢材的热加工性能,使得钢出现红脆性。

含硫量对钢的常温强度特性虽无重大影响,但是硫化物会在很大程度上影响钢材的组织,形成带状组织降低塑性和冷变形性能。因此,一般用于冷挤压的钢材的含硫质量分数最好不要超过 0.06%。

(5)磷。磷和硫一样也是从矿石中带入钢中。磷熔入铁素体中会显著降低钢材的塑性,提高强度和硬度。当含磷质量分数超过 0.1% 时,这种影响更为显著。特别是当含碳量较高时,磷的影响会更大。同时磷还会促使钢材加工硬化更加强烈,引起剧烈的偏析。因此,用于冷挤压的钢材含磷量越低越好。一般认为含磷质量分数最好低于 0.06%。

磷、硫含量能够提高切削性能,易切削钢中磷、硫含量较高,所以易切削钢不适宜于冷挤压。

(6)氮。氮会提高钢的时效敏感性。钢中含氮降低会塑性降低,增加强度。因此,含氮量应当尽可能低,含氮质量分数一般不超过 0.01%。

(7)氧。氧在钢中呈化合物状态。例如氧化铁(FeO)与氧化锰(MnO)。这些氧化物形成夹杂物或网状分布,对钢的机械性能有不利影响。因此,要求冷挤压用钢材含氧量低。

(8)其他合金元素。其他合金元素(钼、镍、钡、钨和铬等)对钢材性能的影响如图7.12所示。由图 7.12 可知,这些合金元素对钢的强度极限的影响都不如碳的影响大。随着钢中合金元素含量的增加,钢的强度提高,挤压时变形抗力也增加。

2. 冶炼方法对挤压性能的影响

钢材的冶炼方法不同,其质量亦有差异,故冷挤压性能也不相同。一般的转炉钢中气体含量较多,且磷、硫含量也比较高;平炉钢比转炉钢质量要好,其磷、硫和氮含量都比转炉的低,且偏析

也比较少;电炉钢含有害杂质比较少,且磷、硫、氮和氧含量都低,非金属夹杂物也少,故电炉钢的冷挤压性能比较理想。但是电炉钢成本比较高,考虑到工件成本,所以一般电炉钢不采用冷挤压加工。

另外,还可以分为镇静钢和沸腾钢。因为沸腾钢比较硬,流动性也不如镇静钢,所以冷挤压常用镇静钢。

3. 微观组织对挤压性能的影响

为了使得钢材更好地适合于冷挤压,对于钢的微观组织,晶粒形状与尺寸大小,夹杂物分布都有一定要求。

(1)晶粒形状。冷挤压钢材应具有均匀的球形晶粒。晶粒均匀有利于挤压时金属的均匀流动;球形晶粒可减小变形抗力。

(2)微观组织。冷挤压用钢微观组织中除含有铁素体外,还有珠光体。含碳量愈高,珠光体的数量愈多。铁素体比较软,而珠光体比较硬并呈颗粒状嵌在软的铁素体中。因此,珠光体应当均匀分布在铁素体中,否则对冷挤压有不利影响,甚至会导致挤压件开裂。

(3)晶粒尺寸。晶粒太小会增加挤压力;而晶粒太大会增加挤压件的表面粗糙度,甚至使工件出现伤痕和裂纹。冷挤压对晶粒大小范围的要求如下:

晶粒的平均直径为 0.02 ~ 0.06 mm;

每平方毫米的晶粒数为 250 ~ 2 300 个;

晶粒的平均面积为 400 ~ 4 000 μm^2.

(4)非金属夹杂物。冷挤压用钢材,无论采用什么方法进行冶炼,总是或多或少含有非金属夹杂物。夹杂物的大部分是氧化物或硫化物,使得金属很紧密的晶体结构发生间断。夹杂物的形式、数量和分布情况不同对钢材冷挤压性能的影响也不相同。一般来说,细小、分布均匀的夹杂物对冷挤压的影响比较小;粗或细而局部集中分布的夹杂物对冷挤压的影响比较大。

冷挤压毛坯大多采用预先轧制的棒料或板料。在轧制过程中,这些夹杂物已经沿着变形方向变形,特别是硫化物的夹杂物可以较好随着轧制方向被拉长。因此,比其他不能随着变形方向而变形的夹杂物危害要小。这些夹杂物中最有害的是氧化铝,它很难与钢的基体结合在一起,因而容易在冷挤压过程中导致工件撕裂。

7.4 冷挤压的变形程度

7.4.1 变形程度的表示方法

变形程度是指挤压时金属材料变形量的大小,常用表示方法如下。

(1)断面缩减率为

$$\varepsilon_F = \frac{F_0 - F_1}{F_0} \times 100\% \tag{7.2}$$

式中 ε_F —— 冷挤压的断面缩减率,%;

F_0—— 冷挤压变形前毛坯的横截面积，mm^2；

F_1—— 变形后产品的横截面积，mm^2。

（2）挤压比为

$$R = \frac{F_0}{F_1} \qquad\qquad (7.3)$$

式中　　R—— 挤压比；

F_0—— 挤压前毛坯的横截面积，mm^2；

F_1—— 挤压后产品的横截面积，mm^2。

R 的数值愈大，所代表的冷挤压变形程度愈大。

显然，挤压比和断面缩减率之间有一定的关系，即

$$\varepsilon_F = 1 - \frac{1}{R} \qquad\qquad (7.4)$$

（3）对数变形量为

$$\varphi = \ln \frac{F_0}{F_1} \qquad\qquad (7.5)$$

式中　　φ—— 挤压时的对数变形量；

F_0—— 挤压前毛坯的横截面积，mm^2；

F_1—— 挤压后产品的横截面积，mm^2。

上述三种表示变形程度的方法中，最常见的是断面缩减率。下面讨论圆断面的断面缩减率。

（1）反挤压的断面缩减率为

$$\varepsilon_F = \frac{F_0 - F_1}{F_1} \times 100\% \qquad\qquad (7.6)$$

式中

$$F_0 = \frac{\pi D^2}{4}, \qquad F_1 = \frac{\pi}{4}(D^2 - d^2)$$

D 和 d 的意义如图 7.13 所示。

由此可得反挤压的断面缩减率，即

$$\varepsilon_F = \frac{d^2}{D^2} \times 100\% \qquad\qquad (7.7)$$

由式（7.7）可知，当反挤压毛坯外径一定时，如果反挤压杯形件的内径越大，断面缩减率也越大。换句话说，挤压杯形件的壁越薄，其断面缩减率也越大。

（2）正挤压实心件的断面缩减率为

$$\varepsilon_F = \frac{F_0 - F_1}{F_0} \times 100\% \qquad\qquad (7.8)$$

式中

$$F_0 = \frac{\pi}{4} D^2, \qquad F_1 = \frac{\pi}{4} d_1^2$$

D 和 d_1 的意义如图 7.14 所示。

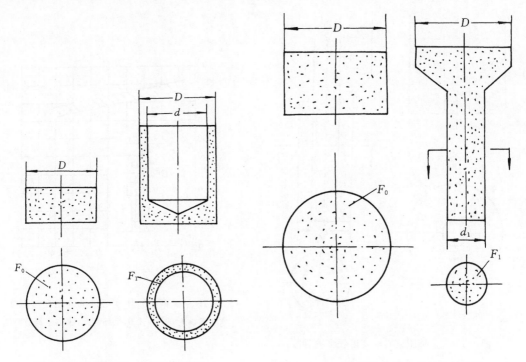

图 7.13　反挤压变形程度的计算　　　　图 7.14　正挤压实心件变形程度的计算

由此可得正挤压实心件的断面缩减率,即

$$\varepsilon_F = \frac{D^2 - d_1^2}{D^2} \times 100\% \tag{7.9}$$

类似地,可得正挤压空心件的断面缩减率为

$$\varepsilon_F = \frac{D^2 - d_1^2}{D^2 - d^2} \times 100\% \tag{7.10}$$

式中,D,d 和 d_1 的意义见图 7.15。

7.4.2　许用变形程度

冷挤压的最大许用变形程度一般受模具钢许用单位压力的限制。随着模具钢许用压力的提高,一次工序的最大变形程度 ε_F 也会增大。图 7.15 ～ 图 7.18 分别为碳钢典型正挤压实心件、正挤压空心件和反挤压件的一次挤压许用的变形程度图。阴影部分以下为一次挤压许用的变形程度;阴影部分为过渡区域,即采用此区域的变形程度,挤压时可能成功,也可能失败;阴影部分以上为目前尚不允许采用的区域。以上三图均以模具钢的许用单位压力 2 500 MPa 为依据。

但是材料塑性比较差时,其许用变形程度则受其本身塑性的限制。

各种材料一次挤压的许用变形程度参考量见表 7.3。采用表 7.3 时,应当结合冷挤压单位压力计算进行校核,即应当在模具钢的许用单位压力 2 000 ～ 2 500 MPa 以内。

对于反挤压,变形程度不宜太小(例如小于 20%),因为此时,单位挤压力反而比 30% ～ 50% 时要大。

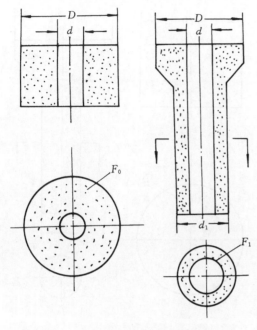

图 7.15　正挤压空心件变形程度的计算

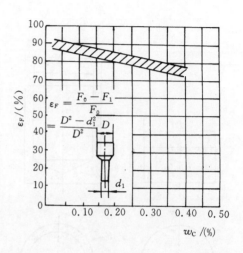

图 7.16　碳钢正挤压实心件的许用变形程度
（相对高度 0.7～1.0，毛坯退火，磷化＋润滑）

$$\varepsilon_F = \frac{F_0 - F_1}{F_0}$$

$$= \frac{D^2 - d_1^2}{D^2}$$

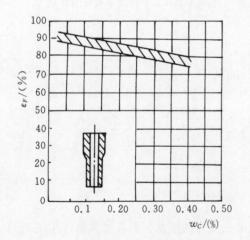

图 7.17　碳钢正挤压空心件的许用变形
程度（图注同图 7.16）

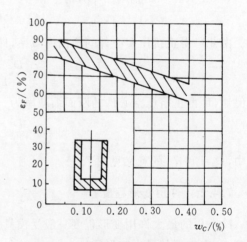

图 7.18　碳钢反挤压的许用变形
程度（图注同图 7.16）

表 7.3　一次挤压的许用变形程度参考值

材　　料	断面缩减率 ε_F/（%）		说　　明
铅、铝、锡、锌和无氧铜等软金属	正挤	95～99	低强度金属选取上限，高强度金属选取下限
	反挤	95～99	
硬铝、紫铜、黄铜、镁	正挤	90～95	低强度金属选取上限，高强度金属选取下限
	反挤	75～90	

续表

材　料	断面缩减率 ε_F/(%)		说　明
黑色金属	正挤	$60 \sim 84$	上限适用于低碳钢,下限适用于含碳量
	反挤	$40 \sim 75$	比较高的钢与合金钢

7.5　冷挤压的变形力

冷挤压时的变形力是选择设备和模具设计的重要依据之一。单位挤压力是指凸模工作部分单位面积上所承受的压力,则有

$$P = CpF \tag{7.11}$$

式中　P —— 总的挤压力,N;

　　　p —— 单位挤压力,MPa;

　　　F —— 凸模工作部分横断面积,mm^2;

　　　C —— 安全因数,选取 1.3,与材料性质差异、软化热处理质量波动和润滑不良等有关。

目前模具钢所能承受的单位挤压为 $2\,000 \sim 2\,500$ MPa。超过这一范围,模具容易损坏,甚至导致挤压加工无法进行。

7.5.1　冷挤压力的阶段性

冷挤压过程中,挤压力并不是一个恒定不变的数值,它随着挤压过程而变化。因此,变形具有阶段性。了解挤压变形的阶段性有利于解决挤压过程中出现的各种问题。

(1) 正挤压。正挤压的变形过程大致可以分为四个阶段(见图 7.19)。

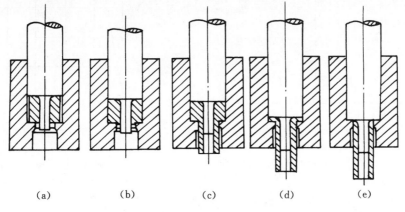

| (a) | (b) | (c) | (d) | (e) |

图 7.19　正挤压变形的各阶段

第一阶段如图 7.19(b) 所示,凸模挤压毛坯,使得它充满凹模与凸模间的空间,这时挤压力突然增高,如图 7.20 所示的 Ⅰ。在这一阶段,所有金属完全被压紧,因此要克服毛坯内部的阻力和它与模具间的摩擦力。当挤压继续进行时,紧靠凸模中部的一部分材料首先进入空隙,并开始沿作用力的方向流动。

第二阶段如图 7.19(c) 所示,凸模继续向下运动,使得材料流出。毛坯高度减少到一定高度以前,挤压力基本保持不变或稍有降低。在这一阶段,始终处于运动的材料逐渐从不同的区域会合到一个区域,接近凹模出口处,并很快流出。在这个阶段,变形区大小和形状基本保持不变,只改变毛坯的高度,如图 7.20 所示的 Ⅱ。

第三阶段如图 7.19(d) 所示,材料沿作用力的方向继续被挤出,挤压力逐渐降低,直到工件凸缘的厚度等于一定数值(纯铝为 0.2～0.3 mm;黑色金属为 1.5 mm)时为止。在这个阶段,变形区逐渐缩短,并产生强烈的发热现象,挤压力有所下降,如图 7.20 所示的 Ⅲ。

第四阶段如图 7.19(e) 所示,凸模继续向下运动,最后迫使剩余部分材料(紧靠凸模下端面的一层材料)被挤入空隙,直到剩余毛坯厚度很小。在这个阶段,挤压力升高,如图 7.20 所示的 Ⅳ。这个阶段的主要特点是变形区域扩大到整个毛坯,也就是说,存在于凹模内的材料全部参与变形。挤压继续进行,不但模具磨损严重,甚至会导致模具或设备破坏。

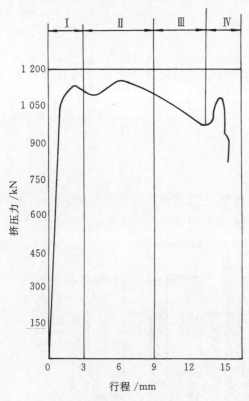

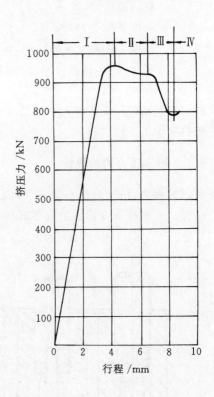

图 7.20　正挤时的压力行程曲线(材料:T1)　　　　图 7.21　反挤时的压力行程曲线(材料:T1)

(2)反挤压。反挤压变形过程也可分为 4 个阶段,如图 7.21 所示。

第一阶段,凸模挤压毛坯使得材料充满凸模下端面和凹模底部之间的空间,挤压力急剧上升,见图 7.21 所示的 Ⅰ。当凸模继续向下运动时,材料进入凸模和凹模之间的间隙,开始反向流动。

第二阶段,凸模继续向下运动,迫使材料从凸模和凹模之间的间隙向上流动。在毛坯厚度减少到一定高度前,挤压力基本保持不变,见图 7.21 所示的 Ⅱ。此时变形区主要集中在凸模端面下一定距离的区域内;对已经流入凸模和凹模间隙的侧壁部分,则不再发生塑性变形,而只是向上作刚性平移。变形区域只在毛坯的高度上改变位置,它的大小和形状都保持不变。

第三阶段,材料继续被挤出,挤压力逐渐降低,如图 7.21 所示的 Ⅲ,直到剩余毛坯厚度接近于一定数值(纯铝为 $0.2 \sim 0.3 \ mm$;黑色金属为 $1.5 \ mm$)时为止。在这一阶段,变形区域小,并产生强烈的发热现象,使得挤压力降低。

第四阶段,当凸模继续向下运动时,紧靠凸模下端面一直未参与变形的黏滞区内的材料也参与变形,此时摩擦力增大,使得挤压力又升高。

在冷挤压中,第四阶段应当尽量避免,因为这一阶段容易造成模具或设备的损坏。

总挤压力是指第二阶段的挤压力,单位挤压力是指第二阶段的挤压力除以凸模工作部分的横截面积。

7.5.2 影响挤压力的主要因素

挤压力是挤压工艺设计中的一个重要数据,为了使得挤压能顺利进行,需要分析影响挤压力的诸因素。

(1)材料性能。材料强度极限、屈服极限和硬度值愈高,变形时挤压力愈大。常见冷挤压材料的机械性能见表 7.4。

另外,材料的加工硬化敏感性愈大,挤压力也愈大。

表 7.4 常用材料的机械性能

材 料	强度极限 σ_b/MPa	屈服极限 σ_s/MPa	δ/(%)
紫铜	220	92	30
黄铜	$340 \sim 360$	83	20
铝	$89 \sim 91$	43	25
钢 10	$320 \sim 340$	200	29
钢 15	$360 \sim 380$	220	26
钢 40	580	340	18
06Cr18Ni11Ti	$600 \sim 900$	200	40

(2)挤压方式。挤压方式对挤压力的影响如图 7.22 所示。它表示了钢 15 正挤压实心件、空心件与反挤压时单位挤压力随着变形程度 ε_F 的变化。正挤压时,单位挤压力随着 ε_F 的增加而增加,两种正挤方式(正挤实心件与空心件)的单位挤压力比较接近;反挤压时单位挤压力比正挤压时要高,而且曲线存在一个最低点。这个最低点的变形程度在 $\varepsilon_F = 30\% \sim 50\%$ 的范围内。

复合挤压时的总挤压力比单纯正挤或单纯反挤时的总挤压力要小或者等于单纯正挤或单纯反挤时的总挤压力。这是因为复合挤压时材料流动受约少的缘故。根据实验可知:

若 $P_{反} < P_{正}$,则 $P_{复合} \leqslant P_{反}$

若 $P_{正} < P_{反}$,则 $P_{复合} \leqslant P_{正}$

根据最小阻力定律,对于上式不难理解。

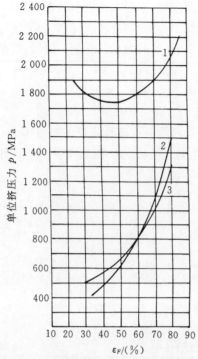

图 7.22　挤压方式对单位挤压力的影响
1— 反挤压；2— 实心件正挤压；3— 空心件正挤压

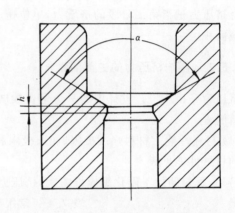

图 7.23　正挤凹模的几何形状

(3) 模具几何形状。合理的几何形状有利于材料变形时的塑性流动,因而减少材料的流动阻力,可以降低挤压力。所以在设计模具时,模具工作部分的几何形状选择合理,可以减小模具的负荷,从而提高模具的使用寿命;并可减少压力机的载荷和能量消耗。

正挤压时,主要是凹模对挤压力产生影响。因此,一般情况都将凹模出口部分设计成锥形,如图 7.23 所示。图 7.24 所示为正挤压钢 15 时凹模锥角对挤压力的影响。一般,挤压力最小的合理凹模锥角是 $\alpha = 40° \sim 66°$。而且合理的凹模锥角随着变形程度的增加而增大。当对数变形量由0.3增大到1.33时,凹模锥角从 40° 增大到 66°。对于其他材料,合理的凹模锥角也大致相同。图 7.24 的凹模锥角比较小时出现单位挤压力上升的现象,这是因为凹模锥角太小时,被挤压材料在凹模中经过的距离增加,导致摩擦阻力增加,单位挤压力反而增加。

当 $\alpha = 40° \sim 66°$ 时,虽然能够得到最小的挤压力,但是考虑到挤压件的使用要求,目前常用的凹模锥角为 90° $\sim$ 126°。当被挤压材料的塑性比较好、挤压力又不太大时,允许将凹模锥角设计成180°,即平底凹模。

反挤压凸模工作部分的形状取决于工件底部要求的形状,因此选择余地比较小。然而凸模工作部分的形状对挤压力的影响很大。图 7.25 所示为反挤压钢件时凸模斜角对挤压力和单位挤压力的影响。由图 7.25 可以看出,当斜角 $\alpha_\beta = 9° \sim 11°$ 时,单位挤压力比 $\alpha_\beta = 0°$(即凸模锥角 $\alpha = 180°$) 时有明显降低。

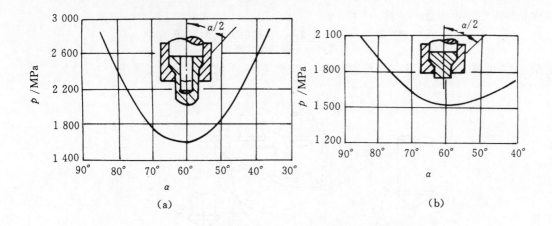

图 7.24 凹模锥角对单位挤压力的影响

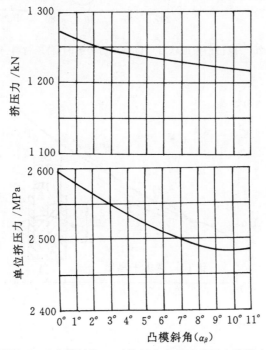

图 7.25 凸模斜角 α_β 对挤压力和单位挤压力的影响

图 7.26 所示为不同反挤凸模形状对黑色金属单位挤压力的影响。由图 7.26 可以看出,平底凸模的单位挤压力最大;球面凸模的单位挤压力比较小。但是当变形程度大于 60% 时,球面凸模的单位挤压力急剧上升。平底凸模的圆角半径对挤压力也有影响,增大圆角半径可以降低挤压力。带平底而又具有锥角的反挤压凸模,锥角 $\alpha = 120° \sim 130°$ 比较合理。假如锥角比较大,则对降低挤压力的作用就不明显。

(4) 相对高度。图 7.27 为正挤压时毛坯相对高度 (H_0/D_0) 对单位挤压力的影响,图 7.27 为含碳质量分数为 $0.13\% \sim 0.15\%$ 的低碳钢,毛坯退火后经磷化加皂化润滑,毛坯直径为 $\phi 25.4~\mathrm{mm}$。所用正挤压凹模为带 1.3 mm 圆角的平底凹模。横坐标代表毛坯相对高度,纵坐

标代表挤压力修正因数 K。即

$$K = \frac{\text{相对高度 } H_0/D_0 \text{ 在某一定值时的实际单位挤压力}(p)}{\text{相对高度为1时的单位挤压力}(p_0)}$$

由图 7.27 可见,正挤时,随着相对高度 H_0/D_0 的增加,单位挤压力随之增加。

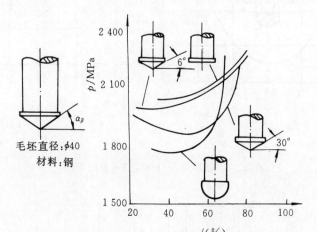

图 7.26　反挤凸模形状对单位挤压力的影响(挤压材料:钢 10)

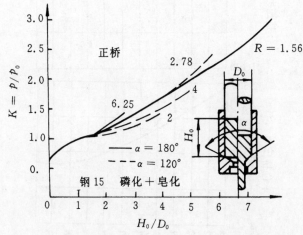

图 7.27　相对高度对正挤时单位挤压力修正因数的影响

　　图 7.28 所示为反挤压时毛坯相对高度对单位挤压力的影响。所用反挤凸模为直角平底凸模。由图 7.28 可知,当毛坯相对高度 $H_0/D_0 < 1.0$ 时,随着相对高度增加,单位反挤压力增大,但是在毛坯相对高度 $H_0/D_0 \geqslant 1.0$ 以后,随着毛坯相对高度增加,单位挤压力不再增加。

　　(5)挤压速度。挤压速度增加,一方面会因为惯性影响提高变形抗力;另一方面可能因为塑性变形时产生的热量来不及散失而提高材料温度,从而降低变形抗力,因此关系比较复杂。

　　除上述因素之外,其他因素,如润滑条件、工件形状和反挤压件的底厚等,对挤压力都会产生影响。

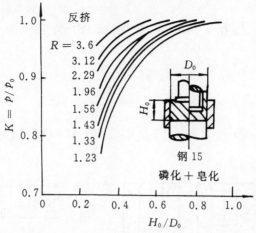

图 7.28　相对高度对反挤时单位挤压力修正因数的影响

7.5.3　冷挤压力的计算

目前计算挤压力的方法很多,常用的有诺模图法和计算法。诺模图法是根据大量的试验,再绘制相应曲线,用于查阅挤压力。冷挤压力的计算方法繁多,下面介绍的公式是根据塑性变形区的平衡微分方程与塑性变形条件联立求解得出的。

(1) 正挤压实心件的单位挤压力 p 的计算公式为

$$p = 2K_f\left(\ln\frac{d_0}{d_1} + 2\mu\frac{h_1}{d_1}\right)\mathrm{e}^{\frac{2\mu h_0}{d_0}} \tag{7.12}$$

式中　　p —— 单位挤压力,MPa;

　　　　K_f —— 变形抗力(即流动应力),见图 7.29,MPa;

　　　　d_0 —— 毛坯直径,mm;

　　　　d_1 —— 挤压后工件杆部直径,mm;

　　　　h_1 —— 凹模工作带高度,mm;

　　　　μ —— 摩擦因数,有润滑时 $\mu = 0.1$。

(2) 反挤压时单位挤压力 p 的计算公式为

$$p = K_f\left[\frac{d_0^2}{d_1^2}\ln\frac{d_0^2}{d_0^2 - d_1^2} + \right.$$

$$\left.(1 + 3\mu)\left(1 + \ln\frac{d_0^2}{d_0^2 - d_1^2}\right)\right] \tag{7.13}$$

式中　　p —— 单位挤压力,MPa;

　　　　K_f —— 变形抗力,见图 7.29,MPa;

　　　　d_0 —— 毛坯直径,mm;

　　　　d_1 —— 工件内径,mm;

　　　　μ —— 摩擦因数,有润滑时 $\mu = 0.1$。

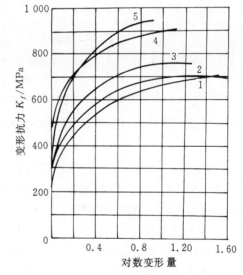

图 7.29　材料的变形抗力曲线

1— 钢 08,钢 10;2— 钢 15;3—15Cr;

4—20CrMn;5— 钢 35

7.6 冷挤压毛坯的制备

7.6.1 毛坯下料

1. 毛坯形状与尺寸

正挤压时,可以采用如图 7.30 所示的 4 种毛坯形状;反挤压时,采用毛坯形状如图 7.31 所示。

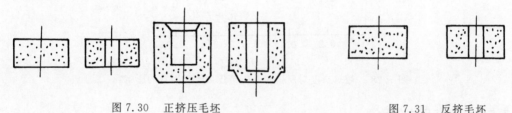

图 7.30 正挤压毛坯   图 7.31 反挤毛坯

毛坯的体积按照体积不变条件进行计算。假如冷挤压以后还要进行切削加工,那么毛坯的体积还应当加上相应的切削余量。冷挤工件一般需要修边,挤压毛坯的体积应当加上修边余量的体积。回转体工件的修边余量 Δh 见表 7.5。

表 7.5　修边余量 Δh 　　　　　　mm

工件高度	10	10～20	20～30	30～40	40～60	60～80	80～100
修边余量 Δh	2	2.5	3	3.5	4	4.5	5
说明	1. 工件高于 100 mm 时,修边余量应当为工件高度的 6%。 2. 对复合挤压件,工件修边余量应当选取大值。 3. 对矩形件,按照上列数值加倍。						

为了便于将毛坯放入凹模,毛坯的直径应当比冷挤凹模模腔直径小 0.1～0.3 mm。毛坯内孔直径比挤压件内孔小 0.01～0.05 mm 时,可以得到的内孔粗糙度为 $\overset{1.6}{\triangledown} \sim \overset{0.2}{\triangledown}$,假如工件内孔粗糙度要求不高时,毛坯内孔可以比工件内孔大 0.1～0.2 mm。

为了保证冷挤压工件的质量和模具寿命,冷挤压毛坯的切割面应当具有一定的平直度、粗糙度和公差等级。根据不同情况,冷挤压毛坯可以采用板料或棒料制备。

2. 板料下料方法

采用这个方法制备冷挤压毛坯的主要优点是生产率高,端面平整,不需整平工序。缺点是材料利用率低(60% 左右)。采用此方法时,毛坯厚度应当小于毛坯直径(考虑到落料凸模的强度)。一般黑色金属冷挤毛坯采用落料冲裁模落料。对于剪切断面粗糙度要求比较高的有色金属冷挤毛坯,可以采用具有椭圆角或圆角凹模的小间隙落料模或负间隙落料模落料。

3. 棒料下料方法

(1) 剪切下料。棒料毛坯的剪切下料一般采用安装在压力机上的专用剪切模实现。常用的剪切模有全封闭式和半封闭式两类,图 7.32 为一种全封闭式剪切模,此种剪切模的剪切毛坯质量比半封闭式剪切模的剪切毛坯质量高。

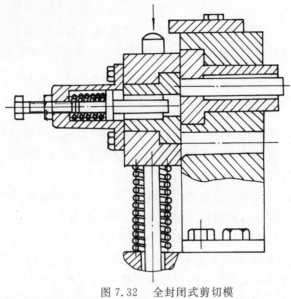

图 7.32　全封闭式剪切模

采用剪切下料方法的优点是生产效率高、节约材料,但是端面较粗糙且与棒料轴线不垂直。因此,采用此方法下料的毛坯在冷挤压前均需要一次整形工序。

(2) 其他下料方法。棒料除剪切模下料之外,还可以采用锯切、砂轮切割和车削等。这些下料方法,毛坯的质量比较好。但是生产效率没有剪切模的生产效率高,且材料消耗较多。

7.6.2　毛坯的软化热处理

毛坯在冷挤压前必须进行软化热处理,其目的是通过热处理降低毛坯的硬度,提高塑性,得到良好的微观组织和消除内应力等。

冷挤压前,钢毛坯常用的软化热处理方法有以下 3 种:

(1) 完全退火。将钢加热到 Ac_3 以上 $30 \sim 50℃$,在此温度下保温一定时间后随炉缓冷,或在 $550℃$ 以后从炉中取出空冷。完全退火适用于亚共析钢和共析钢($\omega_C < 0.8\%$)。退火后的微观组织为铁素体和珠光体。由于过共析钢($\omega_C > 0.8\%$)缓慢冷却时,将沿晶界析出二次渗碳体,使得钢的性能变,因此过共析钢一般不采用完全退火。

(2) 球化退火。为了使珠光体中渗碳体和二次渗碳体球化而进行的退火处理。这种退火方法主要适用于共析钢和过共析钢。球化退火是将钢加热到稍高于 Ac_1 温度,保温后,再保持在略低于 Ac_1 的温度,然后缓慢冷却。由于加热温度稍高于 Ac_1,过热度很小,因此未熔于奥氏体的碳化物比较多。同时,熔入了碳化物的奥氏体,其成分也不均匀,因此冷却时,未熔的碳化物和奥氏体中碳浓度较高的地方成为冷却时碳化物结晶的核心。由于保温时间长,片层状碳化物球化,因而在冷却后得到粒状碳化物和粒状珠光体。由此可见,球化退火的关键是加热温度不能过高。某些一次球化退火难以球化的钢材,可以采用循环退火方法进行球化,即将钢加热到球化温度,保温后,冷却到 $680 \sim 700℃$ 再加热到球化温度,这样重复几次便可以实现球化。

(3) 不完全退火。不完全退火是将钢加热到高于 Ac_1 温度,而低于 Ac_3(对亚共析钢)或

Ac_m(对过共析钢)温度,并在此温度停留一定时间,然后缓慢冷却。不完全退火一般只应用于低碳钢。

对有色金属,一般也应当进行软化退火处理。纯铝退火温度一般为 $350 \sim 450\,^{\circ}\mathrm{C}$,保温 $2 \sim 5$ h;硬铝 2A12 为 $410\,^{\circ}\mathrm{C}$ 左右,保温 $4 \sim 6$ h;铜为 $650 \sim 700\,^{\circ}\mathrm{C}$,保温 $2 \sim 3$ h;黄铜 H62 为 $(720 \pm 10)\,^{\circ}\mathrm{C}$,保温 4 h。

7.6.3 毛坯的表面处理与润滑

由于冷挤压钢时,单位压力很高,只使用润滑剂,则不能在挤压时保持润滑层,因而挤压件表面容易产生鱼鳞状裂纹,模具遭受剧烈摩擦和损伤,甚至碎裂,无法进行挤压。因此钢在冷挤压前,必须进行磷酸盐处理,磷酸盐处理又称为磷化处理。

钢件经磷化处理以后,在表面上形成磷酸盐薄层,在冷挤压变形中,可以作为润滑剂支承层。经过磷酸盐处理后的钢毛坯,再经过涂附润滑剂,具有理想的润滑性能,因而可以降低挤压力,防止工件表面产生裂纹与材料黏附在模具上,提高模具寿命。

磷酸盐处理是将钢毛坯放在磷酸盐溶液中进行处理,其实质是材料表面的溶解或腐蚀。由于化学反应的结果,在材料表面上生成一层很薄的磷酸盐覆盖层,不溶于水的磷酸盐覆盖层很坚固地附着在表面上。根据处理液成分的不同,薄层呈暗灰色、浅灰色或褐色。薄层是很小的结晶体,质密而多孔。工件尺寸在处理后没有显著变化。磷酸盐处理层的硬度略高于铜和黄铜,而低于钢。磷酸盐处理层的导热性很差,是不良导体。

冷挤压时,磷酸盐处理的主要作用是减少变形材料与模具之间的摩擦。冲压工艺中,由于工作压力不大,采用一般润滑材料可以满足要求;而钢在冷挤压时,由于单位压力高达 2 500 MPa,即使采用一般加有填料与表面活性物质的优良润滑剂也不能满足要求。磷酸盐处理对摩擦因数的影响见表 7.6。

表 7.6 磷酸盐处理对摩擦因数的影响

单位压力 MPa	摩擦因数 μ		
	未经磷酸盐处理	磷酸锌处理	磷酸锰处理
70	0.108	0.013	0.085
350	0.068	0.032	0.070
700	0.057	0.042	0.057
1 400	0.070	0.043	0.066

磷酸盐处理可以减少摩擦因数,因此会显著降低冷挤压变形力,而且工件表面质量大大提高,模具寿命得到保证。

磷酸盐处理能够产生上述重要作用的,原因如下:

(1)磷酸盐覆盖层的结晶集合体牢固附着在整个金属表面上,同时在单个结晶之间仍然存在孔隙或小孔,由于毛细现象,经过磷酸盐处理过的表面较之光滑的钢表面能够吸收与贮藏更多的润滑剂。这些细孔被用作润滑剂的贮藏所。挤压时,贮藏在细孔内的润滑剂即被挤出,从而减少了变形材料与模具之间的摩擦力。磷酸盐处理层的吸油能力是光滑表面的 13 倍;同时还可用作润滑剂的固体"无机填料"。

（2）覆盖层的结晶结构是一种具有塑性的物质，在变形过程中能够与基体金属一起变形。采用放射性磷测定结果表明：钢件冷挤压的基体金属伸长 38% 时，材料表面上的磷酸锌仍然保存 89%，甚至采用尖角凹模冷挤压时，磷酸盐结晶仍然黏附在工件表面上。

（3）钢冷挤压时，温度升高，这时覆盖层具有与高黏度润滑剂类似的性质。

（4）磷酸盐处理层使得变形材料与模具隔离，避免了它们之间的直接接触。

（5）经磷酸盐处理的毛坯浸入润滑剂时，覆盖层还进一步与润滑剂发生了化学作用。磷酸盐处理层浸在皂液中时，会形成白色沉淀，这是一种不溶于水的锌皂（硬脂酸锌），与毛坯表面层紧密结合。由上述分析可以看出，磷酸盐处理层的润滑作用不仅是吸附作用，更重要的是由于磷酸盐处理层与润滑剂之间的化学作用。

磷酸盐处理层应当具有足够的厚度，否则就不能在冷挤压中充分发挥作用。由于是结晶体，磷酸盐处理层凸凹不平，因此一般很少直接采用厚度表示，而以单位面积上处理层的质量（mg/cm^2）表示。磷酸盐覆盖层的厚度小于 $1.5(mg/cm^2)$ 是不适宜的。但是有的资料介绍为 $0.4 \sim 3(mg/cm^2)$。假如磷酸盐覆盖层太薄，在变形程度大时，有一部分新生表面无法被覆盖层覆盖，材料容易与模具黏合，提高挤压。但是覆盖层也不能太厚，否则挤压时因覆盖层的内外部分摩擦因数不均一，引起压力增大。覆盖层厚度不但与磷酸盐处理液的种类、预先处理和处理条件有关，而且与被处理材料的化学成分有关。如表 7.7 所示，对于碳钢，含碳量愈多，磷酸盐覆盖层的质量愈大；对于合金钢，不但覆盖层的质量大，而且产生粗大的结晶形状。这是因为合金钢含有合金元素，在覆盖层生成反应的初期，产生的晶核少。通常，合金钢变形抗力大，冷挤困难，覆盖层的生成情况也是造成这种情况的原因之一。

表 7.7　磷酸盐覆盖层的质量

材　　料	磷酸盐覆盖层的质量 /(g/m^2)
钢 10	4.1
钢 25	5.3
钢 40	6.0
钢 60	7.8
15Cr	7.0
40Cr	9.3
20CrMo	10.2
30CrMo	12.4

毛坯经磷酸盐处理后还应当进行润滑处理，可以采用皂化处理或采用猪油拌适量的二硫化钼。皂化时采用硬脂酸钠 $C_{17}H_{35}COONa$，在 $60 \sim 70℃$ 时处理 15 min，使得毛坯表面牢固附上一层白色层作润滑。

奥氏体不锈钢（06Cr18Ni11Ti 等）由于不能采用磷酸盐处理，而采用草酸盐处理。高铬不锈钢也可以采用磷酸盐处理。

不锈钢经草酸盐处理后还应当进行润滑处理。可以选择使用氯化石蜡 85% 和二硫化钼 15%。

纯铝冷挤压润滑剂可以采用硬脂酸锌(100%)或另加适量十八醇(不需表面处理)。

硬铝 2A12 与 2A11 冷挤时,由于塑性比较差,容易产生裂纹,因此应当在硬铝表面先形成一层氧化膜,即将毛坯先进行表面氧化处理。这层氧化膜是一层多孔致密的氧化膜结晶,呈灰黑色,能够填充大量的润滑剂。

黄铜、紫铜和其他铜合金一般采用工业豆油或菜油作润滑剂,效果比较好。当变形程度比较大时,可以先进行钝化处理,然后再采用工业豆油或菜油润滑。

7.7 冷挤压模具及设计

由于冷挤压的单位压力比较大,设计模具时应符合以下要求:

(1)模具具有足够的强度和刚度,能够在冷热交变应力下工作;

(2)模具工作部分材料必须具有优良的耐磨性和比较好的韧性;

(3)凸凹模的几何形状合理,避免应力集中;

(4)模具易损部分拆换方便;

(5)模具具有准确的导向装置;

(6)制造简单,成本费用低且安全可靠。

7.7.1 冷挤压模具结构

图 7.33 所示为黑色金属冷挤压通用模。这副模架适用于正挤压、反挤压和复合挤压。黑色金属反挤压时,因凹模型腔深度比较深,工件容易卡在凹模内,所以需要在下模上考虑顶件机构,为了扩大顶件器的承压面积,采用间接顶件方案。间接顶件方案虽然使得模架高度有所增加,但是可以使得顶件器和垫板的单位面积支承压力降低。应当指出,此模架也适用于有色金属冷挤压。

7.7.2 模具工作部分设计

1. 正挤压凸模

正挤压凸模的设计十分简单,因为实际上只要求凸模单位压力不超过 2 500 MPa。

凸模和凹模之间的合理间隙十分重要,选取 0.05~0.1 mm(双向),凸模进入凹模的深度一般选取 5~10 mm。

实心件的正挤凸模可以按照如图 7.34 所示结构设计。空心件的正挤压凸模有整体式(见图 7.35)和组合式(见图 7.36)。

整体式凸模存在下列缺点:

(1)整体式结构由于芯杆根部应力集中以及挤压时受到材料的径向压、轴向拉力(由于材料向下流动,材料与芯杆之间产生摩擦力而引起芯杆的轴向拉应力)的作用,在凸模本体与芯杆之间可能断裂。

(2)挤压件不能自动脱离芯杆。

但是整体式结构的优点是:制造简单和成本低。

由于整体式结构存在上述缺点,因此只适用于:

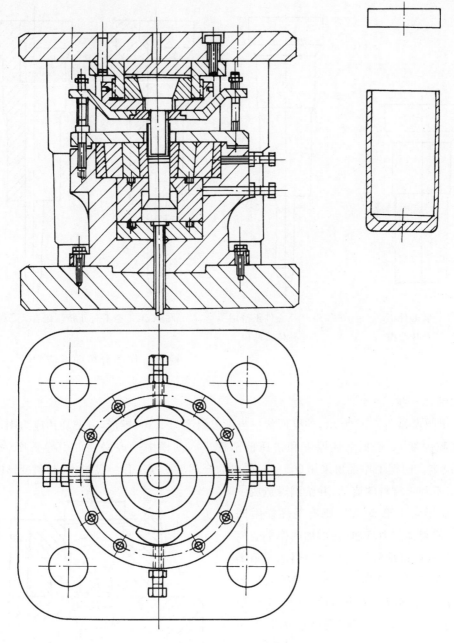

图 7.33　冷挤压通用模

(1) 凸模本身和芯杆的直径相差很小时,即薄壁件挤压;

(2) 芯杆的长度不大时(芯杆长度与其直径之比不大于 1.5 时)。组合式凸模有两种设计。图 7.36 左图为固定式芯杆。这时工件难于从芯杆取出,因此这种类型只是当芯杆部分是锥形时才能采用。图 7.36 右图是浮动式芯杆。这种设计最好在芯杆的头部下面(在凸模的孔腔内)安装一根压簧。在挤压时,芯杆随着材料向下流动也跟着运动,从而提高了芯杆的寿命,减少了芯杆被拉断的可能。在黑色金属空心件正挤时,经常采用这种形式芯杆。

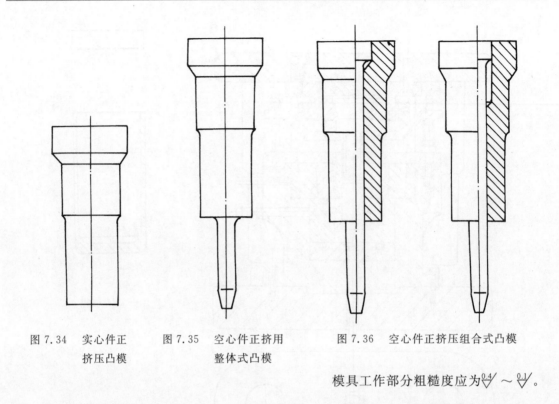

图 7.34 实心件正
挤压凸模

图 7.35 空心件正挤用
整体式凸模

图 7.36 空心件正挤压组合式凸模

模具工作部分粗糙度应为 ∇⁰·⁴ ~ ∇⁰·¹。

2. 正挤压凹模

正挤压凹模如图 7.37 所示,外壁形状应当做成斜度为 1°30′ 锥形,方便加预应力圈。放置毛坯的模腔深度 h_3 根据毛坯厚度和挤压前凸模进入凹模中一段必要的引导长度(一般为 10 mm)决定。凹模工作锥角采用 60° ~ 126° 最为合理。凹模工作锥度过大,材料变形时易形成"死区",不利于材料的流动,并给润滑造成一定困难。而锥角小于 60° 时,则有毛坯楔附凹模的趋势,使得顶件力增加,并增加凹模上的径向应力。凹模收口部分应当采用适当的圆角半径连接,圆角半径对模具寿命的影响很大。因此凹模过渡部分均应当采用圆角连接。工作带长度 h_1(见图 7.37),对于纯铝挤压选取 1 ~ 2 mm,对于低碳钢选取 2 ~ 4 mm,对于硬铝、紫铜和黄铜选取 1 ~ 3 mm。

如图 7.37 所示的整体式凹模,容易产生横向开裂,因此可以设计成如图 7.38 所示的分体式凹模。横向分割接合面为 1 ~ 3 mm,如图 7.38(a) 所示,并经过研磨以便保证挤压材料不流入接缝。在结合面外,其中一块做成 1° 斜角,如图7.38(a)所示。

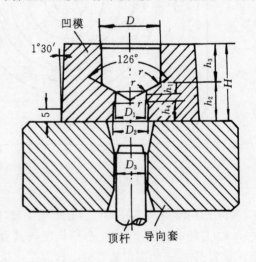

图 7.37 正挤压凹模

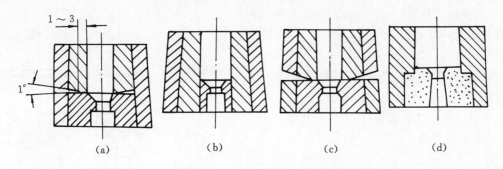

图 7.38 正挤压分体式凹模

3. 反挤压凸模

反挤压凸模形状如图 7.39 所示。反挤凸模两端面不允许留中心孔。但是在反挤薄壁（0.5 mm 以下）的软金属（锡、铝、铅、锌）时，应当钻个小通气孔，否则卸料困难，容易损坏挤压件。反挤压凸模工作部分主要是高度为 h_1 的圆柱表面（工作带），其直径为 d（见图 7.39）。可取 $h_1 = \dfrac{\sqrt{d}}{4}$，选取 $h_1 = 2 \sim 3$ mm，但是对于有色金属可以适当减少，对于纯铝，选取 $h_1 = 0.5 \sim 1.5$ mm。为了有利于金属流动，选取凸模锥角为 $126°$。为了反挤凸模的稳定，有利于中心定位，防止凸模折断，凸模的工作端面，除具有锥度之外，还具有平底部分。由于反挤压凸模所承受的单位压力很高，所以应当严格要求。

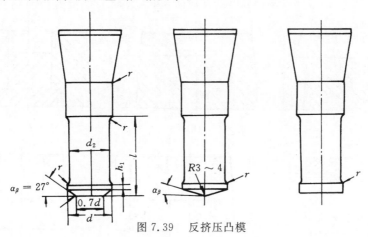

图 7.39 反挤压凸模

(1) 工作长度应当尽可能短些，太长容易使得凸模产生纵弯。有效工作长度 l 同挤压件内孔直径 d 之比与材料有关，应当保持在以下范围：

纯铝	$l/d \leqslant (6 \sim 8)$
紫铜	$l/d \leqslant (5 \sim 6)$
黄铜	$l/d \leqslant (4 \sim 5)$
钢	$l/d \leqslant 2.5$

(2) 为了减少应力集中，在整个长度上应当避免断面的突然变化。

(3) 要求不同直径的断面之间以小锥角和大圆角半径过渡。

有色金属反挤压时,凸模端面常常不进行抛光,有时还要开些对称的工艺凹槽,如图 7.40 所示,以增大端面与金属的摩擦,防止凸模滑向一侧造成挤压件壁厚不均匀,或凸模折断,因为有色金属反挤压时,一般变形程度比较大,经常为薄壁件,同时反挤压凸模比较长(因为工件比较长)。

4. 反挤压凹模

图 7.41 所示为反挤压凹模的常用形式。图 7.41(a)(b)(c)(d) 主要用于挤压后工件不卡在凹模内,不需要顶件装置的情况。有色金属薄壁件反挤压时可以采用。图 7.41(a) 是整体式,结构简单,但是腔底转角半径 R 处容易下沉,模具寿命比较短。图 7.41(b) 也是整体式,但是凹模底部型腔有 25°斜度,有利于材料流动。图 7.41(c) 为穿通式分体凹模,寿命比较长,但是这种凹模的缺点是在工件底部连接处有一圈毛刺。但是只要制

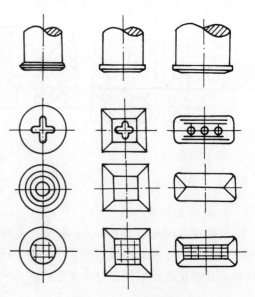

图 7.40　工艺凹槽形状

造精确,这个缺点可以克服。图 7.41(d) 为上下分体式凹模,其工作寿命长,工件底部连接处的痕迹也不明显。但是这种凹模的制造要求非常高,否则同心度难于保证。图7.41(e) 顶件方便。图 7.41(f) 除顶件方便之外,可以补偿模底的部分弹性变形。

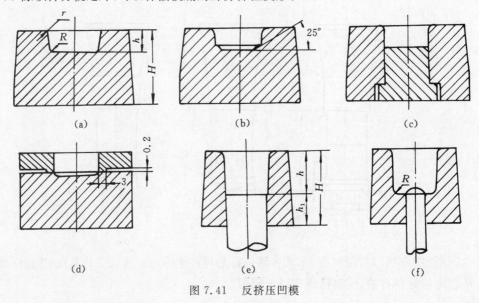

图 7.41　反挤压凹模

7.7.3　组合凹模设计

1. 冷挤压凹模受力状态分析

冷挤压时,凹模内腔受到变形材料的径向应力,其受力状态与厚壁圆筒承受径向内压的受力状态相似。

根据有关厚壁圆筒理论,冷挤压时,凹模内引起的切向应力与径向应力如图 7.42 所示,计

算如下：

半径 r 处的切向应力为

$$\sigma_t = p \frac{1}{a^2 - 1}\left(1 + \frac{r_2^2}{r^2}\right) \tag{7.14}$$

半径 r 处的径向应力为

$$\sigma_r = p \frac{1}{a^2 - 1}\left(1 - \frac{r_2^2}{r^2}\right) \tag{7.15}$$

式中　p—— 凹模内表面处的径向单位压力，MPa；

a—— 凹模的直径比（或半径比），$a = \dfrac{r_2}{r_1} = \dfrac{d_2}{d_1}$；

r_2—— 凹模的外半径，mm；

r_1—— 凹模的内半径，mm。

上述应力在凹模内的分布情况如图 7.42 所示。

冷挤压时凹模的强度可以按照能量强度理论引入一个"相当应力"验算。为了满足模具强度要求，它不应当大于凹模材料的许用应力。当模具轴向应力为零时，相当应力 σ_v 为

$$\sigma_v = \sqrt{\sigma_t^2 + \sigma_r^2 - \sigma_t\sigma_r} \tag{7.16}$$

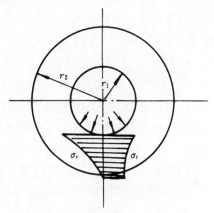

图 7.42　凹模内应力分布情况

由以上分析可知：

（1）冷挤压时凹模内的切向应力 σ_t 与径向应力 σ_r 都正比于作用在模具内腔的径向内压力 p。此外，凹模内的应力随着直径比 a 增大而减小。切向应力为拉应力，其最大值位于凹模的内表面处。

（2）凹模强度的危险部位在其内表面处。因此，加大 a 值在一定程度上可以增加凹模强度。但是在 $a > 4$ 以后，σ_v 几乎不再减小。

为了提高凹模强度，防止切向开裂，应当采用如图 7.43(b)(c) 所示的组合凹模。凹模施加预应力后，冷挤压时切向拉应力将被预压时产生的切向预加应力（压应力）部分或全部抵消，从而降低相当应力 σ_v。

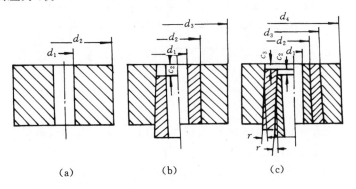

图 7.43　冷挤压凹模

(a) 整体式凹模；(b) 两层组合凹模；(c) 三层组合凹模

由组合凹模的强度分析可知,三层组合凹模的强度是整体式凹模强度的 1.8 倍,两层组合凹模的强度是整体式凹模的 1.3 倍。在尺寸相同条件下,组合凹模的强度比整体式凹模的强度大。

2. 组合凹模的简捷计算法

(1)凹模形式。即确定选择整体式还是两层或三层组合凹模。凹模总直径比 a 越大,凹模强度越大。但是在 a 增加到 $4\sim6$ 以后,继续加大总直径比 a 作用不大。因此,工程上常采用的总直径比 $a=4\sim6$。当 $a=4\sim6$ 时,整体式凹模的许用单位挤压力 $P\leqslant 1\,100$ MPa;两层式组合凹模的许用单位挤压力为 $1\,100\sim1\,400$ MPa;三层式组合凹模为 $1\,400\sim2\,500$ MPa。

应当指出,上述数据考虑了足够的安全因数。

(2)凹模各圈直径。如上所述,凹模总直径比一般选取 $4\sim6$。对两层组合凹模(见图 7.43(b))选取 $d_2=\sqrt{d_1 d_3}$;对三层组合凹模(见图 7.43(c))选取 $d_2=1.6d_1$,$d_3=1.6$,$d_2=2.56d_1$,$d_4=1.6^3 d_1=4.1d_1$。

(3)预应力组合凹模径向过盈量 u 和轴向压合量 c。

1)两层组合凹模径向过盈量 u_2 与轴向压合量 c_2(见图 7.44)的计算在确定了各直径以后,可以按照图 7.45 确定 d_2(见图 7.43)处的径向过盈量 u_2 和轴向压合量 c_2。

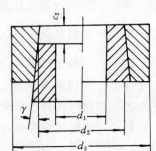

图 7.44　两层组合凹模的压合情况

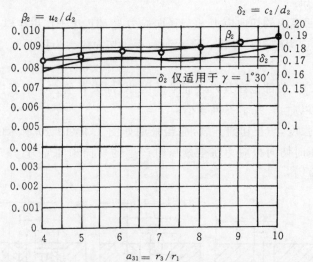

图 7.45　两层组合凹模中径向过盈因数 β_2 与轴向压合因数 δ_2

先按照图 7.44 查出径向过盈因数 β_2 与轴向压合因数 δ_2。径向过盈量 u_2(双向)和轴向压合量 c_2(见图 7.44)的数值可以按照下式计算,即

$$u_2=\beta_2 d_2$$

$$c_2=\delta_2 d_2$$

式中　　d_2——中圈直径,见图 7.44,mm;

　　　　u_2——d_2 处的径向过盈量(双向),mm;

β_2—— 径向过盈因数；

c_2—— d_2 处的轴向压合量，mm；

δ_2—— d_2 处的轴向压合因数。

2）三层组合凹模径向过盈量 u_2，u_3 和轴向压合量 c_2、c_3（见图 7.46）可以按照下式计算，即

$$u_2 = \beta_2 d_2, \quad c_2 = \delta_2 d_2$$
$$u_3 = \beta_3 d_3, \quad c_3 = \delta_3 d_3$$

式中 β_2，β_3 与 δ_2，δ_3 见图 7.47 和图 7.48，

d_2，d_3 见图 7.46，mm。

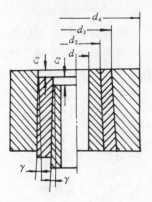

图 7.46 三层组合凹模压合情况

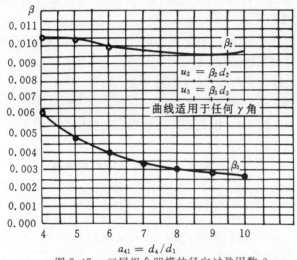

图 7.47 三层组合凹模的径向过盈因数 β

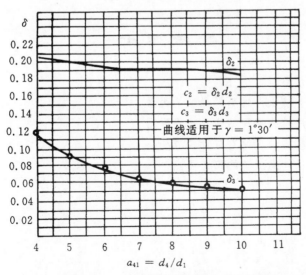

图 7.48 三层组合凹模的轴向压合因数 δ

3. 组合凹模的压合

一般有加热压合和室温压合两种方法。加热压合是先将外圈加热,再套内圈,利用热胀冷缩的原理使外圈在冷却后将内圈压紧。室温压合是在压力机的作用下使得内外圈压合,一般配合面做成 $1°30'$ 斜角(即图7.43所示 γ 角)。压合时各圈压合次序原则是由外向内压,即先将中圈压入外圈之中,最后将内圈压入。应当注意,压合后的凹模内腔必须进行修正。

中层圈与外层圈的材料可以选择如下:

中层预应力圈:5CrNiMoA,40Cr,35CrMoA,硬度为 HRC45 ～ 47。

外层预应力圈:40Cr,35CrMoA,35CrMnSiA,硬度为 HRC40 ～ 42。

7.7.4 模具材料

对于在冷挤压模具,凸模与凹模的受力最为严重,因此对凸模、凹模材料的选择应当特别慎重。一般应满足下列要求。

(1) 必须具有很高的强度与硬度,避免模具本身的塑性变形、破坏与磨损;

(2) 必须具有相当高的韧性,满足在一定冲击条件下工作;

(3) 必须具备高的热疲劳强度,满足在冷热交变应力下工作;

(4) 易于切削加工;

(5) 对于单位挤压力大的工件,模具钢的碳化物偏析应当控制在 1 ～ 3 级以内。

常用模具材料见表7.8。

表7.8 冷挤压凸模和凹模常用材料

模具类型	常用材料
凸模	W18Cr4V,Cr12MoV,GCr15,W6Mo5Cr4V2,6W6Mo5Cr4V1,6Cr4Mo3Ni2WV(即 CG - 2)
凹模	Cr12MoV,CrWMn,GCr15,YG15,YG20,GT35

思 考 题 七

7.1 分析挤压变形机理。

7.2 简要说明影响挤压许用变形程度的因素。

7.3 举例说明挤压模的典型结构及选用原则。

7.4 简述组合凹模的设计原则与计算方法。

7.5 简要说明挤压辅助工艺的工艺要点。

第8章 冲压成形CAD

冲压工艺与模具的计算机辅助设计(CAD)是指在人参与下,以计算机为中心的软件系统对冲压工艺进行最优化设计,其中包括资料检索、工艺计算、确定形状结构数据传输和自动绘图等。与计算机辅助设计相联系的是计算机辅助制造(CAM),它也是在人参与下,计算机对冲压模具的制造进行监督、控制和管理。CAM输入信息来自CAD输出信息。总之,CAD/CAM是由计算机控制的自动化信息流,对从冲压模具的最初构思、设计直至最终的制造、装配、检验、管理进行控制的集成系统。

美国麻省理工学院于1963年研制了人机对话的图形系统后,相继出现了各种计算机辅助设计系统用于包括冲模在内的模具设计。例如,美国通用汽车公司开发的汽车车身和外形计算机辅助设计的DAC-1系统等。20世纪70年代,小型计算机、图形输入板、磁盘和存贮管显像器的出现,CAD系统进入商品化阶段。20世纪80年代,微型机及其外围设备的进一步发展,使CAD/CAM系统的应用更加普及。到20世纪末,作为设计和制造之间的联系手段——图纸,已经失去其作用,而由模具CAD/CAM一体化完成。

在冲压行业采用计算机辅助设计可以获得下列效益:
(1)节约原材料消耗,降低生产成本;
(2)提高设计效率,缩短试制周期;
(3)提高产品质量和模具寿命,降低产品成本。

8.1 冲压成形CAD的概念

冲模的设计过程主要由工艺分析与计算、模具设计和模具图绘制等部分组成。工艺分析与计算包括工艺性分析、工艺方案确定、排样优化、压力和压力中心的计算、模具工作部分的尺寸计算和选择设备等内容。对于弯曲模和拉深模设计,需要进行毛坯展开计算和中间工序的设计。模具结构设计包括模架选择、定位与卸料装置设计、模具工作零件的设计等。

建立冲模CAD系统时,首先要确定系统的目标和功能,根据要求选择硬件设备和基本支撑软件。模具结构与零件的标准化和工艺资料是建立CAD系统的重要基础工作。工艺与模具设计资料包括人工设计模具的流程、准则和标准数据。编制程序之前,应当制定系统流程框图,说明系统的基本组成与内容,规定各部分之间的关系和数据流向。在此基础上,建立数学模型,完成程序的编制与调试,建立图库和数据库,最后将各部分连在一起构成一个完整的系统。

图8.1所示为捷克金属加工工业研究院开发的AKT系统。据统计,原捷克所需冲裁模具的60%可以采用AKT系统设计。图8.2所示为连续模的设计过程。设计一副二工位连续模时的对比情况见表8.1。

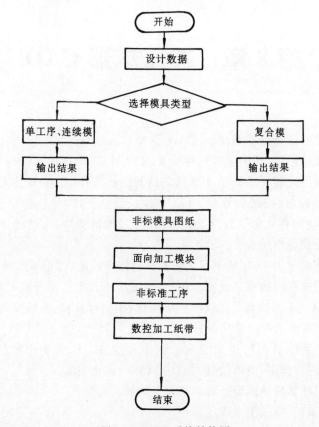

图 8.1 AKT 系统结构图

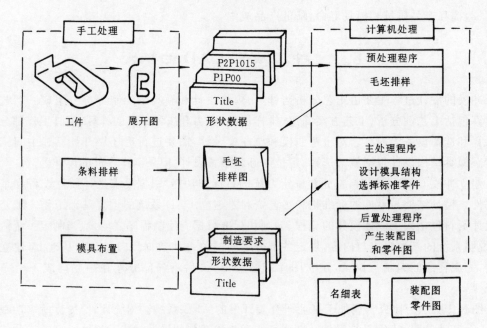

图 8.2 连续模 CAD 系统的设计过程

表 8.1　不同设计制造方法的比较

	常规机床	数控机床	数控机床＋AKT 设计
设计时间 /h	100	50	1.5
生产准备费用 / 克朗①	2 500	1 250	500
生产准备时间 /h	150	50	10
加工工时 /h	400	100	52
生产周期 / 月	2	1	0.25
总费用 / 克朗	15 000	6 250	3 100

8.2　冲压成形工艺的计算机判定

冲压件的工艺性是指工件对冲压工艺的适应性,包括冲压件的形状、尺寸及偏差、孔间距等内容。工艺性对冲压件的质量和模具寿命有很大影响。人工设计时,工艺性分析由有经验的设计人员完成。在计算机辅助设计中,这一工作由计算机生成。

计算机辅助分析工艺性的方法大体可以分为两类:一类是自动判别,另一类是交互判别。在工艺性的自动判别方法中,根据不同的判定类型建立各种算法。根据冲压件的几何模型和工艺参数文件中的标准极限数据,对各种判定类型逐一分析判断。交互判别方法则是利用图形显示、旋转、放大和平移等功能,采用较直观的方法实现工艺性判别。

工艺性自动判别中,首先要对图形进行搜索,找出判别对象,并确定其类型。然后,求出判别对象的几何特征量,与允许的极限值进行比较。下面介绍一下自动判别程序的原理和方法。

8.2.1　判别模型

冲压工艺性判别是将冲压件图形中的圆角半径、孔径、孔边距、孔间距、槽宽和悬臂等几何特征量与相应的工艺极限值进行比较,决定工件是否适合于冲压加工。为此,程序必须能够辨识判别的类型。

冲压件图形中元素的组合以采可用线-线和圆-圆关系描述。因为直线可视为半径无限大的圆,所以直线与圆的组合可用圆-圆关系表示。根据这些关系便可识别冲压件图形中的不同几何特征。

1. 线-线关系

直线和直线间的关系可分为虚型和实型两类,虚型关系的两直线间为图形以外的部分,如图 8.3(a) 所示,实型关系的两直线间为工件的实体。实型又分为开放型与封闭型两种,如图 8.3(b)(c) 所示,当两直线属于同一轮廓时为封闭型。

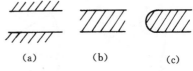

| (a) | (b) | (c) |

图 8.3　直线与直线间的关系
(a) 虚型;(b) 开放型;(c) 封闭型

冲压件图形中,当两直线间为虚型关系时,其工艺判别类型为窄槽。当两直线间存在开放

---

①　克朗:捷克货币,1 克朗 = 0.337 4 人民币元。

实型关系时,工艺性判别类型为槽边距或槽间距。与封闭实型关系相对应的工艺性判别类型为细颈和悬臂。

使用线-线关系的条件是两直线段间有相互包容的共同部分。共同部分的检测可通过比较直线段端位置实现。另外,两直线间的夹角超过规定值时,则不属于判别的对象,可以不考虑。

2. 圆-圆关系

圆弧与圆弧之间的关系可分为同向与异向两大类,如图8.4所示。建立的模型中,规定逆时针走向的圆弧为正,顺时针走向的圆弧为负。根据两圆弧走向的异同,可以判别两圆弧间的关系为同向或异向。同向圆弧又可分为O型和X型两种情况。每种情况根据其相对位置可分为实型和虚型,而实型也有开放与封闭之分。

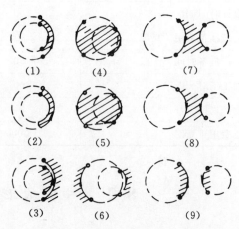

图 8.4 圆弧与圆弧间的关系

当两圆弧之间存在异向关系,假如一圆的圆心在另一圆内,则工艺性判别为环宽。当两圆弧之间的关系为同向 X 型时,工艺性判别类型为孔间距。对于一圆心在另一圆之外的小 O 型关系,按照细颈或窄槽判别。

对于圆弧本身,仅需要根据其所属轮廓和半径判别孔径和圆角半径等特征量。

8.2.2　处理图形的几种算法

图形自动识别与处理中,经常采用下列算法,这些算法可以提高程序运算效率。

1. 圆弧走向判别

对于图 8.5,a,b 分别为圆弧的起点和终点,O 为圆心。判别式 S 为

$$S = \begin{vmatrix} x_O & y_O \\ x_a & y_a \end{vmatrix} + \begin{vmatrix} x_a & y_a \\ x_b & y_b \end{vmatrix} + \begin{vmatrix} x_b & y_b \\ x_O & y_O \end{vmatrix} \tag{8.1}$$

当 $S>0$ 时为逆向圆弧,如图 8.5(a) 所示;当 $S<0$ 时为顺向圆弧,如图 8.5(b) 所示。

这种判别方法方便了自动化设计程序的编制,并可以应用于多种平面图形处理问题。

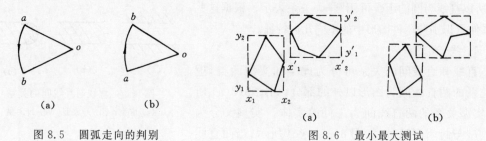

图 8.5　圆弧走向的判别　　　　图 8.6　最小最大测试

2. 重叠测试

假如两个多边形在 x 和 y 方向都不重叠,那么它们不可能互相遮蔽。最小最大测试就是基于这种思想的一种排除重叠的快速方法。这种方法是将一多边形的最小 x 坐标与另一多边

形的最大 x 坐标相比较。这种比较对于 y 坐标也适用，如图 8.6 所示。

这种二维的 $x-y$ 最小最大测试通常称为边界方框测试，是一种常用的平面图形处理方法。图 8.7 为这种算法的框图。

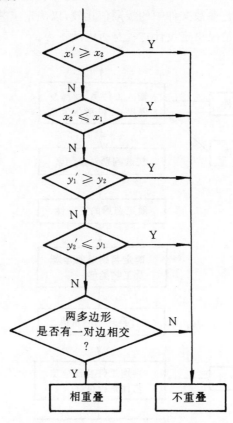

图 8.7　边界方框测试的算法框图

当最小最大测试不能指出两个多边形是否互相分离时，它们仍有可能不相重叠。在这种情况下必须采用比较复杂的测试，以确定两多边形是否相交。当对两多边形的边线逐一比较时，用一维的最小最大测试也有助于加速处理过程。

3. 包容测试

从多边形的轮廓描述可以判定给定点是否位于多边形之内。这只要从该点出发作一条假想的射线，计算该线与多边形边线的交点个数就行了。假如交点个数为奇数，则该点位于多边形内；假如为偶数，则被判点在多边形边界之外。

采用点的包容测试方法，经过多次处理即可测试两多边形之间的包容关系。

8.2.3　工艺性的自动判别过程

根据前述的模型可以实现元素的选择与工艺性类型的判别。工艺性自动判别的过程如图 8.8 所示。

首先程序由数据库中读入材料和图形的有关数据，然后选择判别对象。为了确定判别对象元素,需要对冲压工件图进行搜索。对于轮廓上的直线元素和圆弧元素,根据它们与其他元素的夹角和距离,逐一判断是否为对象元素。

找到对象元素后,采用建立的判别模型可以确定判别的工艺性类型。然后,计算几何特征量的值,并将其与标准工艺参数文件中的极限值比较,以确定工艺性是否良好。程序将显示自动判别结果,用户可根据情况决定设计过程是否继续下去。

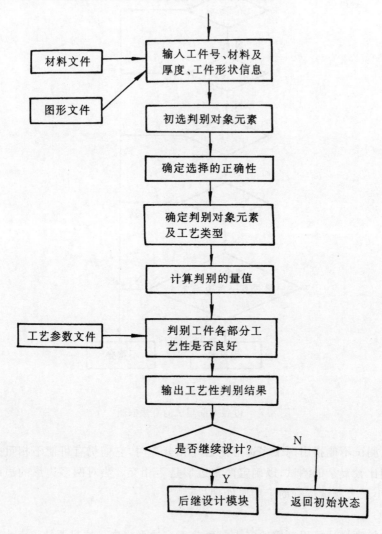

图 8.8　工艺性自动判别过程

8.3　计算机辅助排样最优化

8.3.1　排样问题的数学描述

图 8.9 所示为工程上常用的排样方式,图 8.9(a)(b) 为单排排样,图 8.9(c)(d) 为双排排样,图 8.9(b)(d) 为旋转 180° 的排样。

对于卷料冲裁,可以采用步进材料利用率来评价排样方案。步进材料利用率采用下式计算,即

$$\eta = \frac{S}{BH} \qquad (8.2)$$

式中　S——一个步距上所排列工件的面积,mm^2;

　　　B——卷料的宽度,mm;

　　　H——进给步距,mm。

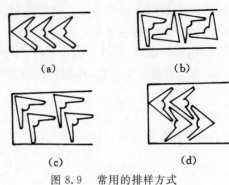

图 8.9　常用的排样方式

对于条料冲裁,材料利用率为

$$\eta = \frac{nS_1}{BL} \qquad (8.3)$$

式中　S_1——一个工件的面积,mm^2;

　　　n——条料上工件的个数;

　　　B,L——条料的宽度和长度,mm。

对于整块板料,材料利用率为

$$\eta = \frac{NS_1}{A_1 B_1} \qquad (8.4)$$

式中　N——由板料冲得工件的数目;

　　　A_1,B_1——板料的长度和宽度,mm。

一般来说,排样由图 8.10 的两个参数 ϕ 和 λ 确定。

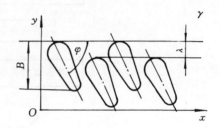

图 8.10　决定排样的参数

参数 ϕ 和 λ 变化范围为

$$G\{0 \leqslant \phi \leqslant \pi, -B(\phi) \leqslant \lambda \leqslant \eta(\phi)\}$$

式中　$B(\phi)$——ϕ 的单值函数,它反映了图形在 Oy 轴方向的宽度与 ϕ 角的关系。

一般情况下,排样的优化在于寻找 ϕ 和 λ 的最佳值,使得目标函数

$$\eta(\phi,\lambda) = \frac{S}{B(\phi,\lambda)H(\phi,\lambda)} \quad （对于卷料） \qquad (8.5)$$

或者

$$\eta(\phi,\lambda) = \frac{N(\phi,\lambda)S_1}{A_1 B_1} \quad （对于板料） \qquad (8.6)$$

在域 G 内达到最大值。

由于工件的复杂性,难以采用一个统一的解析式表达排样问题的目标函数。计算机辅助排样最优化方法是从排列工件的所有可能方案中选出最优者。

计算机排样方法有多种,这里仅介绍多边形法和高度函数法。

8.3.2　多边形法

多边形法是将平面图形以多边形近似,通过旋转、平移得到不同的排样方案,从中选择最佳者。其主要步骤如下:

(1) 多边形化。以直线段代替圆弧段,采用多边形代替原来的工件图形。

（2）等距放大。排样工件之间的最小距离为搭边,等距放大是将多边形化的图形向外等距放大 $\Delta/2$。当两等距图相切时,自然保证搭边值 Δ。

（3）图形的旋转、平移。通过旋转、平移使得等距图相切,这样就产生了一种排样方案。

（4）与已存储方案比较,保留材料利用率高的方案。假如全部搜索完毕,转至(5),否则转到(3)。

（5）输出排样结果。图8.11为采用多边形法实现旋转 $180°$ 单排排样的流程图。这种排样方法的优点是概念清晰,可以适用于各种情况,其缺点是运行时间比较长。

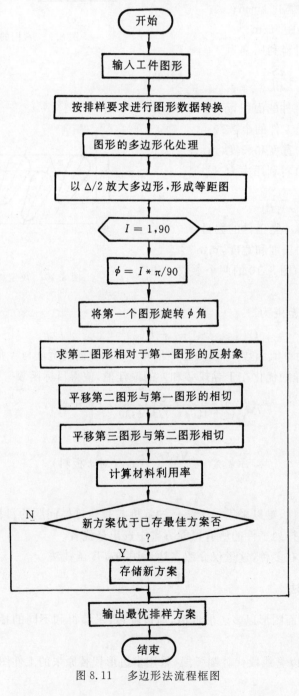

图 8.11　多边形法流程框图

8.3.3　高度函数法

分析毛坯排样时冲压件图形的位置特点可知,在排样图上各图形的轴线总是相互平行,如图 8.12 所示。如前所述,在一般的排样方法中以 ϕ 和 λ 为参数进行优化。高度函数法则是根据图形轴线的平行性,采用各图形的相对高度差 h_{ij} 为优化排样参数。对于图 8.12 所示的双排排样,以 h_{12} 和 h_{23} 为排样参数。

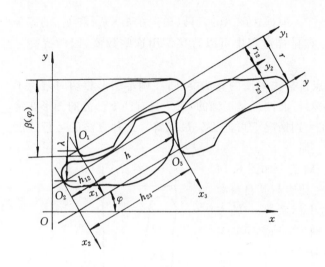

图 8.12　排样时图形间的关系　　　　图 8.13　两图形相切时的关系

参数 ϕ 和 λ 与参数 h_{12} 和 h_{23} 之间存在以下关系:

$$\phi = \pi/2 - \arctan(h, r) \tag{8.7}$$

$$\lambda = h_{12}\sin\phi - r_{12}\cos\phi \tag{8.8}$$

如图 8.12 所示,排样中各个图形均置于其自身坐标系中。第一、第二和第三图形的坐标系分别为 $x_1O_1y_1$、$x_2O_2y_2$ 和 $x_3O_3y_3$。r_{12} 和 h_{12} 为第二图形自身坐标系原点在第一图形自身坐标系中的坐标。r_{23} 和 h_{23} 为第三图形坐标系原点在第二图形坐标系中的坐标。式(8.7)的 h 为 h_{12} 与 h_{23} 的代数和,表示点 O_3 到 x_1 轴的距离;r 为 y_3 轴与 y_1 轴的间距,其值为

$$r = \max\{[r_{12}(h_{12}) + r_{23}(h_{23})], r_{13}(h)\} \tag{8.9}$$

(1) 可行域与相切条件。假如图形在自身坐标系中包括搭边值在内的高度为 t(见图 8.11),则搜索最优排样方案的可行域为

$$G\{-t \leqslant h_{12} \leqslant t, -t \leqslant h_{23} \leqslant t\}$$

因为各图形自身坐标的 y 轴在排样图中相互平行,各图形的高度皆为 t,所以 G 为方形域。

假如将可行域等分网格数为 $2m \times 2m$,则搜索时 h_{12} 和 h_{23} 每次变化的量 $\Delta t = t/m$。程序分两次优化,第一次为初步优化,第二次为细分优化,即在第一次求得的最优值附近细分网格,进一步搜索。设第一次优化求得的最优值为 h_{12} 和 h_{23},第二次优化时的搜索区域为

$$G'\{h_{12} - \Delta t \leqslant h'_{12} \leqslant h_{12} + \Delta t, h_{23} - \Delta t \leqslant h'_{23} \leqslant h_{23} + \Delta t\}$$

通过两次搜索,可以准确求得最优值。

为了获得排样方案通常将图形等距放大半个搭边值,在排列图形时使得相邻的放大图形

相切。确定两图形相切的算法对于优化排样的速度有重要影响。对于图 8.13,两图形置于自身的坐标系 $x_iO_iy_i$ 和 $x_jO_jy_j$ 中。图形以其最高点和最低点为界分为两部分,假如图形 i 的右半部分的曲线为 $x_i = f_i(y_i)$,图形 j 的左半部分曲线为 $x_j = f_j(y_j)$。当两图形相切时,存在如下关系:

$$r_{ij} = \begin{cases} \max\limits_{t \geqslant y_i \geqslant h_{ij}} \left[f_i(y_i) - f_j(y_i - h_{ij}) \right] & t \geqslant h_{ij} \geqslant 0 \\ \max\limits_{t + h_{ij} \geqslant y_i} \left[f_i(y_i) - f_j(y_i - h_{ij}) \right] & -t \leqslant h_{ij} \leqslant 0 \end{cases} \tag{8.10}$$

式中,r_{ij} 为 O_j 在 $x_iO_iy_i$ 坐标系中的横坐标。根据式(8.10),可以预先在 h_{12},h_{23} 和 h_{13} 的等分点上算出 r_{12},r_{23} 和 r_{13},并列成数据表。在排样过程中可以直接调用这些数值,因而提高了效率。

这种确定两图形相切的方法与加密点排样法采用的算法类似,在确定图形相切时避免了计算量很大的迭代运算。但是,这种方法对于凸图形是正确的,对于具有凹下部分的图形在绝大多数情况下也可以找到最优值,但是在个别情况下可能丢失最优解。这种方法的运行速度快,计算效率高。

(2)条料宽度、步距和材料利用率的确定。如图 8.14 所示,将图形放置在极坐标系中,极坐标系原点与其自身参考坐标系原点重合,x 轴方向与自身参考坐标系的 x_i 轴方向一致,图形的轮廓曲线为 $\rho(\theta)$。假如 l 轴与 x 轴之间的夹角为 φ,则图形轮廓与 l 轴间的最大距离为

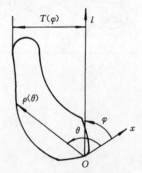

$$T(\varphi) = \max_{0 \leqslant \theta \leqslant 2\pi} \left[\rho(\theta) \sin(\theta - \varphi) \right] \tag{8.11}$$

这里,将 $T(\varphi)$ 定义为高度函数。

图 8.14 高度函数的定义

对于图 8.12,ϕ 角由式(8.7)计算,排样条料方向与图形自身坐标系 x_i 轴的夹角为

$$\varphi = \frac{\pi}{2} - \phi \tag{8.12}$$

因此,条料宽度 B 可以按照下式计算,即

$$B = \max\left[T_1\left(\frac{\pi}{2} - \phi\right), T_2\left(\frac{\pi}{2} - \phi\right) + \lambda \right] -$$
$$\min\left[T_i\left(\frac{3}{2}\pi - \phi\right), T_2\left(\frac{2}{3}\pi - \phi\right) + \lambda \right] + a \tag{8.13}$$

式中　　T_1,T_2——第一图形和第二图形的高度函数;

　　　　a——搭边值,mm。

因为在工件的等距放大图中放大量为 $a/2$(见图 8.13),所以式(8.13)应当包括搭边值 a。假如考虑到工件间的搭边和侧搭边不同,可以对此项进行修正。$T_i\left(\frac{3}{2}\pi - \phi\right)$ 表示图形 i 的下半部轮廓与参考轴 l_i 之间的最大距离,mm。λ 由式(8.8)计算,因为 λ 表示工件 2 相对工件 1 的错移量,所以其值有正负之分。

根据图 8.12,进给步距 H 计算公式为

$$H = \sqrt{r^2 + h^2} = \sqrt{\left[\max(r_{12} + r_{23}, r_{13}) \right]^2 + (h_{12} + h_{23})^2} \tag{8.14}$$

所以,条料的步进材料利用率 η 计算公式为

$$\eta = \frac{nS_1}{BH} = \frac{nS_1}{B(h_{12}, h_{23})H(h_{12}, h_{23})} \qquad (8.15)$$

式中　S_1——一个工件的面积,mm^2;

　　　n——排样的排数。

条料宽度 B 和进给步距 H 均为 h_{12} 和 h_{23} 的函数,由式(8.13)和式(8.14)计算。

(3)排样过程。高度函数法的排样过程如图 8.15 所示。排样前首先进行数据处理,将图形信息转换成便于排样的数据形式。前置数据处理包括输入图形信息和排样方式,计算图形的面积,选取搭边值,并以 1/2 的搭边值等距放大图形。对放大处理后的图形进行多边形化处理,建立图形的自身坐标系。根据式(8.11)建立图形的高度函数表,便于排样过程中调用。变量 φ 在其变化域$[0, 2\pi]$内的等分数选取 128,计算精度选取搭边值的 5%。

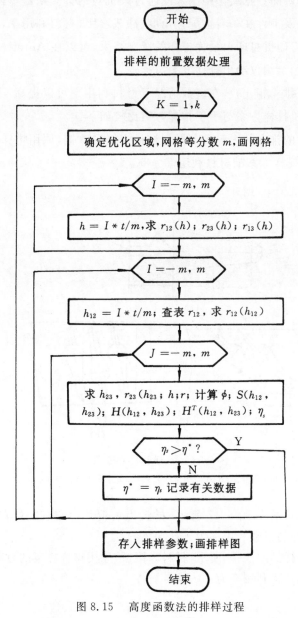

图 8.15　高度函数法的排样过程

数据准备完毕后,在 h_{12} 和 h_{23} 的变化域划分网格。为了在排样过程中快速使图形相切,在 h_{12} 和 h_{23} 的等分点上按照式(8.10)计算 r_{ij},并列成数表。排样时,采用查表法可以很快求得 B 和 H。在程序中进行了两次优化,首次优化搜索整个方形域 G,获得初步最优方案。然后,在最优解附近确定搜索区域 G',并在此区域内以较小步距搜索,最终获得较精确的最优解。程序中将 G 域的边长分为 50 等份,将 G' 域的边长分为 20 等份。在计算机上运行 $3 \sim 5$ min 可以完成优化排样。

8.3.4 计算实例

根据上述原理,可以用通用语言编制冲裁排样最优化程序,程序运行所需的控制参数和原始数据可以从预先准备好的数据文件中读入或通过人机对话方式从键盘输入。执行程序,可以确定最优排样方案以及工件在条料上配置角度、冲裁步距、材料利用率,并同时可确定冲裁力、压力中心等。通过打印机打印出最优排样的所有结果,可以在 AutoCAD 支持下显示出最优排样方案,并可以采用绘图仪绘出排样方案。

计算机排样和手工排样相比较,在多数情况下材料利用率可以提高 5% 以上。下面是几则排样实例,现将计算机排样方案与手工排样方案比较如下:

【例1】 接触簧片的排样如图 8.16 所示,材料为锡磷青铜,原用排样方案的材料利用率为 49.7%,计算机确定排样方案的材料利用率为 57.1%。

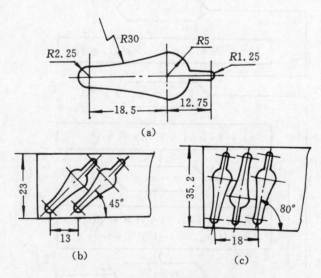

图 8.16 接触簧片的排样
(a)零件图;(b)原用排样方案;(c)计算机排样方案

【例2】 接触片的排样如图 8.17 所示,材料为黄铜片,原用排样方案的材料利用率为 39.8%,计算机确定排样的材料利用率为 44.8%。

【例3】 指针的排样如图 8.18 所示,材料为铝板,原用排样方案的材料利用率为31.2%,计算机确定排样方案的材料利用率为 40.7%。

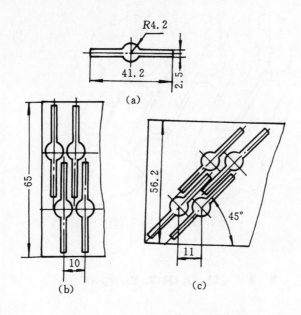

图 8.17 接触片的排样

(a) 工件图；(b) 原用排样方案；(c) 计算机排样方案

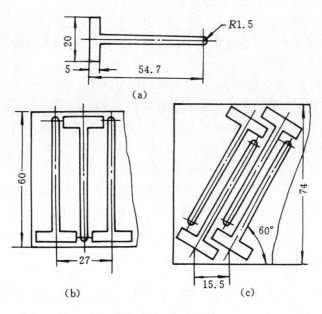

图 8.18 指针的排样

(a) 工件图；(b) 原用排样方案；(c) 计算机排样方案

【例 4】 对钥匙进行对头双排排样设计，最佳排样方案如图 8.19 所示，比原用排样方案提高材料利用率 6.5%。

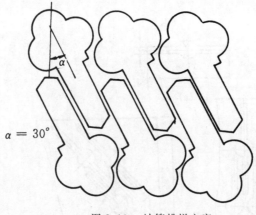

图 8.19　计算排样方案

8.4　连续模工位的布置

连续模的工位布置决定了模具的主要结构,直接影响模壁强度、冲压件精度和压力中心的位置,是连续模 CAD 的核心内容之一。工位布置是综合考虑多种工艺因素后得到的结果,除考虑模壁强度之外,主要考虑冲压件的定位尺寸精度要求和压力中心等工艺因素,为了实现计算机自动布置工位,有许多模糊问题需要定量化。

假如冲压件 M 有 N 个封闭轮廓 $\Omega_i (i = 1 \sim N)$,其中 Ω_1 为外轮廓,其余均匀内轮廓连续模的工位布置实际上是在满足如下工艺要求下,将 Ω_i 作分组处理,并将各组最优排序。

连续模工位布置的工艺原则:

(1) 由连续模性质可知,第一轮廓 Ω_1 一般应单独作为最末工位;

(2) 连续模工位布置应当保证模壁强度 $d_{ij} (i, j = 1 \sim N) \geqslant d_{min}$;

(3) 定位尺寸精度要求比较高的轮廓应当尽可能布置在同一工位或相近工位上;

(4) 为了减少模具尺寸,应当尽可能减少工位数;

(5) 工位布置应当尽可能使压力中心和模具几何中心重合。

将每个轮廓视为一个点 $V_i (i = 1 \sim n)$,则工位布置实际上是研究各点(轮廓)间相互关系的问题,因而是一个图论中的着色问题。为了避免图的同构,便于分析,将 N 个轮廓视为正 N 多边形分布的图的顶点,如图 8.20 所示。

8.4.1　模壁强度关联图与关联方阵

根据模壁强度原则,Ω_i 和 Ω_j 的间距 d_{ij} 不满足强度要求即 $d_{ij} \leqslant d_{min}$,则正 N 多边形顶点 V_i 和 V_j 间有线 l_{ij} 相连,这样便生成了连续模壁强度关联图 G,如图 8.20 所示。根据图论的方阵表示方法,连续模模壁强度关联方阵为

$$\boldsymbol{A} = [a_{ij}]$$

式中

$$a_{ij} = \begin{cases} 1, & \text{当 } V_i \text{ 和 } V_j \text{ 有线相连时} \\ 0, & \text{其他} \end{cases}$$

图 8.20 为关联图,相应的关联方阵 $\boldsymbol{A}$ 为

$$\boldsymbol{A}=\begin{bmatrix} 0 & 0 & 0 & 0 & 0 & 0 \\ 0 & 0 & 0 & 0 & 0 & 0 \\ 0 & 0 & 0 & 1 & 0 & 1 \\ 0 & 0 & 1 & 0 & 1 & 0 \\ 0 & 0 & 0 & 1 & 0 & 1 \\ 0 & 0 & 1 & 0 & 1 & 0 \end{bmatrix}$$

显然,$\boldsymbol{A}$ 为对称方阵,主对角线上的元素均为零。

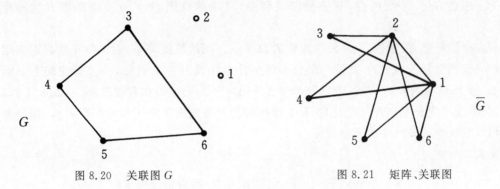

图 8.20　关联图 G　　　　　图 8.21　矩阵、关联图

再假设 $\boldsymbol{C}=[C_{ij}]$,其中 $C_{ij}(i,j=1\sim N)=1$,则方阵 $\boldsymbol{B}=[b_{ij}]=\boldsymbol{C}-\boldsymbol{A}$ 必是对称方阵,且对角线元素为 1。$\boldsymbol{B}$ 方阵的涵义是,当 $b_{ij}=1$ 时,Ω_i,Ω_j 可以放置在同一工位上,$\boldsymbol{B}$ 方阵的关联图为 $\bar{G}$。根据图的运算,有

$$\bar{G}=G_N-G \tag{8.16}$$

式中,G_N 为 N 阶完全图,$\bar{G}$ 为模壁强度关联图 G 的补图,$\boldsymbol{B}$ 方阵称为 $\bar{G}$ 的邻接矩阵,如图 8.21 所示。

$$\boldsymbol{B}=\begin{bmatrix} 1 & 1 & 1 & 1 & 1 & 1 \\ 1 & 1 & 1 & 1 & 1 & 1 \\ 1 & 1 & 1 & 0 & 1 & 0 \\ 1 & 1 & 0 & 1 & 0 & 1 \\ 1 & 1 & 1 & 0 & 1 & 0 \\ 1 & 1 & 0 & 1 & 0 & 1 \end{bmatrix}$$

假如 Ω_{i1},Ω_{i2},$\cdots$,Ω_{ik} 能够分在同一工位,其充要条件是由此组成的 $k\times k$ 阶子方阵,即

$$\begin{bmatrix} b_{i1,i1} & b_{i1,i2} & \cdots & b_{i1,ik} \\ b_{i2,i1} & b_{i2,i2} & \cdots & b_{i2,ik} \\ b_{ik,i1} & b_{ik,i2} & \cdots & b_{ik,ik} \end{bmatrix}$$

其中,所有的元素均为 1,亦即由 V_{i1},V_{i2},$\cdots$,V_{ik} 为顶点的子图为 k 阶完全子图。

8.4.2　冲压件精度关联图、关联方阵与赋权图

冲压件尺寸和公差按照功能的分类中,定位公差反映了 $\Omega_i(i=1\sim N)$ 之间的位置精度要求,假如在以 $\bar{V}_i(i=1\sim N)$ 为顶点的正 N 边形分布的关联图中,Ω_i,Ω_j 间有公差要求,则 $\bar{V}_i$,

$\bar{V}_j$ 有线 $\bar{l}_{ij}$ 相连,可以生成冲压件的精度关联图 H 及其精度并联方阵

$$E = [e_{ij}]$$

式中

$$e_{ij} = \begin{cases} 1, & \text{当 } \bar{V}_i, \bar{V}_j \text{ 有线相连时} \\ 0, & \text{其他} \end{cases}$$

由于精度要求存的高低,仅此还不能反映精度的不同要求,所以对精度关联图 H 的每一条边 $\bar{l}_{ij}$(或 $(\bar{V}_i, \bar{V}_j)$),相应有一个数 $Q(\bar{V}_i, \bar{V}_j)$(或写成 q_{ij}),称之为边 $\bar{l}_{ij}$ 的权。这样,图 H 连同它边上的权称为赋权图(weightgraph)。

为了表达方便,节约内存,省去精度关联图,只用赋权图 $Q = [q_{ij}]$ 也能够表达同样的内容。

现在介绍权 q_{ij} 的选取。q_{ij} 表达着轮廓 Ω_i 与 Ω_j 间的精度关系,对工位布置起着决定作用,故 q_{ij} 应当能够反映这个关系。由公差的标注方法及其意义可知,公差标注的上下偏差 (Δ_u, Δ_l) 反映两项内容:① 公差带宽度 $\delta = |\Delta_u - \Delta_l|$。② 公差带相对位置 $\delta\delta = (\Delta_v + \Delta_l)/2$。其中,公差带宽度和基本尺寸之比 (δ/L_0) 即相对公差带宽度反映了尺寸精度要求,而公差带相对位置只反映了该尺寸的配合情况。

定义

$$q_{ij} = \begin{cases} \max\left\{\dfrac{L_x}{\delta_x}, \dfrac{L_y}{\delta_y}\right\} & \text{当 } \Omega_i \text{ 与 } \Omega_j \text{ 间有精度要求时} \\ 0 & \text{当 } \Omega_i \text{ 与 } \Omega_j \text{ 间无精度要求时} \end{cases}$$

其中,L_x, L_y 为 x, y 方向定位尺寸大小的绝对值,$\delta_x = |\Delta_{xu} - \Delta_{xL}|$,$\delta_y = |\Delta_{yu} - \Delta_{yL}|$ 为 L_x, L_y 的公差带宽度;$\Delta_{xu}, \Delta_{xL}, \Delta_{yu}, \Delta_{yL}$ 分别为 L_x, L_y 的上下偏差。

这样 q_{ij} 实际上是选取相对公差带宽度的倒数,没有公差要求时取 0。

8.4.3 自动布置工位的算法

将第一轮廓 Ω_1 单独作为最末工位,不参加以后的分组运算,其余轮廓根据模壁强度关联矩阵的补矩 B,找出 B 方阵中元素均为 1 的最大子方阵 $[b_{ij}]$,即找到能分在同一工位上的最多轮廓。

组合各种分组情况,采用枚举法找到能够分在同一组的最大子集,这样的子集合不是唯一,可能有多个。

虽然这些子集合所构成的分组情况都能够满足模壁强度的要求,考虑到有精度要求的轮廓应当尽量放在同一工位加工的工艺原则,要在所有可能的最大分组情况中,在相互制约的多重矛盾中选择比较合理的方案。

根据精度赋权方阵 Q,设

$$F = \sum_{j=1}^{N} \sum_{i=1}^{N} \alpha \, q_{ij}$$

式中

$$\alpha = \begin{cases} 1, & \text{当 } i \text{ 和 } j \in \{k\} \text{ 时} \\ -1, & \text{其他} \end{cases}$$

即当同组轮廓间有精度要求时 α 取正值,当组外轮廓与组内轮廓间有精度要求时 α 取负值。

比较所有最大分组情况时的 F 值,假如 Ω_{i1},Ω_{i2},$\cdots$,Ω_{ix} 一组的 F 值最大,可以布置在同一工位上。

排除已经分组的元素,即将关联图 G 中与分组有关的顶点、边都去掉,即令 $\boldsymbol{B}$ 方阵中,当 i 或 $j \in \{k\}$ 时,$b_{ij} = 0$。

然后将其余的元素组成的关联方阵按上述方法,重复计算分组,求出最大 F 值的分组作为另一个工位,这样重复进行,直到全部元素分完,即方阵 $\boldsymbol{B}$ 中的每一个元素均为 0。

到此,根据模壁强度和精度要求较高的轮廓放在同一工位加工的原则,确定了冲裁加工时冲压件各轮廓所属的工位分组。假如总分组数为 m,则该连续模的工位数为 $N_B = m + 1$。但是,还没有最终确定各工位分组的相互关系与排列次序。考虑如下原则确定工位布置:

(1) 有公差要求的轮廓尽量放在相近工位,以减少冲压加工时的积累误差。

(2) 工位布置尽可能使得压力中心和模具的几何中心重合。

设 $N_B = m + 1$ 组轮廓中,每组以集合 $\{\Omega_k\}_i$ 来表示。其中,$i = 1 \sim N_B$;$k = 1 \sim n_b(i)$;$n_b(i)$ 表示第 i 组中的轮廓数。以 $\{\Omega_R\}_i$ 为顶点的 N_B 边正多边形可构成精度并联图 P。

$\boldsymbol{T} = (t_{ij})_{N_B \times N_B}$ 为精度赋权方阵,如图 8.22 所示。其中

$$t_{ij} = \sum_{n=1}^{N} \sum_{g=1}^{N} \gamma q_{ij} ; \qquad \gamma = \begin{cases} 1, & \text{当 } n \in \{\Omega_k\}_h \text{ 和 } g \in \{\Omega_k\}_g \text{ 时} \\ 0, & \text{其他} \end{cases}$$

即精度赋权方阵 $\boldsymbol{Q}$ 中,不同分组间权之和。

$$\boldsymbol{T} = \begin{bmatrix} 0 & 0 & 66.7 \\ 0 & 0 & 0 \\ 66.7 & 0 & 0 \end{bmatrix}$$

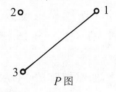

$\boldsymbol{T}$ 阵　　　　　　　　　P 图

图 8.22　P 图与 $\boldsymbol{T}$ 阵

根据工艺原则,将 Ω_1 单独作为第一工位(工程上叫最末工位),其余工位进行全排列,总的可能情况为

$$P_{N_B - 1} = A_{N_B - 1}^{N_B - 1} = (N_B - 1)!$$

工位布置可能性,假如权函数为

$$FF = \sum_{i=1}^{N_B} \sum_{j=1}^{N_B} (t_{ij} / \Delta N_{ij}) + \frac{\beta}{S + \alpha} \tag{8.17}$$

式中　　t_{ij} —— 权系数;

ΔN_{ij} ——$\{\Omega_k\}_i$ 和 $\{\Omega_k\}_j$ 间工位序号之差的绝对值;

α,β —— 精度和压力中心的比例参数;

S —— 压力中心和模具几何中心之间的距离。

假如模具的几何中心为 (P_x, P_y),由计算可知第 i 组轮廓 $\{\Omega_k\}_i$ 的压力中心为 (P_{xi}, P_{yi}),压力为 P_i,有

$$S = \sqrt{\left(P_x - \sum_{i=1}^{N_B} P_{xi} P_i / \sum_{i=1}^{N_B} P_i\right)^2 + \left(P_r - \sum_{i=1}^{N_B} P_{ri} P_i / \sum_{i=1}^{N_B} P_i\right)^2} \tag{8.18}$$

每次计算压力中心都很烦琐,根据冲压件的基本数据结构,假如经过计算各组元素 $\{\Omega_k\}_i (i = 1 \sim N_B)$ 的压力中心是 (P_{x_i}, P_{y_i}),则压力中心计算公式为

$$\left.\begin{array}{l} P_{xi} = p_{x_o i} + n \times l \\ P_{yi} = P_{y_o i} \end{array}\right\} \qquad (8.19)$$

式中　　n——$\{\Omega_k\}_i$ 的工位序号；

　　　　l——排样步距。

这样，计算$(N_B - 1)$！种情况中 FF 为最大值的排列方式，就是综合考虑了前述五种工艺原则之后的最佳工位布置，能够实现连续模工位的计算机自动布置。

8.4.4　应用实例

图 8.23 所示的冲裁件有 6 个封闭轮廓 $\Omega_i (i = 1 \sim 6)$，如下所述：

(1)Ω_1 单独作为一个工位，其余轮廓作分组处理。

(2) 分组第一个循环得到：同组最多轮廓数 $n_b(2) = 3$，有两种可能分组：

$$a\{\Omega_3, \Omega_5, \Omega_2\} \qquad 其 \qquad F = 900$$
$$b\{\Omega_2, \Omega_4, \Omega_6\} \qquad 其 \qquad F = 233.3$$

故第一循环分组将$\{\Omega_3, \Omega_5, \Omega_2\}$作为一个工序。

(3) 除去$\{\Omega_3, \Omega_5, \Omega_2\}$，再作分组，共同组最多轮廓数 $n_b(3) = 2$，只有一种可能分组：$\{\Omega_4, \Omega_6\}$，即分组完毕。这时已知道：连续模工位数 $N_B = 3$；$\{\Omega_1\}$，$\{\Omega_2, \Omega_3, \Omega_5\}$ 和 $\{\Omega_4, \Omega_6\}$ 分属三个工位的轮廓。

(4) 生成精度关联图的赋权阵 $\boldsymbol{T} = (t_{ij})_{3 \times 3}$，经过计算可以得到如图 8.24 所示的工位布置图：

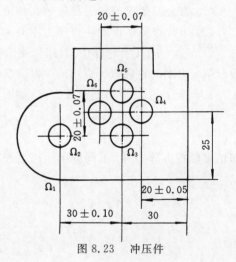

图 8.23　冲压件

$$\left\{\begin{array}{l} 第一工位：\Omega_1 \\ 第二工位：\Omega_4, \Omega_6 \\ 第三工位：\Omega_2, \Omega_3, \Omega_5 \end{array}\right.$$

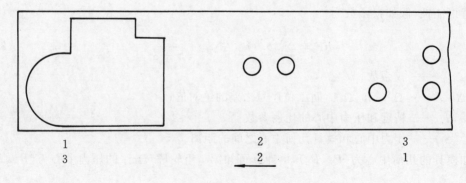

图 8.24　工位布置图

需要指出的是，工位布置这样一个模具设计的核心问题，影响因素远远不能为前五项所包括。计算机工位自动布置中各项参数和比例条数的选取直接决定该项内容对工位布置的影响程度，需要在工程上进行广泛调查、使用，逐步调整、修正、直至完善。所以连续模工位的计算机自动布置在使用初期不一定满足要求。图 8.25 为计算机自动布置连续模工位的算法流程。

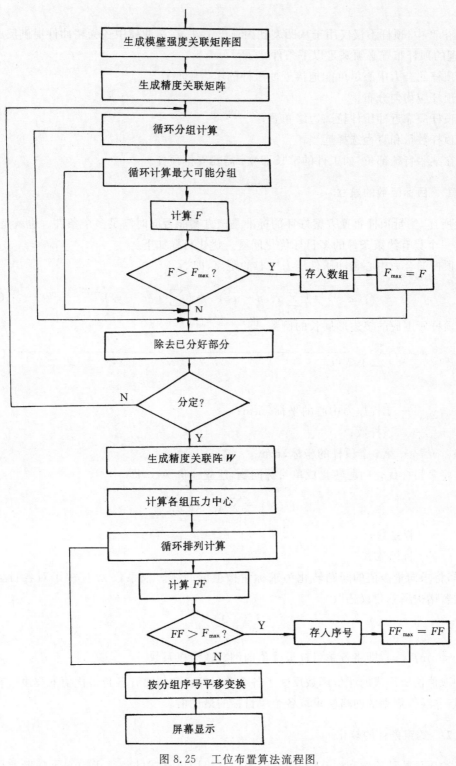

图 8.25 工位布置算法流程图

8.5　模具顶杆的布置

冲压生产中,顶杆不仅仅用于从凹型孔内顶出工件,在精冲模中还为精冲件提供反压力。为此,合理的顶杆布置必须满足以下条件:

(1) 顶杆的合力中心尽可能地接近冲压件的压力中心;

(2) 顶杆应均匀分布;

(3) 顶杆应靠近冲压件轮廓边缘布置;

(4) 顶杆数量和直径选择适当;

(5) 在某些特殊部位(如工件的窄长部分)需要安排顶杆。

8.5.1　目标函数的建立

如上所述,衡量顶杆布置方案好坏的标准是该方案能否同时满足多个条件。也就是说,顶杆布置是一个具有约束条件的多目标优化问题。优化目标如下:

(1) 顶杆的合力中心与冲压件压力中心的距离,即

$$f_1(x,y) = \left(\sum_{i=1}^{n} x_i/n - x_0\right)^2 + \left(\sum_{i=1}^{n} y_i/n - y_0\right)^2 \tag{8.20}$$

(2) 顶杆所围成的多边形周长的倒数,即

$$f_2(x,y) = 1/\left\{\sum_{i=1}^{n-1}\left[\sqrt{(x_i-x_{i+1})^2+(y_i-y_{i+1})^2} + \sqrt{(x_1-x_n)^2+(y_1-y_n)^2}\right]\right\} \tag{8.21}$$

式中　x_0,y_0 —— 工件压力中心的坐标,mm;

n —— 顶杆数;

x_i,y_i —— 第 i 个顶杆的坐标,mm。

为了将多目标优化问题转化成单目标问题,建立评价函数,即

$$U(X) = \sum_{i=1}^{m} \lambda_i f_i(x) \tag{8.22}$$

式中　λ_i —— 权系数;

m —— 目标数。

这样,将求向量极值的问题转化为求标量极值的问题。权系数 λ_i 反映了对各目标的估价。克雷若诺夫斯基建议选取

$$\lambda_i = \frac{1}{f_i^0}$$

式中,$f_i^0 = \min_{x \in D} f_i(x)$,即将各单目标最优值的倒数取为权系数。

这种取值法所形成的评价函数反映了各个单目标函数值离开各自最优值的程度。在程序中,采用解非线性规划的网格法求取各个单目标的最优值。

8.5.2　约束条件的转化

由于冲压件的外轮廓和内孔的复杂性,采用一组固定格式的约束函数表示随着冲压件形

状变化的约束条件十分困难。通过引入"可行网格"概念,将有约束的优化问题转化为无约束优化进行处理,程序具有通用性,其步骤如下:

(1) 采用冲压件图形输入程序求得工件内外轮廓所有元素(点、线、圆)方程的参数及其交点坐标,如图 8.26(a) 所示。

(2) 冲压件图形的信息化处理,即采用图形内外轮廓上的一系列等间距的坐标点近似代表真实图形,如图 8.26(b) 所示。

(3) 分别以冲压件外轮廓 x 方向和 y 方向上的最大坐标点间距为边长,作矩形使得外轮廓位于矩形之中。然后以顶杆直径为边长,在矩形内画正方形网络,如图 8.26(c) 所示。

(4) 搜索包括内外轮廓点列的网格,如图 8.26(d) 所示阴影网格,当点列间距小于网格边长时,这些网格连接成一连串首尾相接的边界网格,如图 8.26(d) 所示。

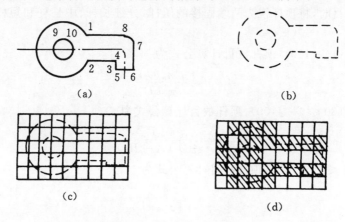

图 8.26　可行网格的划分

(5) 在非边界网格中,将既在外边界之内,又在内边界以外的网格称之为可行网格。显然,每一个可行网格对应着顶杆的一个可能布置的位置。在程序中,根据如下的判别式能够搜索出所有的可行网格:

$$a \in A \cup B \cup C \tag{8.23}$$

式中　a —— 判断的网格;

　　　A —— 边界网格的集合;

　　　B —— 外边界之外网格的集合;

　　　C —— 内边界之内网格的集合。

当在可行网格布置顶杆时,其他任何形式均不必考虑。

8.5.3　顶杆的均匀分布

为了使得顶杆分布尽可能均匀,应当采取如下措施:

(1) 分割法。过冲压件的形心作水平线与铅垂线,将可行网格分成 4 个区。假如各区可行网格数为 K_1, K_2, K_3, K_4,各区拟安排的顶杆数为 n_1, n_2, n_3, n_4,则应当尽可能满足

$$\frac{n_1}{K_1} = \frac{n_2}{K_2} = \frac{n_3}{K_3} = \frac{n_4}{K_4} \tag{8.24}$$

(2) 跳步法。当可行网格较多时,任一可能的顶杆位置一旦确定,在该区内就不再选择其

相邻的网格与之组合。

(3) 删除法。运算前,先将明显的不适宜布置顶杆的可行网格删去。

以上措施由程序自动安排处理。它们不仅能够使得顶杆分布比较均匀,还使得运算量大大减少。一个原先需要数百万次运算的布置方案(如 50 个可行网格、6 个顶杆),经过删除、分割与跳步处理后,运算次数可以减少到数万次乃至于数千次。这在一定程度上减小了网格法的计算量。

8.5.4 顶杆数量和直径的计算

顶杆直径根据冲压件厚度确定,当板料厚度大于 3 mm 时,选取直径为 8 mm;当板料厚度小于 3 mm 时,则根据冲压件可行网格的数目分为 6 mm 和 4 mm 两种。

计算顶杆数目时,将顶杆视为两端固接的压杆,分细长杆、中长杆和短杆三种情况分别予以考虑。

对于细长杆($\lambda \geqslant 100$),顶杆数目计算公式为

$$n = \frac{64 n_b p_{c0} H^2}{\pi^3 E D^4} \tag{8.25}$$

对于中长杆($60 \leqslant \lambda < 100$),顶杆数目计算公式为

$$n = \frac{4 n_b P_{c0}}{\pi D^2 (A - B\lambda)} \tag{8.26}$$

对于短杆($0 < \lambda < 100$),顶杆数目计算公式为

$$n = \frac{4 P_{c0}}{[\sigma]_R \pi D^2} \tag{8.27}$$

$$\lambda = H/i, \quad i = \sqrt{J/F}。$$

式中　H——杆长,mm;

　　F——顶杆横截面积,mm^2;

　　J——最小惯性矩;

　　n_b——安全因数;

　　P_{c0}——推板反向顶件力,N;

　A,B——对于 $\sigma_b > 480$ MPa 材料,$A = 469$ MPa,$B = 2.6$ MPa。

8.5.5 程序框图

程序流程图如图 8.27 所示,其特点是安排了四次人机对话。

(1) 决定是否由计算机布置顶杆,假如冲压件的面积过大(可行网格所需存储量超过计算机内存容量)或面积过小(无法布置内顶杆,必须全部采用边界顶杆),此时不必让计算机经一系列运算后再显示出"无法安排顶杆位置"的信息,而直接以一问一答的形式,由设计人员输入自己的布置方案(各顶杆的直径以及位置坐标)。

(2) 显示出自动计算出的顶杆直径和杆数,假如设计人员不满意可作出修改。

(3) 决定是否采用台阶式推板。假如采用,计算机还将设计出台阶式推板的各个参数。

(4) 决定是否采用边界顶杆。假如决定采用,同样以问答的形式输入边界顶杆的杆数和位置。边界顶杆一旦决定,计算机将对内顶杆的分布区域作适当调整,以保证全部顶杆分布均匀。在程序中,边界顶杆被并入内杆之中,因为它直接关系到诸优目标的求值。

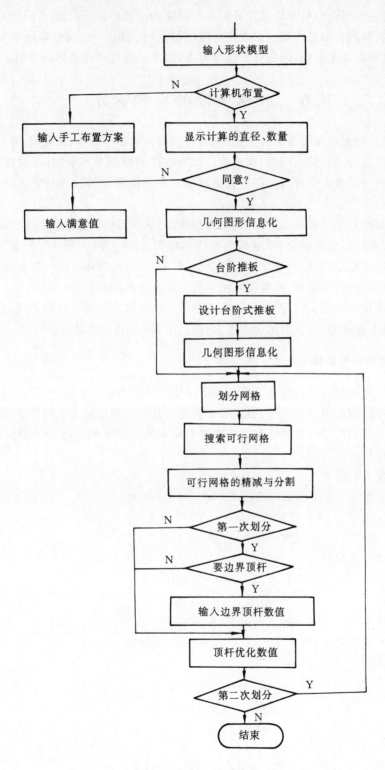

图 8.27 顶杆布置算法流程图

如前所述,每一个可行网格对应着顶杆的一个可能的布置位置。但是,在该网格附近还可能存在着更为有利的顶杆布置位置。因此在许多情况下,仅划分一次网格是不够的。网格划分次数愈多,所得布置方案愈佳,但是计算量也愈大,因此不能过多地增加网格划分次数。

8.6 冲模零件的自动设计

冲模 CAD 系统一般将模具零部件分为两大类:一类为标准零部件,如底板、导柱、导套等;另一类为非标准零部件,如凸模、凹模、推板等。标准零件的数据是不变的,存放在数据库中,在设计过程中由程序或者由设计人员进行选择调用。非标准零件的数据是变化的,因产品零件的不同而异。

冷冲模国家标准 GB 2851 ~ 2875—1981 为冲裁模 CAD 系统的建立提供了标准化基础。该标准包括 14 种典型的模具组合、12 种模架结构和模座、模板、导柱、导套等标准零件。这个标准不仅便利了冲模 CAD 系统的建立,而且扩大了 CAD 系统的使用范围。在此基础上,不同的工厂为了适应各自的特殊需要,亦可在系统中补充本企业的冲模标准。

按照国家标准设计冲裁模时,凹模尺寸是关键尺寸。在选定了模具结构形式,确定了凹模尺寸后,其他模具工件尺寸(如模架闭合高度、凸模长度等)也将随之确定。

8.6.1 凹模和凸模的设计

凹模和凸模的设计分为刃口尺寸计算与外形尺寸设计两部分。

在计算凹模和凸模的刃口尺寸时,根据磨损情况将其分为磨损后变大的尺寸、磨损后变小的尺寸和磨损后不变的尺寸三大类。程序可在图形输入模型的基础上区分三类尺寸,并按照以下公式确定刃口尺寸。

对于磨损后变大的尺寸

$$\left.\begin{array}{l} GD = D + S - 0.75(S - X) \\ GS = 0.25(S - X) \\ GX = 0.0 \end{array}\right\} \tag{8.28}$$

对于磨损后变小的尺寸

$$\left.\begin{array}{l} GD = D + X + 0.75(S - X) \\ GS = 0.0 \\ GX = -0.25(S - X) \end{array}\right\} \tag{8.29}$$

对于磨损后不变的尺寸

(1) 当 $|S| = |X|$ 时

$$\left.\begin{array}{l} GD = D \\ GS = (S - X)/8.0 \\ GX = -GS \end{array}\right\} \tag{8.30}$$

(2) 当 $S = 0.0$ 时

$$\left.\begin{array}{l} GD = D - 0.5(S - X) \\ GS = (S - X)/4.0 \\ GX = -GS \end{array}\right\} \tag{8.31}$$

（3）当 $X = 0.0$ 时

$$\left.\begin{array}{l} GD = D + 0.5(S - X) \\ GS = (S - X)/4.0 \\ GX = -GS \end{array}\right\} \tag{8.32}$$

式(8.28) ～ 式(8.32) 中，D,S,X 分别为产品图上的基本尺寸、上偏差和下偏差，mm；GD,GS,GX 分别为模具刃口的基本尺寸、上偏差和下偏差，mm。

对于配作的模具，在基准件上标注基本尺寸和公差，而在配作件上标注基本尺寸，并注明间隙值。

凹模的外形尺寸应当保证凹模具有足够的强度，以承受冲压时产生的应力。通常的设计方法是按照工件的最大轮廓尺寸和冲压件的厚度确定凹模的高度和壁厚，从而确定凹模的外形尺寸。因此，凹模的外形尺寸由冲裁件的几何形状、厚度、排样转角和条料宽度等决定。

凹模尺寸的设计过程如图 8.28 所示，图 8.28 的 k,l,g,t 分别为模具组合类型、排样参数、工件的几何形状和板料厚度。送料方向由条料宽度和工件在送料方向上的最大轮廓尺寸的相对关系决定。凹模形状（圆形或矩形）的确定和模具材料的选择，由人机对话和菜单选择完成。

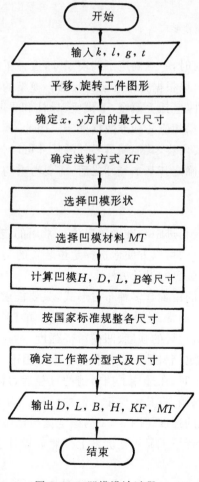

图 8.28　凹模设计过程

凹模的工作部分的 4 种形式如图 8.29 所示。设计时,屏幕上显示出该图形菜单。用户键入适当数字,便可以选定相应的形式。凹模口部的台阶高度和锥角等有关尺寸,由程序根据选择的形式自动确定。

根据凸模设计模块可以设计 4 种形式的凸模。图 8.30 为选择凸模形式的图形菜单。根据凹模尺寸和模具组合类型,查询数据库中的标准数据,可以确定凸模的长度等尺寸。凸模材料用人机对话方式选定。程序可以自动处理凸模在固定板上安装位置发生干涉的情况,确定凸模大端切去部分的尺寸。

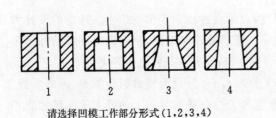

请选择凹模工作部分形式(1,2,3,4)

请选择第 1 个轮廓的凸模形式(1,2,3,4)

图 8.29　凹模工作部分形式　　　　　　　图 8.30　凸模形式

按照国家标准设计冲裁模时,一旦确定了凹模尺寸,选择了典型组合形式,其他模具零件,如固定板、垫板和卸料板等,可以根据标准确定其尺寸。模架的闭合高度根据凹模和典型组合形式的确定而确定。模架零件,包括上模座、下模座、导柱和导套等,将由凹模尺寸、模架的闭合高度和选择的模架形式,根据相应的标准数据确定。因此,模具刃口尺寸和凹模外形尺寸的计算是模具零部件设计的主要内容,其他模具零件的尺寸可以根据标准确定。对于有些零件,如卸料板和垫板等,在由标准确定其基本尺寸之后,需要考虑与冲压件形状有关的孔。

8.6.2　定位装置的设计

定位装置的作用是保证送料进距和准确的定位。常用的定位装置包括固定挡料销、导正销和侧刃等。采用交互设计方法可以方便地选择定位装置的类型和确定其合理位置。下面以挡料销的设计为例,说明定位装置的设计方法。

冲压同一工件时,挡料销的位置有多种布置形式,只要能够满足准确定位的要求,并不限制挡料销非在某一位置不可。通常,将挡料销设置在轮廓的凹部或在斜度不大的直线部位。布置挡料销时应当考虑条料搭边处的强度、凹模口部强度、冲压件的形状和尺寸、模具结构等因素。因此,采用程序自动确定挡料销的直径和位置十分困难。

采用交互方法设计挡料销时,在选择了挡料销的直径后,屏幕上显示出废料孔、挡料销和菜单。用户可以随意移动挡料销,将其定位于合适的位置。为了方便完成粗定位和精定位的操作,程序提供了三种可选择的速度。图 8.31 为确定挡料销位置时显示的图形。

所有设计步骤完成后,设计结果显示在屏幕上。假如设计者不满意,可以重新设计,直至满意为止。

为了将图形显示在屏幕上的一定视区内,程序须对图形施加一系列变换,包括平移、旋转、

定比例和坐标系变换。这些变换可以用下式表示,即

$$\boldsymbol{P}' = \boldsymbol{P}\boldsymbol{M}_t\boldsymbol{M}_r\boldsymbol{M}_s\boldsymbol{M}_c \qquad (8.33)$$

式中　　$\boldsymbol{M}_t$ —— 平移变换矩阵;

　　　　$\boldsymbol{M}_r$ —— 旋转变换矩阵;

　　　　$\boldsymbol{M}_s$ —— 比例变换矩阵;

　　　　$\boldsymbol{M}_c$ —— 坐标系变换矩阵,将图形由用户坐标系变换至屏坐标系。

　　上述变换矩阵分别为

$$\boldsymbol{M}_t = \begin{bmatrix} 1 & 0 & 0 \\ 0 & 1 & 0 \\ T_x & T_y & 1 \end{bmatrix}, \qquad \boldsymbol{M}_r = \begin{bmatrix} \cos\theta & -\sin\theta & 0 \\ \sin\theta & \cos\theta & 0 \\ 0 & 0 & 1 \end{bmatrix}$$

$$\boldsymbol{M}_s = \begin{bmatrix} S_c & 0 & 0 \\ 0 & S_c & 0 \\ 0 & 0 & 1 \end{bmatrix}, \qquad \boldsymbol{M}_c = \begin{bmatrix} 1 & 0 & 0 \\ 0 & -1 & 0 \\ 0 & 0 & 1 \end{bmatrix}$$

式中　　T_x, T_y —— 图形在 x, y 方向上移动的距离,mm;

　　　　θ —— 排样转角;

　　　　S_c —— 程序根据图形大小自动确定的比例系数。

　　挡料销和导料销在屏幕上的最终位置确定后,它们在用户坐标系中的位置则可以用与上述相反的变换获得。

　　设计者可以在屏上移动挡料销和导料销,将其定位于理想的位置。圆销随操作在屏上移动,设计者可以马上看到操作的效果。这种及时的反馈消除了设计者对操作的不确定感,提高了设计的效率。假如无及时的反馈,虽然设计者的不确定感会在最终的设计结果中得以消除,但是交互作用的效率会大大降低。

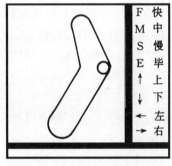

图 8.31　挡料销位置的确定

思 考 题 八

8.1　简述冲压成形 CAD 及其应用。

8.2　举例说明冲压成形工艺的计算机辅助分析方法。

8.3　说明冲裁排样最优化原理与计算方法。

8.4　简述冲压成形工艺优化布置原理与设计方法。

8.5　简要说明冲压成形模和工作零件的计算机辅助计算方法。

第9章　冲压成形设备

9.1　冲压设备的分类与型号表示方法

9.1.1　分类

冲压生产中,为了适应不同的冲压工作情况,采用不同类型的冲压设备。这些冲压设备都具有不同的结构形式及作用特点。根据冲压设备的驱动方式和工艺用途的不同,可将冲压设备分为以下几类。

1.按驱动方式

(1)机械压力机　机械压力机是利用各种机械传动机构来传递运动和压力的一类冲压设备,包括曲柄压力机、摩擦压力机等。机械压力机在生产中最为常用,绝大部分冲压设备都是机械压力机,而机械压力机中又以曲柄压力机应用最多。

(2)液压机　液压机是利用液压(油压或水压)传动来产生运动和压力的一种压力机械。液压机容易获得较大的压力和工作行程,并且压力和速度可在较大范围内进行无级调节,但是能量损失较大,生产效率较低。液压机主要用于进行深拉深、厚板弯曲、压印和校形等工艺。

2.按工艺用途

(1)板料冲压压力机。

1)通用机械压力机。主要用于冲裁、弯曲、成形和浅拉深等。

2)拉深压力机。主要用于拉深。

3)精密冲裁压力机。主要用于精密冲裁。

4)伺服压力机。主要用于智能冲压成形等。

5)板冲高速自动机。主要用于连续级进自动冲压。

6)板冲多工位自动机。主要用于连续自动冲压。

7)摩擦压力机。主要用于弯曲、成形和拉深等。

8)旋压机。主要用于旋压。

9)板料成形液压机。主要用于深拉深、厚板弯曲、压印、校形等。

(2)体积模压压力机。

1)冷挤压机。主要用于冷挤压。

2)精压机。主要用于平面精压、体积精压和表面压印等。

(3)剪切机(剪床)。

1)板料剪切机。用于板料裁剪下料。

2)棒料剪切机。用于棒料裁剪下料。

9.1.2　型号表示方法

1. 机械压力机

机械压力机属于锻压机械类,其基本型号是由一个汉语拼音字母和几个阿拉伯数字组成。字母代表锻压机械的大类,称为类别;同一类锻压机械中分为若干列,称为列别,由第一位数字(自左向右)代表;同一列中又分为若干组,由第二位数字代表。在第二位数字之后的数字代表锻压机械的规格,一般为标称压力,单位为 tf,转化为法定单位制"kN"时,应把此数字乘以 10。第二位数字与规格部分的数字之间以一短横线"-"隔开。在类、列、组和主要规格完全相同,只是次要参数与基本型号不同的压力机,按照变形处理,即在原型号的字母后(第一位数字前)加字母 A,B,C,……,依次表示第一,第二,第三,……种变形。

对于型号已确定的锻压机械,假如在结构和性能上有所改进,按照改进处理,即在原型号的末端加字母 A,B,C,……,依次表示第一,第二,第三,……次改进。

如 JC24-63A 型号的含义是:

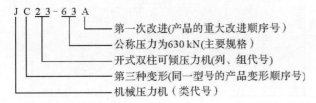

```
J C 2 3 - 6 3 A
              ┕━━ 第一次改进(产品的重大改进顺序号)
            ┕━━━━ 公称压力为 630 kN(主要规格)
         ┕━━━━━━━ 开式双柱可倾压力机(列、组代号)
      ┕━━━━━━━━━━ 第三种变形(同一型号的产品变形顺序号)
   ┕━━━━━━━━━━━━━ 机械压力机(类代号)
```

2. 液压机

液压机在锻压机械标准中属于第二类,代号为"Y",其型号表示方法与机械压力机相似。如 YA32-315B 型号的含义是:

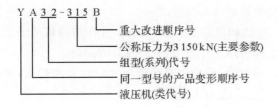

```
Y A 3 2 - 3 1 5 B
                ┕━━ 重大改进顺序号
          ┕━━━━━━━━ 公称压力为 3 150 kN(主要参数)
       ┕━━━━━━━━━━━ 组型(系列)代号
    ┕━━━━━━━━━━━━━━ 同一型号的产品变形顺序号
 ┕━━━━━━━━━━━━━━━━━ 液压机(类代号)
```

9.2　通用机械压力机

通用机械压力机是冲压生产中广泛使用的一种设备,能够与冲压成形模具配合进行各种冲压成形工艺,直接加工出半成品工件或成品工件。

9.2.1　工作原理与结构

图 9.1 所示为 JB23-63 型通用机械压力机的工作原理图,其工作原理是:电机 1 通过小带轮 2 和传动带把能量和速度传给大带轮 3,再经过传动轴和小齿轮 4、大齿轮 5 传给曲轴 7。连杆 9 上端安装在曲轴上,下端与滑块 10 连接,通过曲轴上的曲柄把旋转运动变为滑块的往复直线运动。滑块运动的最高位置为上止点位置,而最低位置为下止点位置。冲模的上模 11 安装在滑块上,下模 12 安装在垫板 13 上。因此,当板料放在上模 11 和下模 12 之间时,即可

以进行冲裁或成形加工。

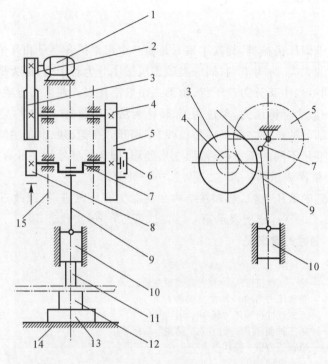

图 9.1 JB23-63 型通用机械压力机结构原理图

1—电机；2—小带轮；3—大带轮；4—小齿轮；5—大齿轮；6—离合器；7—曲轴；8—制动器；9—连杆；
10—滑块；11—上模；12—下模；13—垫板；14—工作台；15—机身

由图 9.1 可以看出,通用机械压力机主要由以下几部分组成:

(1)工作机构。主要由曲轴、连杆、滑块、导轨构成的曲柄滑块机构,其作用是将传动系统的旋转运动变换为滑块的往复直线运动;承受和传递工作压力,安装模具的上模。

(2)传动系统。一般由带传动、齿轮传动等组成,其作用是传递电机的运动和能量,并起减速作用。

(3)操作系统。由离合器、制动器及其控制装置组成,其主要作用是控制压力机安全、准确地运转。

(4)能源系统。由电机和飞轮等组成。电机将电能转化为机械能,飞轮能将电机空程运转时的能量储存起来,在冲压时再释放出来。

(5)支承部件。主要为压力机的机身,其将所有的零部件连接起来,承受全部工作变形力和各部件的重力,并保证整机所要求的精度和强度。

此外,还有各种辅助系统和附属装置,如润滑系统、顶件装置、保护装置、滑块平衡装置、安全装置等。

9.2.2 分类

通用机械压力机可以按照以下几种方式分类。

1.按照机身结构形式

按照机身结构形式,分为开式压力机和闭式压力机两种。

开式压力机如图 9.2 所示,机身工作区域三面敞开,操作空间大,但是因为机身呈 C 字形,刚度较差,压力机在工作负荷下会产生角变形,影响精度,因此这类压力机的吨位比较小,通常在 2 000 kN 以下。开式压力机又分为单柱和双柱压力机两种,图 9.3 所示为单柱压力机,机身三面敞开,但是后壁无开口。图 9.2 为双柱压力机,其机身后壁有开口,形成两个立柱。双柱压力机可实现前后送料和左右送料两种操作方式。此外,开式压力机按照工作台的结构不同可分为可倾式压力机(见图 9.2)、固定台式压力机(见图 9.3)和升降台式压力机(见图 9.4)。

闭式压力机机身左右两侧是封闭的,如图 9.5 所示,只能从前后两个方向接近模具,操作空间较小,操作不方便。但是因为机身对称,刚度好,压力机精度高。因此,压力超过 2 500 kN 的大中型压力机都采用此种结构形式。

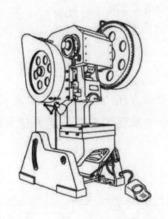

图 9.2　开式双柱可倾式压力机

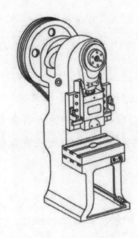

图 9.3　开式单柱固定台压力机

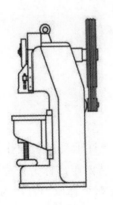

图 9.4　开式升降台压力机

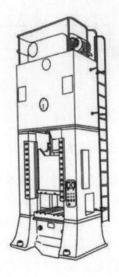

图 9.5　闭式压力机

2. 按滑块数目

按照运动滑块的数量,分为单动、双动和三动压力机,如图 9.6 所示。通用压力机一般指单动压力机,而双动和三动压力机主要用于拉深工艺。

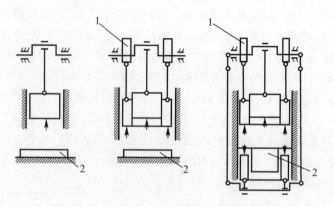

图 9.6 压力机按运动滑块数分类示意图
(a) 单动压力机；(b) 双动压力机；(c) 三动压力机
1—凸轮；2—工作台

3. 按照连杆数目

按照连接曲柄和滑块的连杆数目，分为单点、双点和四点压力机，如图 9.7 所示。曲柄连杆数的设置主要根据滑块面积和吨位而定，点数越多，滑块承受偏心载荷能力越大，压力机吨位越大。

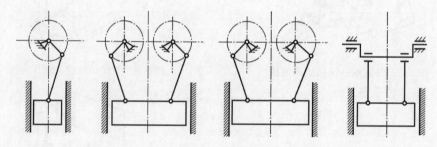

图 9.7 压力机按点数分类示意图
(a) 单点压力机；(b) 双点压力机；(c) 四点压力机

9.2.3 主要技术参数

通用机械压力机的主要技术参数：

1. 公称压力 F_g 及公称压力行程 S_g

通用机械压力机的公称压力（或称额定压力）是指滑块所允许承受的最大作用力；而滑块必须在到达下止点前某一特定距离之内允许承受公称力，这一特定距离称为公称压力行程（或额定压力行程）S_g。例如 JC23-63 压力机的公称压力为 630 kN，公称压力行程为 8 mm，指该压力机的滑块在离下止点前 8 mm 之内，允许承受的最大压力为 630 kN。

公称压力是压力机的主要参数，国产压力机公称压力已经系列化，如 160 kN，200 kN，250 kN，315 kN，400 kN，500 kN，630 kN，800 kN，1 000 kN，1 600 kN，2 500 kN，3 150 kN，4 000 kN，6 300 kN 等。

2.滑块行程 S

滑块行程指滑块从上止点到下止点所经过的距离,其值为曲柄半径的 2 倍,它的大小反映了压力机的工作范围,滑块行程一般应当根据设备规格大小以及冲压生产时的送料、取件及模具使用寿命等因素综合考虑选取。为了满足生产实际需要,有些压力机的滑块行程可以在一定的范围内进行调节。

3.滑块行程次数 n

滑块行程次数指滑块每分钟往复运动的次数,假如是连续作业,它就是每分钟生产工件的个数。因此,滑块行程次数越大,生产效率越高,但是行程次数超过一定数值后,必须配备自动送料装置。

4.封闭高度与装模高度 H

压力机的基本参数如图 9.8 所示。装模高度指滑块处于下止点位置时,滑块底面至工作台垫板上表面的距离,装模高度调节装置将滑块调整到最高位置时,装模高度达最大值,称为最大装模高度;将滑块调整到最低位置时,得到最小装模高度。装模高度调节装置所能调节的距离,称为装模高度调节量 M。封闭高度指滑块在下止点时,滑块底面至工作台上表面之间的距离。显然,封闭高度与装模高度之差即等于工作台板的厚度 E。封闭高度和装模高度均表示压力机能够使用的模具高度。模具的闭合高度 H_M 应当小于压力机的最大装模高度或最大封闭高度。

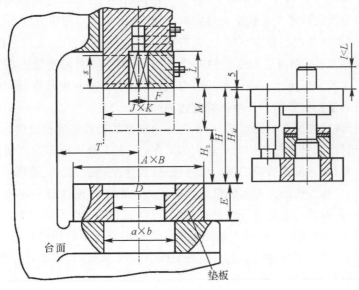

图 9.8　压力机基本参数

5.工作台板及滑块底面尺寸

工作台(或垫板)上表面与滑块底面尺寸以"左右×前后"的尺寸表示,如图 9.8 中 $A \times B$ 和 $J \times K$,这些尺寸决定了模具平面轮廓尺寸。

6.工作台孔尺寸

压力机的工作台孔呈方形或圆形,或同时兼有两种形状,其尺寸用 $a \times b$(左右×前后)或 D(直径),该尺寸空间用作下出料或安装模具顶件装置。

7. 立柱间距与喉深 T

立柱间距是指双柱式压力机立柱内侧面之间的距离。对于开式压力机,其值主要关系到向后侧送料或顶出机构的安装。对于闭式压力机,其值直接限制了模具和加工板料的最宽尺寸。喉深 T 是开式压力机特有参数,指滑块中心线至机身的前后方向的距离,如图9.8所示,喉深直接限制加工件的尺寸,也与压力机机身的刚度有关。

8. 模柄孔尺寸

模柄孔尺寸用 $F \times L$(直径×孔深)表示。冲模模柄尺寸应和模柄孔尺寸相适应。大型压力机没有模柄孔,而是开设 T 形槽,以 T 形槽螺钉紧固上模。

9.2.4 选择与使用

1. 选择

冲压成形设备选择直接关系到设备的安全和合理使用,同时也关系到冲压成形工艺实施、模具寿命、工件质量、生产效率和生产成本等问题。实际生产中,选择通用机械压力机应从以下几方面进行考虑。

(1)通用机械压力机的工艺与结构特性。通用机械压力机具有较广的工艺适用范围,常见的冲压工艺都可以采用它进行冲压加工。冲压件结构尺寸和产量大小是选用压力机类别的重要考虑因素,工件尺寸适中、产量不太大、冲压工序内容多变时,可选用通用机械压力机;工件结构尺寸大、产量大或冲压工艺性质较稳定时,可以考虑使用专用压力机。

开式压力机的主要优点是操作空间大,允许前后或左右送料,而闭式压力机的主要优点是刚度好,滑块导向精度高,床身受力变形易补偿。因此,对于工件精度要求高、模具寿命要求长、工件尺寸比较大的冲压生产宜选用闭式压力机,而对于需要方便操作,模具和工件尺寸比较小,或要安装自动送料装置的冲压生产则宜选择开式压力机。

压力机滑块行程速度通常是固定的,中小型压力机滑块行程速度比较快,大型压力机行程速度比较慢。对于拉深、挤压等塑性变形量大的工序,宜选用滑块行程速度稍慢的压力机;冲裁类工序则可选用滑块速度比较快的压力机,但是行程速度越快,振动、噪声就越大,对模具寿命会有一定的影响。压力机的行程和装模高度对压力机的整体刚性有一定的影响,在满足冲压成形的要求及方便取件的前提下,选用的压力机行程和装模高度不能过大。

(2)通用机械压力机的压力特性。通用机械压力机的许用负荷随滑块行程位置的不同有很大的变化,冲压过程中,不同冲压工艺方法的工作负荷要求不同,必须充分考虑压力机的压力特性,避免发生过载而导致设备损坏。

图9.9所示为不同压力机的许用负荷曲线,压力机许用负荷曲线 I 的公称压力大于拉深时的最大拉深力,但是拉深加工工作负荷曲线 c 并未完全处于压力机许用负荷曲线 I 之下,表明若用该压力机进行这一拉深工序的生产会发生过载现象。因此,对于工作行程大的冲压工序(如拉深、弯曲、挤压等),压力机的选用不仅要校核其最大冲压力是否小于压力机的公称压力,还必须校核压力机的做功能力,并留有一定的安全裕度。由图9.9可以看出,许用负荷曲线 I 的压力机适用于工作负荷为曲线 a,b 的冲压工序成形,而曲线 II 的压力机适用于负荷曲线 c 的冲压工序。

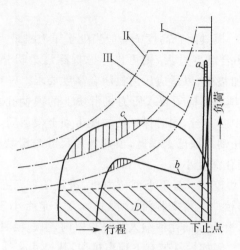

图 9.9　负荷曲线的比较

　　工作负荷曲线可以在工序确定之后做出,对于复合工序需要考虑压力的叠加情况。另外,工作负荷不仅包括冲压变形力,而且还要加上与变形力同时存在的其他工艺力,如压料力、弹性卸料力、弹性顶件力和推件力等。

　　(3)通用机械压力机工作周期内的能量消耗。通用机械压力机结构和驱动功率依据板料冲裁特性进行设计,当压力机用于其他冲压工序,如拉深、挤压和压印等成形时,有可能出现冲压力不过载而做功过载的现象,此时,通用机械压力机的选用需要校核设备的做功能力。

　　压力机在一个工作周期内其能量消耗 A 的计算公式为

$$A = A_1 + A_2 + A_3 + A_4 + A_5 + A_6 + A_7 \qquad (9.1)$$

式中　A_1——工件变形功,kJ;

　　　A_2——拉深垫工作功,kJ;

　　　A_3——曲柄滑块机构的摩擦消耗功,kJ;

　　　A_4——冲压时床身消耗的弹性变形功,kJ;

　　　A_5——压力机空行程运动所需的能量,kJ;

　　　A_6——单次冲压时滑块停顿、系统空转所消耗的能量,kJ;

　　　A_7——单次冲压时离合器、制动器所消耗的能量,kJ。

　　对于工件变形功 A_1,通用机械压力机的计算依据是假如厚板冲裁时,当凸模进入板厚 $0.45h_0$ 时板料分离,由此求得工件的变形功,即

$$A_1 = 0.7F_g h = 0.315 F_g h_0 \qquad (9.2)$$

式中　F_g——公称压力,kN;

　　　h_0——板料厚度,mm,按照下式计算:

$$h_0 = k F_g^{1/2} \qquad (9.3)$$

式中　k——系数,对于快速压力机,k 选取 0.2;对于慢速压力机,k 选取 0.4。

　　压力机工作周期中的能耗 A_2,A_3,A_4 等的计算可以参考相关资料。

　　(4)压力机与模具相关参数校核。冲压模具设计时,必须与压力机的相关参数进行校核,假如压力机的装模空间、模具与压力机的连接固定是否匹配等方面进行校核,具体有以下几

方面：

1）模具闭合高度校核。模具闭合高度 H_M 应当处于压力机最大装模高度 H_1 与最小装模高度 H_2 之间。假如模具闭合高度过大，则可以考虑拆除压力机垫板，或更换厚度更薄的垫板；反之，则可以在模具下加垫板，以适应压力机闭合高度要求。

2）模柄尺寸校核。模具的模柄须装入压力机滑块上的模柄孔，并保证可靠紧固，使得模具压力中心与压力机滑块中心重合，同时保证滑块能带动上模运动，不致因为上模的自重及冲压回程时的卸料力使上模松动或脱落。因此，模柄直径尺寸与滑块模柄孔尺寸应当采用间隙配合，模柄长度应当比模柄孔深度小 $5 \sim 10$ mm。

3）模具上模安装面尺寸校核。对于小型压力机，滑块工作行程一般比较小，滑块下底面尺寸也较小，模具安装时须校核上模安装面尺寸（长×宽）是否小于压力机滑块下底面尺寸，否则滑块运动至上止点时，滑块底面往往缩入机身导轨内，引起模具与机身干涉。

4）模具其他尺寸校核。假如模具带有下顶出机构，其尺寸必须小于压力机工作台垫板孔尺寸；假如冲裁废料或工件需要从工作台垫板孔中下落，工件大小及废料分布区域应当小于垫板孔尺寸，否则，必须将下模用平行垫块垫起，以便排出废料或取出工件。

5）辅助装置。假如辅助装置采用恰当，不但可以提高生产率，节省人力，而且还可以增加安全性，因此选用压力机时，对于各种辅助装置（如下顶出装置、送料与取件装置等）也应当充分考虑。

2. 正确使用与维护

通用机械压力机同其他机械设备一样，只有正确使用与维护保养，才能减少机械故障，充分发挥其功能，保证产品质量，同时延长其使用寿命，并最大限度地避免事故的发生。压力机在使用过程中应从以下几方面进行考虑：

（1）压力机能力的正确发挥。压力机使用过程中，必须明确压力机的加工能力（如公称压力、许用负荷图、电机功率等），选用时应当考虑安全裕度问题，尤其是偏心负荷工作状态，冲压力必须远低于公称压力。超负荷对压力机、模具和工件等均有不良影响，甚至可能造成安全事故，避免超负荷是使用压力机的最基本要求。

（2）对压力机结构的正确使用。压力机各活动连接处或滑块导滑部分的间隙不能太大，否则将降低精度。适当的间隙对改善润滑、延长使用寿命有益，各相对运动部分都必须保证良好的润滑。另外，压力机的离合器、制动器是确保压力机安全运转的重要部件，必须充分了解离合器、制动器的结构，并且开机前都要试车检查离合器、制动器的动作是否正常、可靠。滑块平衡装置应在每次更换模具后，根据模具的质量加以调整，保证平衡效果。

（3）模具对压力机正确使用的影响。模具尺寸应与压力机工作台面尺寸相适应，小型模具应在工作台面比较小的压力机上使用，假如用于大台面压力机，而冲压力又接近公称压力，将使工作台及工作台垫板受力过于集中，造成局部过载而损坏，此时应当在模具下加垫板，以分散冲压力。对于闭合高度比较小的模具，应当增加垫板，避免闭合高度调节螺杆伸出过长，降低连杆强度和刚度，发生危险。

（4）操作应当准确无误。压力机的操作失误不仅对压力机、模具、工件会造成破坏，甚至可能导致人身安全事故。因此，正确操作是安全使用压力机的重要环节，必须重视。

（5）定期检修保养。定期对压力机进行检修保养，使得压力机始终保持完好的状态，以保证压力机的正常运转和确保操作人员的人身安全。

9.3　双动拉深压力机

双动拉深压力机是指具有双滑块的压力机,按照传动方式不同可分为机械双动拉深压力机和液压双动拉深压力机。图 9.10 为上传动式双动拉深压力机结构简图,它有一个外滑块和一个内滑块,外滑块用于压边,防止起皱;内滑块用于拉深。外滑块在机身导轨内作往复运动;内滑块在外滑块的内导轨中作往复运动。

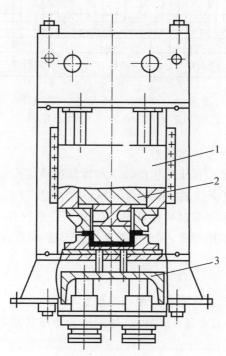

图 9.10　上传动式双动拉深压力机结构简图
1— 外滑块;2— 内滑块;3— 拉深垫

9.3.1　特点

拉深工艺除要求内滑块有比较大的行程外,还要求内、外滑块的运动密切配合。内、外滑块的运动关系可以用工作循环图表达,如图 9.11 所示。在内滑块拉深之前,外滑块先压紧坯料的边缘,在内滑块拉深过程中,外滑块应当始终保持压紧状态。拉深完毕后,外滑块应当稍滞后于内滑块回程,以便将拉深件从凸模上卸下。

双动拉深压力机的特点:

1. 压边刚性好且压边力可调

双动拉深压力机的外滑块为箱体结构,受力后变形小,所以压边刚性好,可以使得拉深模的拉深筋处材料完全变形,因而可以充分发挥拉深筋处控制材料流动的作用。外滑块有 4 个悬挂点,可以采用机械或液压调节方法调节各点的装模高度或油压,调节压边力。这样,可以有效控制坯料的变形趋向,保证拉深件的质量。

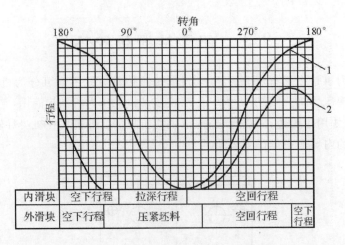

图 9.11　双动拉深压力机工作循环图
1— 内滑块行程曲线；2— 外滑块行程曲线

　　2. 内、外滑块的速度有利于拉深成形

　　作为拉深专用设备，双动拉深压力机的技术参数和传动结构应当符合拉深变形速度的要求。内滑块由于受到材料拉深速度的限制，一般行程次数比较低。为了提高生产效率，目前大、中型双动拉深压力机多采用变速机构，以提高内滑块在空行程时的运动速度。外滑块在开始压边时，已处于下止点的极限位置，其运动速度接近于零，因此对工件的接触冲击力很小，压边比较平稳。

　　3. 便于工艺操作

　　在双动拉深压力机上，凹模固定在工作台垫板上，因而坯料易于安放与定位。

　　由于双动拉深压力机具有上述工艺特点，特别适合于形状复杂的大型薄板件或薄筒形件的拉深成形。

9.3.2　机械式双动拉深压力机

　　机械双动拉深压力机按照传动系统布置的不同，可以分为上传动和下传动两种。

　　图 9.12 所示为 J44－80 型下传动式双动拉深压力机的结构示意图。电机通过带轮、齿轮驱动大齿轮 1 转动；拉深滑块 12 上的中央螺杆 10 安装凸模，压边滑块 9 上装有压边圈，工作台 6 上安装凹模。当大齿轮 1 转动时，主轴 3 带动凸轮 2 转动，凸轮 2 通过滚轮 4 带动工作台 6 上行，使压边滑块 9 上的压边圈与工作台 6 上的凹模接触，然后工作台停止运动，而大齿轮 1 的转动通过轴销 5、拉杆 7 便带动拉深滑块 12 上的凸模下行进行拉深成形。拉深完毕时，大齿轮转动使拉深滑块回升，然后工作台下落，再通过顶件装置将工件顶出。

9.3.3　双动拉深液压机

　　拉深液压机主要用于薄板工件的拉深成形、翻边、弯曲和冲压等工艺。双动拉深液压机主要用于拉深件的成形，广泛应用于汽车配件、电机以及电器行业的筒形件成形，尤其是深筒形件的成形，同时也可以用于其他的板料成形工艺。双动拉深液压机的主机结构除具有通用液压机的要求外，一般工作台面比较大。在进行拉深成形时，为了防止板料周边起皱，必须设有压边力可调的压边装置。在结构上设计成内外两个滑块,实现双重动作。外滑块用于压边,内滑块用于拉深,并能方便调整滑块的压边力。

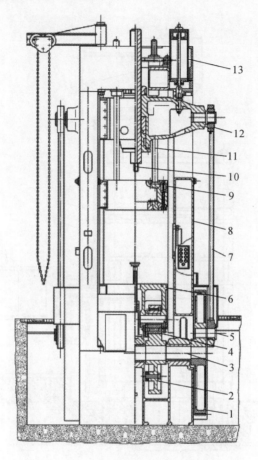

图 9.12　J44-80 型下传动式双动拉深压力机

1— 大齿轮　2— 凸轮;3— 主轴;4— 滚轮;5— 轴销;6— 工作台;7— 拉杆;8— 机身;9— 压边滑块;
10— 中央螺杆;11— 侧螺杆;12— 拉深滑块;13— 平衡缸

双动拉深液压机具有以下特点:

(1)活动横梁与压边滑块由各自油缸驱动,可以分别控制;工作压力、压制速度、空载快速下行和减速的行程范围可以根据工艺进行调整,提高工艺适应性。

(2)压边滑块与活动横梁联合动作,可以作单动液压机使用,此时工作压力等于主缸与压边油缸压力的总和,增大液压机的工作能力,扩大加工范围。

(3)有比较大的工作行程和压边行程,有利于大行程工件(如深拉深件、汽车覆盖件等)的成形。

双动拉深液压机的结构常见有两种形式,一种是工作滑块与压边滑块的驱动缸均装于机身上部,有比较大的工作台面,通常用于大型液压机;另一种为工作滑块的液压缸装于机身上部,而压边滑块驱动缸装于机身下部工作台的两侧,通常用于中小型双动拉深液压机。

图 9.13 所示为普通的三梁四柱式双动拉深液压机。该机工作液压缸装于机身上部,压边活动横梁 6 由压边工作缸 4 驱动,用于压边,压边工作缸固定在拉深活动横梁 5 上,随拉深活动

横梁一起运动。有的压边工作缸则固定在下横梁上单独运动。拉深活动横梁和压边活动横梁靠4个立柱分别导向。拉深凸模固定在拉深活动横梁5上,穿过压边活动横梁6和模具压边圈中部的孔进行拉深。

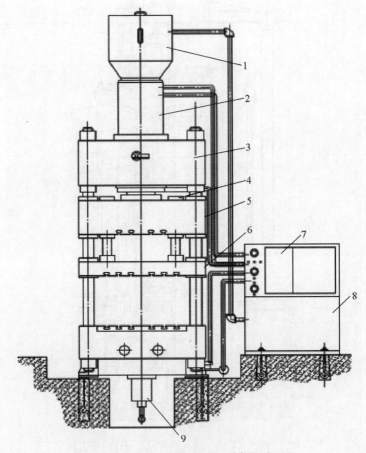

图 9.13 普通的三梁四柱式双动拉深液压机

1— 充液灌;2— 主缸;3— 上模梁;4— 压边缸;5— 拉深活动横梁;6— 压边活动横梁;7— 操纵机构;

8— 液压装置;9— 顶出缸

9.4 精冲压力机

9.4.1 特点

为了满足精冲工艺的要求,精冲压力机应当具有以下特点。

1.提供冲裁力、压边力和反压力

齿圈压板式精冲,除需要冲裁力外,还需要有比较大的齿圈压板压边力和推件板反压力,精冲压力机能够根据精冲工艺进行压边力和反压力的无级调节,并保持稳定。

2.精冲速度可调

为了保证工件质量和生产效率,精冲过程的速度分配为快速闭模、慢速冲裁和快速回程。因此,精冲压力机的冲裁速度在额定范围内可以无级调节,以适应冲裁不同厚度和材质工件的需要。目前,精冲的合适速度范围为 $5 \sim 50$ mm/s。精冲压力机滑块理想的行程曲线如图 9.14 所示。

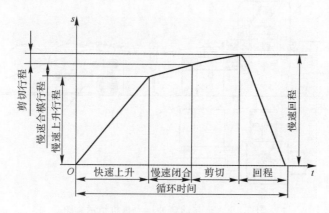

图 9.14　精冲压力机滑块理想的行程曲线

3. 滑块导向精度高

精冲模具的冲裁间隙很小,一般单边间隙选取料厚 0.5%。为了确保让精冲时上、下模具的精确对正,精冲压力机的滑块必须有精确的导向;同时,导轨有足够高的接触刚度,滑块在偏心负荷作用下,仍然能够保持原来的精度,不致产生偏移。

4. 滑块的终点位置准确,其精度为 ± 0.01 mm

由于精冲模具间隙很小,精冲凹模多为小圆角刃口,精冲时凸模不允许进入凹模的直壁段。为了保证既能将工件从条料上冲断,防止凸模进入凹模,要求冲裁结束时凸模要准确处于凹模圆弧刃口的切点,这样才能保证冲模有比较长的寿命。

5. 电动机功率大

冲裁同样工件时,精密冲裁比普通冲裁的最大冲裁力负载行程要大,因此精冲压力机的电动机功率比普通压力机的电动机功率要大,以保证精冲压力机的正常工作。

6. 床身刚性好

床身具有足够的刚度吸收反作用力、冲击力和所有的振动,在满载时能够保持结构精度。

7. 可靠的模具保护装置及其他辅助装置

精冲压力机已经实现单机自动化,需要完善的辅助装置,如材料的校直、检测、自动送料、工件或废料的收集、模的安全保护等装置。图 9.15 为全自动精冲压力机全套设备示意图,其由精冲压力机、模具自动保护装置和带料检测器等辅助装置组成。

9.4.2　类型

精冲压力机按照主传动的形式分为机械式和液压式两类,液压式也称全液压式。两种类型精冲压力机的压边系统和反压系统均采用液压结构,因此容易实现压边力和反压力的可调且稳定的要求。

液压式结构简单,传动平稳,造价低,应用比较普遍,但是液压式的封闭高度的重复精度不如机械式。一般尺寸小且厚度薄的精冲件对压力机封闭高度的精度要求高,因此小型精冲压力机主传动采用机械式更合适。目前,国外生产的精冲压力机总压力在 3 200 kN 以下的一般为机械式,主要用于冲裁板厚小于 3 mm 的工件;总压力在 4 000 kN 以上的为液压式。

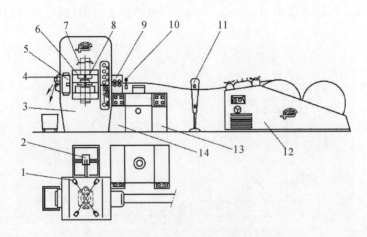

图 9.15　全自动精冲压力机机组示意图

1— 精冲件和废料光电检测器；2— 取件(或气吹)装置；3— 精冲压力机；4— 废料切刀；5— 光电安全栅；6— 垫板；
7— 模具保护装置；8— 模具；9— 送料装置；10— 带料末端检测器；11— 机械或光学的带料检测器；
12— 带料校直设备；13— 电器设备；14— 液压设备

1.机械式精冲压力机

图 9.16 所示为瑞士生产的 GKP-F25/40 的精冲压力机外形,图 9.17 为其结构示意图,它是机械式精冲压力机的典型结构,采用双肘杆底传动。为了保证滑块的运动精度,所有轴承都采用过盈配合的滚针轴承,滑块导轨则采用过盈配合的滚动导轨,以保证无间隙传动和无间隙导向。如图 9.17 所示,主传动系统包括电动机 1,变速器 14,传动带 13,飞轮 12,离合器 11,蜗杆 8,蜗杆 7,双边传动齿轮 10,曲轴 9 和双肘杆机构 2。电动机的转速经变速器、带传动、蜗杆蜗轮传动和双边斜齿轮传动进行减速,变速器为无级变速。因此,压力可以在额定范围内获得不同的冲裁速度和相应的每分钟行程次数。

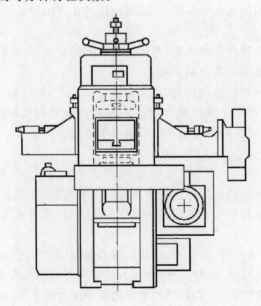

图 9.16　GKP-F25/40 精冲压力机外形图

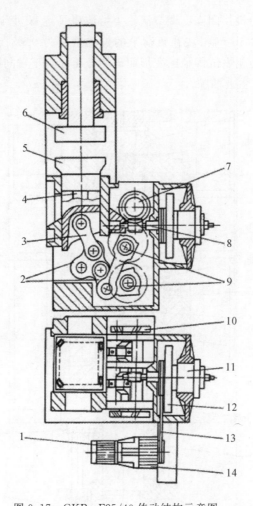

图 9.17　GKP－F25/40 传动结构示意图

1—电动机；2—双肘杆机构；3—连杆；4—反向顶杆；5—主滑块；6—上滑块；7—涡轮；8—蜗杆；
9—曲轴；10—双边传动齿轮；11—离合器；12—飞轮；13—传动带；14—变速器

　　机械式精冲压力机的优点是维修方便,行程次数比较高,行程固定,重复精度高,并且由于有飞轮,故电动机功率比较小。但是压力机工作时连杆作用于滑块的力有水平分力,影响导向精度,行程曲线不可能按照工艺要求改变。另外,传动机构环节比较多,累计误差比较大,为了控制累计误差,需要采用无间隙的滚针轴承,提高了制造精度,增加了制造成本。

　　2.液压式精冲压力机

　　图 9.18 所示为 Y26－630 精冲液压机结构简图。冲裁动作、齿圈压板的压边动作、反压顶杆的动作分别由冲裁活塞4,压边活塞12实现和反压活塞6完成。下工作台9直接装在冲裁活塞上,组成压力机的主滑块,利用主缸本身作为导轨(与普通导轨不同,为台阶式阻尼静压导轨)。这种导轨使柱塞和导轨面始终被一层高强度的油膜隔离而不接触,从理论上说导轨可永不磨损,且油膜会在柱塞受偏心载荷时自动产生反抗柱塞偏斜的静压支承力,使柱塞保持很高的导向精度。所以这种导轨的寿命极高,刚性极好。

　　Y26－630 的冲裁活塞快速闭合模具是靠液压系统中的快速回路来实现的,这样可简化主缸结构,便于检修。压力机封闭高度调节涡轮 1 由液压马达驱动,调节距离用数字显示,封闭高度调节精度为 ±0.01 mm,滑块在负荷下的位置精度为 0.03 mm,压力机抗偏载能力达 120 kN·m。另外,为防止主缸因径向变形而破坏静压导轨正常间隙,在主缸外侧增加平衡压力缸 5,它的压力油来自主缸油腔。

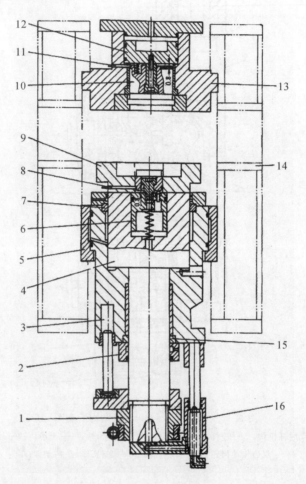

图 9.18 Y26-630 精冲液压机结构简图

1— 调节蜗轮;2— 挡块;3— 回程缸;4— 冲裁活塞;5— 平衡压力缸;6— 反压活塞;7— 上静压导轨;
8— 下保护装自己;9— 下工作台;10— 传感活塞;11— 上保护装置;12— 压边活塞;13— 上工作台;
14— 机架;15— 上静压导轨;16— 防转臂

液压式精冲压力机主要优点是,冲裁过程中冲裁速度保持不变;在工作行程任何位置都可承受公称压力;液压活塞的作用力方向为轴线方向,不产生水平分力,有利于保证导向精度;滑块行程可以任意调节,可以适应不同板厚工件的要求;不会发生超载现象。缺点是液压马达功率比较大,液压系统维修比较麻烦,对小型机而言行程次数偏低。

9.4.3 辅助装置

精冲压力机在自动化冲压时,除了精冲压力机主机之外,还包括自动上料装置、自动进出料装置和模具保护装置(见图 9.19),便于实现单机自动化。图 9.19 为防止工件或废料滞留在模具空间的模具保护装置。其工作原理是上工作台 2 为浮动式工作台，用弹簧或液压悬挂以提高模具保护的灵敏度，在上、下工作台相关部位各有开关 3 和 1。在正常情况下如图 9.19(a)所示，滑块上行，先使开关 1 动作，随后上工作台 2 抬起，使开关 3 动作。假如工件或废料滞留在模具空间，如图 9.19(b) 所示，滑块上行时由于工件或废料的影响使得开关 3 先动作，机械式精冲压力机滑块立即停止上行，液压式精冲压力机立即返回原始位置，从而保护模具和压力机。

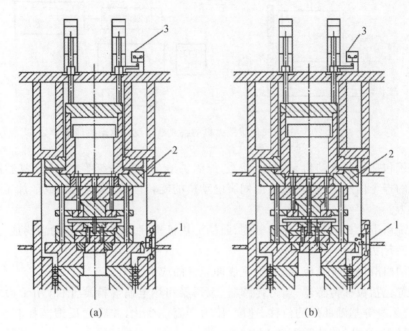

图 9.19　模具保护装置
1,3— 开关；2— 上工作台

9.5　伺服压力机

通用机械压力机，均由电动机提供动力，靠飞轮储存能量、离合器控制启停，滑块工作特性固定，无法调节，工作适应性差，缺乏"柔性"。随着伺服控制技术的发展，针对通用机械压力机的不足，20 世纪 90 年代发展了一种新型压力机 —— 伺服压力机。伺服压力机是集微电子技术，伺服控制技术与通用机械传动技术为一体的新一代冲压成形设备。伺服压力机由伺服电动机驱动，由数字式控制系统控制着压力机滑块的位移和速度，可以满足不同材料和工艺模式的成形加工需求。

9.5.1　伺服压力机的组成结构

图 9.20 所示为曲柄式伺服压力机的组成结构及其驱动原理图。由图 9.20 可见，伺服压力机由控制系统、驱动系统、传动系统、执行机构、检测装置以及机床本体等部分组成。

控制系统是伺服压力机的控制中心，为操作者提供了 I/O 接口和人机界面，负责压力机的运动编程及执行控制，监视压力机瞬时工作状态以及生产管理等。

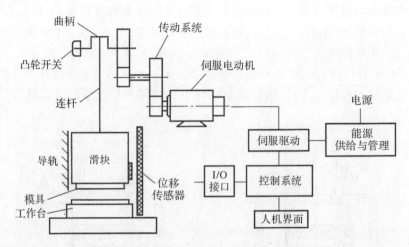

图 9.20　曲柄式伺服压力机的组成结构及其驱动原理图

驱动系统包括伺服电动机、伺服驱动器、能源供给与管理系统等,负责接收和放大处理来自控制系统的指令信息,并将其转换为伺服电动机的旋转运动,为压力机成形加工提供所需要的运动和动力。

传动系统由带轮或齿轮副、螺旋机构、曲柄滑块机构、肘杆机构等运动副构成,具有运动传递和运动转换等功能。

执行机构由滑块和模具组成,用于完成冲压件的成形加工。

检测装置包括位移传感器、压力传感器、编码器和热电偶等检测元件,用于检测压力机滑块、曲轴以及床身等基础部件的位移、速度、压力和温度变化,并将之反馈至控制系统,实现对压力机加工过程的实时监控和调节。

此外,伺服压力机还包含多种辅助系统和附属装置,如润滑系统、气动回路、平衡装置、调模装置和过载保护装置等。

9.5.2　伺服压力机工作原理

伺服压力机通过控制程序控制滑块运动,包括滑块的位移和速度。为了满足不同材料和成形工艺的要求,压力机加工需要多种成形工艺模式,如图 9.21 所示。将这些成形工艺模式按照控制系统规定的格式要求,编写成冲压加工程序,压力机将按照这些加工程序控制整个加工过程。

伺服压力机工作原理如下:

(1)确定合适的成形工艺模式。根据成形工件材料、结构特点和加工工艺要求,确定该工件加工最合适的成形工艺模式,确定工艺参数,保证压力机精确、高效和可靠的加工要求。

(2)编写加工程序。根据所确定的成形工艺模式和工作参数,编写工件加工程序,并将其输入压力机控制系统。

(3)启动压力机工作。启动压力机,由控制系统按照加工程序所要求的滑块运动曲线控制压力机进行成形加工。

(4)检测并反馈压力机实际工作信息。由光电编码器、位移传感器等检测元件实时检测压力机实际工作状态,并将实测的工作状态信息反馈至控制系统,控制系统将实时反馈信息与指令值比较后,对压力机当前工作状态进行调节和控制。

(5) 工作过程监控。通过不同传感器实时监控压力机工作状态,包括压力、温度和安全保护等,若发现"过载"和"过热"等异常工作状态,发出系统警报并立即停止压力机工作,否则压力机将正常持续工作,直至用户给出"停止"信号。

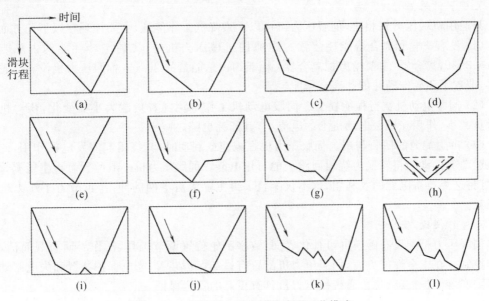

图 9.21　伺服压力机常用的成形工艺模式
(a) 匀速模式;　(b) 保压模式;　(c) 拉深模式 1;　(d) 拉深模式 2;
(e) 顺送模式;　(f) 多工位模式;　(g) 静音模式;　(h) 钟摆模式;
(i) 高效拉深模式;　(j) 模内加热模式;　(k) 多次冲压模式;　(l) 多次拉深模式

9.5.2　伺服压力机的技术特点

由伺服压力机的组成结构和工作原理可知,伺服压力机具有下述技术特点。

1. 实现柔性化和智能化,提高工作性能

伺服压力机的滑块运动由程序控制,针对不同的成形材料、成形工艺和模具要求,编制滑块运动程序控制滑块的位移和速度。因此,滑块运动不再是简单、单一、固定的运动模式,而是可以采用数字化在合适范围内设定滑块的最佳运动曲线,设备的工艺适应性扩大。据资料介绍,伺服压力机应用范围可以高于液压机 1.5 倍以上,其拉深比可以提高 20% ~ 30%。

2. 生产率高

伺服压力机滑块行程速度可以自由调节,在滑块下死点附近可以采用比较低的运行速度,以满足不同材料成形的工艺速度要求,而在空行程阶段又可以采用比较高的运行速度,这样既满足了成形工艺加工要求又可以提高生产率。

3. 产品精度高

伺服压力机通过位移传感器和光电编码器对滑块位移和曲轴转角进行双闭环控制,控制精度高;其次,伺服压力机可以根据材料和成形工艺要求选择最佳的运动曲线从而保证了产品的可成形性和成形精度;第三,伺服压力机可以通过模高调节装置对滑块下死点误差进行自动调节,补偿由工作温度等因素所引起的下死点误差,从而提高压力机的成形精度。

4.简化机械结构,便于维修与降低成本

伺服压力机省去飞轮、离合器和制动器等传动部件,简化了压力机机械结构,无需离合器频繁接触和断开操作,降低了工作噪声,减少了机械故障率,便于设备维护与保养,同时降低了制造成本。

5.节能效果显著

与通用机械压力机相比,伺服压力机可以大大降低工作能耗,主要体现在以下几方面:

(1)没有飞轮和离合器能耗装置。在通用机械压力机中,飞轮空转耗能约占总能耗的6%～30%,离合器(主要指摩擦离合器)耗能约占总能量的20%。伺服压力机没有飞轮和离合器,节省了飞轮空转耗能和离合器能耗。

(2)伺服电动机空行程能耗少。伺服电动机工作电流随着负载大小而变化,压力机空行程时负载小,作用在伺服电动机上的电流小,其能耗也随之减小。

(3)再生能源的回收利用。伺服压力机在减速或制动时,其绕组起着发电机作用,此时压力机运动部件动能将转换为绕组回路上的再生电能。伺服压力机一般配置有再生能源管理系统,可将这类再生电能回收利用,这不仅减轻了再生电流对电网的冲击,也节省了压力机的功率消耗。

6.操作便捷,安全可靠

伺服压力机配置有触摸屏可视化界面、数字手轮位置调节工具,操作界面直观简洁,便于操作控制。在安全性能方面,伺服压力机配置有过载保护装置、光电保护装置和失电制动装置等多重安全保护措施,比普通机械压力机具有更好的安全保证。

9.5.3　伺服压力机结构类型

1.按照动力传递方式分类

按照动力传递方式分,可以将伺服压力机分为机械式伺服压力机和液压式伺服压力机两大类。机械式伺服压力机由机械传动系统来传递压力机滑块所需的运动和压制力,工作效率高,其应用面广、使用量大。液压式伺服压力机则以液体为工作介质,通过液压缸活塞来驱动滑块进行上下运动,其压制力比较大,且在整个工作行程范围内压制力可以保持恒定,但是工作效率不如机械式伺服压力机。

(1)机械式伺服压力机。机械式伺服压力机应用面广、使用量大,其类型也是多种多样。假如从控制对象的性质分,可以将机械式压力机进一步分为行程控制类伺服压力机和力能控制类伺服压力机两种不同类型。

1)行程控制类伺服压力机。行程控制类伺服压力机指对压力机滑块的运动行程和运动速度能够精确控制的一类压力机,容易获得所需的运动曲线。例如,曲柄式伺服压力机即为这类伺服压力机的典型代表,其被广泛应用于拉深、弯曲、落料等冲压成形加工。

2)力能控制类伺服压力机。力能控制类伺服压力机指对压力机的压制力能够精准控制的一类压力机,螺旋式伺服压力机即为这种类型的压力机,如图9.22所示。力能控制类伺服压力机通常由伺服电机、同步带轮、飞轮、制动器、螺杆副、滑块和机身等部件组成。

力能控制类伺服压力机具有如下特点:①压力机成形加工所需要的能量可以通程序进行控制,压制力稳定;②滑块没有下死点,压力机不需要配置模高调节装置进行模具高度的调整,可以避免加工过程的闷车现象;③压力机结构简单,需求电动机功率小,制造成本低。该类伺服压力机特别适合于精密成形加工。

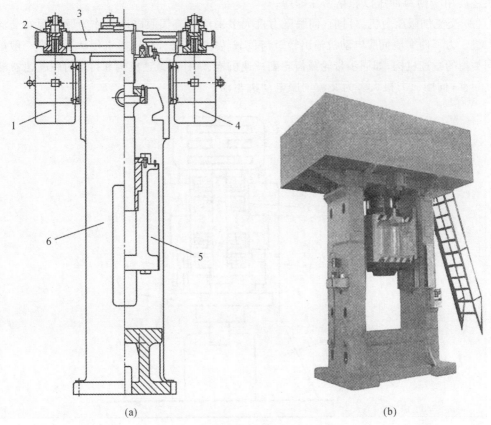

(a)　　　　　　　　　　　　　　　　(b)

图 9.22　螺旋式伺服压力机

(a) 结构原理图；　(b) 压力机实体

1,4— 电动机；　2— 小齿轮；　3— 飞轮　5— 滑块；　6— 机身；

（2）液压式伺服压力机。液压式伺服压力机，又称为伺服液压机，是一种以液体为工作介质，通过液压缸、活塞驱动滑块运动的压力机。按照液压系统控制机理的不同，伺服液压机可以分为阀控式伺服液压机和泵控式伺服液压机两种类型。阀控式伺服液压机，即按照节流原理和采用伺服控制阀控制液压系统的流量和压力，实现对压力机滑块的位移、速度和压制力进行控制。这种伺服液压机对系统的液体介质要求比较高，需要恒定的液压源，对油液的污染比较敏感，工作效率比较低。

泵控式伺服液压机采用伺服电动机和定量泵的工作模式，通过控制伺服电动机的转速和转矩控制定量泵的输出流量和压力，实现对滑块的位移、速度和压制力进行控制。与阀控式伺服液压机相比，功率损失比较少，运行效率比较高，且可以省去液压系统中许多控制阀元件，便于系统维护，提高了可靠性。

2. 按照驱动电动机分类

伺服压力机可以使用不同类型的伺服电动机。因此，伺服压力机又可以分为直驱式伺服电动机驱动和交流伺服电动机驱动等不同的伺服驱动类型。

（1）直驱式伺服压力机。直驱式伺服压力机由直线伺服电动机直接驱动，不需要任何传动机构进行运动的转换，可以直接驱动压力机滑块进行往复直线运动，图 9.23 为直驱式伺服压力机结构。由于受到现有直线伺服电动机功率小和价格高等因素的制约，目前这类伺服压力机主要用于薄料冲压以和精密压印等。

（2）交流伺服压力机。目前，伺服压力机大多采用交流伺服电动机作为驱动源的交流伺服压力机。为了使交流伺服电动机输出转矩与负载转矩相匹配，在压力机传动系统中一般配置有不同类型的减速机构，如同步带轮或齿轮副减速机构、蜗杆副减速机构和行星齿轮减速器等。

目前，伺服压力机大多为交流伺服电动机驱动。

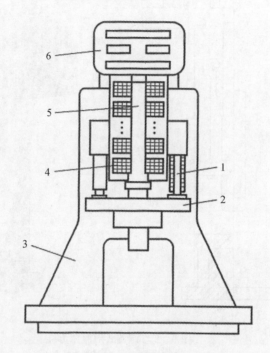

图 9.23　直驱式伺服压力机结构示意图

1—导柱；　2—滑块；　3—机身；　4—直线伺服电动机初级；　5—直线伺服电动机次级；　6—控制系统

3.按照传动机构分类

对于曲柄式伺服压力机，其传动机构结构比较丰富，形式多样，有曲柄滑块传动机构、肘杆传动机构、双曲柄传动机构和复合式传动机构等结构类型，如图 9.24 所示。

（1）曲柄滑块传动机构。曲柄滑块传动机构是当前伺服压力机主流的传动机构，如图9.24(a) 所示。伺服电动机的转动经减速机构和曲柄滑块机构，直接驱使滑块进行冲压成形加工。

（2）肘杆传动机构。图 9.24(b) 为肘杆传动机构。工作过程中，绕固定轴旋转的曲柄运动，经连杆和上下肘杆转换，驱动滑块做上下直线运动。

（3）双曲柄传动机构。双曲柄传动机构也是伺服压力机一种常见的传动机构，可以有效改善压力机下死点附近工作特性，具有比较好的增力效果，如图 9.24(c) 所示。工作过程中，输入轴 O_1 的旋转运动经曲柄1、中间连杆以及曲柄2传递，带动工作曲柄转动，再由曲柄滑块机构驱动滑块做往复直线运动。

（4）复合式传动机构。根据曲柄滑块传动机构、肘杆传动机构的传动特性，采用不同的传动机构组成多种形式的复合传动机构（见图 9.24(d)），如螺杆副＋肘杆式复合传动机构、曲柄＋肘杆式复合传动机构等。图9.25为日本网野公司研制的25 000kN伺服压力机，其传动机构即为螺旋副＋肘杆式复合传动结构。

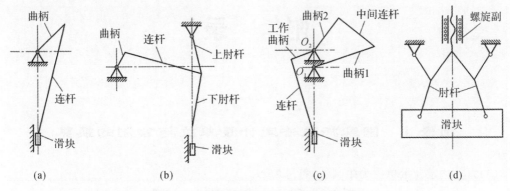

图 9.24　曲柄式伺服压力机常用传动机构

(a) 曲柄滑块传动机构；　(b) 肘杆传动机构；　(c) 双曲柄传动机构；　(d) 复合式传动机构

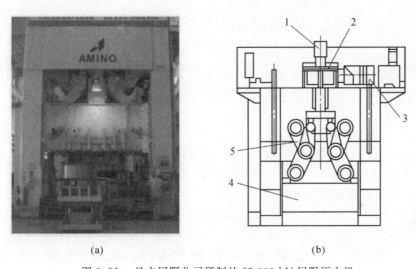

图 9.26　日本网野公司研制的 25 000 kN 伺服压力机

(a) 压力机照片；　(b) 传动原理图

1—螺杆；　2—蜗轮；　3—伺服电动机；　4—滑块；　5—肘杆

　　伺服压力机除按照上述各种分类方法外,还可以按照滑块施力点数将其分为单点、双点、四点式压力机;还可以按照机身结构分为开式、闭式、龙门式压力机;也有按照压力机滑块动作分为单动、双动压力机等。

思 考 题 九

9.1　通用机械压力机由哪几个部分组成?

9.2　机械式双动拉深压力机和液压式双动拉深压力机分别有哪些工艺特点?

9.3　精冲压力机有哪些特点?

9.4　机械式精冲压力机和液压式精冲压力机分别有哪些优缺点?

9.5　伺服压力机由哪几部分组成? 其技术特点有哪些?

附　录

附录 1　国家标准法定计量单位与公制的换算

(1)力　法定计量单位为牛[顿],符号为 N。

$$1 千克(公斤)力 = 9.806\ 65 牛 \approx 10 牛$$

$$1 牛 = 0.101\ 97 千克(公斤)力 \approx 0.1 千克(公斤)力$$

$$1 千牛 = 1\ 000 牛$$

(2)应力　法定计量单位为帕[斯卡],即牛/米^2,符号为 Pa。

$$1 千克(公斤)力/毫米^2 = 9.806\ 65 \times 10^6 牛/米^2 =$$

$$9.806\ 65 兆牛/米^2 =$$

$$9.806\ 65 牛/毫米^2 =$$

$$9.806\ 65 兆帕(MPa) \approx$$

$$10 兆帕 = 10^7 帕$$

$$1 牛/米^2 = 1.019\ 7 \times 10^{-7} 千克(公斤)力/毫米^2 \approx$$

$$1 \times 10^{-7} 千克(公斤)力/毫米^2$$

(3)密度　法定计量单位为千克(公斤)/米^3

$$1 克/厘米^3 = 10^3 千克(公斤)/米^3$$

附录 2　公差等级新旧国家标准对照表

新国家标准(GB 1800.1—2020)公差等级		5	6	7	8	9	10	11	12	13	14	15	16	17	18
旧国家标准(GB 159—1959)精度等级	孔		1	2	3	4	5	6	7		8	9	10	11	12
	轴	1	2	3	4	5	6	7		8	9	10	11	12	

附录 3　冲压常用公差与配合的新旧国家标准对照表

旧国家标准(GB 159—1959)	D1	d1	D	d	je	db	dc	dd	ga
新国家标准(GB 1800.1—2020)	H6	h5	H7	h6	r6,s6②	g6	f7	e8	n6,p6①

续 表

旧国家标准(GB 159—1959)	gb		gc	gd	D3	d3	jb3	jc3	ga3		gc3
新国家标准(GB 1800.1—2020)	m6,n6①		k6	js6	H8	h7	u8	s7	n7,p7①		k7
旧国家标准(GB 159—1959)	D4			d4	jc4	dc4	de4		D5	d5	D6
新国家标准(GB 1800.1—2020)	H8,H9③			h8,h9③	④	f9	d9,d10③		H10	h10	H11
旧国家标准(GB 159—1959)	d6	dc6	D7		d7		dc7			D8	d8
新国家标准(GB 1800.1—2020)	h11	d11	H12,H13③		h12,h13③		b12,c12,c13;②			H14	h14

注:①1~3 mm尺寸分段使用;②不同尺寸分段分别与不同的新国标符号相近似;③介于两者之间;④没有适当的相近的符号。

附录4　冲裁件工艺和模具设计

如附图1所示,材料为铝合金3A12O,板料厚度为0.5 mm,附图1中所注尺寸精度均为IT12。

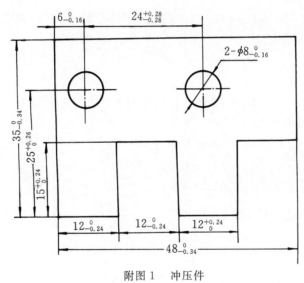

附图1　冲压件

1. 试说明合适的模具制造方法

凸模和凹模加工方法一般分为两种:凸模和凹模分开加工法和凸模和凹模配合加工法。

当凸模和凹模分开加工时,模具具有互换性,便于模具成批制造。但是,制模精度要求高,制造困难,相应地会增加加工成本。凸模和凹模配合加工适合比较复杂的、非圆形的模具,制造简便,成本低。

鉴于以上分析,如附图1所示工件所需的凸模和凹模宜采用凸模和凹模配合加工法制造。

2. 凸模和凹模的尺寸及制造精度

利用连续生产、整个工序分两个主要工步:冲孔及落料。根据工件公差等级IT12级,选取系数 $X=0.75$。

(1) 冲孔模中凸模的尺寸及制造精度。

尺寸 $2-\phi8_{-0.16}^{0}$ 磨损后减小,并将该尺寸化为 $2-\phi7.84_{0}^{+0.16}$。

$$d_p=(d+X\Delta)_{-\delta_p}^{0}=$$
$$(7.84+0.75\times0.16)_{-0.16/4}^{0}=$$
$$7.96_{-0.04}^{0}$$

(2) 落料模中凹模的尺寸及制造精度。

尺寸 $12_{-0.24}^{0}$ 磨损后增大

$$D_d=(D-X\Delta)_{0}^{+\delta_d}=$$
$$(12-0.75\times0.24)_{0}^{+0.24/4}=$$
$$11.82_{0}^{+0.06}$$

尺寸 $25_{0}^{+0.26}$ 磨损后增大,并化成 $25.26_{-0.26}^{0}$

$$D_d=(D-X\Delta)_{0}^{+\delta_d}=$$
$$(25.26-0.75\times0.26)_{0}^{+0.26/4}=$$
$$25.065_{0}^{+0.065}$$

尺寸 $35_{-0.34}^{0}$ 磨损后增大

$$D_d=(35-0.75\times0.34)_{0}^{+0.34/4}=34.745_{0}^{+0.085}$$

尺寸 $48_{-0.34}^{0}$ 磨损后增大

$$D_d=(48-0.75\times0.34)_{0}^{+0.34/4}=47.745_{0}^{+0.085}$$

尺寸 $6_{-0.16}^{0}$ 磨损后增大

$$D_d=(6-0.75\times0.16)_{0}^{+0.16/4}=5.88_{0}^{+0.04}$$

尺寸 $12_{0}^{+0.24}$ 磨损后减小

$$D_d=(d+X\Delta)_{-\delta_d}^{0}=$$
$$(12+0.75\times0.24)_{-0.24/4}^{0}=$$
$$12.18_{-0.06}^{0}$$

尺寸 $15_{0}^{+0.24}$ 磨损后仍保持不变,并化成 $15.12\pm\dfrac{0.24}{2}$

$$L_d=L\pm\frac{\Delta}{8}=15.12\pm\frac{0.24}{8}=15.12\pm0.03$$

尺寸 24 ± 0.28 磨损后仍保持不变,化成 $24\pm\dfrac{0.56}{2}$

$$L_d=24\pm\frac{0.56}{8}=24\pm0.07$$

3. 凸模与凹模间隙

由表 2.3, $z_{\min}=0.03$ mm, $\Delta=0.010$ mm,则

$$z_{\max}=z_{\min}+\Delta=0.040 \text{ mm}$$

冲孔凹模、落料凸模分别按照冲孔凸模、落料凹模的实际尺寸进行配制,双边最小间隙为 0.030 mm,最大间隙不超过 0.040 mm。

大批量生产且工件精度要求不高时,按照大间隙可以提高模具寿命。

4. 确定有废料、少废料或无废料排样方式

无废料排样是指工件与工件之间、工件与条料侧边之间均无废料。少废料排样是指沿工

件的部分外形切断或冲裁,而废料只有冲裁刃之间的搭边或侧搭边。无废料排样是全部沿工件外形冲裁,在冲裁刃之间,工件与条料之间均无搭边。

根据以上分析可见,采用少、无废料排样要求工件的相应无搭边部分公差等级与板材一致或根本上无公差要求。鉴于附图 1 所示出的工件尺寸及公差等级,采用少、无废材排样均不能满足要求,因此应当采用有废料排样,并就直排和多排两种方案进行下列比较计算。

5. 确定条料的利用率(注:取板材规格为 1 000 mm × 2 000 mm × 0.5 mm)

(1)直排法。如附图 2 所示。

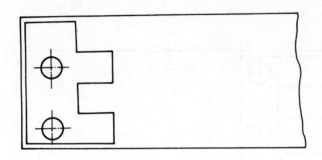

附图 2　排样法 1

工件的有效面积为

$$S_0 = 1\ 219.52\ mm^2$$

假如选取固定卸料板,有侧压板时,由表 2.8,当 $L < 50$ 时,搭边值 $a = 1.5, a_1 = 2.0$。
条料宽度

$$B = B_0 + 2a_1 + \Delta(由表\ 2.9, \Delta = 0.4) = 48 + 2 \times 2.0 + 0.4 = 52.4\ mm$$

假如条料长度为 1 000 mm,则条料上可冲压工件数为

$$n_1 = \frac{1\ 000 - 1.5}{35 + 1.5} = 27.36\ 个$$

选取 $n = 27$ 个。

假如条料长度为 2 000 mm,则条料上可冲压工件数为

$$n_2 = \frac{2\ 000 - 1.5}{35 + 1.5} = 54.75\ 个$$

选取 $n = 54$ 个。

显然,两种规格的条料利用率是相等的。即

$$\eta_1 = \frac{27 \times 1\ 219.52}{1\ 000 \times 52.4} \times 100\% = 62.8\%$$

(2)多排法。如附图 3 所示。

设选取固定卸料板,有侧压板时,由表 2.8,当 $L > 50$ 时,搭边值 $a = a_1 = 2.0$;由表 2.9, $\Delta = 0.5$。

条料宽度为

$$B = 48 + 36 + 2 \times 2.0 + 2 \times 0.5 = 89\ mm$$

假如条料长度为 1 000 mm,则条料上可冲压工件对数为

$$n_1 = \frac{1\,000 - 2.0}{42 + 2.0} = 22.68 \text{ 对}$$

选取 $n = 22$ 对。

假如条料长度为 2 000 mm,则条料上可冲压工件对数为

$$n_2 = \frac{2\,000 - 2.0}{42 + 2.0} = 45.41 \text{ 对} \qquad 选取 n = 45 \text{ 对}$$

很显然,选取长度为 2 000 mm 时,条料的利用率高。即

$$\eta_2 = \frac{45 \times 2 \times 1\,219.52}{2\,000 \times 89} \times 100\% = 60.40\%$$

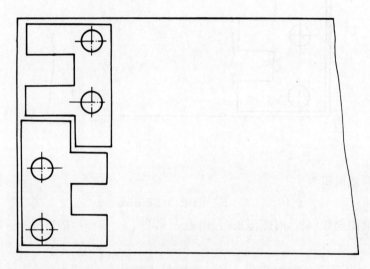

附图 3　排样法 2

6. 裁板方式(注:板材规格为 1 000 mm × 2 000 mm × 0.5 mm)

(1)裁板方式。

根据板料规格 1 000 mm × 2 000 mm × 0.5 mm,按照直排法可裁条数为

$$S_1 = 2\,000/52.4 = 38.16 \text{ 条} \qquad (长度为 1\,000 \text{ mm})$$

选取 $S_1 = 38$ 条。

$$S_2 = 1\,000/52.4 = 19.06 \text{ 条} \qquad (长度为 2\,000 \text{ mm})$$

选取 $S_2 = 19$ 条。

两种裁板方式得到的工件数均为

$$n_1 \times S_1 = 27 \times 38 = 1\,026 \text{ 件}$$

假如采用多排法可裁条数为

$$S_1 = 2\,000/89 = 22.47 \text{ 条} \qquad (长度为 1\,000 \text{ mm})$$

选取 $S_1 = 22$ 条。

$$S_2 = 11 \text{ 条}$$

两种裁板方式得到的工件数分别为

$$n_1 \times S_1 \times 2 = 22 \times 22 \times 2 = 908 \text{ 件}$$

$$n_2 \times S_2 \times 2 = 1.5 \times 11 \times 2 = 990 \text{ 件}$$

(2) 板料利用率:

$$\eta_0 = \frac{1\,026 \times 1\,219.52}{1\,000 \times 2\,000} \times 100\% = 62.6\%$$

7. 计算冲裁力

已知铝合金 3A21O $\tau = 90$ MPa, $\sigma_b = 120$ MPa, $\sigma_s = 49$ MPa, $\delta_{10} = 19\%$。计算附图 1 所示工件所需的冲裁力。

冲裁力

$$P = KL_T\tau$$

选取

$$K = 1.3$$

而

$$L = 246.24 \text{ mm}$$

$$t = 0.5 \text{ mm}$$

$$P \approx 1.4 \text{ (t)}$$

$$P = L_T\sigma_b \approx 1.5 \text{ (t)}$$

8. 计算压力中心

(1) 当落料与冲孔同时进行时(工件的压力中心),选取如附图 4(a) 所示的坐标系由冲裁压力中心计算公式

$$x = \sum x_i L_i \Big/ \sum L_i$$

$$y = \sum y_i L_i \Big/ \sum L_i$$

得

$$x = 15.73 \text{ mm}, \quad y = 21.12 \text{ mm}$$

(2) 当只落外形、不冲孔时(落料压力中心),选取如附图 4(b) 所示的坐标系。由冲裁压力中心计算公式得

$$x = 17.19 \text{ mm}, \quad y = 21.92 \text{ mm}$$

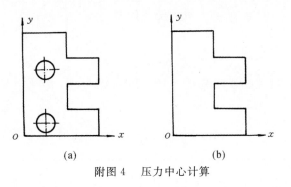

(a)　　　　　　　　　(b)

附图 4　压力中心计算

附录 5　拉深件工艺和模具设计

材料为钢08F,板料厚度为2.0 mm,如附图5所示。

1. 确定修边余量值

此拉深件是无凸缘圆筒形件,且 $d=92$ mm,$h=94$ mm,则

$$h/d=92/94=0.978$$

由表5.5,修边余量值为

$$\delta=3.8 \text{ mm}$$

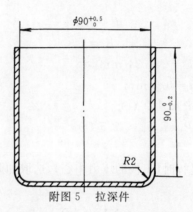

附图 5　拉深件

2. 计算毛坯尺寸

圆筒形件毛坯直径为

$$D=\sqrt{(d-2R)^2+2\pi R(d-2R)+8R^2+4d(H-R)}$$

其中,$d=92$,$R=2$,$H=96.8$,则

$$D=209.2 \text{ mm}$$

3. 确定拉深次数

拉深件总的拉深因数为

$$m=\frac{d}{D}=0.44$$

毛坯相对厚度为

$$t/D\times100\%=0.95\%$$

假如拉深时采用压边圈,由表5.6可得

$$\begin{cases} m_1=0.53\sim0.55 \\ m_2=0.76\sim0.78 \quad (注:\frac{t}{D}\times100\% \text{ 大时,取下限}) \\ m_3=0.79\sim0.80 \end{cases}$$

$m<m_1$,因此,该拉深件需要多次拉深。由于 $m_1\times m_2=0.429$,满足 $m_1\times m_2<m$,故需要两次拉深。

4. 确定各道工序的凸模和凹模圆角半径及间隙值

依据题意,选取 $m_1=0.55$,$m_2=0.80$(满足 $m_1m_2\leqslant m$),由表5.14:

首次拉深凹模圆角半径 $r_{d1}=6t=12$ mm,凸模圆角半径 $r_{p1}=0.8r_{d1}=9.6$ mm;

第二次拉深凹模的圆角半径 $r_{d2}=0.8r_{d1}=9.6$ mm,凸模圆角半径 $r_{p2}=4t=8$ mm。

由表 5.15,首次拉深间隙值 $Z_1=1.3t=2.6$ mm,第二次拉深间隙值 $Z_2=1.1t=2.2$ mm。

5. 确定毛坯的过渡形状及尺寸

根据中性层面积相等的原则,过渡形状的高度为

$$H=[D^2-(d-2R)^2-2\pi R(d-2R)-8R^2]/(4d)+R$$

式中,$D=209.2$ mm,$d=115.06$ mm,$R=9$ mm,则

$$H=70.29 \text{ mm}$$

第二次拉深后的高度可以同样计算,其中 $D=209.2$ mm,$d=92$ mm,$R=5$ mm,则

$$H=98.11 \text{ mm}$$

第一次及第二次拉深的过渡形状及相应尺寸如附图 6 及附图 7 所示。

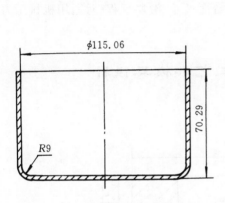

附图 6　第一次拉深后的形状及尺寸

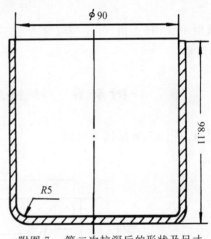

附图 7　第二次拉深后的形状及尺寸

6. 确定凸模和凹模工作部分尺寸(注:该工件需要最后一道整形工序)

对于多次拉深,毛坯尺寸及公差无严格限制。因此,以凸模为基准,且

$$D_p=D_{-\delta_p}^{0}$$

$$D_d=(D+2z)_{0}^{+\delta_d}$$

由表 5.16,首次拉深时 $\delta_d=0.10,\delta_p=0.06$;第二次拉深时 $\delta_d=0.08,\delta_p=0.05$。整形间隙 z 选取 1.8 mm。故

首次拉深时,有

$$D_p=113.06_{-0.06}^{0}$$

$$D_d=107.86_{0}^{+0.10}$$

第二次拉深时,有

$$D_p=90_{-0.05}^{0}$$

$$D_d=94.4_{0}^{+0.08}$$

整形时,有

$$D_p=(d+0.4\Delta)_{-\delta_p}^{0}=(90+0.4\times0.5)_{-0.05}^{0}=90.2_{-0.05}^{0}$$

$$D_d=(D_p+2Z)_{0}^{+\delta_d}=(90.2+2\times1.8)_{0}^{+0.08}=93.8_{0}^{+0.08}$$

7. 绘出第一道落料-拉深复合模草图(略)

8. 确定压机规格

落料力为

$$P_1 = Lt\sigma_b = 48.61 \text{ t}$$

拉深力为

$$P_2 = KLt\sigma_b = 21.39 \text{ t} \qquad (K = 0.8)$$

压边力为

$$Q = \frac{1}{4}P_2 = 5.35 \text{ t}$$

$$\sum P = 21.39 + 5.35 = 26.74 \text{ t}$$

$$P_M = \frac{\sum P}{0.5} = 53.48 \text{ t}$$

选取 100 t 压力机,并应当综合考虑压力机的台面尺寸、滑块行程(对通用机械压力机而言)等因素。

附录6　冷挤压件工艺和模具设计

材料为钢 15,如附图 8 所示。

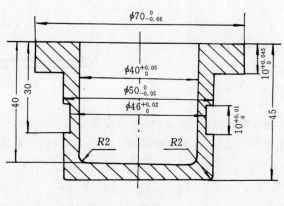

附图 8　冷挤件

1. 试从工件形状、材料、尺寸、公差等级及生产批量方面阐明此工件是否适合于挤压加工

(1)工件形状。工件为轴对称,适合于冷挤压加工。

(2)工件材料。工件材料为钢 15,可以进行冷挤压加工。

(3)工件尺寸。内、外圆角半径 $R2$,根据 $D = 70 \text{ mm}, d = 40 \text{ mm}$,均可挤出。

(4)工件的尺寸精度。除槽 10×2.5 外,其余尺寸为 IT11 级。而一般冷挤压加工可以达到 IT7 ~ 8 级。

(5)工件的表面粗糙度。该工件的表面粗糙度为 $\overset{1.6}{\nabla}$,而挤压后的表面粗糙度可达 $\overset{0.8}{\nabla} \sim \overset{0.2}{\nabla}$。

(6)生产批量。生产批量很大,适合于挤压加工。

2. 辅助工艺

槽 10×2.5 无法通过冷挤压直接加工,因此,此槽需要机加工工艺配合。

结论:通过以上分析,此工件可以采用冷挤压加工。但是槽 10×2.5 需要机械加工。为了保证模具寿命和工件质量,凸缘下直角由镦头工艺加工。

3. 可以采用工艺方案

可以采用工艺方案:

一次反挤 — 镦头 — 机械加工(10×2.5)

一次反挤 — 正挤 — 镦头 — 机械加工(10×2.5)

4. 工艺计算

工艺计算包括变形程度、镦头比等。

(1) 第一方案的计算:

反挤时的断面缩减率为

$$\varepsilon_F = \frac{d^2}{D^2} = \frac{40^2}{50^2} = 0.64, \quad \varepsilon_F = 64\%$$

镦头比:

凸缘部分材料的体积为

$$V_1 = \frac{\pi}{4}(70^2 - 40^2) \times 10 = 25\ 918\ \text{mm}^2$$

根据工件要求,挤压后壁厚为 $(50-40)/2 = 5$ mm,则需要镦头部分的高度为

$$h = \frac{V_1}{\frac{\pi}{4}(50^2 - 40^2)} = 36.7\ \text{mm}$$

则镦头比为

$$c = \frac{h}{t} = 7.34$$

众所周知,镦头比 c 小于或等于 2 时,需要一次镦头。因此,尽管反挤时的断面缩减率 (64%) 小于钢 15 允许的断面缩减率 (72%),但是无法得到所需的工件质量。

(2) 第二方案的计算。

1) 毛坯尺寸的确定:毛坯高度为

$$H_0 = \frac{V_0}{F_0}$$

式中

$$V_0 = V_1 + V_2, \quad F_0 = \frac{\pi}{4}D_0^2$$

$$V_1 = \frac{\pi}{4} \times (70^2 - 40^2) \times 10 = 25\ 918\ \text{mm}^2$$

$$V_2 = \frac{\pi}{4} \times 50^2 \times 35 - \frac{\pi}{4} \times 40^2 \times 30 = 31\ 023\ \text{mm}^2$$

$$H_0 = 20.345\ \text{mm}^2 \qquad 取\ H_0 = 20.4\ \text{mm}$$

2) 反挤压:毛坯直径为 $\phi 59.8$ mm,反挤后外径为 $\phi 60$ mm,内径为 $\phi 40.2$ mm。由相关表得 $p = 1\ 100$ MPa $(h_0/d_0 = 0.34)$,选取设备吨位为 $P = 150$ t。

断面缩减率为

$$\varepsilon_F = \frac{40.2^2}{60^2} \times 100\% = 45\%$$

反挤压后杯形高度为

$$H_1 = (V_0 - V_1)/F_0$$

$$V_1 = \frac{\pi}{4} \times 40.2^2 \times (H_1 - 5)$$

则 $H_1 = 40.6$ mm

高径比为 $H_1/D_0 = 0.68$

3) 正挤压:断面缩减率为

$$\varepsilon_F = \frac{D_0^2 - d_1^2}{D_0^2 - d^2} \times 100\%, \quad d_1 = 50 \text{ mm}, d = 40 \text{ mm}。$$

选取正挤压凹模锥角为 $130°$。正挤压后,凸缘部分的高度 h_2 为

$$h_2 = \frac{59.8^2 \times 20.4 - (50^2 - 40^2) \times 35}{60^2 - 40^2} = 20.7 \text{ mm}$$

由相关资料,ε_F 为 55% 时,$P = 1\,100$ MPa,设备吨位 $P = 130$ t。

4) 镦头:镦头比为

$$h_2/S = 20.7/20 = 1.04 (< 2)$$

结论:根据以上工艺计算可知,采用第二方案可以实现该工件的冷挤压。

5. 毛坯的制备工序

由于 $D_0 > H_0$,故该毛坯不可以采用剪切下料直接得到,而应该采用棒料经剪切后再预成形。

假如选用钢 15 的圆棒材 $\phi35$ mm,则应当剪切的棒料长度为

$$I = \frac{V_0}{\frac{\pi}{4}d^2} = 59.2 \text{ mm}$$

选取下料尺寸为 $\phi35 \times 60_{-0.5}^{0}$。

材料为钢 15,采用蓝脆下料,下料温度为 $350℃$,下料后进行软化退火处理,其规范为 $(720 \pm 10)℃$ 的炉温下,保温 2 h,随炉冷却。

将软化后毛坯 $\phi35 \times 60_{-0.5}^{0}$ 在预成形模内成形为 $\phi59.8$ mm 的毛坯,其形状如附图 9 所示。

6. 准备工序及中间辅助工序

经过预成形后毛坯仍需要退火,再进行磷化-皂化处理。在反挤和正挤完毕后都需要经过退火及磷化-皂化处理。

7. 绘出加工工序的草图

加工工序简图如附图 10 所示。

8. 正、反挤压的凸、凹模工作部分尺寸

反挤时的凸模和凹模工作部分尺寸,如附图 11 所示。

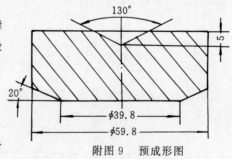

附图 9 预成形图

正挤时的凸模和凹模工作部分尺寸,如附图 12 所示。

9. 预应力圈的选择

反挤时 $P = 1\,100$ MPa,需要选用两层组合凹模。

10. 画出第一道反挤压模具结构简图(略)

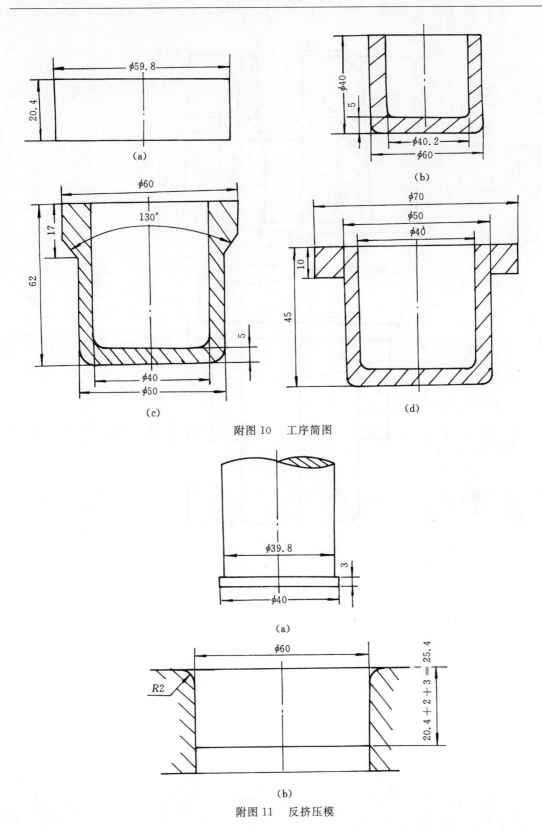

附图 10　工序简图

附图 11　反挤压模

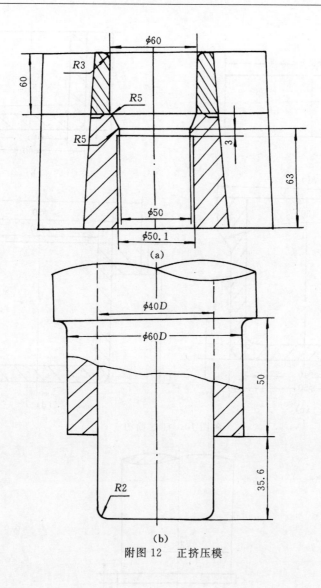

(a)

(b)

附图 12　正挤压模

参 考 文 献

[1] 吴诗惇,李淼泉.冲压工艺及模具设计[M].西安:西北工业大学出版社,2002.

[2] 吴诗惇.冲压工艺学[M].西安:西北工业大学出版社,1987.

[3] 蒋侠民,田苗,张仲元.聚氨酯橡胶在冲压技术中的应用[M].北京:国防工业出版社,1989.

[4] 张仲元.特种冲压技术[M].西安:西北工业大学出版社,1994.

[5] 王同海.管材塑性加工技术[M].北京:机械工业出版社,1998.

[6] 刘湘云,邵全统.冷冲压工艺与模具设计[M].北京:航空工业出版社,1994.

[7] 罗子健.金属塑性加工理论与工艺[M].西安:西北工业大学出版社,1994.

[8] 黄早文,等.翻管工艺的研究[J].华中理工大学学报,1991,19(增刊Ⅲ):89-94.

[9] 李建峰.激光在钣金工艺中的应用[J].航空工艺技术,1994(5):26-30.

[10] 王秀凤,等.板料激光成形技术[J].锻压技术,1998(6):32-35.

[11] 黄春峰.钣金工艺中的激光加工技术[J].锻压技术,1998(2):22-26.

[12] 肖景容,姜奎华.冲压工艺学[M].北京:机械工业出版社,1990.

[13] 夏巨谌.精密塑性成形工艺[M].北京:机械工业出版社,1999.

[14] 李志刚,李德群,肖景容.模具计算机辅助设计[M].武汉:华中理工大学出版社,1990.

[15] 吴诗惇.冷温挤压技术[M].北京:国防工业出版社,1995.

[16] 中华人民共和国国家标准 GB/T 15825.6—1995[S].北京:中国标准出版社,1996.

[17] 陈毓勋,赵振铎,王同海.特种冲压模具与成形技术[M].北京:现代出版社,1989.

[18] 中国机械工程学会锻压学会.锻压手册:第2卷[M].北京:机械工业出版社,2002.

[19] 航空制造工程手册总编委会.航空制造手册[M].北京:航空工业出版社,1992.

[20] 李淼泉.改进锥形凹模提高拉深件质量[J].锻压技术,1990(5):63.

[21] Li Miaoquan. Prediction of the optimum Dimensions of the crystalline Grains for the deep-drawing of metals[J]. J Mater Processing Tecnol,1991,26(3):349-354.

[22] Sowerby R, et al. The modeling of sheet metal stampings[J]. Int J of Mech. Sci.,1986,28(3):415-430.

[23] Lee D. Computer-aided control of sheet metal forming processes[J]. J of Metals,1982,34(11):20-29.

[24] 王少纯,等.交互式微机辅助冲件排样法[J].锻压技术,1990(5):23-26.

[25] 洪慎章.CAD CAE CAM 在锻压生产中的应用[M].上海:上海交通大学出版社,1991.

[26] 马泽恩.计算机辅助塑性成形[M].西安:西北工业大学出版社,1995.

[27] 肖祥芷.冲压工艺与模具计算机辅助设计[M].北京:国防工业出版社,1996.

[28] 郭春生.汽车大型覆盖件模具[M].北京:国防工业出版社,1993.

[29] 刘守荣.汽车覆盖件回弹缺陷的分析[J].汽车技术,1997(7):39-43.

[30] 张广林.冲压加工润滑技术[M].北京:中国石化出版社,1996.

[31] 太田哲.冲压件缺陷及消除方法[M].重庆:重庆大学出版社,1988.

[32]　王孝培．冲压手册[M]．北京：机械工业出版社，1990．

[33]　周大隽．锻压技术计算图册[M]．北京：机械工业出版社，1994．

[34]　Mahajan P V，et al. Design for stamping[J]. New York ASME，1993，82(1)52－56.

[35]　王孝培.冲压工艺设计资料[M]．机械工业出版社，1996．

[36]　Kastelyn A G M. Just another look at forming Limits[M]. Sheet Metal Industry，1985.

[37]　胡世光，陈鹤峥．板料冷冲压成形原理[M]．北京：国防工业出版社，1989．

[38]　吴诗惇．冷挤压模具的失效形式和提高模具寿命的措施[J]．模具通讯，1979(1)：81－92．

[39]　Dadras P，et al. Plastic bending of work hardening materials. Journal of Engineering For Industry[J]. Transactions of A J Eng Ind，1982，104(2)：224－230.

[40]　Waller J A. Press tools and presswork[M]. Portcullis Press Ltd，1978.

[41]　李淼泉．板料成形时极限拉深系数的确定[J]．机械工程学报，1995(1)：78－83．

[42]　季忠，等．一种先进的板料精密激光弯曲技术[J]．航空精密制造技术，1996(3)：13－15．

[43]　李淼泉.模具CAD/CAM[M]．西安：西北工业大学出版社，2012．

[44]　彭林法，李成锋，来新民，等．介观尺度下的微冲压工艺特点分析[J]．塑性工程学报，2007，14(4)：54－59．

[45]　张凯锋，雷鹍．面向微细制造的微成形技术[J]．中国机械工程，2004，15(12)：1121－1127．

[46]　李永堂，等．锻压设备理论与控制[M]．北京：国防工业出版社，2005．

[47]　范有发．冲压与塑料成型设备[M]．2版．北京：机械工业出版社，2011．

[48]　孙凤琴．冲压与塑压设备[M]．2版．北京：机械工业出版社，2010．

[49]　王卫卫．材料成形设备[M]．北京：机械工业出版社，2004．

[50]　郝滨海．冲压模具简明设计手册[M]．北京：化学工业出版社，2005．

[51]　高军.冲压工艺及模具设计[M]．北京：化学工业出版社，2010．

[52]　王桂英．冲压工艺与模具设计[M]．合肥：合肥工业大学出版社，2010．

[53]　毛卫民.金属材料成形与加工[M]．北京：清华大学出版社，2008．

[54]　贾俐俐．冲压工艺与模具设计[M]．北京：人民邮电出版社，2008．

[55]　尚建勤，曾元松.喷丸成形技术及其未来发展与思考[J].航空制造技术，2010，16(1)：26－29．

[56]　王隆太．伺服压力机[M]．北京：机械工业出版社，2019．

[57]　赵升吨，等.交流伺服压力机的研究现状与发展趋势[J]．锻压技术，2015，40(2)：1－7.

[58]　陈超，等.伺服液压机的研究现状及发展趋势[J]．锻压技术，2015，40(12)：1－6.

[59]　苏敏，王隆太.几种伺服压力机传动结构方案的比较与分析[J].装备，2008(5)：35－38.

[60]　孙有松，等.交流伺服压力机及其应用[J].机械工人(热加工)，2008(1)：93－98.